U0306941

科学探索天文世界的无穷奥秘

星空探秘

MYSTERY of THE STARS

李 昕 编著

中国华侨出版社
北京

图书在版编目（CIP）数据

星空探秘 / 李昕编著. —北京：中国华侨出版社，2017.12

ISBN 978-7-5113-7268-0

Ⅰ.①星… Ⅱ.①李… Ⅲ.①宇宙—普及读物 Ⅳ.①P159-49

中国版本图书馆CIP数据核字（2017）第308981号

星空探秘

编　　著：李　昕
出 版 人：刘凤珍
责任编辑：若　奚
封面设计：李艾红
文字编辑：李华凯
美术编辑：张　诚
经　　销：新华书店
开　　本：720mm×1020mm　1/16　印张：20　字数：480千字
印　　刷：北京市松源印刷有限公司
版　　次：2018年3月第1版　2018年3月第1次印刷
书　　号：ISBN 978-7-5113-7268-0
定　　价：29.80元

中国华侨出版社　北京市朝阳区静安里26号通成达大厦三层　邮编：100028
法律顾问：陈鹰律师事务所
发 行 部：（010）58815874　传　　真：（010）58815857
网　　址：www.oveaschin.com　E-mail：oveaschin@sina.com

前言

Preface

伟大的波兰天文学家哥白尼有一句名言："人类的天职在于勇于探索。"从16世纪"日心说"的提出，到19世纪中叶天体摄影和分光技术的发明，再到20世纪天文学观测研究对宇宙及宇宙中各类天体和天文现象认识的不断推进……千百年来，人类探索和发现宇宙的脚步从未停止过。人类的脚步已经登上月球，人类的探测器已成功登陆火星，人类的使者"旅行者"号飞船已经离开了太阳系……这一切都促使人们要更加深入地了解我们的地球与宇宙之间的关系，去探索浩淼宇宙中星辰的秘密。

你想加入天文观测者的行列，亲自去探索星空的奥秘，亲眼目睹神奇宇宙中那千姿百态的天体和天象吗？你想知道怎样识别斑斓的四季星空和美丽的长尾彗星，如何观测壮观的太阳活动和灿烂的流星雨，怎样寻觅神秘的变星与双星和多姿的河外星系吗？那就请读读这本书吧，它将向你展现天文观测的无穷魅力，引导你步入天文学的科学殿堂。在观测星空的过程中，你不仅可以学习有关天文的专业知识、熟悉天文仪器的操作，还可以倾听到美丽的星座神话，沉浸在浪漫的传说故事中，或是和三五好友一起描绘梦幻的天空、倾诉伟大的理想！

本书将为读者展示出一幅广袤无垠、丰富多彩、优美和谐的宇宙景象：星星为什么会发光？它们离我们有多远？银河是什么样的？太阳系大家庭有哪些成员？奇异壮丽的天象奇观为什么会发生？地球人在宇宙中会孤独吗？如何寻找外星生命？天文台的工作是什么？太空时代怎样观测天体？本书还将教你成为观星高手。无论你是在花园、庭院、田间、偏僻的内陆、热带大草原，还是崎岖的山地、沼泽等地方，只要眺望着夜空，翻开本书，按照书中的方法去观测，就可以看到属于你自己的神奇的天空。同时，本书也对小行星撞击地球的可能性、外星飞行器是否造访地球、天外陨石的识别和寻找等宇宙未解之谜作了科学的探讨，通俗易懂的语言将带领你步入一场不同寻常的宇宙发现之旅。

此外，本书还精心选配了 600 多幅图片，使你可以在轻松掌握知识的同时，获得愉悦的视觉享受和广阔的想象空间。读完本书，相信你不再会对诸如光线弯曲、黑洞、时间旅行、空际飞行这些抽象的科学概念感觉陌生，并且会更加了解与我们息息相关的宇宙。你还等什么，快来翻开这本书，一起去探索这神奇而又浩瀚的宇宙吧！

目录

contents

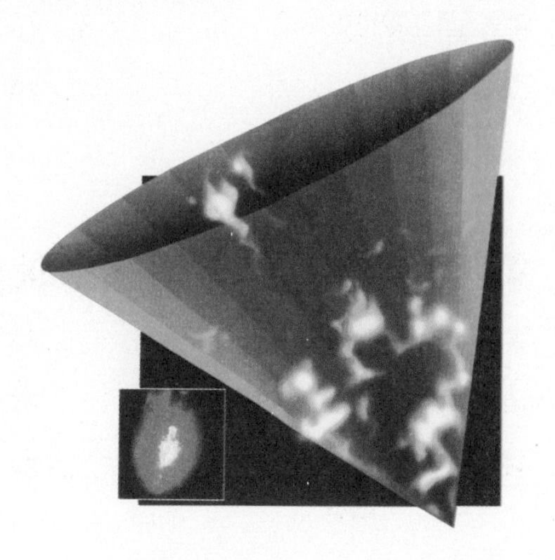

第三章 恒星：银河系的大明星

第四章 热闹的太阳系大家族

第五章 天文观测常识

第八章 关于神秘太空的科学异想

第九章 不可思议的宇宙之谜

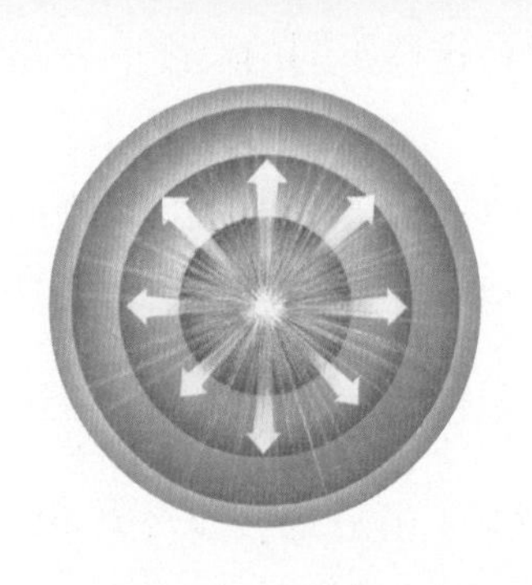

第一章

宇宙
的诞生与命运

宇宙的诞生

宇宙的尺度

天体物理学包含了宇宙中应有的所有可想象的尺度。其中的一些尺度与我们最为熟知的那些（从微米到数千千米）尺度看起来大不相同。在这一极限范围之外，就更需要使用我们的想象力。宇宙在这些不同的尺度上看起来有很大的不同，但是物理定律对它们都适用。

在现代科学所能达到的最小尺度——约 10^{-16} 米——上，物质由名为夸克的基础粒子构成。它们 3 个一组，形成基本粒子——质子和中子。原子的大部分质量都集中在它的原子核内，原子核直径为 10^{-13} 米。事实上原子的所有体积都由电子占据，它们存在于原子核周围，位于通常被称为电子云的区域中。电子云的直径大约是原子核的 1000 倍，或者说 10^{-10} 米。

在人类的尺度上缺乏亚原子尺度上的量子现象以及大尺度上的相对性效应。我们能够透过放大镜观察并且未意识到量子相互作用导致光子从物体上反射，到达我们的眼睛，让我们能够在更大尺度上看到一个较小的物体。在更大的尺度上，我们以十、百乃至千米为单位测量，这些或许能够很方便地以指数表达出来：地球的直径是 10^7 米，地球和太阳之间的距离是 1.49 亿千米，或者说是一个天文单位（AU）。同样作为太阳系中的一部分的水星——距离太阳最近的行星——到地球的平均距离为 0.39AU；地球到达最遥远的冥王星（现已被降级）的平均距离为 39.44AU。

当千米数或是天文单位数超出了人类所能理解的范围，天文学家就以光年为单位测量。1 光年相当于 95 万亿千米（或 63240AU）。太阳系的外部区域被称为奥特星云，可能延伸了到半人马座比邻星——距离我们最近的恒星——4.3 光年之外的距离的 1/4。

→宇宙的尺度是以米表示的。在亚原子尺度上，夸克（1）直径为 10^{-16} 米；原子核（2）直径为 10^{-13} 米；原子（3）直径为 10^{-10} 米。人类的尺度（4）介于 1 到 10 米之间；地球（5）直径为 10^7 米；太阳系（6）直径为 10^{13} 米；而距离地球最近的恒星（7）直径为 10^{17} 米。银河系（8）的尺度为 10^{21} 米，它是尺度为 10^{23} 米的本星系群（9）中的一部分。本超星系团（10）尺度为 10^{24} 米，而可观测的宇宙（11）超出了 10^{26} 米的范围。

以 10 千米 / 秒行进的火箭将需要 10 万年才能到达这颗“邻近”的恒星。

太阳系存在于银河系——一个包含了超过 1000 亿颗恒星、直径延伸了 8 万光年到 10 万光年的巨大系统——中的一条旋臂上，太阳距离银河系中心大约 2.8 万光年。夜空中每颗可见的恒星都位于银河系中。

银河系是名为本星系群的星系团中的一部分，其半径大约为 250 万光年。它在本星系群中的最近邻居位于 16 万光年以外。位于 230 万光年以外的仙女座星系是在良好条件下通过裸眼能够观察到的最远的天体。本星系群属于本超星系团，本超星系团半径为 5000 万光年。

↑可见的宇宙是由其年龄定义的：宇宙大约有 150 亿岁，而我们也不可能看到超过 150 亿光年以外的物体。在这一限度内能够探测到极大量的星系，一些天文学家相信在我们永远不能达到的地方存在着相同数量的星系。

大爆炸的自然史

人们常常问到，大爆炸之前存在着什么？宇宙最终会膨胀成什么样子？然而“大爆炸之前”这个概念几乎是没有意义的，因为时间本身是在大爆炸之后产生的。如果空间就如时间一样，是在大爆炸中产生的，而且如果空间本身就处在膨胀中，那它并不需要膨胀形成任何东西。

宇宙从产生的那一刻开始就处在不断演化中，而理论物理学家和宇宙学家已经给出了关于这些事件可能次序的描述，这也就是我们所知的宇宙的形成过程。

在最开始的一段时间，空间和时间仍在形成中，自然力组成了一种单一的、原始的超力。这就是我们所说的普朗克时间。到了第 10^{-35} 秒时，空间已经膨胀到足以使温度降到 10^{27} 开的程度，由具有极端能量的光子携带。引力已经

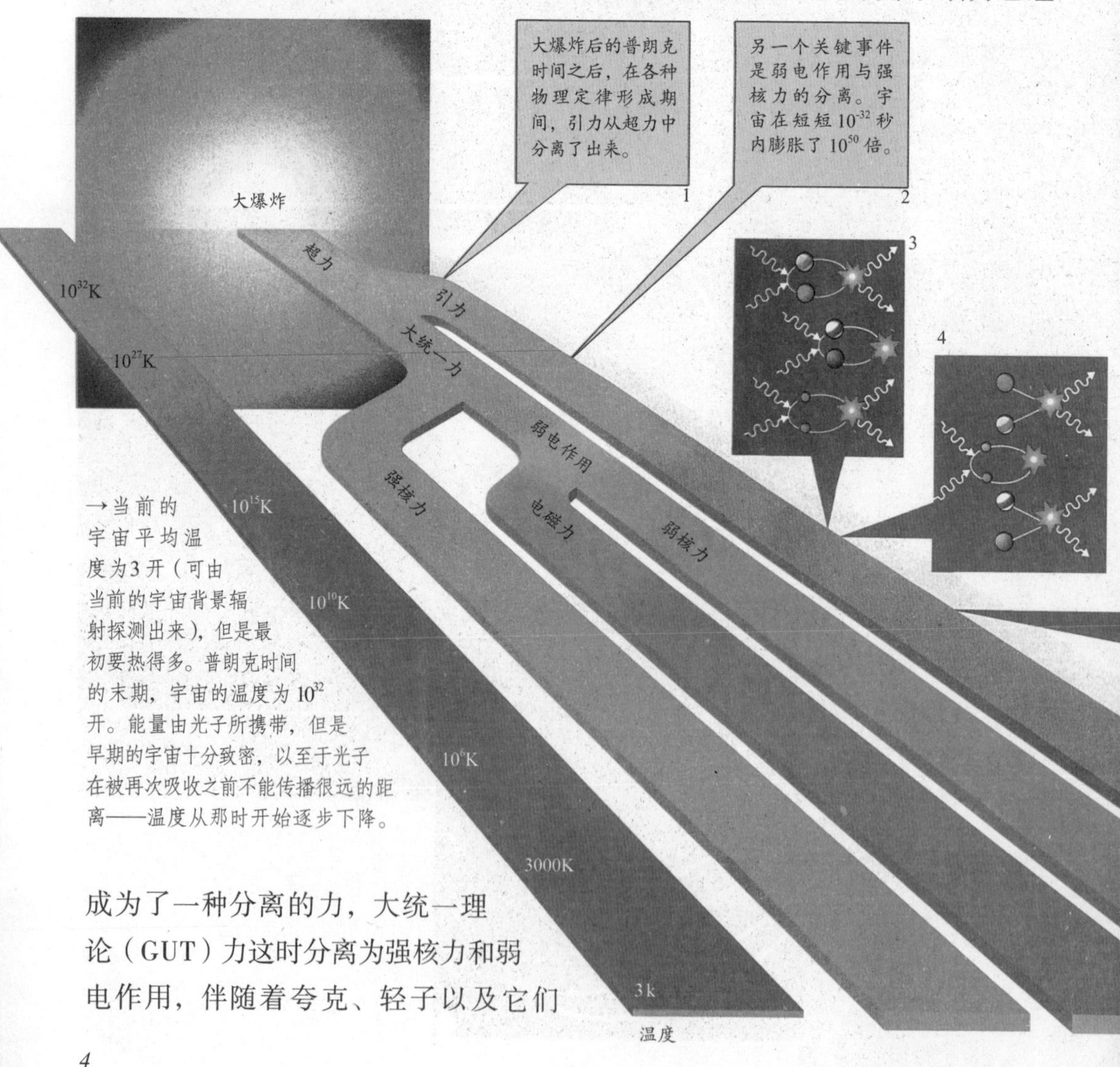

→当前的宇宙平均温度为3开（可由当前的宇宙背景辐射探测出来），但是最初要热得多。普朗克时间的末期，宇宙的温度为 10^{32} 开。能量由光子所携带，但是早期的宇宙十分致密，以至于光子在被再次吸收之前不能传播很远的距离——温度从那时开始逐步下降。

成为了一种分离的力，大统一理论（GUT）力这时分离为强核力和弱电作用，伴随着夸克、轻子以及它们

的反物质的迅速产生。这个过程在宇宙恢复它原先的膨胀速率前，经历了一个短暂却十分剧烈的膨胀阶段（持续了 10^{-32} 秒）。在第 10^{-12} 秒时，弱电作用分裂成电磁力和弱核力，于是所有的 4 种自然力现在都被分离和区分开来。宇宙里的粒子及其反粒子处在了稳定地形成与湮灭的状态，轻子分离成了中微子与电子。夸克依然独立存在。到第 10^{-6} 秒时，夸克 2 个或 3 个一组结合了起来，形成了介子和重子（包括质子和中子）——因为在那个时刻夸克无法独立存在。它们的反粒子也发生了同样的情况，并且在那以后与物质发生湮灭，但是极少数的残余（每 10 亿个里有 1 个粒子）被遗留了下来，继续形成现今宇宙中的所有物质。到第 1 秒结束时，温度已经降到了 10^{10} 开；5 秒以后，中微子与反中微子不再与其他形式的物质发生相互作用。宇宙到达第 10 秒后，质子与中子开始结合形成氘核。在第 1 到第 5 分钟之间，强核力发挥主导作用，使中子和质子结合在一起形成氦核，并阻止中子衰变为质子和电子。宇宙中的氢和氦的比例就是这个时候确定下来的。大爆炸后大约 30 万年后，温度下降到了足够低的程度——约为 3000 开，从而电磁力使得电子被原子核所捕获。随着空间不再由自由电子的海洋所充斥，光子终于可以第一次在不与物质相互作用的情况下行进很长的距离——宇宙变得透明起来。在这个被称作是物质与能量去耦的时期，宇宙背景辐射被释放了出来。随着包含在宇宙中的物质上的辐射压的移除，原子开始受到引力的控制并集结形成巨大云团，宇宙的大尺度结构开始演化。

在宇宙背景微波辐射被释放到 150 亿年后的今天之间，宇宙膨胀了 1000 倍，而物质聚积并且浓缩形成了星系、恒星和行星。随着这些情况的发生，宇宙的温度继续下降。

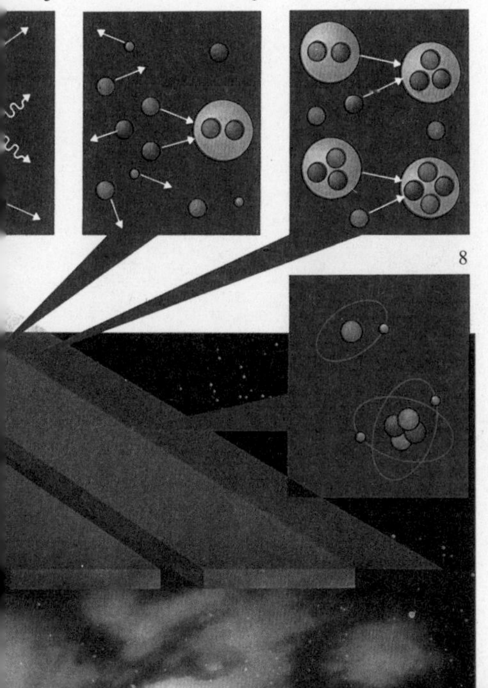

←在 10^{-43} 秒之前，早期的宇宙（1）是无法描述的，但到达 10^{-35} 秒后，两种自然力分离开来，并且最轻的粒子——夸克与轻子产生了（2）。到 10^{-12} 秒时（3），所有的粒子都处于一种稳定地产生与湮灭的状态中；直到 10^{-6} 秒（4），夸克开始结合在一起形成中子与质子，尽管几乎所有的这些粒子同样也在与它们的反粒子的碰撞中湮灭了，剩余的粒子形成了今天我们在宇宙中能够发现的物质（5）。很长时间以后，到大爆炸后 15 秒时，这些质子与中子结合在一起形成氘核（6），并且在几分钟后，氦核（两个质子与两个中子）产生了（7）。30 万年以后，随着电子被原子核捕获（8），原子开始形成，而四种自然力中最弱的引力开始使宇宙成形，导致物质开始聚结形成云团并进而形成星系与恒星。

暴涨的宇宙

今天我们所见到的能被观测的宇宙起源于一个比原子还要小的区域空间。大爆炸事件被广泛认为是创造了宇宙的事件，它发生在100亿到150亿年以前，导致其产生的原因仍然是未知的，但天体物理学家已经整理出了一套关于大爆炸后的异常详尽的知识体系——开始于大爆炸后极短的时间。此时传统的物理定律被认为已经产生了。在极早期的宇宙中，4种自然力——引力、电磁力、强核力和弱核力——被合并成单一的超力。物质与能量并非今天这样明显分离。即使是空间也因为这个时候宇宙所占据的小得难以置信的体积而持续被打破和折叠。随着

→被观测到的所有视界距离为150亿光年的空间区域都发出相同的温度的辐射。为什么它们温度相同并且发射出相同类型的辐射？在暴涨（1）前，空间被紧密压缩，因而所有区域都是相邻着的，因此存在着热平衡的状态。在宇宙以超过光速的速度短暂地“暴涨”（2）之后，类星体和星系等物体形成，它们都有自己的视界，由大爆炸后光所传播的距离决定。因此A和B就都位于对方的视界之外。在现代的宇宙（3）里，仍然存在着相同的几何关系——尽管宇宙额外的年龄意味着视界的扩张 。在（2）和（3）阶段中，类星体A和B并不互相接触，因而不可能知道对方的存在，然而我们知道它们都存在是因为它们都会待在我们的视界里。

测量距离

天文学家们使用几种长度单位。跨越太阳系的距离使用天文单位（AU）来测量，一个天文单位是地球与太阳间的平均距离——1.496×10^{8}千米。测量恒星间更长距离用光年（ly）作为单位，1光年等于光在一年里所走的距离——9.46×10^{12}千米，或者63240AU。

另一个单位——秒差距被定义为1AU的距离划过的1弧度秒（这是个非常小的角度，1分的弧度包含了60秒，60分为1度）的弧长。1秒差距等于3.26光年。

对于秒差距的定义涉及一种叫作视差法的测量恒星距离的方法。随着地球围绕太阳旋转，邻近恒星的位置相对于更远处的恒星产生移动。三角函数被用来计算这些距离。

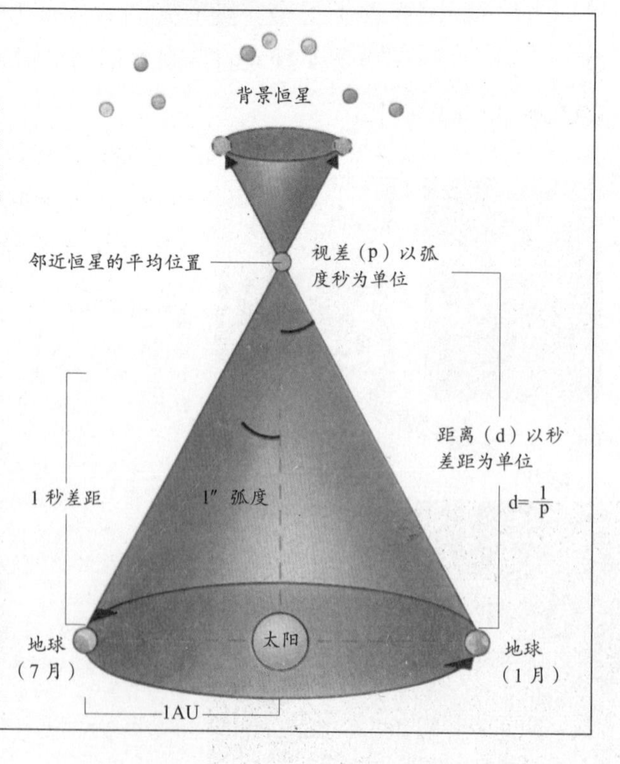

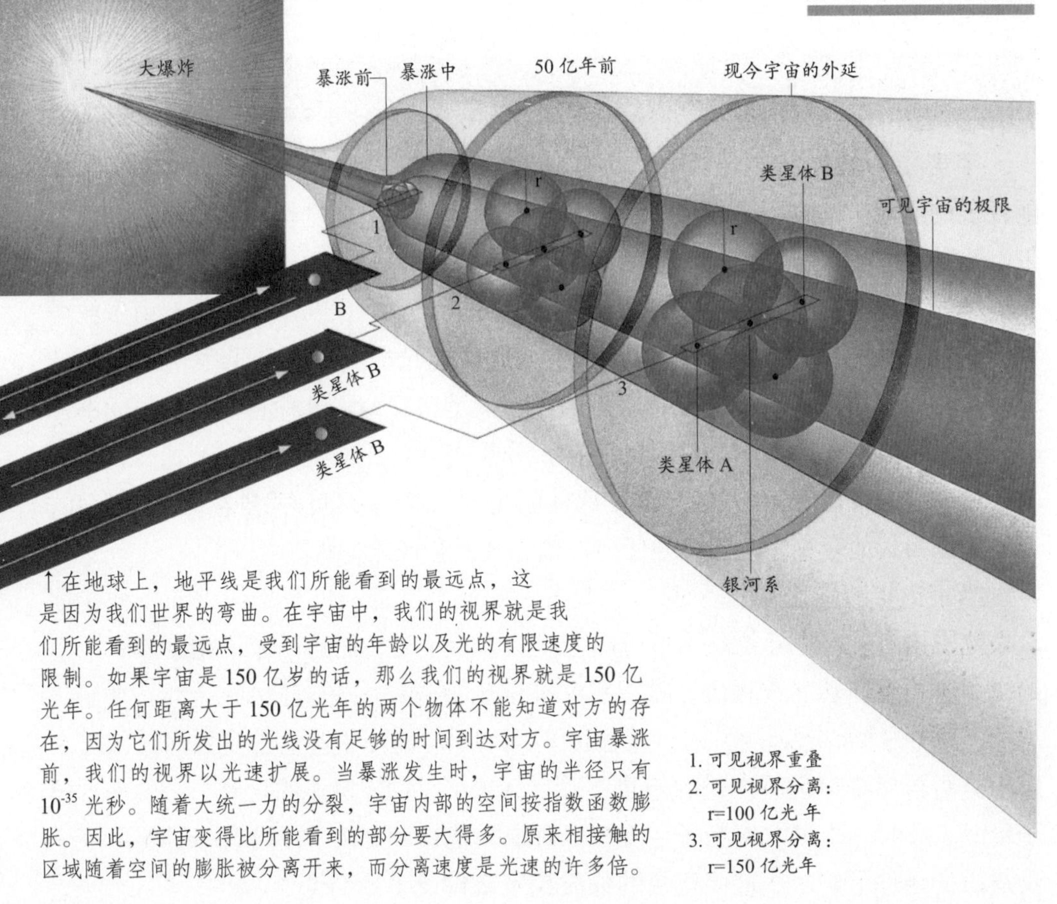

↑在地球上，地平线是我们所能看到的最远点，这是因为我们世界的弯曲。在宇宙中，我们的视界就是我们所能看到的最远点，受到宇宙的年龄以及光的有限速度的限制。如果宇宙是 150 亿岁的话，那么我们的视界就是 150 亿光年。任何距离大于 150 亿光年的两个物体不能知道对方的存在，因为它们所发出的光线没有足够的时间到达对方。宇宙暴涨前，我们的视界以光速扩展。当暴涨发生时，宇宙的半径只有 10^{-35} 光秒。随着大统一力的分裂，宇宙内部的空间按指数函数膨胀。因此，宇宙变得比所能看到的部分要大得多。原来相接触的区域随着空间的膨胀被分离开来，而分离速度是光速的许多倍。

时间的推移，宇宙不断膨胀，而在它膨胀时，超力分成了引力与大统一力。

关键的下一步发生在宇宙的第 10^{-35} 秒时。此时，宇宙已经膨胀并且冷却到足够使大统一力进一步分离成强核力和弱电作用。伴随这一分离的是夸克与轻子的突然产生，这个过程与大气中的水蒸气在周围空气的温度充分低的时候凝结成云是一样的道理。物质粒子的自发形成导致了宇宙内的变化，这产生了巨大的压力，使得宇宙以一个极大的加速度速率膨胀——比光速还快。这一过程就是暴涨，它将宇宙扩大了 10^{50} 的指数，而这一切仅仅发生在 10^{-32} 秒之内。尽管如爱因斯坦所说，没有东西在空间中运动速度能够超过光速，但是这一限制并不适用于空间本身，所以在暴涨的过程中并没有违背任何物理定律。

暴涨理论并未被证明，人们还提出许多其他的想法。普林斯顿大学的保罗·斯坦哈特和英格兰剑桥大学的尼尔·图洛克提出了循环宇宙理论。它以 M 理论为基础，指出我们的宇宙只是在更高维度上连接起来的多个宇宙中的一个。其他天文学家则相信，在未来几年里，空间探测器对于充斥整个宇宙的微波背景辐射的更深入观测将证实暴涨的发生。

婴儿期的宇宙

宇宙在第 10^{-12} 秒时，弱电作用分解为电磁力与弱核力。随着这两种力（支配轻子的反应）的相互分离，电子和中微子独立开来。电磁相互作用开始在所有带电粒子之间发生，光子开始大量地生成。

宇宙在这一阶段的组成部分都处于稳定地产生并相撞的状态中。物质粒子与它们的反粒子碰撞，随即湮灭并产生一对高能光子。这些光子很快地又衰变回粒子—反粒子对，于是碰撞—湮灭的过程又重新开始。这种物质与能量间的循环转换是可能发生的，因为这时的宇宙十分致密且灼热：大爆炸后不到一百万分之一秒内，温度高于 10 万亿开。在这种环境下，夸克可以作为独立粒子而存在，因为它们与其他夸克之间建立的任何连接不久就会被碰撞所破坏。

当宇宙年龄到达 1 微秒时，，它充分地膨胀与冷却，以至于像以前一样在那么大范围内自发产生新物质不再可能。此时，粒子与它们的反粒子相碰撞所产生的光子不再重新转变成物质。随着宇宙的冷却，强核力把夸克拉在一起组成质子与中子。其中的大部分粒子都在与它们相对的反物质的碰撞中湮灭了。然而，由于宇宙中有着虽然小但仍可测量的趋势，并且创造出反物质更多的物质，一些基本粒子残留了下来。每 10 亿对粒子—反粒子对中，就有 1 个粒子在没有相对的反物质的条件下产生。这些残余的物质粒子就构成了我们今天所发现的每一个原子核。到那时为止，中微子和反中微子就处于一个恒定地与宇宙其他物质相碰撞的状态中。随着宇宙到达诞生后第 1 秒，它们停止了与其他粒子反应。这个过程称为中微子的去耦，可能是大爆炸后最早的可探测事件之一。

更早的可能被探测到的事件是引力子的去耦，这被认为发生在大爆炸后的第 10^{-12} 秒。引力子的去耦比中微子去耦更为不确定：与中微子不同，人们至今没有证明引力子的存在。

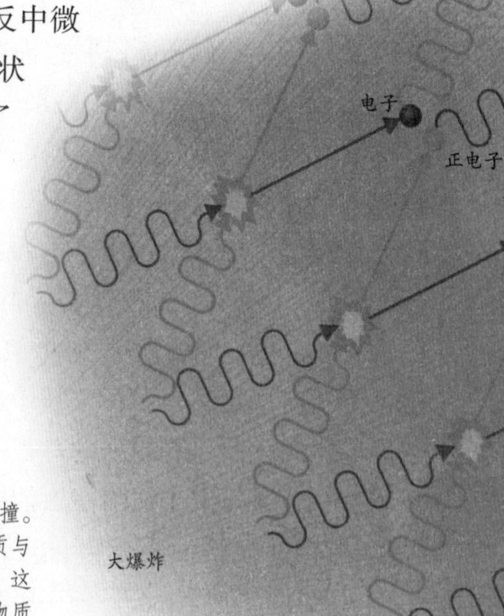

→在非常早期的宇宙中，空间的密度很高，以至于光子经常碰撞。这导致它们自发地转变成为物质粒子以及相对的反物质。物质与反物质也会相碰撞，它们互相湮灭，并且再次产生一对光子。这个过程就是对生，它在现代宇宙中适当的条件下仍在发生。物质粒子在没有相对的反物质的条件下产生的情况每 10 亿次里面有 1 次。这就通过粒子“种下”了宇宙，因为它们没有使它们重新变回带能量的光子相应的反物质。

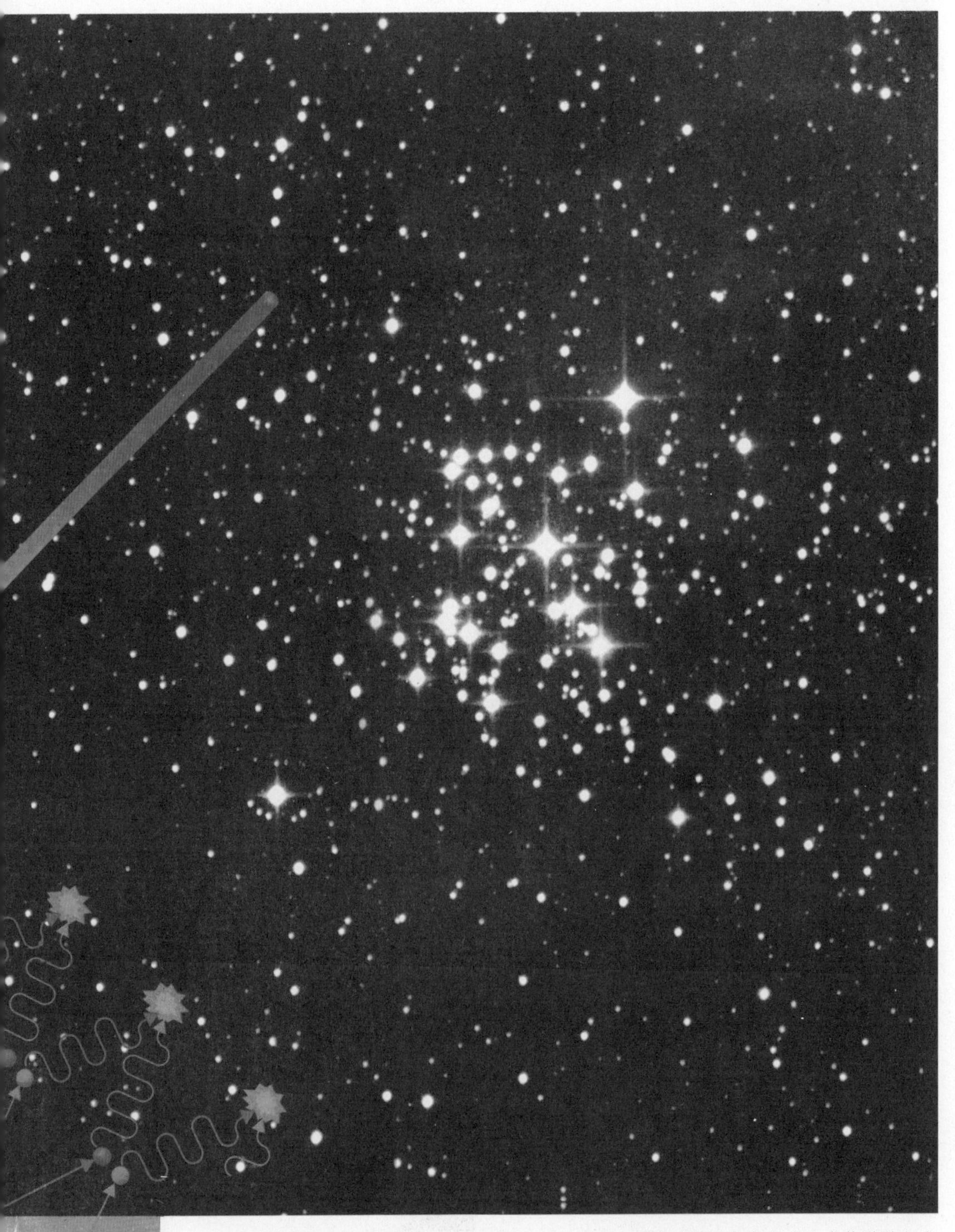

↑宇宙中的所有物质（包括图中所示开放星团 NGC3293 中的恒星）都是由没有伴随的相应反物质生成的物质粒子所组成。光子占据了宇宙内物质粒子中的大多数，其比例为 10^9 ：1。宇宙中最早的恒星是仅由氢与氦组成的。更重的元素还没能合成，因为这些过程只能在大质量恒星的中心进行。只有当第一代的恒星到达了它们生命的尽头时，它们才能在宇宙中留下比氦更重的元素。星系被认为在大爆炸后大约 10 亿年开始形成，对于这些星体的探测是现代天文学的一个重心。

结构的初始

随着宇宙的膨胀，大爆炸后几秒，宇宙的温度一直持续下降。当宇宙到达第15秒时，温度已经降到足以阻止电子－正电子对的自发形成。同样地，中子和质子，以及它们相应的反物质，相互碰撞湮灭并留下少量的物质剩余，而电子和正电子也一样。再一次，产生物质的微小偏向使得每10亿对电子—正电子湮灭时，就有一个电子留存下来，这意味着对应于一个物质粒子就有几十亿个光子同时存在。尽管这时的宇宙仍被光子与中微子所支配，但是原子的组成成分（质子、中子和电子）的条件已经具备。宇宙中基本粒子的总比例已经确定，它们处于一种恒定的碰撞状态中。

当宇宙年龄到达1分钟时，条件变得适宜中子与质子通过核聚变结合成为原子核（核合成）。这一过程是可能的，因为当时发生的碰撞——尤其是发生在重子（中子与质子）间的碰撞——已经因为宇宙的冷却以及粒子不再以那么高的速度运动而变得没那么激烈了，这就使得强核力能够在粒子接触时发生作用。

经过了大约4分钟的核合成之后，宇宙充分地膨胀，其温度也相应地降低，以停止这一进程。宇宙这时包含了氢原子核（单个质子）以及它的同位素——氘（1个质子和1个中子）和氚（1个质子加3个中子），以及氦（2个质子和2个中子）与它的同位素氦-3（2个质子1个中子）。

因为中子要保持稳定必须有其他重子的存在，那些在原子核之外的中子就衰变成1个氢原子核（单个质子）、1个电子和1个中微子。

这时的宇宙仍然处于非常高能的状态，以使电磁力将电子束缚在原子核边上。任何被原子核捕获的电子很快就在与光子的碰撞中又获得了足够多的能量，从而再度逃离原子核。宇宙在这种恒定的离子化状态中度过了好几十万年。

在宇宙年龄大约30万到50万岁间，宇宙中发生的一个最重要的变化——所谓的物质和能量的去耦。随着宇宙的膨胀，温度降低，光子要把电子从原子核边撞离变得更加困难了。随着电子被原子核

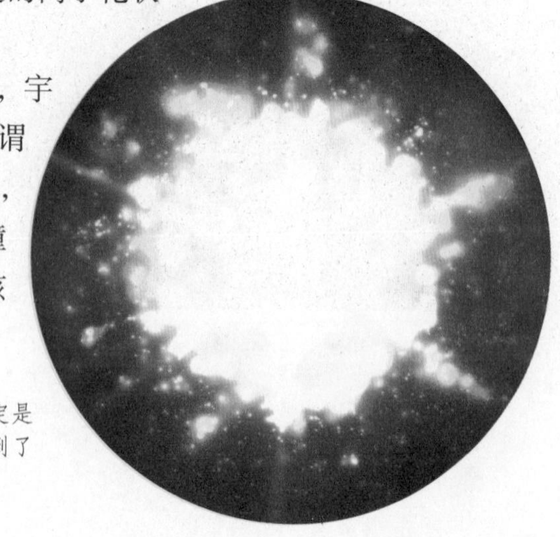

→高温球

科学家们通过计算认为，大爆炸之前的高温球肯定是以大于光速的速度在膨胀，它应是在瞬间就膨胀到了一个星系的大小。

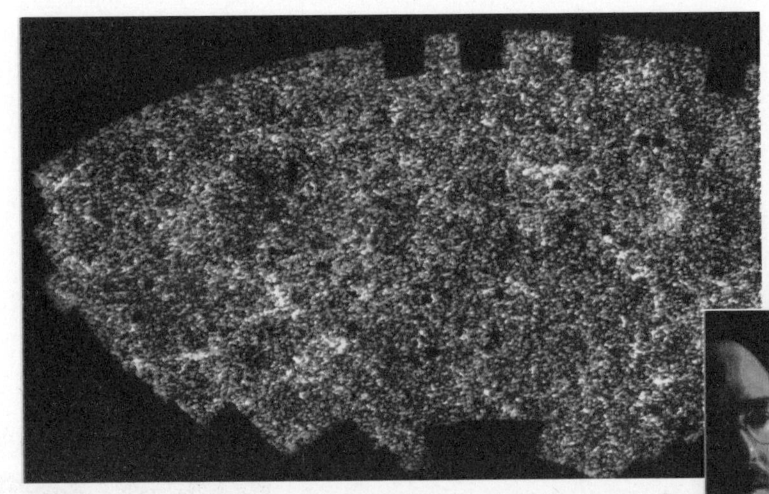

↑这幅图显示了位于南天极附近的200万个星系。红色的星系比蓝色星系远。粒子物理将极小（如电子）与极大（如宇宙本身）联系起来，而这种差异只有科学家理解大爆炸的最初阶段粒子之间是如何相互作用之时才能完全解释清楚。

↓物理学家所注视的屏幕显示了一个质子和一个反质子（白色线）在一个粒子加速器中的碰撞。释放出来的能量导致新粒子的大批呈现，它们有自己独有的彩色轨迹。

所吸引，光子变得能够在宇宙中长距离传播而不与其他粒子碰撞。从某种意义上看，宇宙对其中的光子来说变得透明了。这个过程中发出的辐射到今天仍可以探测到，这就是宇宙微波背景辐射，这些辐射由于宇宙的膨胀发生了巨大的红移。这一现象在整个天空中十分一致，以3开的温度为表征。

物质与能量的去耦是宇宙中可观测到的最早的事件。1965年宇宙背景辐射的发现，为大爆炸理论提供了第一个决定性的证据。

20世纪80年代末，通过COBE卫星对于这个辐射微小变动——小于万分之一——的观测提供了更多更重要的证据。证据显示，这个时候的宇宙并不是均匀的，有的区域比较热但比较稀薄，有些区域相对比较冷，但比较致密。

从COBE开始，就有了大量的球载实验，诸如MAXIMA（国际毫米波各向异性实验成像阵列）实验与回飞棒（河外星系毫米波射电和地球物理国际气球观测）实验，它们对于宇宙微波背景辐射的细节进行了详细地观测。其他的地面微波望远镜则以不同的波长观测天空。它们一起为研究单个星系团的形成提供了非常重要的线索。NASA发射了一个COBE的后续探测器，被称为微波各向异性探测器（MAP），并刚开始以极高的灵敏度和精确度对整个天空进行测绘。欧洲航天局（ESA）已启动普朗克计划，这是在更高精度下测绘微波背景的另一项任务。

一旦物质间的碰撞以及辐射停止，远远小于其他力的引力就能把原子拉到一起，这就意味着宇宙大尺度上的结构开始了演化进程。

宇宙的成分

宇宙中所有物质（包括恒星和行星）的基本成分都是化学元素。每种元素只由一种原子组成，原子则由质子（带正电荷）、电子（带负电荷）和中子（电中性）构成。中子存在于原子核中，但并不指示其化学性质，但如果同种元素原子核中的中子数不同，就会产生不同的同位素。一种元素的中子和质子的数量决定了原子量。氢是最简单的一种元素，由 1 个质子和 1 个电子组成。它的原子量为 1，是所有元素中最轻的。如果其原子核中的中子数量不一样，就会产生有不同原子量的同位素。

物理学家注意到了宇宙中氢原子的这种简单性和丰富性，于是他们推断：宇宙大爆炸产生了氢原子，而所有其他元素都起源于原始的氢原子。氢原子在高温高压下，经历适当的核转变，会产生原子量更大的元素，这一过程包含轻的原子核聚变成较重的原子核。

↑超新星 1987a 在蜘蛛星云附近。最初的蓝色巨星在几秒钟内塌陷，并将超新星残余喷向太空。

宇宙诞生的第一分钟，温度非常高，整个宇宙就像一个巨大的核熔炉在运作，仅仅在 4 分钟内，这个“熔炉”就将其中 1/4 的氢转变成了氦。之后，环境开始改变，这种反应也停止了。类似这样的极端环境在某些恒星的内部深处也存在，在那里会产生新的元素。在质量和太阳相当的恒星内部，氢元素会“燃烧”形成氦（原子核内有 2 个质子和 2 个中子）。由于恒星内部的变化会在内核产生更高的温度和压力，氦就会聚变形成碳（6 个质子和 6 个中子），而这又可以结合更多的氦，形成氧（8 个质子，8 个中子）等等。通过这种方式，多种化学元素就形成了。

很多这样产生的元素结合起来形成分子和化合物，它们中有很多是极不稳定的，被称为挥发性物质。水、二氧化碳和二氧化硫是 3 种重要的挥发性物质，它们在极低的温度下可以以气态形式稳定存在。元素的其他组合可形成矿物质，有些矿物质可以构成岩石（大多数是硅酸盐），它们在很高的温度下（450 摄氏度 ~ 1200 摄氏度）会发生组合凝固。像铝和钙之类与氧结合会形成硅酸盐的元素就叫作亲石元素；锌、铅和银则是亲铜元素（它们易形成硫化物），而像金和镍之类不易形成化合物的元素就是亲铁元素。

在多年内

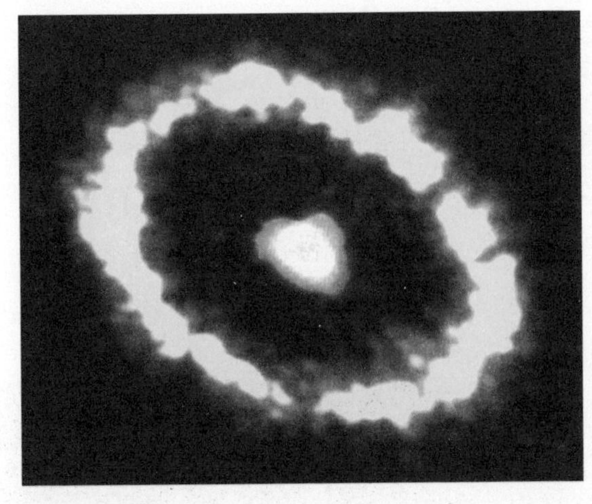

←哈勃太空望远镜于1990年拍摄的1987a超新星的伪色影像图，显示了膨胀气体环（黄色）围绕着超新星残余。最初的蓝巨星离地球有15.5万光年。剧烈爆炸留下的紧密的结状残迹形成了环中心的红色区域，组成行星的很多元素就是在这样的爆炸中产生的。

↓与太阳质量相当的恒星内的氢可以持续燃烧100亿年。当氢燃尽，氦核收缩，重力势能就会被释放，恒星就离开了主序。一个膨胀的氢气壳会覆盖塌陷的核，恒星就变成了红巨星。如果恒星的质量更重，星核温度更高，氦就会聚变为碳、硅或氧，合成重更的元素。如果恒星质量再大一些的话，就会点燃铁，并产生冷却效应：核向内破裂，恒星的外层扩散，就像超新星。质量最大的恒星会超越上述阶段，甚至中子的致密核也会压碎，形成黑洞。

1. 形成恒星的星云
2. 与1个太阳差不多质量的恒星的前恒星期
3. 主序阶段
4. 膨胀阶段
5. 红巨星阶段
6. 收缩阶段
7. 白矮星阶段
8. 10倍太阳质量的恒星
9. 超巨星阶段
10. 超新星
11. 中子星
12. 30倍太阳质量的恒星
13. 超巨星阶段
14. 超新星
15. 黑洞

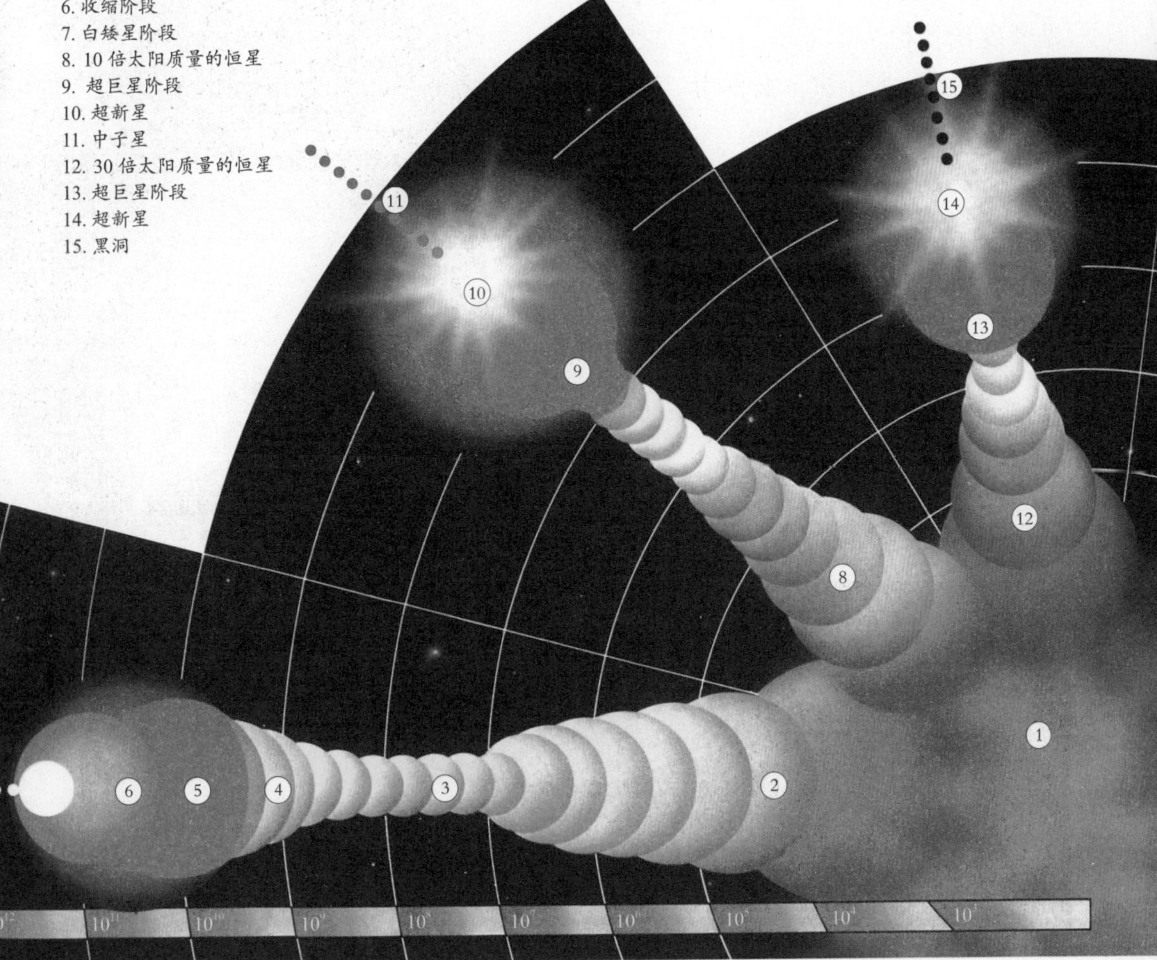

宇宙的命运

开放、平坦还是闭合

宇宙中含有多少质量的问题与宇宙的最终命运有着直接的关联。宇宙正在膨胀的事实已经被知道很久了：但它是否将会停止膨胀，如果不是的话，是否会一直加速下去？这些问题的答案取决于宇宙中包含多大质量和能量，也就是它总共有多大的引力。从最大的尺度上来说，宇宙的曲率由它内部物质的平均密度决定——这也就是一定体积空间中的平均质量。终止宇宙膨胀所需的平均密度（被称为临界密度）仅为每立方米几个氢原子。宇宙平均密度与临界密度的比值为 Ω，Ω 小于 1 的宇宙将永远存在并且膨胀下去，被称为“开放宇宙”，它的时空连续体有着天文学家称为的负曲率；膨胀能够在引力的作用下终止的宇宙为“闭合宇宙”，它的时空连续体有着正曲率；第三种存在可能的被称为“平坦宇宙”，这

→在平坦宇宙中，平行线将永远平行，物质，比如宇宙中的星系的平均分布将呈现在我们面前，就如它的本来面目 。这一假设状态通过爱因斯坦的图像得到了证明：在平坦的几何结构下，不发生任何扭曲。这一几何状态被直到现在为止对于深空的研究结果所证实。现在，天文学家相信：宇宙的膨胀并不再减速，而是在加速中。

←在开放宇宙的情形下，空间有着双曲面的形状，像马鞍一样。在这样的几何结构下，平行线最终背离。如果这种形状下图像被投影到平坦表面上，我们能够看到与球面上相反的扭曲：图像的中心被拉伸，外围被压缩。这意味着遥远星系将看起来比邻近星系更致密。

发生在物质恰好足以终止膨胀，但只能在无限长的时间以后达到这一状态。目前的估计指出宇宙的平均密度远小于临界密度，但也存在着大量的暗能量。这使得宇宙的膨胀加速，由此宇宙将永远存在。

↓尽管天文学家有着计算恒星乃至星系中物质的量的可靠方法，但要计算整个宇宙中所有物质的重量并不那么容易。天文学家转而关注于我们看到的遥远星系在宇宙上的曲率效应。如果空间在引力下是正曲率的，我们认为平行线将会最终相交，因此我们看到遥远的星系的密度将下降。事实上对于深空的研究（如这张照片所示）说明星系的分布或多或少是调和的，这表明空间有着平均的几何结构。对非常遥远星系密度的研究同样支持了这一结论：如果宇宙是闭合的，我们可以认为遥远星系的密度下降。

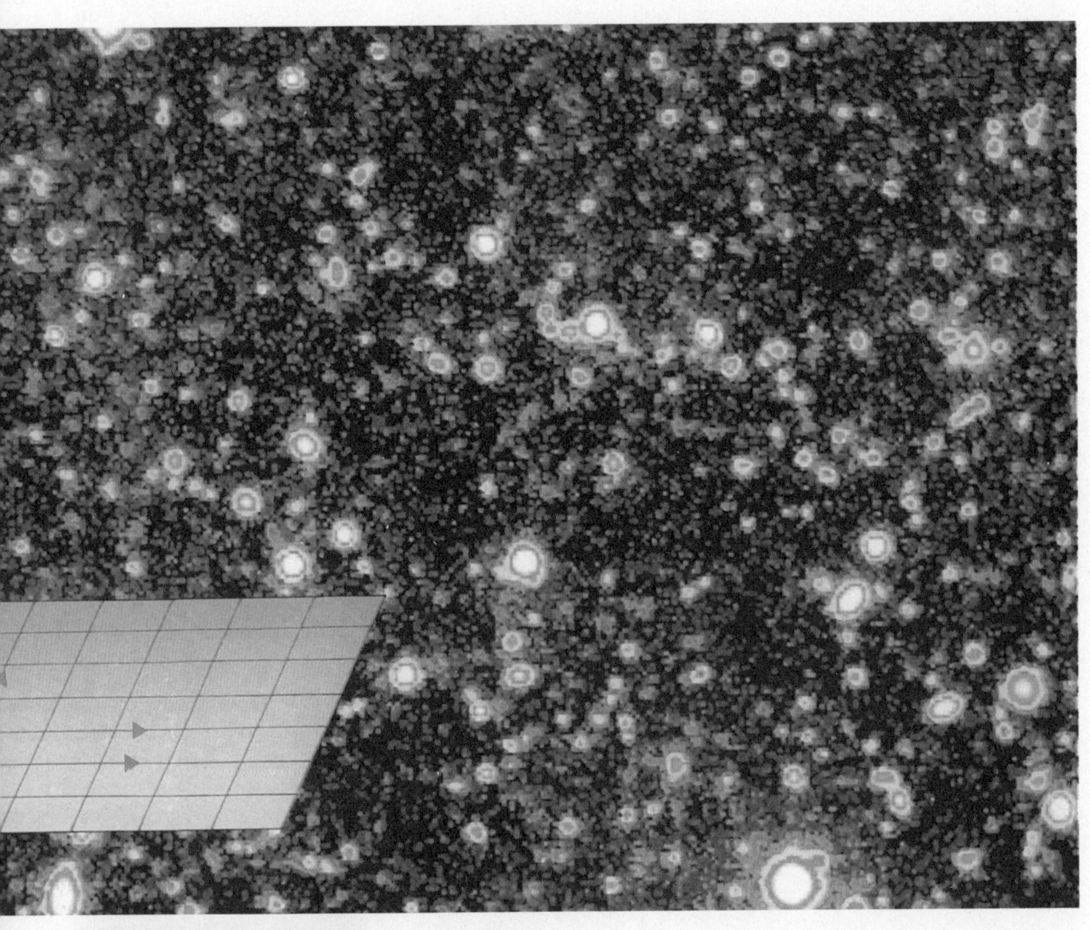

←闭合宇宙的几何形状如这里的半球和变形的阿尔伯特·爱因斯坦的图片所示（他本人并不相信宇宙是处于膨胀中的）。在球面上，平行线相交。如果爱因斯坦的标准图像被投影到球面上，再重新绘制到平面（就如我们在球面上看到的那样）上，脸部的四周将被拉伸，而中心被压缩。这支持了关于闭合宇宙中遥远星系将比邻近星系看起来密度更低的见解。

加速中的宇宙

直到最近，天文学家都相信宇宙是处在一个减速膨胀的状态中。唯一的问题是这一减速是否会终止宇宙的膨胀。但在1997年，两组天文学家一系列的独立观测结果完全改变了这种看法。

这些天文学家当时正在研究遥远宇宙中的超新星爆炸。这些天体爆发的短期能量闪光有着太阳10亿倍的亮度，并因此成为了天文学家在最大尺度上研究宇宙的信标。这是因为当超新星的光穿越空间时，它受到了宇宙膨胀带来的红移的影响。测量到的红移能够与理论预测的红移相比较。例如，期望中的宇宙的减速会与时空连续体在任意大尺度上的弯曲一样，将在超新星的光中留下明显的印记。通过这种方法，天文学家能够利用这些测量结果确定宇宙是开放的、平坦的，还是闭合的。1997年的数据与之前所期望的都不相符。

他们所观测的超新星是白矮星从红巨星伴星上累积物质并爆发的一类。基于对其他超新星的观测，天文学家能够确定这些爆炸的实际亮度。这一知识使他们能够与它呈现出的亮度相比较，并由此计算它的距离，计算是基于光随着传输的距离而减弱这一事实的。在这之后他们就能够通过红移检验他们对距离的判

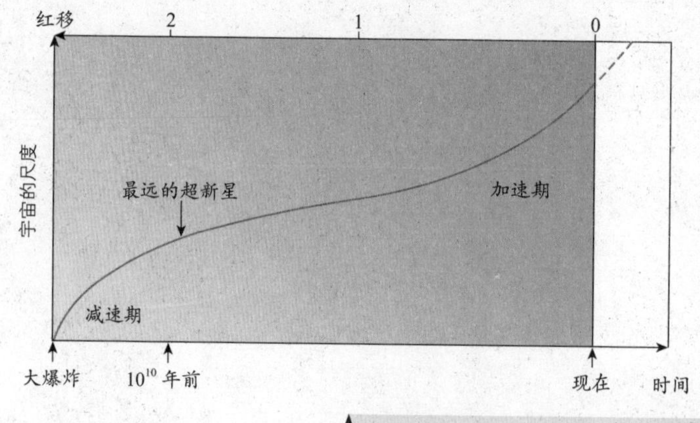

←宇宙的膨胀速率在大爆炸以后变化了很多。最初，膨胀减速，正如大多数科学家认为应当的那样——因为引力作用。但是后来，一种新的力起主导作用并使宇宙加速。

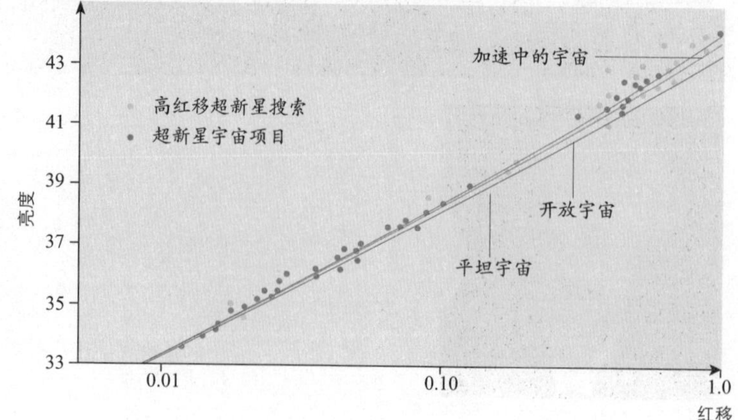

→将距离和遥远超新星的亮度标注在一张图上可以看出，标准宇宙膨胀理论与数据并不相符。尽管差异很小，但这在统计上十分重要，而且这只与假设宇宙正在加速膨胀这一情况相一致。

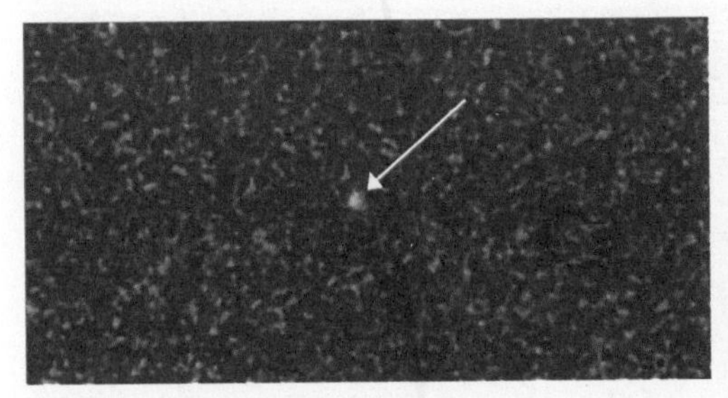

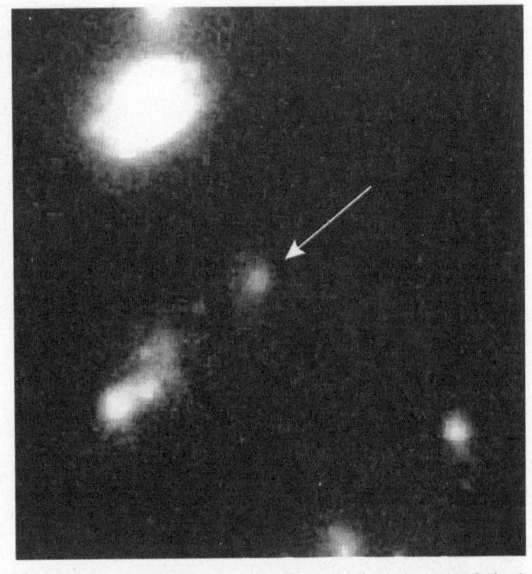

↖↑哈勃太空望远镜在跟踪研究加速中的宇宙所需的遥远超新星上是有所帮助的。这里，相差两年拍摄的两幅图片中的差异揭示了一颗遥远超新星的存在。

定，因为天体在宇宙中越远，它发生的红移也就越大。

当两组天文学家都通过从多颗超新星上得到的数据计算时，他们发现超新星比期望的亮度要暗25%。这一现象只能通过宇宙在爆炸后加速膨胀来解释。这些超新星位于50亿光年之外，因此它们在50亿光年之前爆炸，而它们发出的光从那时起就在宇宙中传播，直到被发现。解释宇宙正在加速的唯一途径就是它包含有一种名为真空能的奇特能量：产生的物质只能导致吸引，因此只能使宇宙减速，但真空能有着相反的效应。宇宙学家在他们关于早期宇宙的理论中利用真空能这一概念来解释膨胀。爱因斯坦在他的广义相对论等式中引入了一个条件，允许了真空能的存在，它被称为宇宙常数，但之后又被爱因斯坦所放弃，并称这是自己的“最大失误”。

↓NASA将利用他们的新空间探测器——微波各向异性探测器（MAP）研究微波背景辐射，试图找到宇宙加速的新线索。在2007年，欧洲航天总署发射了一个名为普朗克的更为敏感的探测器。

对超新星爆炸的观测结果暗示了宇宙正在加速这一事实，但看起来在整个时间和整个宇宙中应用一个简单的常量来表示并不是解释所发生一切的最好方式。真空的能量看起来已经通过这一方式随时间发生了变化：开始膨胀后，宇宙处在减速膨胀的过程中，但在大约60亿或70亿年前，宇宙发生了改变，真空能成为导致宇宙加速的主要因素。天文学家称真空能的这一时间变量为“第五元素”。

长期未来

如果宇宙是“平坦的”、“开放的”或者是正在加速的，它将存在无限长的时间，但这并不意味着行星、恒星和星系也将永远存在。宇宙受到物理定律支配：热从高温物体向低温物体流动。宇宙中发生的每个化学过程都遵从这个指导性原则。因此，恒星和星系缓慢地将热流失到周围的宇宙中，然后死亡。

在这发生之前，星系中越来越多的恒星将会互相靠近，这将会导致其他恒星投向星系的中心区域时一颗恒星被抛出星系。星系中心的物质将变得越来越紧密，并且最终具有星系质量的黑洞将形成。相同的过程将在星系团中重复，而另一些星系将落向中心区域。于是宇宙中将充满具有与星系团相同质量的黑洞。

这些黑洞中所含的物质将被再处理，并通过霍金辐射过程返回宇宙，这是一对虚粒子恰好在黑洞的视界上产生的过程：其中一个粒子逃逸出去，而另一个落下，抵消黑洞的一部分质量，这看起来像是逃逸的粒子来自黑洞本身，而黑洞逐渐“蒸发”到宇宙中。黑洞越小，它蒸发得也就越快。随着粒子的逃逸和黑洞质量的减小，它的温度上升，上升的温度使得更多的粒子逃逸出来，进一步地减少了质量并且提高了温度。最终，在最后几秒，黑洞在能量等同于百万吨级氢弹爆炸的剧烈爆发中释放出剩余的所有质量。通过这一过程——恒星融入黑洞中然后再蒸发，在足够长的时间后，宇宙中的所有物质将达到热平衡。当这一状况发生时，将不再有恒星、行星或星系，只有由亚原子粒子构成的稀薄“海洋”。所有的粒子将会有相同的温度，并且不会发生任何反应。如果化学反应不再在宇宙中发生，也就不再有判断时间流逝的参照，宇宙将死亡，这一概念称为热寂。

如果宇宙是“闭合的”，那么膨胀将最终减慢并停止，然后它将开始崩塌。星系团和单独的星系将合并到一起，宇宙微波背景辐射将增加它的温度，最终空间将变得异常灼热从而恒星蒸发。宇宙将回到与大爆炸期间十分相似的状态。但宇宙不再膨胀，而是开始收缩并向大坍缩的方向转变。

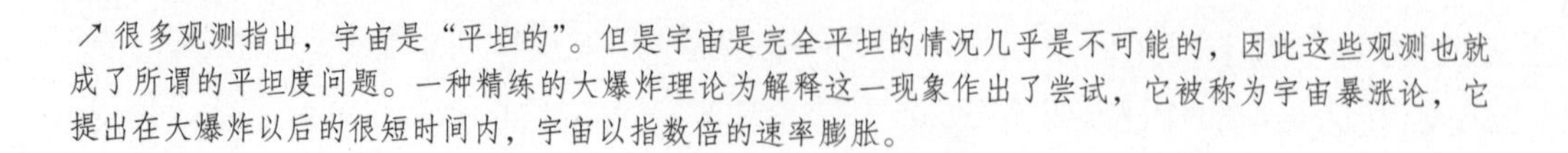

↗很多观测指出，宇宙是“平坦的”。但是宇宙是完全平坦的情况几乎是不可能的，因此这些观测也就成了所谓的平坦度问题。一种精练的大爆炸理论为解释这一现象作出了尝试，它被称为宇宙暴涨论，它提出在大爆炸以后的很短时间内，宇宙以指数倍的速率膨胀。

↓开放宇宙不具有足够的物质以产生足以终止空间膨胀的引力，于是开放宇宙将永远膨胀下去。尽管膨胀将受到其包含的物质的引力的影响而减慢，但这一过程不可能停止甚至倒转。宇宙在内部的所有物体都达到相同的温度时将发生“热寂”，达到这一状态的时间量级大约为1012年。在1030年时，在所有的死亡星系残余都成为超星系黑洞后，质子开始衰变成为电子和正电子，所有的物质也都将发生相同的变化。

↑平坦宇宙是开放宇宙和闭合宇宙之间的分界线。在平坦宇宙中，宇宙的膨胀将在无限量的时间后停止，除非宇宙中充满了暗能量，在这一情况下，膨胀将永远加速下去。平坦宇宙将受制于质子的衰变和热寂，就和开放宇宙一样。

↑“闭合的”宇宙是其内部包含的物质产生的引力足以终止宇宙的膨胀并将它重新拉到一起的宇宙。随着星系的相互靠近，宇宙温度再次上升，直到不可避免地变成一个火球——大坍缩，这类似于但又不同于大爆炸的逆过程。有些可能的闭合宇宙能够存在很长时间，从而开放宇宙中的所有过程。

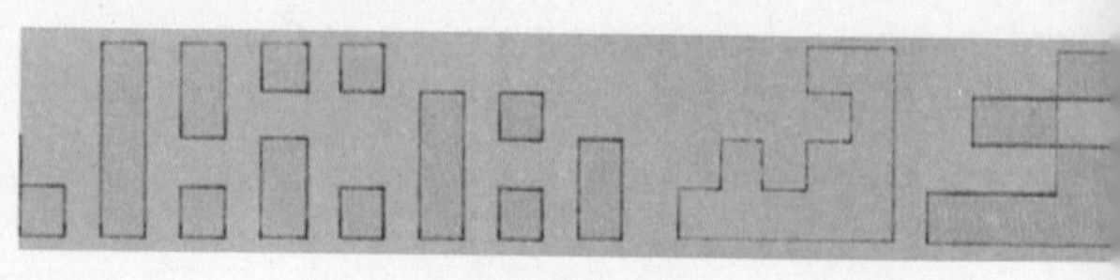

地外生命

人类常常会问自己：地球是不是宇宙中唯一产生了生命的地方？如果对巨分子云的观测发现那里有有机（含碳）分子存在，那么新形成的太阳系将会有生命形成所需的化学元素。生命在地球上是如何产生的仍然是未知的，但很多人认为它产生于海底的热液喷口周围。一旦我们知道了这些，我们将能够估计到底有多少能够拥有生命的星球。

为了产生类似于我们的生命体，行星必须有着与地球一样的物理特征，例如温度、大气和阳光，这只能发生在位于环绕类似太阳的恒星轨道上的行星上。太阳是一个 G 型的恒星，但温度稍低的 K 型恒星在行星更靠近一点的情况下也可能足以产生生命。高温恒星，如 A 型和 F 型恒星在行星到恒星的距离大于地球到太阳距离的情况下，也可能成为孕育生命的家园。

从地球上探测任何一颗存在生命的行星都是十分困难的。地球每天向宇宙“泄漏”出无线电广播，可能在其他行星上也存在相同的情况——天文学家在被称为“水洞”的微波波段监听着这些广播信号，在这个波段上，电磁波的星际吸收和大气层对它的吸收都最小。“水洞”这一名称来自于这一区域上的两条谱线，一条是氢（H）线，另一条是羧（OH）线。如果把它们放在一起，就有了两个氢和一个氧——H_2O，也就是水。基于此，这一微波波段也就被称为水洞。

计算机用户可以下载一个名为 SETI@home 的屏幕保护，它将在计算机不作

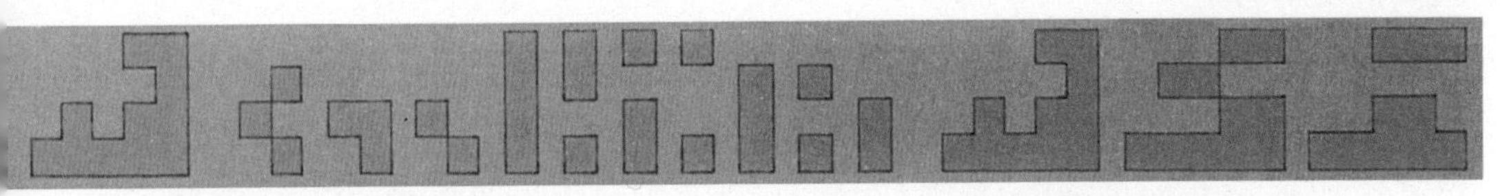

↑“阿雷西博信息”的内容被一群天文学家在1974年发布到外层空间中。接下来，二进制编码的内容包括了许多不同的信息，如：二进制数字1到40；氢、碳、氮、氧和磷（构成地球上生命的五种主要元素）的原子数；DNA的化学分子式和其他信息；人类的图像；地球上的人口数；太阳系的图像等。

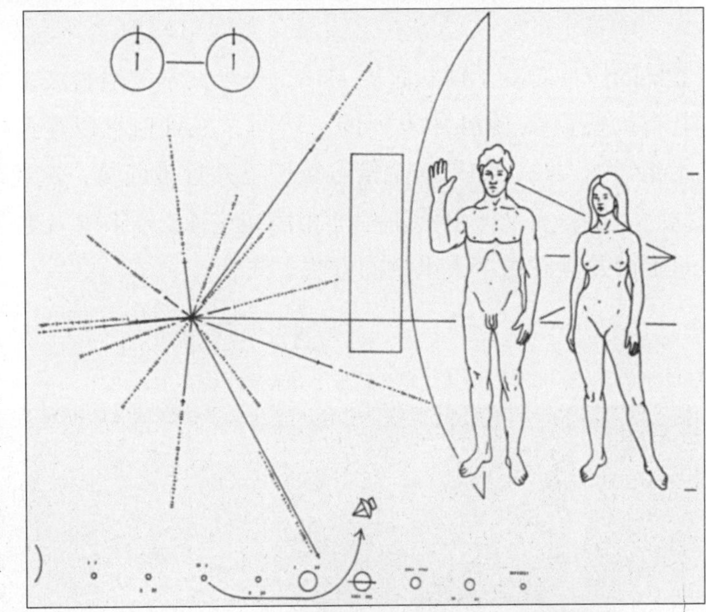

→NASA的“先驱者10号”和“11号”探测器携带着这块碟片，因为它们已注定离开了太阳系。碟片上展示了人类在探测器旁的相对大小，上面的星图标注了地球及多个邻近脉冲星的一张地图。

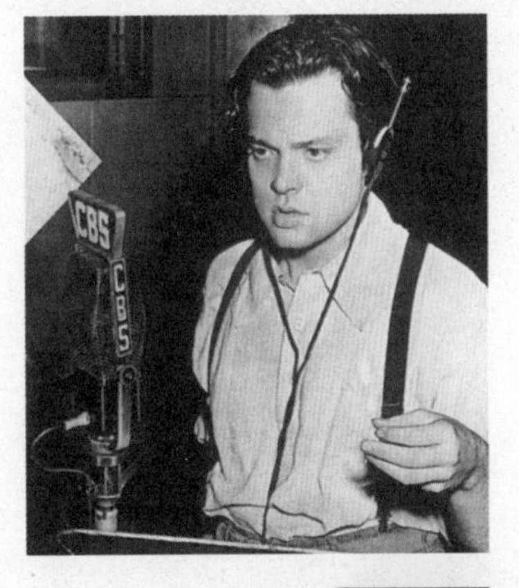

↓在1938年奥森·威尔斯广播了赫伯特·乔治·韦尔斯的经典科幻小说《世界大战》的改编故事。故事是基于当时的美国，它使得许多听众开始认为火星人的入侵确实正在发生。如果这一广播“泄漏”到宇宙中，它将在图中指出的年份到达这些邻近的恒星。它将持续前进，尽管传输的信息不断衰弱，并且可能不被理解。

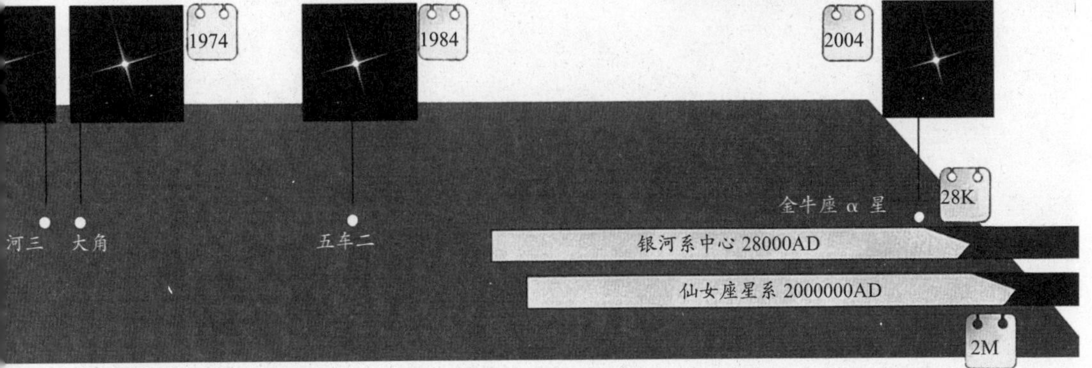

他用时搜寻信号数据。但是到目前为止，还没有发现一个看起来可能是从其他行星发来的有目的的或是偶然信号——尽管已经观测到一两个无法解释的信号。

地球上的天文学家在“泄漏”无线电辐射之外也发出了一些有目的的广播。最早的广播对准了球状星团 M13，是天文学家通过波多黎各阿雷西博的 305 米射电望远镜盘在 1974 年发射的。然而，尽管信息以光速传播，它仍需要 2.4 万年才能到达 M13，如果这个信号被接收并且被回复，这还将需要 2.4 万年才能到达我们。很多天文学家和工程师相信在这 4.8 万年中人类能够发展出使我们在行星间旅行并且发送个人讯息的方法。

↓阿雷西博射电望远镜位于波多黎各山脉的一个天然火山口上，是世界上最大的射电望远镜。它有着 305 米的直径，用于扫描通过望远镜正上方天空中的不同区域。

生命、精神和宇宙

尽管天文学家在了解发生在宇宙中的某些过程上有着一定的成就，但他们了解得越多，就表明有越多的问题出现。这些问题是关于自然界本质的，科学并不能独立地给出答案。人类是不是宇宙中唯一的智慧生命？宇宙和人类是偶然形成的还是作为某些宠大设计的一部分？

现代天文学家常常被问到的一个问题是：宇宙有很多可能的存在方式，但为什么宇宙是现在这样的？在大爆炸的最初一点时间内，物理定律和宇宙常量处于变迁中，它们也只是在以后才固定为现在人们所熟悉的形态和数值。这些物理定律（如光速等常数）描述了宇宙是如何运行的。如果宇宙有着不同的电子电荷常数，恒星可能变得不能燃烧氢；如果在大爆炸的第 1 秒中，物质超出反物质的比例不同，可能就不再有物质，或者不再有这么多的物质将在很久以前就发生崩塌。

即使这种常数上的差异也可能让宇宙出现，甚至允许各种生命的演化，生命存在的形式可能会有极大的不同。如果在量子尺度上支配相互作用的普朗克常数比目前的值大得多的话，甚至与人一样大的物体都能够表现出波粒二象性，并且能够像电子衍射穿过狭缝一样“衍射”穿过门缝。

哲学家可能会问：为什么宇宙如此适应我们这样形态的生命产生，这仅仅是偶然，还是宇宙为人类能够在其内部发展铺平了道路？这些问题在名为“人择宇宙”原理的具有高度争议的理论中被提到。它提出宇宙之所以存在是因为如果宇宙不存在，我们就不能够在这里观察它。它的一个变体理论将它更推进了一步：宇宙的存在是为了给人类提供生存的场所。很多支持这一理论的人提出人类在某种程度上是特殊的，并且指向生命在它们所存在的地球上寻找相应小生境的坚韧方式。这表明只要有最微小的可能，生命就会出现，这一观念适用于整体的宇宙。有的人则认为宇宙可能并不是独一无二的，在大爆炸之前可能

↑玛丽亚·居里（1867 ~ 1934 年）是亚原子物理学的先驱。

←伽利略·伽利莱是最早的经典物理学家之一。

←在普朗克时间内，唯一可能的结构是夸克。随着时间的流逝，质子和中子形成，之后是电子，它们共同形成了原子。它们之间产生结合力从而形成简单分子。随着更为复杂分子的合成，有机含碳分子等更大分子形成，这些分子随后形成了活的细胞，进而产生更为复杂的社会化生命，如蜜蜂等。在这一进程发展的顶峰，是人类等有知觉的创造性生物。

1. 夸克
2. 核子
3. 原子
4. 简单分子
5. 大分子
6. 简单生物
7. 社会化生物

↑沃尔夫冈·阿玛迪乌斯·莫扎特是富有创造性的天才。

存在着更早的宇宙，甚至我们所知的物理定律也是之前的多次循环的演化过程的一个结果。

随着时间的流逝，宇宙演化出越来越复杂的结构。在最简单的一层是基本粒子或夸克——在大爆炸后最早产生的事物。最为复杂的就是智慧生命，以及它们的概念性架构（可能包括了科学本身，以及艺术和文明）。这些复杂的事物离不开中间层面结构的出现，从简单的原子、星系和恒星、较重元素、分子、蛋白质、简单生命形式到更加系统的生命形式。一些人认为智慧生命的产生因此也与原子和分子的产生一样自然。这因此可能就是智慧生命有目的地改造宇宙的形态以作为永久的居所。通过这种方式，智慧生命能够给自己全部的时间用以探索和理解。即便我们的文明衰落，未来的文明将会找到足够的时间探索和理解这种终极目标——如果它在确实存在。

星际旅行

到达遥远恒星的能力将使天文学从一门观测科学转变成一门实验科学。但到达恒星所涉及的问题大多是异常困难的。科学家已经向太阳系中的八颗行星发射了探测器，并且在这一过程中发展出最高速的人造物体。如果与它们一样的探测器被发射向恒星，它们需要几千年才能到达它们。到达恒星的距离极大，以至于从离太阳最近的恒星（名为半人马座 α 星 A 和 B 以及比邻星的三星系统）发出的光也需要 4.25 年才能到达地球。因为宇宙中没有任何东西的速度能够超过光速，所以即使是使用最先进的星际飞船所需的旅行时间也是极漫长的。

因为这些原因，未来的航天员可能必须处于假死状态，他们身体的新陈代谢将被减慢从而变得失去知觉，计算机将监控他们并且维持他们的生命，并使他们的身体极缓慢地老化。在星际飞船自动控制下到达目的地之前可能将经过许多年。在到达后，船员将被唤醒。这样的旅行方式称为睡眠船。

另一种可能的方式是船员在船上正常生活，也就是所谓的跨世代星舰。随着原来的宇航员的衰老和死亡，他们的后代将从他们那里接过操纵星舰的任务。

适用于到达恒星的推进系统至今仍未建造成功。化学火箭——例如用于宇宙飞船上的——不具有足够的动力以提供星际旅行所需的推进力。一些科学家提议通过令核弹在星际飞船后部爆炸以推动飞船，另一种想法是使用强大的激光和巨型的聚光镜。通过与帆船使用船帆聚集风力一样的方式，这些星际飞船将通过聚光镜收集光线中的光子，光子的辐射压将推动星际飞船。最后，核聚变推动的火箭将指数倍地提高它们在宇宙中的运动速度——从光速的 1/20000 到光速的 1/10。

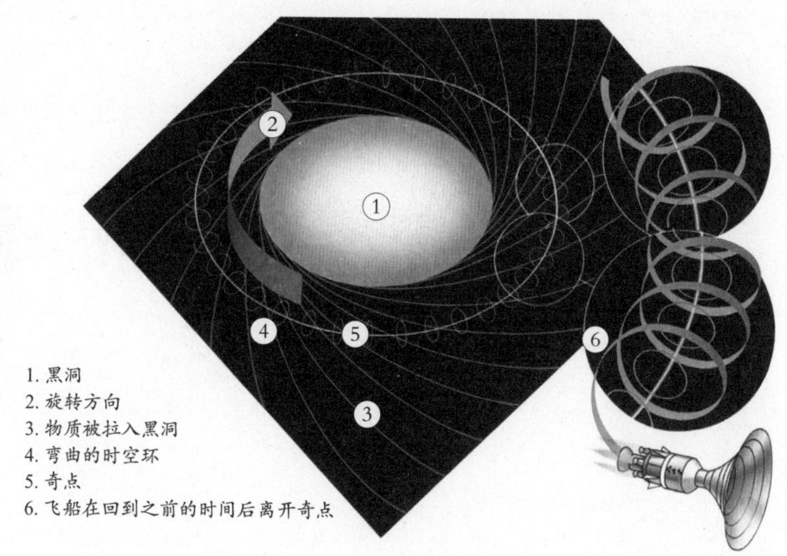

→比星际旅行更为奇异的是穿越时间。按照一种理论，穿越时间可以在旋转中的黑洞附近完成。为了达到这一目标，时间旅行者将需要进入动圈。这是时空连续体受黑洞旋转而被绕圈拖动的区域。如果飞船能够在不穿过视界的前提下离开黑洞，一些物理学家认为它将出现在过去数年的一个时间点上，甚至可能是一个完全不同的宇宙中。

此外也还有着很多基于现代理论物理的奇思妙想。如果宇宙是由多维构成的，而人类只能感受到其中的三维或四维，可能在其他的维度上就存在着可以被发现的捷径。关于这类“虫洞”的数学计算正在进行中。如果虫洞存在并且能够连接，并且能够被用于旅行，那么整个宇宙将可能都变为可达的。

存在高度争议的关于穿越时间的可能性同样正在研究中。一些天体物理学家相信黑洞周围弯曲的时间连续体是一个潜在的时间旅行机，但开发它的可行性——并不考虑危险性——排除了它被人类所利用的可能。

↑这张效果图展示了在环绕地球轨道的巨型星际飞船的建造过程——它可能过于巨大以至于难以在地球上建造。材料和劳力将通过类似宇宙飞船的航天器上下运送。国际筹资的空间站计划被证实难以带来成果，获利更为长远的星际飞船的建造将更难以实现。

↑光子帆是基于波粒二象性原理的。因为光线可以是粒子（光子），它们具有动量。通过利用超大激光中的光子轰击光子帆，这些动量将被转移到航天器上。

↑携带足够的燃料是星际旅行中的一个难题，光子帆在某种程度上解决了这一难题，而星际冲压发动机则通过另一种途径也克服了这一障碍。宇宙的75%是氢，它们能够发生核聚变，所以为什么不沿路收集呢？传统的火箭为星际冲压发动机加速，而“漏斗”收集氢，氢在飞船尾部熔合。

第二章

星云、星系和类星体

星云

自古至今，观测者只要仰头凝望夜空，就可以看到恒星之间存在一些较小而且微弱，几乎像云朵一样的块状物。这些天体被称为星云（nebulae），拉丁语的意思为“云”，源自于它们像烟云一样的外表。

没有人确切知道星云里面正在发生什么变化，所以人们对这些云状物的真正特性并不了解。当望远镜变得足够强大，人们发现有些星云实际上是星系，仙女座星云就属于这种情况，现在我们称之为仙女座星系。另外一些星云被证实是真正的星云，也就是由尘埃和气体组成的区域。这些星云被分为以下类别。

发射星云：这是最明亮的一类星云，它们发光是因为它们内部嵌有炽热的恒星，这些恒星发出的辐射使周围的气体受热发光。发射星云有的很大，事实上它们内部有大量的气体和尘埃，足以形成恒星和行星，因此是星星的滋生地。用肉眼最容易看到的一个发射星云是猎户座星云 M42。

反射星云：正如名称所显示的那样，这些“云彩”之所以看得见，只是因为它们反射附近恒星的光芒。恒星不能够使这些气体发光，是因为恒星温度比较低，没有那么大能量，结果是反射星云就暗淡得多。金牛座的昴宿星团周围有一个暗弱的星云围绕着，但是只有借助高倍望远镜才能看得见。

暗星云：气体和尘埃附近没有恒星就不发光，我们之所以能够看到它们，是因为它们挡住了它们背后所有的东西。这一类别包括猎户座的马头星云（你需要借助望远镜），以及更大一些的位于南半球的南十字座煤袋星云，它用肉眼可以很容易看到。

行星状星云：一些恒星在生命的晚期喷发掉它们的外层，只剩下一颗较小的恒星，但是很热，能量充足。那些脱离的外层向外扩张，因从中心的恒星发出的辐射而发光，这一点有些像发射星云。透过望远镜看去，这层“外壳”看起来有点儿像行星，由此得名。天琴座的环状星云就是个典型的例子。

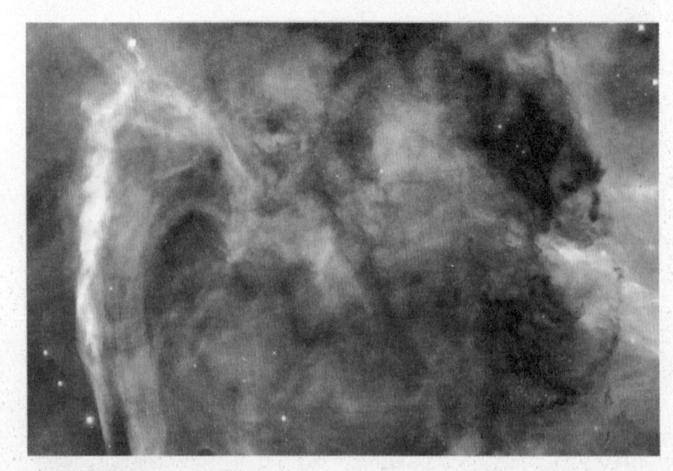

↑**发射星云**
神奇的船底座艾塔发射星云，中间是黑暗的锁孔星云（左边）。（哈勃望远镜图片由 AURA/STScl/NASA 提供）

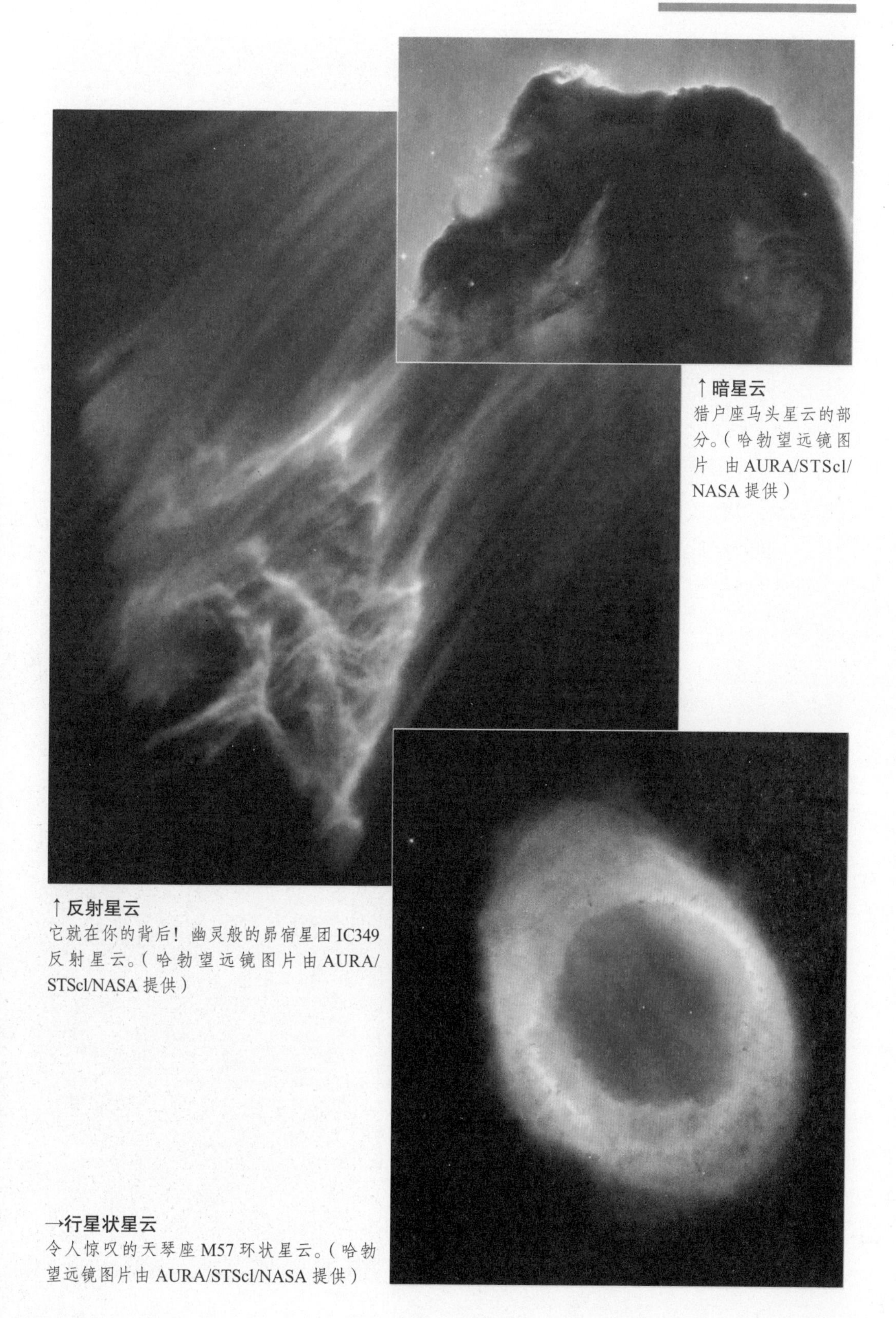

↑暗星云

猎户座马头星云的部分。(哈勃望远镜图片由AURA/STScl/NASA提供)

↑反射星云

它就在你的背后！幽灵般的昴宿星团IC349反射星云。(哈勃望远镜图片由AURA/STScl/NASA提供)

→行星状星云

令人惊叹的天琴座M57环状星云。(哈勃望远镜图片由AURA/STScl/NASA提供)

星系的形成

大爆炸后大约 30 万年，物质与能量去耦以后，在宇宙微波背景辐射释放的过程中，引力成为宇宙中的支配力，并把物质云团拉到一起。这一崩塌被认为是“无尺度”过程，其中大小物质云团都受到同样的影响。最小的区域最早结束崩塌，因为它们所包含的被聚集到一起的物质较少。事实上，那些最大的物质集合——超星系团，至今仍可以被观测到处于崩塌过程中。

去耦以后的时期被称为宇宙历史中的黑暗时期，这个名字的由来是因为这个时期宇宙中不存在恒星。但是随着初生星系的形成，恒星自然地形成并发光。

对这一过程的计算机仿真模拟说明：小块的不规则星系最先形成，它们相互碰撞或者从周边环境中逐渐累积更多的物质。在发生碰撞的状况中，星系组成中的恒星将会被甩到随机方向的轨道上去，从而产生一个椭圆星系。而那些逐渐累积物质的星系将会发展成为美丽的螺旋星系。然而，任何时候，如果一个螺旋星系与另一个类似大小的星系相撞，它脆弱的螺旋臂将被毁坏，从而形成一个椭圆星系。

哈勃天文望远镜的观测表明：大多数星系都在宇宙初始的几十亿年中形成，并且从那时起，星系改变不大。现在，大量证据还表明：大多数星系中心都存在着一个超大质量的黑洞。目前的一个研究的中心就是关于黑洞是什么时候形成的。超大质量黑洞不像超新星爆炸中形成的黑洞，它并非极端致密且只有几千米宽，它们大约和我们的太阳系一样大，密度和水差不多。然而，在它们吞噬恒星时，会释放出大量的能量，这造成了它们所在星系中心的剧烈活动，使星系成为活动星系。

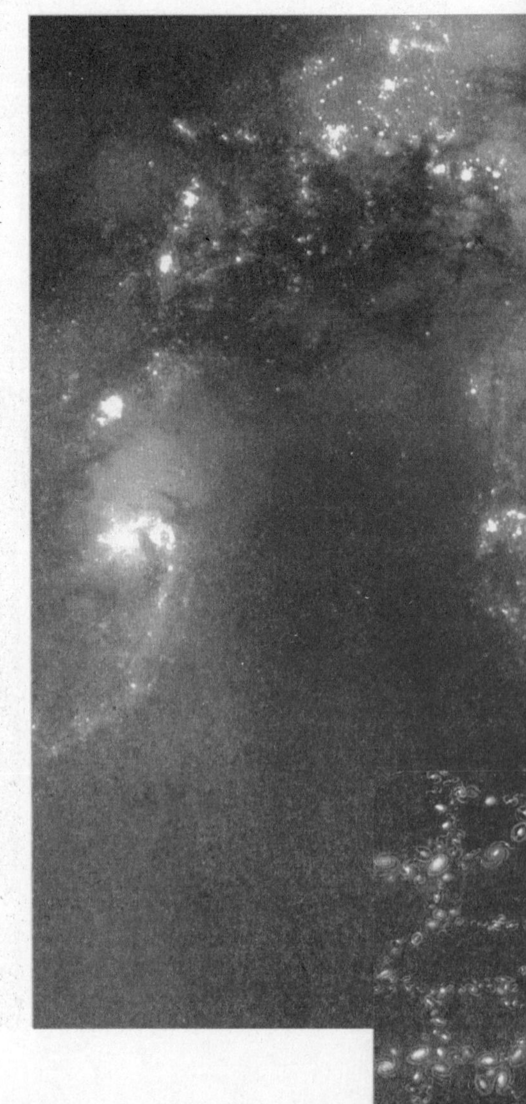

→两个星系在慢速碰撞中的画面被捕捉到，这一过程将会持续数百万年的时间才能完成。这种碰撞现在十分罕见，但被认为在早期的宇宙中星系还很小的时候很常见。

深入观测星系形成期对全世界的天文研究小组来说都是一个很大的挑战，因为他们所探测的天体所发出的光线需要数百万年才能到达地球。目前，望远镜还不能很好地完成这项任务，但一系列的新型空间望远镜正在设计建造中，以观测到更多黑暗时期的信息。名为赫歇尔的一架空间望远镜已于2009年发射，而NASA/ESA合作的下一代空间望远镜（NGST）将会是一台直径达6米的仪器，它们对于红外波长都更加敏感，这使得它们能追溯回宇宙的黑暗时期，以看到最早的恒星和星系。

↑星系的成长过程在今天的宇宙中仍在继续。在这幅哈勃天文望远镜拍摄的图像里，NGC 2207星系（左）与IC2163（右）星系正在相互靠近形成合并。大约4000万年前，IC2163与这个更大的星系撞开，现在正被拉回。

←天文学家们使用计算机对现在宇宙中的星系分布的形成建模。单个的星系聚集在一起，红色代表最老的星系，蓝色代表最年轻的。为了准确地重现这些星系的状况，天文学家必须假设宇宙中的很大一部分是由暗物质组成的。

←宇宙的黑暗时期在第一代恒星开始发光时结束。在大爆炸后大约10亿年，还不存在着可辨认的星系，只有大团的极热和明亮的蓝色恒星。这是一幅画家对于可能围绕着这些超能恒星的粉红色氢气泡印象的图画。

星系的分类

已发现的星系外形和大小各异，但是大部分能够按照它们的外观分为两个主要的类别——几乎所有的星系在外观上是椭圆的或螺旋的。

分类一般是按照形状进行的，运用一种叫“音叉”图的方式，椭圆星系是巨大的恒星集合，其形状范围包括了从完美的球形到雪茄状的扁平椭圆形。已知宇宙中的最大星系是巨大的椭圆星系，它们处在致密星系团的中心。

看起来这些星系都是依靠吸收周围离得太近并被它们的巨大引力场所捕获的小星系而变得如此之大的。另一方面，椭圆矮星系是已知的一些最小的恒星系统，只拥有大约 100 万颗恒星。一般认为存在着大量的这类星系，但因为它们小且暗，很难被探测到。螺旋星系是美丽的天体，它表现出当前存在并且持续下去的恒星形成的迹象。它们包含了由老年恒星组成的中央凸起部位——核，围绕着持续形成新恒星的物质的盘。恒星在盘状物质中形成的地方发出强烈的光芒，并且环绕着核形成螺旋形的图样。螺旋星系有很多种类，通常根据它旋臂缠绕的紧密程度以及核的大小来区分。大约所有目前被辨识出来的螺旋星系中的一半都有着附加的可区分特征，这就是从星系核中释放出来并延伸到星系盘中的一个由恒星构成的直的棒状结构，一般的旋臂将会从这些棒状结构的末端开始缠绕。这种星系被称为棒旋星系。与螺旋星系一样，它们也可以根据旋臂缠绕的紧密程度和核的大小进一步分为不同的类型。棒状结构的产生看起来与螺旋转动的恒星引力的相互作用有关。

透镜星系构成了一种中间状态的星系类型，介于椭圆星系与螺旋星系之间，它们有着核凸以及恒星构成的薄盘状结构，但是没有螺旋臂。有时候透镜星系也有棒状结构。

没有明显的结构或者核的星系被称为不规则星系。I 型不规则星系显示了旋臂曾以某种方式分布的迹象；Ⅱ型不规则星系则纯粹是一团混乱的恒星。有证据证明，这种类型的很小的星系比如矮星系，可能是因为更大的星系间碰撞时抛出的物质落入星系间空间而形成的。与螺旋星系一样，不规则星系正处在恒星形成的过程中。

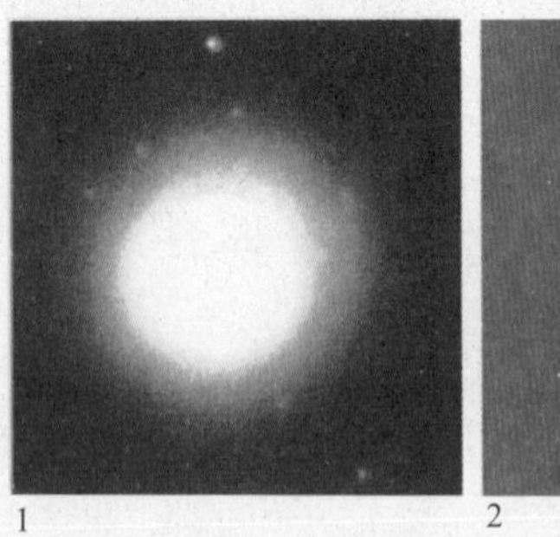

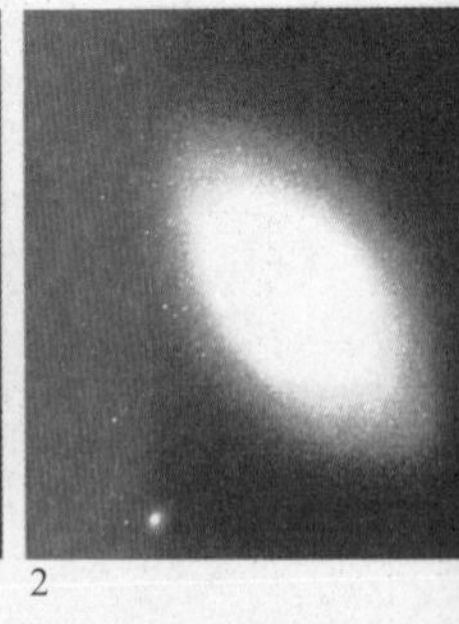

↑哈勃音叉图展示了 7 种类型椭圆星系（1 ~ 3），取决于它们的扁平程度；螺旋星系（4 ~ 6）和棒旋星系（7 ~ 9）如右侧图表现的那样。螺旋星系分 3 种类型，取决于核的大小以及旋臂围绕的紧密程度。透镜星系介于螺旋星系与椭圆星系之间。不符合这些分类的星系被称为不规则星系。

↓星系是宇宙中最大的单个物体，平均跨度大约为10万光年。M83是一个位于长蛇座中的螺旋星系，它有两条明显的旋臂和一条相对较暗的旋臂。M83位于离我们银河系大约2700万光年的地方，其直径大约为3万光年。

↑星系曾被天文学家认为是椭圆形并且随着旋转逐渐变得扁平的。人们相信星系在这之后产生了旋臂，进而形成螺旋和棒旋星系。但是，现在人们知道事实并非这样。换言之，哈勃音叉图上的不同类型的星系并非一个演化序列。星系的哈勃分类永远不会改变，除非星系发生极剧烈的变化，例如与其他星系相撞。事实上，椭圆星系是在螺旋星系相撞并合并后产生的。

星系的结构

螺旋星系的可见区域曾一度被认为代表了它的整个系统。天文学家现在相信：形成恒星的物质仅仅是包含在星系中所有物质的极小部分，其余的质量以灰暗物体的形式存在，它们太暗，以至于我们无法从观测星系时看到，或者甚至这些我们无法探测到的物质形式就是暗物质。

在从地球无法看到的昏暗物质中，螺旋星系盘中含有大量不发光的尘埃与气体线。有时候尘埃线能被看到是因为它们挡住从旋臂上发出的光，从而使我们能看到它们的轮廓。星系盘中同样包含着许多的更暗、更老的恒星，因为它们的光芒被旋臂上年轻明亮的恒星掩盖，所以无法被看到。恒星围绕螺旋星系的旋转为我们提供了许多关于星系中包含的比可见部分更多物质的重要线索。恒星移动得很快，以阻止星系飞离天文学家们相信的围绕着螺旋星系的巨大、隐藏着的球状物质晕。从可见的证据上来，星系的质量与太阳系一样，似乎集中在它的核内。这也许意味着，随着星系的旋转，离核心较远的恒星要比距离较近的恒星移动得慢。但是，实际观测并不支持这点。相反，星系的质量更像是存在于它的可见区域之外，包含在巨大的球状物质晕中。

晕中的物质被认为包括了好几种不同的物体，例如星系盘中逃逸出来的灰暗恒星；失败的恒星，它们被称为矮褐星；恒星崩塌、死亡之后的遗迹形成了包括中子星、黑洞在内的物体。气体云可能也存在于星系晕中。除了灰暗物体之外，星系晕也包含了名为球状星团的发光体。

球状星团类似于椭圆星系，它们是被相互间的引力束缚在一起的恒星的球形集合物。在球状星团中没有恒星产生，它们环绕着自己的母星系，并且界定出一个球状区域，这被认为代表着星系晕边界。球状星团包含了非常老的恒星——大部分被认为是在100亿年前形成的。然而一些恒星甚至更老，有着估计和宇宙一样的年龄。最大的球状星团包含了几百万

←M13是一个与银河系相关的球状星团。这类星团存在于星系周围的晕中，并且环绕其母星系核的轨道运行。在螺旋星系中，这些轨道使得星团穿过星系盘区域。然而这里的恒星密度很低，因此球状星团完好无损地出现在星系盘的另一侧。

↓→草帽星系（M104）位于处女座中，是一个侧视的螺旋星系（左）。横穿星系中部的暗条是由尘埃构成的。成熟的计算机图像处理使得昏暗的星系晕变得可见（右）。星系的一张“底片”被叠加了上去，以揭示它的位置。

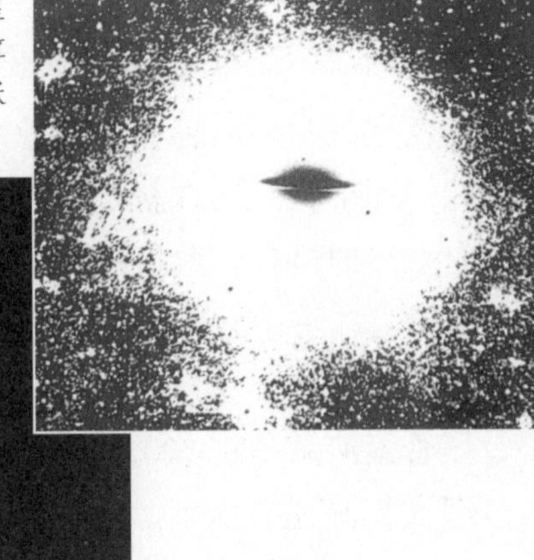

→螺旋星系的可见部分是一个大得多的结构中的一部分。照片中是一个典型的侧视的螺旋星系：盘状结构被晕包围，球状星团显著存在于晕中。此外，晕中被认为还包含了灰暗恒星、死亡恒星如白矮星和中子星甚至黑洞。

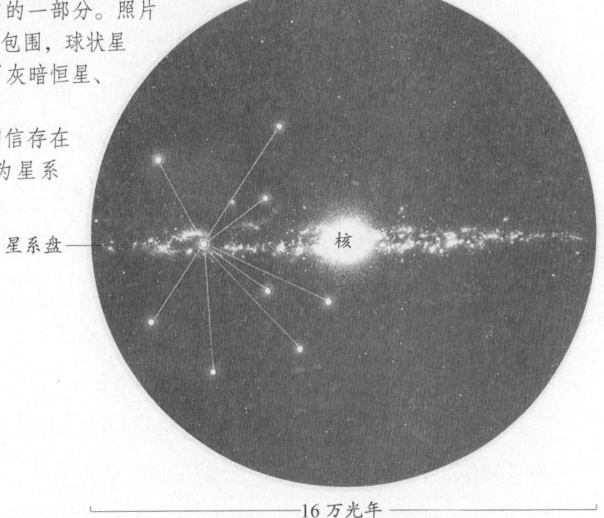

在螺旋星系的晕的外部，一些天文学家相信存在着一个更大的包含物质的球形区域，这被称为星系冕，根据目前的理论，它包含了大量的暗物质。

球状星团帮助一位美国天文学家——哈罗·沙普利在 1920 年作出了对于银河系的第一次准确测量。观测整个星系是十分困难的，星系平面上的星际尘埃限制了我们的视野。球状星团（位于黄线的末端）位于平面上侧或下侧尘埃较少的地方。沙普利假设星团系统的中心与星系中心重合，并利用星系到达这些星团的距离估计了银河系的大小。

颗恒星。典型的螺旋星系有大约 150 个球状星团，而椭圆星系可能包含上千个。一般认为气体云团崩塌形成星系时，孤立区域会各自崩塌并形成球状星团。

许多天文学家相信，在星系晕之外，还存在着一个甚至更大的球形区域，这被称为冕。星系冕可能有星系晕的 4 倍大的直径，可能包含了奇特的暗物质粒子，它们的行为特征与五种稳定的基本粒子大不相同。受到技术的限制，甚至使用目前最先进的设备也探测不到这些粒子，然而它们的存在却可以通过它们对星系中发光物质的引力作用推测出来。一些天文学家提出，星系冕可能占据了多达星系总物质量 90% 的比例。

银河

银河系是一个螺旋星系，因此相对扁平并呈盘状。如果我们观看盘面，我们可以看到比侧视时更多的恒星。太阳并不位于银河系的中心，而是处在一条旋臂上。银河系的中心位于射手座的方向上。

→银河系中心位于射手座的方向上。高密度的可见恒星说明了它们排列得十分紧密。我们自己方向上对中心区域的视点被地球与星系中心之间星系盘上的大量尘埃所阻挡。但是，在不同于可见光的波长上，银河系的中心能被揭示出来。

尽管银河系是在100亿到150亿年前形成的，但太阳只是在大约45亿年前诞生于一条旋臂上，并且从那时起开始在围绕银河系的中心的轨道上旋转，它已经绕了大约21圈，并且现在正处于猎户座旋臂的尾缘，猎户座旋臂是包含了猎户座中大部分恒星的一条旋臂。对银河系的一些测绘表明，猎户座可能实际上并不是一条完整的旋臂，而只是一条连接射手座旋臂和英仙座旋臂的分支。如果确实如此，我们所处的位置就能以位于猎户座桥或分支中的形式更准确地描述出来。射手座旋臂位于我们与银河系中心之间，而英仙座旋臂从太阳的外侧绕过。

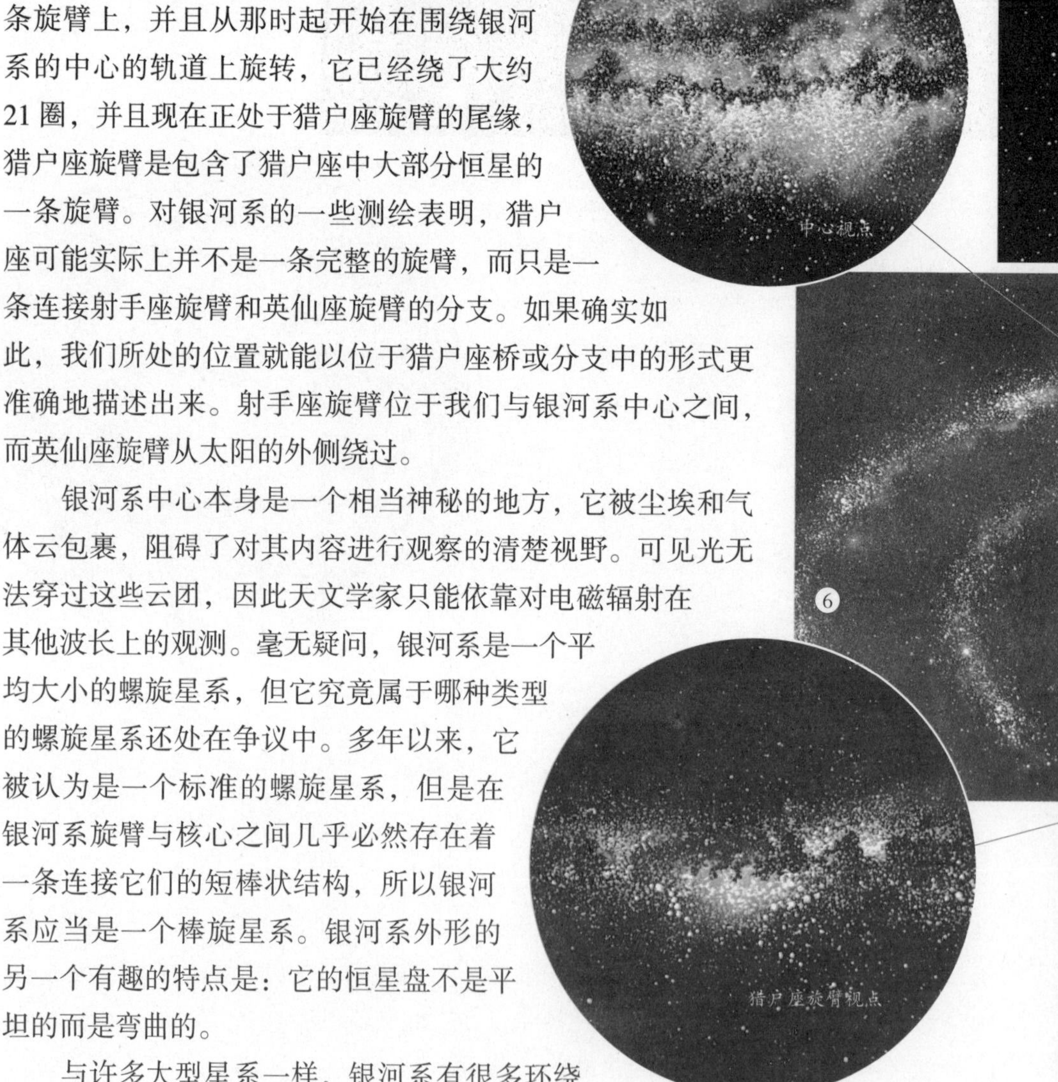

银河系中心本身是一个相当神秘的地方，它被尘埃和气体云包裹，阻碍了对其内容进行观察的清楚视野。可见光无法穿过这些云团，因此天文学家只能依靠对电磁辐射在其他波长上的观测。毫无疑问，银河系是一个平均大小的螺旋星系，但它究竟属于哪种类型的螺旋星系还处在争议中。多年以来，它被认为是一个标准的螺旋星系，但是在银河系旋臂与核心之间几乎必然存在着一条连接它们的短棒状结构，所以银河系应当是一个棒旋星系。银河系外形的另一个有趣的特点是：它的恒星盘不是平坦的而是弯曲的。

与许多大型星系一样，银河系有很多环绕其旋转的小星系。麦哲伦星云是两个不规则的卫星星

系，另外还存在着许多更小的受银河系引力影响而被捕获的矮星系。在它的巨大影响之外，银河系是名为本星系群的星系组合中其他星系的引力边界。本星系群包含了 21 个已知的成员，其中 3 个是螺旋星系（银河系、仙女座星系和 M33 星系），其余的星系都是椭圆星系，包括了巨大的椭圆星系梅菲 I 星系和矮星系。

←在这张银河系风格化视角的照片中，展示了银河系的一些主要特征，说明为什么地球上不同的视角使得银河看起来外观不同。不管我们用何种方式去看，视野中旋臂始终是重叠的。当我们朝星系中心看时，银河看起来最稠密。其他的视角穿过了不同数量的恒星——有的多，有的少。

1. 太阳
2. 射手座旋臂
3. 半人马座旋臂
4. 猎户座旋臂
5. 英仙座旋臂
6. 天鹅座旋臂
7. 星系中心

→像这样的长曝光照片显示了恒星的密度是如何变大的，而银河系的薄盘是如何扩展成被称为星系的椭圆状凸起的。这张图也展示了几条星系盘中的尘埃线。通过对这张照片的仔细分析，说明球状星团是围绕星系核区域中密度最大的天体。

星系团和巨洞

几乎所有的星系都通过引力与其他星系相关联，这样的联合就被称为星系群或星系团——取决于包含的星系的数量。我们所在的星系——银河系是本星系群中的一员，本星系群包含了大约 20 个不同大小的星系。超过数十个星系组成的联合称为星系团，它们有不同的形状和大小：有的是球形的，有些则是不规则的，并且蜿蜒着穿过宇宙。不同的星系团类型包含了不同种类的星系，通过研究所包含的星系类型，天文学家能够了解星系的形状是怎么演化的，尤其是螺旋星系如何形成椭圆星系的。

在球状星系团中，大部分星系是椭圆星系。这些星系团类似于圆球形星团——组成方式相同，只是规模大得多。它们不是由单个的恒星组成，而是由不同的星系组成。这些星系团环绕着一个星系十分集中的中心按照固定的椭圆轨道运行，这些轨道周期性地将它们带到这些致密的区域中。一旦到那里，螺旋星系就会与其他的星系碰撞形成椭圆星系。在一些情况下，星系团的中心部分是一个巨大的椭圆星系，这些就是 cD 型星系，它们被认为是由多个较小的星系的连续合并产生。不规则星系团主要由螺旋星系组成，没有固定的形状或者引力中心，它们的成员星系间很少能够相互接触。

星系团同样会因为引力与别的星系团束缚在一起。通过澳大利亚的 2dF 与美国的斯隆数字空间探测器望远镜等仪器，天文学家绘制了数十万的星系的位置和红移，表明这些星系并不是均匀地分布在宇宙中，而是构成了扫过整个宇宙的名为超星系团的链状结构。本星系群属于一个超星系团，被称为处女座超星系团，它的直径超过了 1 亿光年。超星系团看起来似乎聚集在一个超大的球状巨洞周围。这可能与对宇宙背景辐射的研究中探测到的原始物质中的“粗块”有关。最大的超星系团是一个被称为长城的薄片，它覆盖了超过 2.5 亿乘以 7.5 亿光年的区域。

→本星系群是处女座超星系团的一部分，超星系团大约 20% 的成员星系来自于处女座星系团。这个星系团距离我们大约 5000 万光年，由大约 700 万光年大小的区域中的 1000 个星系组成。

星系团内引力往往能够抵消宇宙的膨胀。星系也就按照它们之间的引力作用而移动。但是超星系团极其大，它内部空间正如哈勃流所示那样应当正在膨胀。由于引力的影响，这不再是一种简单的膨胀性运动。不同于各处的均匀生长，超星系团随着宇宙的膨胀逐渐地被拉长。

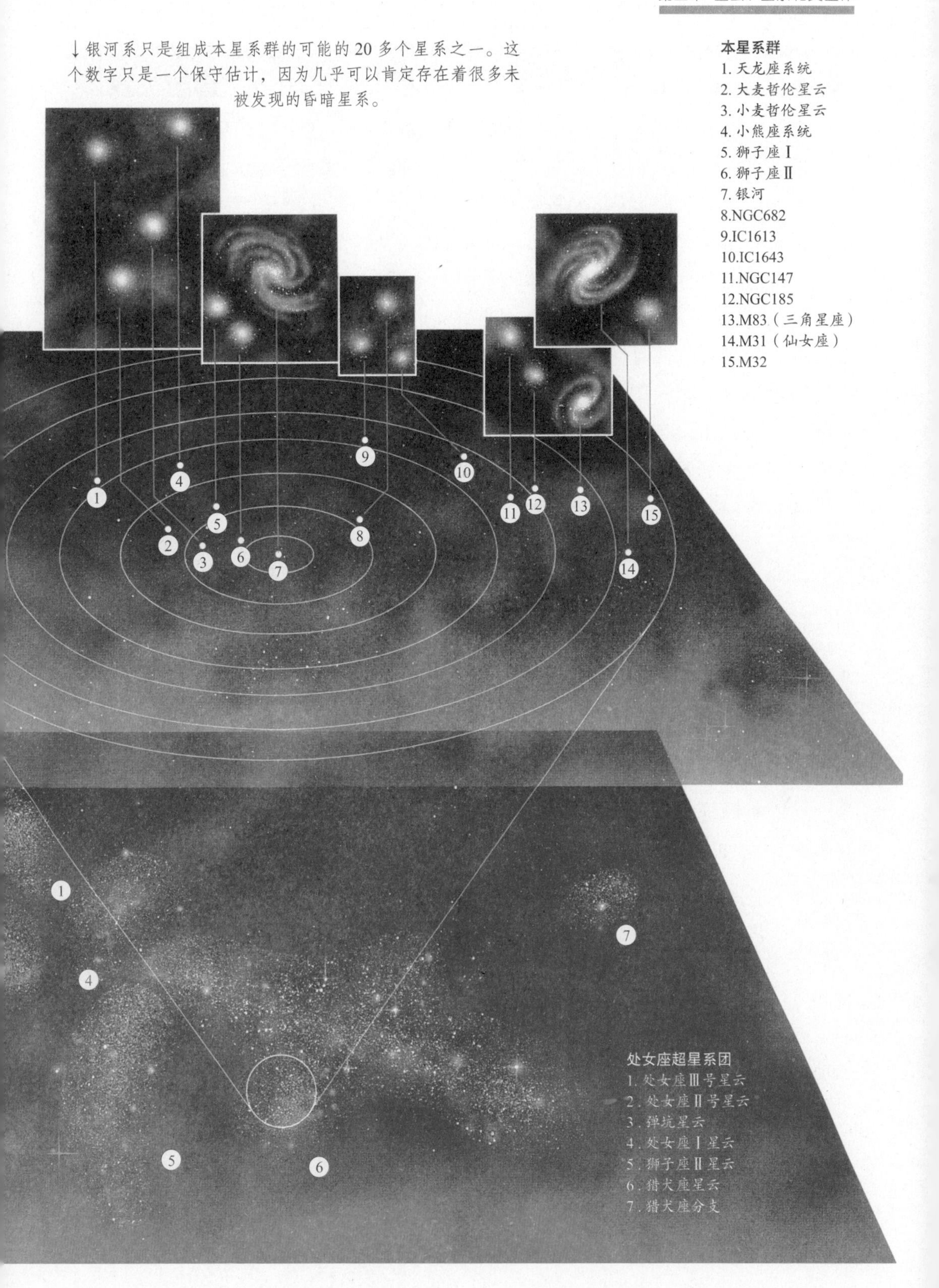

↓银河系只是组成本星系群的可能的20多个星系之一。这个数字只是一个保守估计，因为几乎可以肯定存在着很多未被发现的昏暗星系。

能量机制

不同类型的活动星系——塞弗特星系、类星体、射电星系和耀变体——看起来相互之间都存在着巨大差异。然而，现在许多天文学家相信它们大体上是同一类天体，之所以看起来不同是因为在地球上我们看它们的角度不同。活动星系得需要某种类型的中心“引擎”以产生供给它们辐射的大量能量。尽管存在很多能产生大量能量的过程，但物体落入势阱的效率最高。这使得大多数天文学家相信，在活动星系的中心，能量由于物质被吸入超大质量的黑洞而被释放。

落入黑洞的物质并不会沿直线下落，星系的旋转使得物质被甩入一个被称为吸积盘的盘状结构中，物质从这里完成其在黑洞内部的旅程。吸积盘中的物质高速旋转，使得它温度升高并且释放出 X 射线和其他种类的电磁辐射。由于吸积盘很厚，辐射并不能很容易地穿过，它沿着吸积盘的轴，阻碍最小的路径射出。亚原子粒子也沿着这条轴加速，形成喷流，它们与星系间介质中的原子相碰撞，并使它们成为发射出无线电波长的辐射，射电星系中被探测到的就是这些无线电辐射瓣。

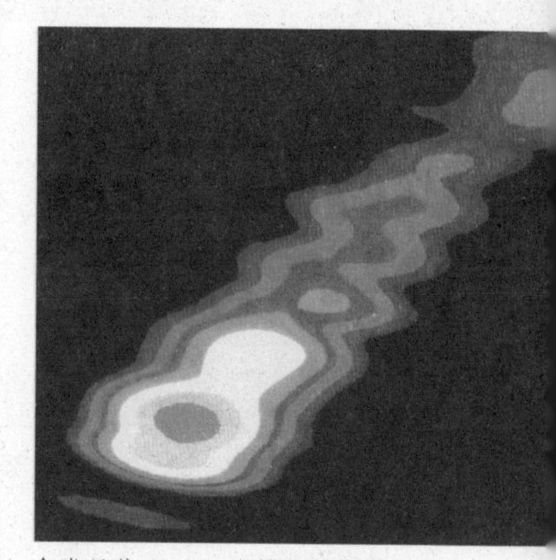

↑类星体 3C 273 的射电图像中展示了由活动星系核发出的喷流（红色，左下部）。喷流是一束快速运动的亚原子粒子。尽管 3C 273 是距离我们最近的已知类星体，它到地球的距离仍有 21 亿光年。

吸积盘的周围是一个由尘埃和气体组成的面包圈状结构，名为环状圆盘。环状圆盘由吸积盘发出的短波散射加热，其中的物质随后将这些辐射以更长的波长再次发射出去。环绕中心引擎旋转的气体云同样也被吸积盘加热，并发出能够以光谱线形式探测到的辐射。

塞弗特星系与类星体之间的区别仅仅在于内核所产生的辐射的强度。当活动星系核从沿着吸积盘的角度观测时，明亮的中心引擎被周围的环状圆盘所遮掩，只有辐射瓣能够被看见，因而我们“看到”了一个射电星系。但如果它是沿圆盘轴被观测的，很可能就是往下看到喷流，而这个方向上的辐射强度是最强的。随着高温气体沿喷流加速，造成了亮度的变化，也就导致它在观测者看来是一个耀变体。在耀变体和射电星系间的观测角度上，中心引擎的散射和可能的喷流能够被看到。

→图中显示了大部分天文学家所相信的活动星系中心的状况。由尘埃构成的巨大区域分布在盘中，被称为环状圆盘。环状圆盘的中心是一个黑洞。氢气云位于环绕黑洞的轨道上。通过一种还未知的机制，亚原子粒子构成的偶极喷流从活动星系核中以垂直于环状圆盘面的角度射出。本图可以与右上角 NGC 4261 相同区域的照片相比较。

↓根据活动星系统一理论，活动星系核的方位决定了它在地球上被观测时所表现的形状。如果吸积盘按照图 1 所示，我们正对着喷流的方向，由于它具有极高的亮度，因此我们无法看见吸积盘本身。在图 2 的角度上，喷流并不正对我们，因此我们能看见围绕黑洞的盘。当吸积盘按照图 3 方向侧面正对我们时，我们看不到黑洞附近所发生的活动。

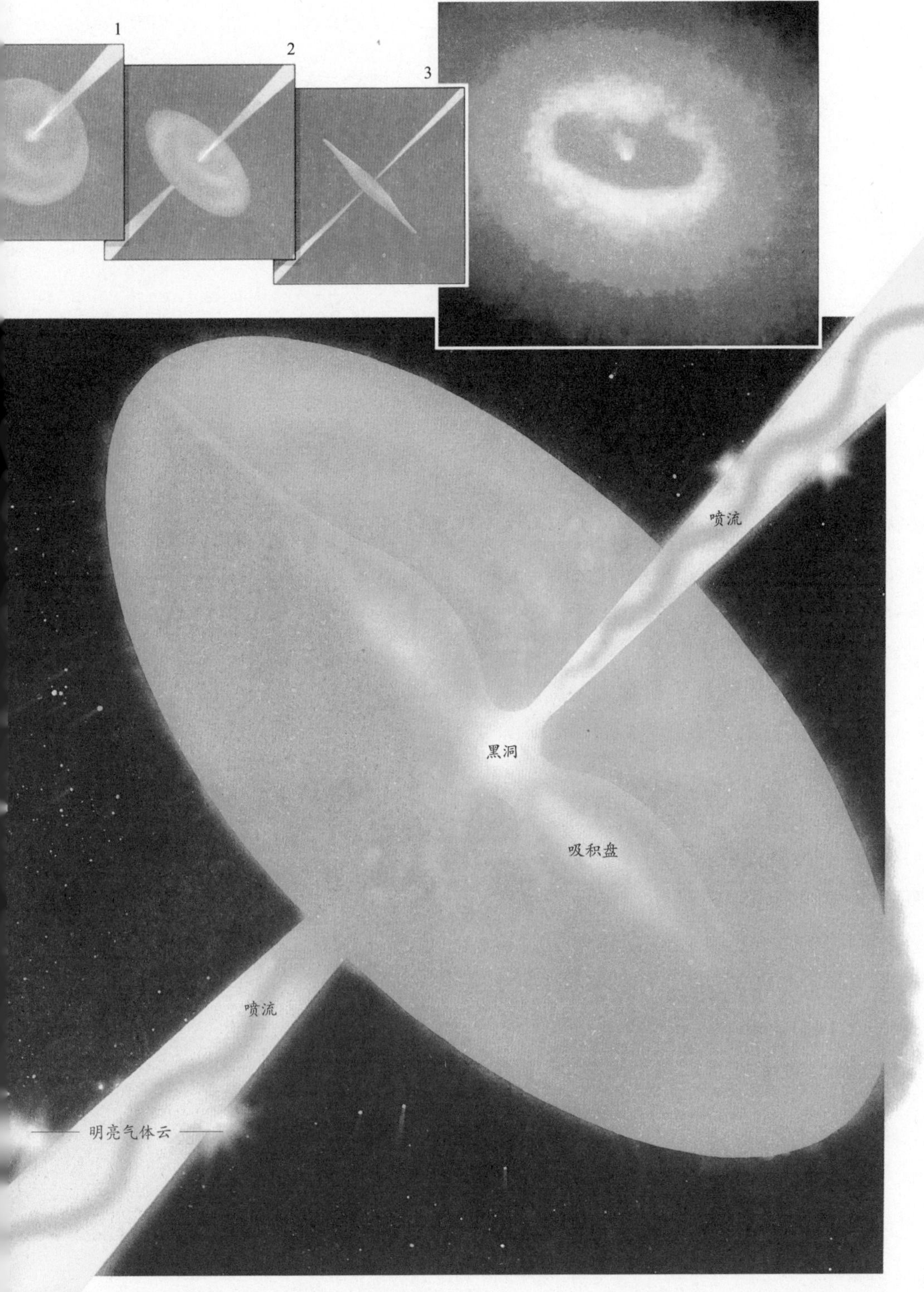

相互作用中的星系

星系始终处在运动中（它们之间以及与相邻天体间的引力作用导致），所以有时可能每上亿年一次，星系团中的星系运行到极近的距离上，从而发生剧烈的相互作用。如果两个星系具有相近的质量，相互作用的结果与一个星系比另一个大很多的情况将很不一样。星系的接近程度同样也影响到最终的结果。一些星系擦肩而过，在距离很远的地方影响到对方，而另一些相互碰撞并发生合并。

如果两个具有相近质量的螺旋星系相向运动，随着它们逐渐接近，它们会开始搅扰对方内部。它们将对方的恒星从原有的轨道上拉开，慢慢地，两个星系会失去它们的螺旋形状。一些恒星从星系中被拉出，在星系间的空间中形成很长的“尾巴”；其他的恒星开始减速并向两个星系的共同质心落去。如果两个星系距离足够近，它们会合并成一个星系。当星系以这种方式相撞时，它们所包含的恒星实际上并不互相接触：恒星间的空间非常大，以至于甚至在星系合并中发生碰撞的概率也很小。

如果两个相撞的星系大小差别较大，其中的一个会受到很大影响，而另一个基本不变。如果一个小的致密星系与一个大的螺旋星系相遇，螺旋星系相对不受影响，而小的致密星系将会发生极大的变化。但是，如果致密星系穿过了螺旋星系，它会使螺旋星系形成环状，就像是池塘中的水波一样。

星系间相互作用的影响对星系中的气体云来说是很不相同的。作用于气体云上的新引力常常会引发崩塌，从而导致极大量的恒星形成——一种被称为星暴的现象。一个很典型的例子就是 M82 星系，它受到了邻近大的 M81 螺旋星系引力的影响，尽管较小的星系发生明显的形变，而在它的中心附近也发生了剧烈的恒星生成过程。

当星系合并时，它们中的尘埃和气体被

→对仙女座椭圆星系的近距离观察显示了在星系下沿是哪种东西看起来是双核（通常观测不到）。这可能是被处女座椭圆星系在 10 亿年前吸收的小星系的遗迹。

剥除，形成了新恒星。因此合并后的系统不能产生新的恒星。恒星的运动同样也受到了影响，因而它们不可能处在盘状星系所需的有序状态。恒星轨道的随机性使得星系变为椭球状，它们具体是球形还是椭球形取决于轨道的随机性。如果轨道的倾角是完全随机的，星系系统将是球形的；如果轨道的倾角存在偏向，星系将是蛋形的。

↓这一序列是由计算机模拟的星系上亿年间相撞过程的方式的模型。随着星系的相互靠近，它们彼此开始受到对方引力场的影响而扭曲。它们进入互相环绕的轨道并逐渐接近。在“螺旋”进入彼此的过程中，恒星构成的长带被向后抛出。

活动星系

尽管在银河系的中心发现了一些奇怪的能量化现象，它们仍无法与所谓的活动星系中观测到的现象相比。10% 的星系是活动星系，活动星系的核心通常具有很高的亮度，从而盖过了星系其他部分发出的星光，这又是由物质落向星系中心的超大质量黑洞产生的。活动星系有很多种类型，每种都有自己的特征。

第一种被发现的活动星系是以它的发现者卡尔·塞弗特命名的塞弗特星系。塞弗特星系是具有非常明亮星系核的螺旋或棒旋星系。通过分光镜分析，塞弗特星系展现出由高温气体云所发出的强发射谱线。尽管它们并不都辐射无线电波，塞弗特星系还是红外辐射的强发射源。Ⅰ型塞弗特星系的发射谱线表明，它们是由围绕星系中心高速旋转的氢气云产生的；Ⅱ型塞弗特星系的光谱中尽管具有氢线，但似乎并没有这种快速运动的气体云。

类星体（QSOs）被认为与塞弗特星系十分相似——除了核心活动更为剧烈。它们在天空中看起来就像是与恒星一样发光的点（因此被称为类星体），但通过分光镜研究能够发现它们明显不是恒星。根据它们谱线中的红移现象可知：它们

←NGC4151 是另一个塞弗特星系，就如同所看到的它的高亮核心区域一样。塞弗特星系无一例外的都是具有极亮星系核的螺旋星系，其中心的气体云能够以 5000 千米/秒的速度运动。

↓ NGC1068，也被称为 M77，是鲸鱼座中的一个活动星系。最简单的观测表明这一星体是一个塞弗特星系。更详细的研究表明它是一个Ⅱ型活动星系。但近来对处在分散的光线中的其核心区域的观测却表明有作为Ⅰ型活动星系特征的高速运动氢气云的存在。这导致了一种理论的产生，它认为所有塞弗特星系都是一样的，但其中的一部分星系中，氢气云被星系中心周围的厚尘埃环所遮挡。由哈勃望远镜拍摄的图像（插图）提供了更多关于这一中心区域新的细节。

←类星体，例如这里显示的 3C 273 比塞弗特星系更遥远，也更明亮。它们是已知宇宙中可见的最遥远天体。这一图像画出了星系中心所发出的 X 射线流。

大都位于极遥远的地方，是宇宙中已知的最遥远天体之一。与塞弗特星系相同，它们可以是“射电噪的”（在这一情况下被称为“类星射电源”）或者是“射电静的”（传统 QSO）。类星体的亮度可以是普通星系的 1000 倍，类星体的周围星系结构比活动星系核区域暗很多，在高敏感图片上，能够看到它周围环绕的物质，它显示类星体是经常性相撞的星系。各种种类的活动星系常被称为活动星系核（AGNs）。

活动星系的另一种类型是射电星系，如它的名字所指示，这类星系在电磁波谱无线电波段的辐射最强。不同于点辐射源，辐射从这类星系两侧的巨大辐射瓣上发出。典型的螺旋星系直径大约为 10 万光年，而这一辐射源的瓣到瓣距离能够跨过数千万光年。活动星系的最后一种类型被称为耀变体，同样也被称为蝎虎座 BL 天体。耀变体与类星体在许多方面十分接近，只是它不具有谱线。

大部分活动星系都位于极遥远距离的事实表明它们是宇宙中的年轻天体，因为它们的光要经过数百万乃至数十亿年才能到达地球。这使天文学家们认为可能所有星系都经历过这种活动阶段。

↓射电星系与塞弗特星系位于宇宙中的同一区域。像这里所看到的一样，半人马座 A 的辐射瓣向星系自身的两侧延伸了几乎 250 万光年的距离，对应于图中可见的粉红和红色区域。

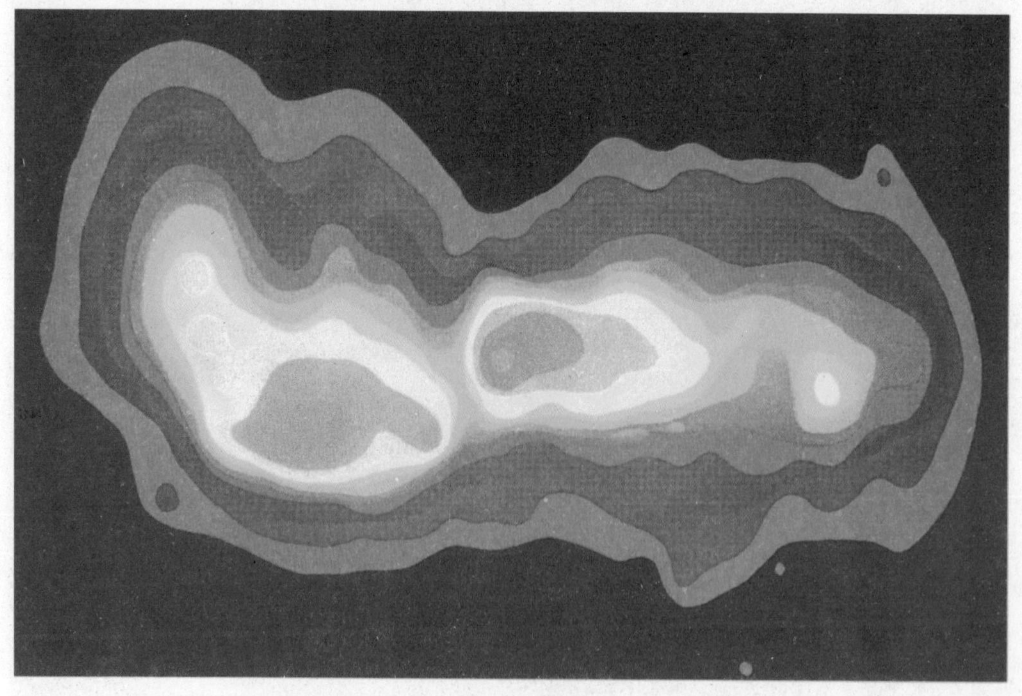

第三章

恒星：银河系的大明星

各种各样的恒星

恒星和星系

各种各样的恒星与螺旋星系（例如太阳所在的银河系）中的各种不同区域相关。螺旋星系有着凸起的核以及由恒星构成的扁平圆盘。存在于螺旋星系球核中的大量恒星主要是老年恒星，它们被称为Ⅱ族恒星，是在星系年轻时形成的。这些恒星上缺少比氦更重的化学元素（金属），这些元素只能在早期的大质量恒星的爆炸中产生。凸起的核中的恒星轨道由于星系的自转被拉平。

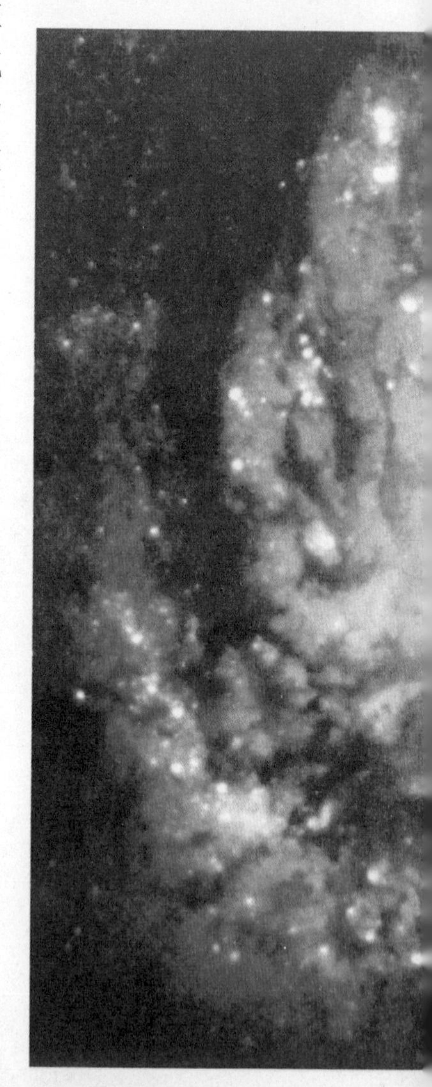

所有恒星都存在于星系盘中，这一盘状结构的最主要特征就是旋臂。盘中包含着年轻的大质量恒星，其中一些不到100万岁并具有很高的亮度，它们的亮度盖过盘中其他恒星。这些年轻恒星的温度很高，以至于发出强烈的明亮蓝光。它们与其他的一些较轻恒星如太阳一起，被称为Ⅰ族恒星。与年老并且缺少金属的Ⅱ族恒星不同，它们包含有金属。

星系盘中的恒星在环绕星系中心轨道上运行。标示出旋臂的蓝色巨大恒星在旋臂的前沿生成。在这里，星际介质被压缩到足以发生崩塌形成新恒星的程度。大质量恒星生命周期很短，在几百万年后它们以超新星的形式爆炸。这发生在旋臂的后缘，这些恒星甚至没能完成环绕所在星系一周。

太阳等较暗的小质量恒星在数十亿年间稳定地发光并且环绕星系核数次。在这一过程中，它们不断地进出旋臂，并不受旋臂中发生的过程的影响。随着恒星的生成过程绕整个星系运动，悬臂看起来发生了转动。这一旋转与恒星的单个轨道实际上是不相关的。

在星系的晕中同样存在着恒星。除了存在球状星团中年老且缺少金属的Ⅱ族恒

10 万年前

星，还存在着游荡于这一区域属于主星系的单个恒星。这些恒星周期性地穿过星系盘，被称为高速恒星，这是由于它们在相对于星系盘面呈大角度的方向上速度较快——尽管它们并不比周围的恒星移动得更快。具有垂直高速特征的邻近太阳的恒星只是邻近太阳系的短期访客，它们很快就会回到银晕中。

↓位于后发星座的 M100 是一个典型的螺旋星系。哈勃空间望远镜拍摄的这一照片显示了由年老且缺乏金属的黄色Ⅱ族恒星构成的星系核；由年轻的灼热且富含金属的Ⅰ族恒星构成的明亮蓝色旋臂。

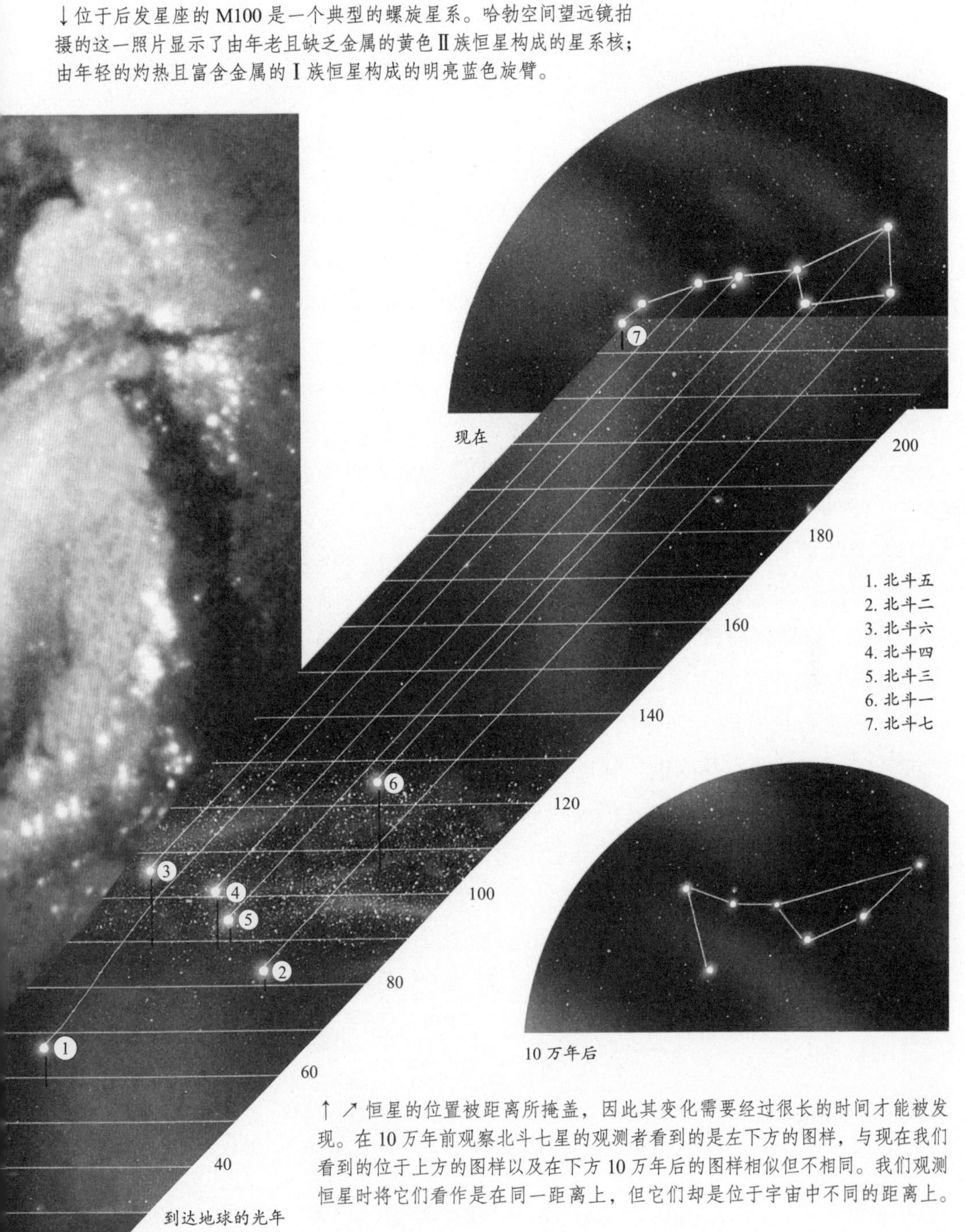

↑↗恒星的位置被距离所掩盖，因此其变化需要经过很长的时间才能被发现。在 10 万年前观察北斗七星的观测者看到的是左下方的图样，与现在我们看到的位于上方的图样以及在下方 10 万年后的图样相似但不相同。我们观测恒星时将它们看作是在同一距离上，但它们却是位于宇宙中不同的距离上。

太阳

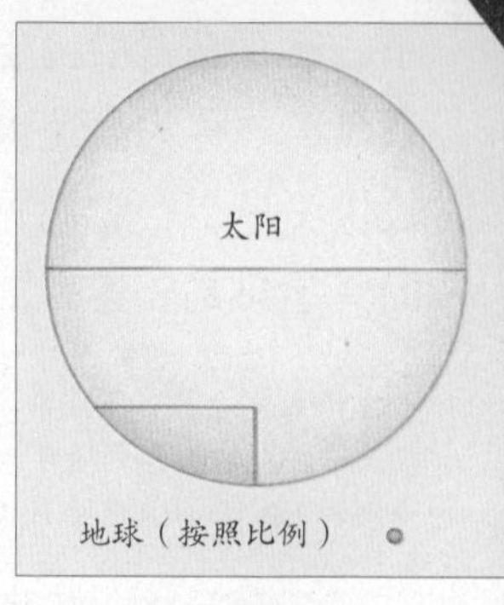

↑太阳的直径接近地球直径的110倍，包含了太阳系中的大部分质量。这对应于图中较大闭合面积中（左下）的小扇形区域。太阳的可见边缘（或“表面”）被称为光球层，与中心相比温度较低——约6000开，中心温度为1500万开，外层大气（日冕）的温度为200万开。

地球和其他七颗行星环绕着一颗恒星——太阳旋转。太阳是一颗普通的恒星，但与夜空的恒星很不相同，这是因为它离我们十分近。太阳有着地球100倍以上的直径，以及将近30万倍的质量。不同于岩状的地球，太阳由73%的氢和25%的氦构成，剩余的2%为更重的元素。太阳是一颗I族恒星，位于星系的旋臂中。

太阳是一颗典型的恒星，它发光的时间刚超过了45亿年，正处于“中年”时期，并且将再持续45亿年。它有一个内核（直径40万千米），在其内部发生着由氢转为氦的核聚变，并且伴随着大量的能量以热量、光和中微子的形式释放出来。

由于是气体组成的，太阳没有固体表面。地球上的观测者看到的太阳的可见表面实际上是存在使可见光波长电磁辐射发射出来的气体层。通过在其他波长上——例如X射线、紫外线等——观察太阳，使得我们能够看到位于可见表面（被称为光球层）之上和之下的太阳“表面”——这取决于观测到的波长。光球层低温上部和色球层下部气体区域中的原子和离子造成了太阳光谱中显示在太阳光线上的原子吸收暗线。这些区域构成了太阳大气层的最底层，其上部是更为稀薄的日冕。

光球层中有着很多有趣的特征，其中的大部分是由4种基本自然作用力之一的电磁力影响着的。光球层上的低温区域被称为太阳黑子，它们是在磁场线穿过光球层并且降低其周围气体的温度时产生的。其他由磁场造成的现象有耀斑和日珥。当磁场所含的能量突然被释放时，在太阳黑子之上就会产生耀斑。这使得亚原子粒子以较接近光速的速度被抛出，并且自发地释放出所有形式的电磁辐射。日珥发生在磁场将气体送到色球层中，再沿磁场线使其垂下时，有时间隔相对较长的时间发生一次，其他时候每分钟都会发生。

光球层本身就是动态的，巨大的对流气泡像在煮沸的牛奶中一样不断升起和落下，从而“表面”也随之持续波动。光球层的温度大约为6000开。

除了电磁辐射之外，太阳也一阵阵地释放出亚原子粒子，这就是所谓的太阳风。粒子沿着磁场线被加速抛入宇宙中，如果这些粒子与行星的磁场相遇，它们将被捕获。当发生在进入地球磁场中的粒子上时就被称为极光。太阳风也造成彗星彗尾的产生。

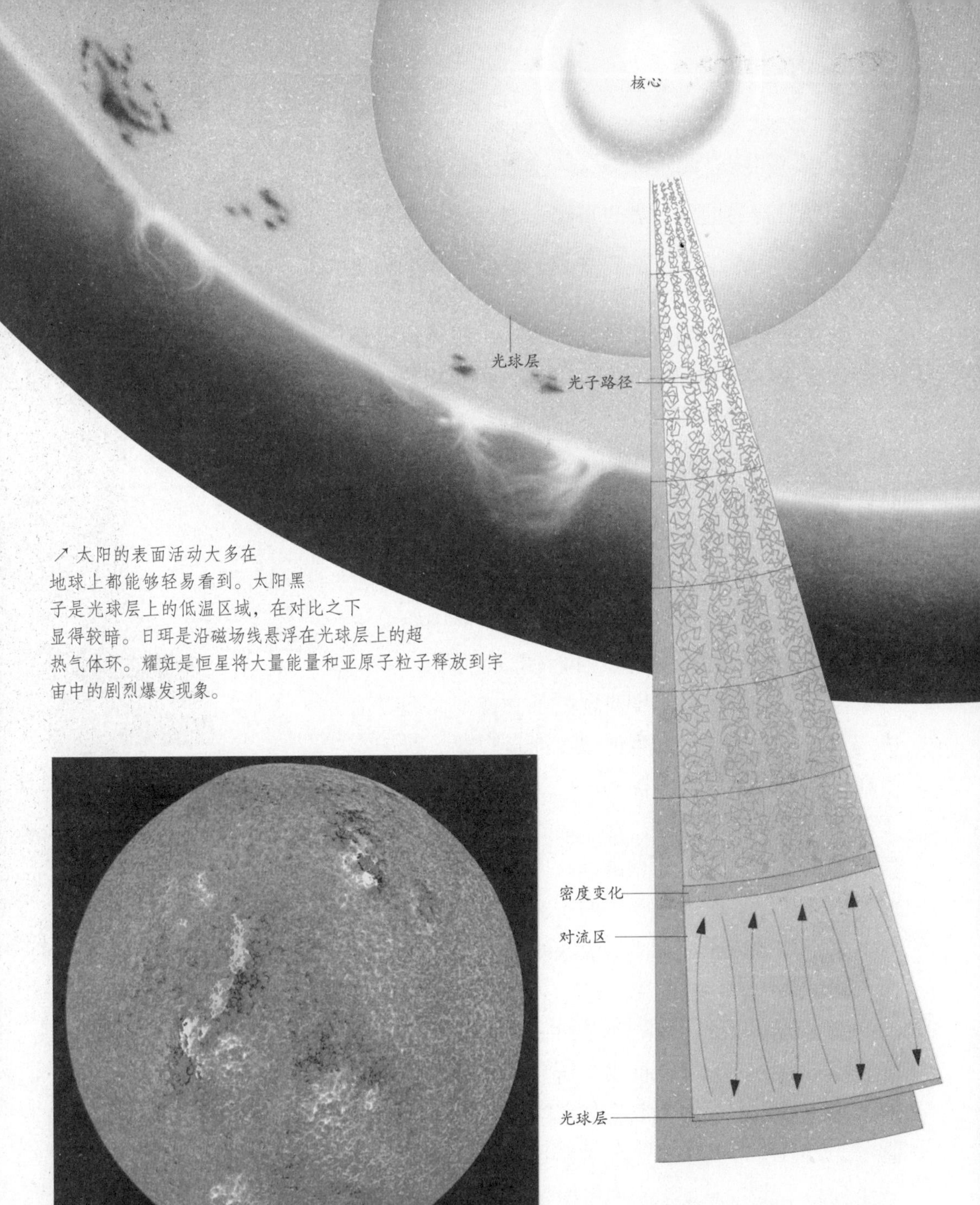

↗太阳的表面活动大多在地球上都能够轻易看到。太阳黑子是光球层上的低温区域，在对比之下显得较暗。日珥是沿磁场线悬浮在光球层上的超热气体环。耀斑是恒星将大量能量和亚原子粒子释放到宇宙中的剧烈爆发现象。

↑太阳的这张磁强图显示出了光球层上的磁极区域。黄色的区域为正极，深蓝色区域为负极。太阳黑子就是在这些区域中出现的。由于温度低了1000开，它们比周围的区域看起来更暗。太阳黑子的图案每天逐渐变化，总共持续大约两个月。太阳黑子的数量也在变化中：某些年份数量很多，其他时间则很少。

↑在太阳内核深处，能量以光子的形式产生，压在其上的物质异常致密，以至于光子都被包围着的原子所吸收并再一次释放出来。因为辐射可以在所有方向发生，光子并不是沿直线射出太阳的。沿着随机路线前进，它们可能需要100万年才能到达太阳表面。在太阳半径的大约3/4处，密度变化到足以发生对流并且允许能量被输送到光球层上。

颜色和光谱

即便是普通的观测者也可以不通过望远镜发现夜空中恒星色彩的不同，最容易辨认的是蓝色恒星和红色恒星之间颜色的差异。

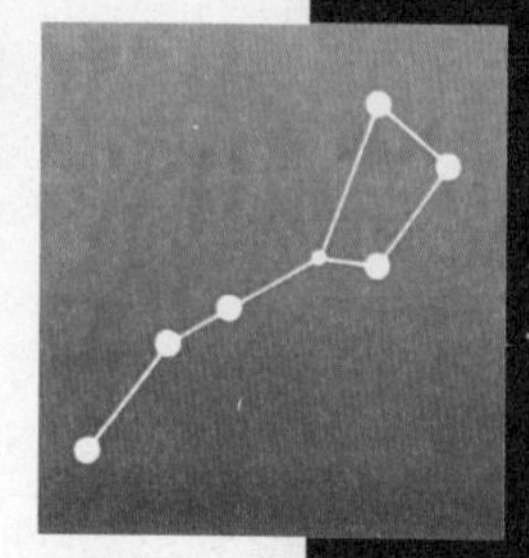

大熊座

恒星的颜色由光球层的温度决定，红色恒星是可能仅有3000开的低温恒星，而蓝色恒星极热，具有2万开甚至更高的温度。白色恒星也是高温恒星，大约为1.3万开，而太阳等黄色恒星处于中间状态——只有大概5800开。这可能也是这些恒星所释放的大多数辐射波长不在可见光谱范围内的原因。3000开的恒星的峰值辐射位于光谱的红外波段；1万开的恒星的峰值辐射位于紫外波段。太阳辐射出位于中段的可见光谱，因此看起来是黄色的。

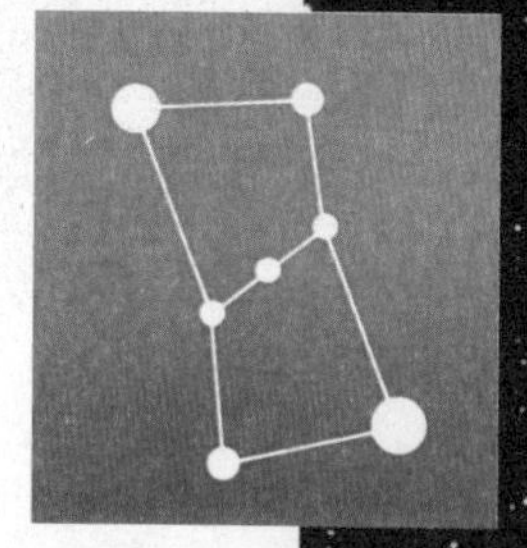

猎户座

颜色不是由恒星温度决定的唯一特征，温度也决定了恒星大气层中发生的原子跃迁现象。跃迁发生在光球层发出的光子被光球层和色球层内部的原子核周围的电子吸收时，这一过程造成了吸收线在恒星光谱上的重叠。分光镜可以用于将光分解成组成它的波长，从而对吸收线的研究成为了可能。天文学家于是可以通过主要的吸收线来确定跃迁的偏向，并由此计算恒星的温度。

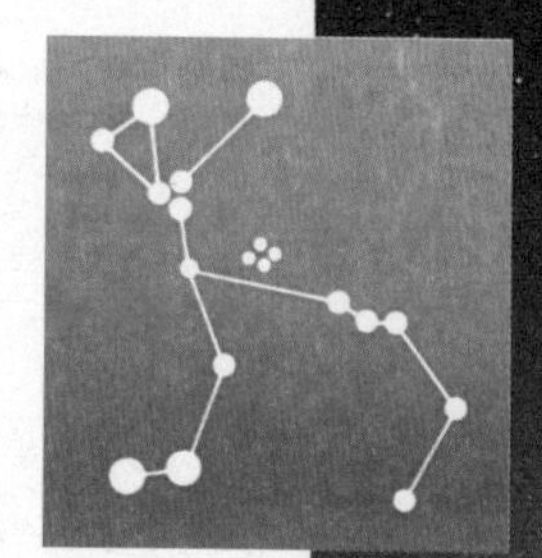

射手座

除了温度以外，例如化学组成、自转速率、密度和恒星的磁环境都能被用以研究，恒星也可以按照这些特征分类。每个恒星都有一个字母用以区别它的光谱分类，其中每个分类都按照数字0到9进一步分为子类。天文学家用以给恒星分类的字母为O、B、A、F、G、K和M（依据19世纪晚期提出的最初的A到P的序列，之后被多次修正和简化）。O型恒星是最热也是质量最大的恒星，是超过3.5万开温度的蓝色恒星。

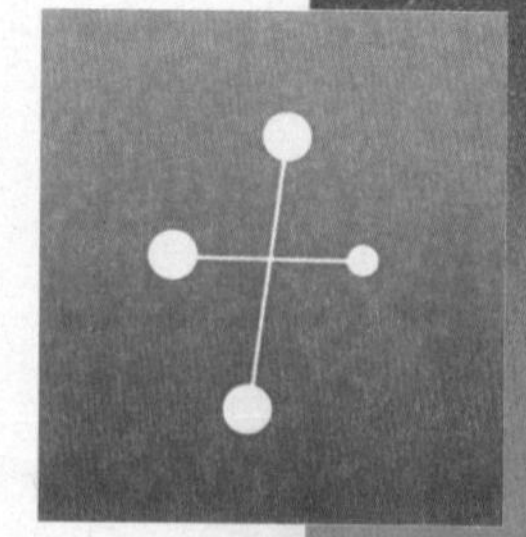

南十字座

M型恒星温度很低，大约在3000开左右，它们是红色恒星。还有着用以标记更低温恒星的字母：

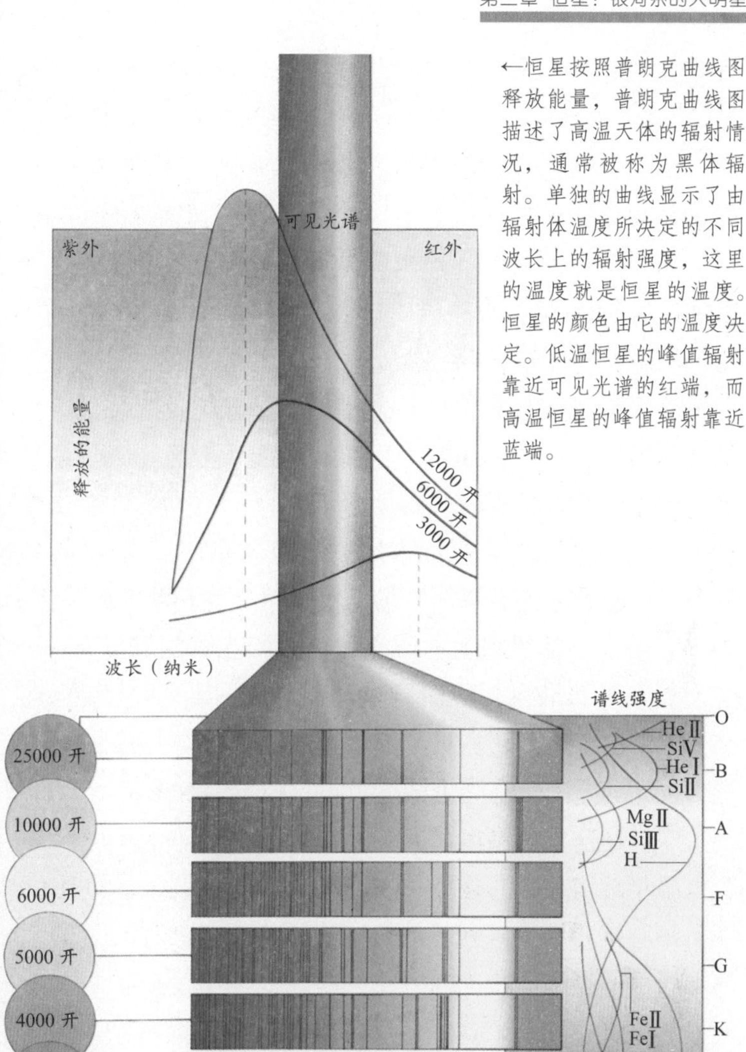

←恒星按照普朗克曲线图释放能量，普朗克曲线图描述了高温天体的辐射情况，通常被称为黑体辐射。单独的曲线显示了由辐射体温度所决定的不同波长上的辐射强度，这里的温度就是恒星的温度。恒星的颜色由它的温度决定。低温恒星的峰值辐射靠近可见光谱的红端，而高温恒星的峰值辐射靠近蓝端。

←即使通过裸眼观测，也可以看到恒星明显不同的颜色。这一星域图包括了许多星座。猎户座接近右下部，包含了红巨星参宿四。双子座位于中心的左侧，金牛座位于右上。

↑恒星能够按照其光谱中的原子吸收线的图样分类。原子吸收线是由恒星大气中原子里的电子吸收光球层辐射出的光子产生的。光球层和色球层底部的温度决定了电子原本占据的能层，这也就决定了光谱中最主要的吸收线。

R、N和S。还有一个光谱分类用以归类从其外层周期性喷射出气体壳的极高温恒星。这些恒星被称为沃尔夫－拉叶星，以字母W标记。在每个光谱分类中都有着不同大小的恒星。恒星的大小同样影响着它的亮度，如果不同大小的两颗恒星具有相同的温度，那么较大的恒星将会比较亮。

巨星和矮星

恒星不能够仅仅按照光谱分类去归类。尽管温度是一个区别恒星的捷径，但它并没有给出关于恒星大小的任何信息：氢燃料恒星的大小可以从太阳半径的约 1/10 到太阳半径的 100 倍。随着恒星年龄的增长，一些恒星的半径增加到太阳半径的 1000 倍；恒星的质量从太阳的 0.08 倍直到 100 倍。

两颗具有不同大小的相同温度恒星有不同的亮度，这在它们的光谱中难以发现。为了区分这些差异，采用了一个五亮度等级的系统：Ⅰ组恒星为超巨星；Ⅱ组为亮巨星；Ⅲ组为巨星；Ⅳ组为亚巨星；以及Ⅴ组的“主序”恒星。主序分类包括了后光谱类型（G、K、M）矮星，分类为 K 或 M 的所有主序恒星都是红矮星。白矮星是恒星的遗迹，不包括在这一体系中。右边这幅图表名为赫罗图，将恒星按照亮度和温度的关系显示出来。

太阳位于赫罗图上太阳亮度与太阳光球层温度——5800 开的交会点上。如果将其他恒星也画在这张图上，可以明显看到大部分恒星位于一条从右下角低亮度的红矮星向上通过太阳的位置，再到达左上角高亮度的蓝色恒星位置的 S 形带上。这就是主序，在这里恒星度过其生命周期中的大部分时间。随着恒星年龄增加，它逐渐从主序离开，这是因为它的亮度是由它核心部分氢到氦的核聚变释放的能量所产生的，当氢的燃烧停止而氦开始燃烧时，恒星所释放能量的量发生变化，这一内部的变化导致了恒星外部也随之变化，恒星的亮度增加，而温度下降，因此它将移动到赫罗图的右上部分，这一部分主要为红巨星。处于生命最后时期的老年恒星占据了这一区域。在所有的核反应停止后，大多数恒星结束于图的左下角部分，在这里包含了白矮星和恒星遗迹。

05
10000
1000
100
10
1
0.1
亮度（太阳=1）
白矮星
天狼
22600 16000 11300 8
表面温度（开）

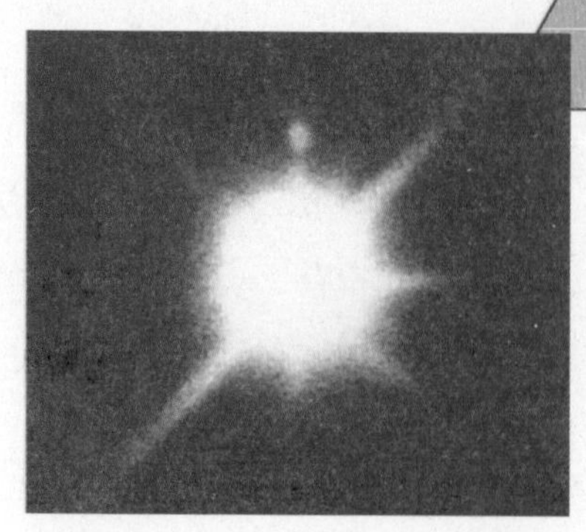

←天狼星——夜空中最亮的恒星——是一颗位于大犬座的明亮白色恒星，距离地球 8.7 光年，是距离我们第六近的恒星系统。仔细的观测表明它实际上是具有一颗白矮星伴星的双星，其质量比为 2.5 ：1。天狼星具有 A 类光谱，其亮度是太阳的 26 倍。

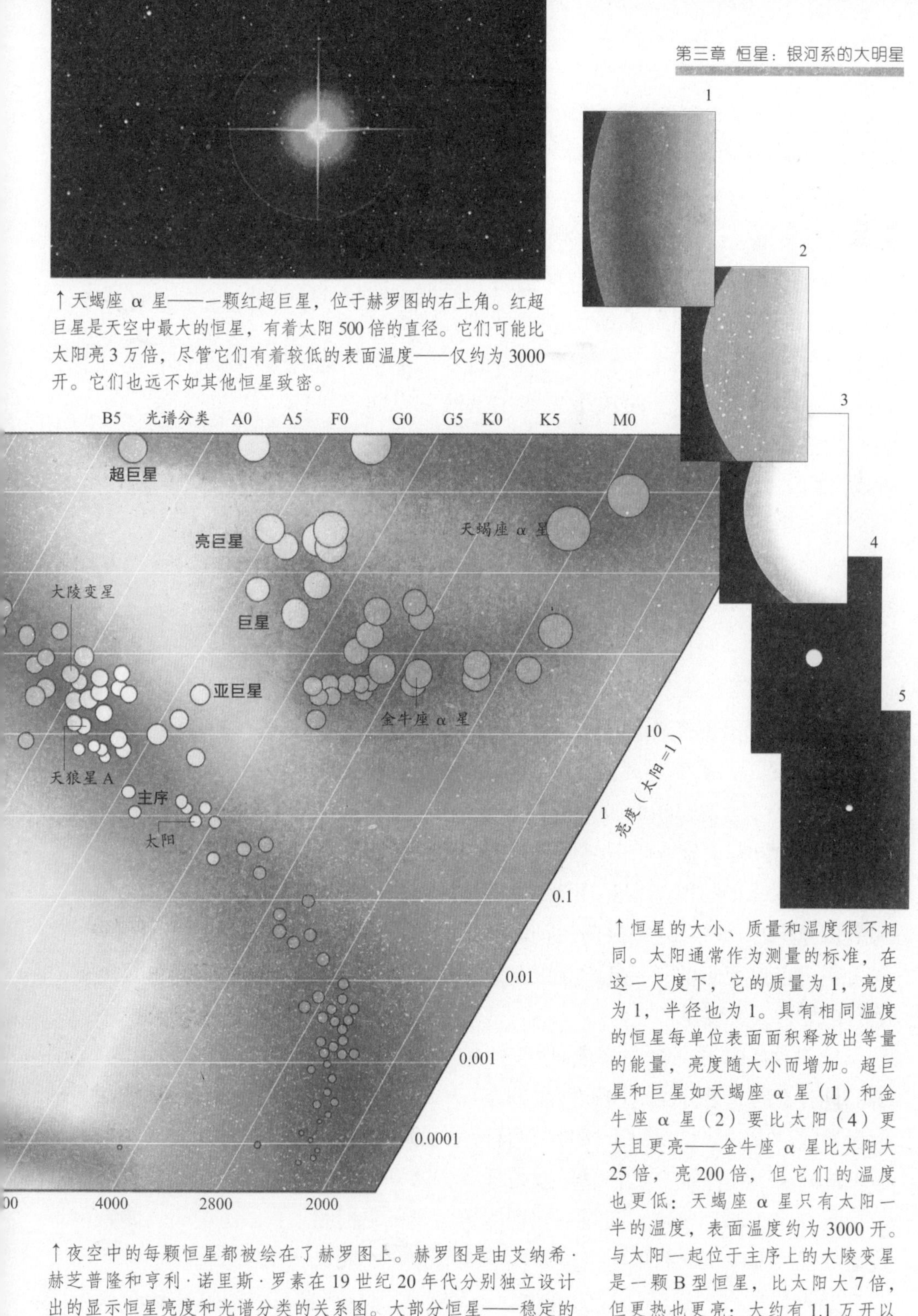

↑天蝎座 α 星——一颗红超巨星，位于赫罗图的右上角。红超巨星是天空中最大的恒星，有着太阳500倍的直径。它们可能比太阳亮3万倍，尽管它们有着较低的表面温度——仅约为3000开。它们也远不如其他恒星致密。

↑夜空中的每颗恒星都被绘在了赫罗图上。赫罗图是由艾纳希·赫芝普隆和亨利·诺里斯·罗素在19世纪20年代分别独立设计出的显示恒星亮度和光谱分类的关系图。大部分恒星——稳定的“中年”天体，如天狼星——位于图中从左上到右下的一条S形曲线上，这一集合被称为主序。最大的恒星位于图中的右上角；最小的恒星位于图中底部。红矮星仍是主序的一部分。白矮星是小质量恒星在生命最后时期崩塌留下的致密核。

↑恒星的大小、质量和温度很不相同。太阳通常作为测量的标准，在这一尺度下，它的质量为1，亮度为1，半径也为1。具有相同温度的恒星每单位表面面积释放出等量的能量，亮度随大小而增加。超巨星和巨星如天蝎座 α 星（1）和金牛座 α 星（2）要比太阳（4）更大且更亮——金牛座 α 星比太阳大25倍，亮200倍，但它们的温度也更低：天蝎座 α 星只有太阳一半的温度，表面温度约为3000开。与太阳一起位于主序上的大陵变星是一颗B型恒星，比太阳大7倍，但更热也更亮：大约有1.1万开以及太阳100倍的亮度。天狼星B(5)等白矮星很微小——大约与地球一样大，但十分灼热（约1万开），但它的亮度比太阳小1000倍。

双星和多元恒星

大多数恒星都不是独立存在的，它们有伴星并互相环绕运行。我们偶尔能够通过一架望远镜看到两颗伴星，在这一情况下恒星被称为目视双星。然而不是所有看起来很接近的恒星都是真正的双星，一些恒星互不相关并且相距很远，但由于它们位于从地球出发的同一方向上，使得它们看起来在空中相距很近。真正的双星是由引力作用束缚在一起的两颗恒星，它们可能开始时是两颗原恒星，也可以是由一颗原恒星分裂开形成的。

↓在它们生命中的大部分时间，双星只影响对方的轨道。在第一阶段中，两颗恒星环绕它们共同的质心旋转。恒星各自的引力场边界被称为洛希瓣。在两个瓣相交的点它们的引力相互抵消。

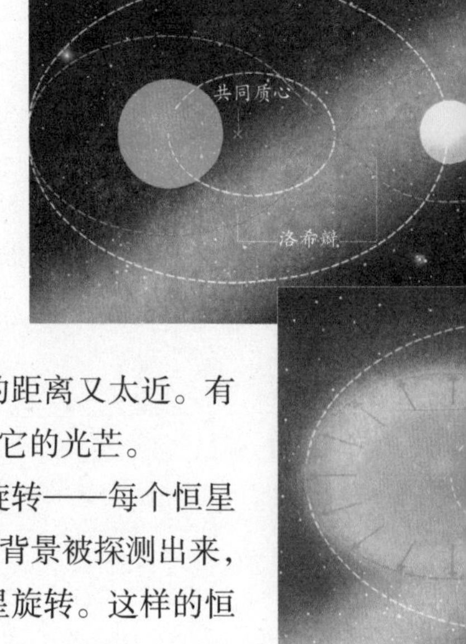

双星中两颗恒星互相环绕的时间是高度变化的，它取决于许多因素，例如两颗恒星的质量、它们质量的比例、它们之间的距离以及它们所处的演化阶段。一些恒星环绕另一颗恒星仅需几天而另一些甚至需要几个世纪。

很多的双星不能作为目视双星被看到，这可能是由于该恒星系统距离过于遥远而无法区分两颗恒星，也可能是它相对较近但两颗成员恒星间的距离又太近。有时其中一颗恒星十分昏暗，从而另一颗恒星盖过了它的光芒。

双星系统中的恒星相互环绕它们共同的质心旋转——每个恒星都不是静止的。如果这一振荡运动能够结合恒星的背景被探测出来，就表明更小更灰暗的伴星正绕着更大更明亮的伴星旋转。这样的恒星对被称为天文双星。

发现双星的另一种方法是研究它们的光谱，光谱吸收线可能暗示了具有不同光谱分类的两颗恒星的存在。即使它们是同样的类型，它们的运动也会导致谱线的波长变化。这是因为移动中的物体发出的辐射波长将被拉伸或压缩，这取决于物体是否正在靠近或是远离，这一现象被称为多普勒效应。恒星朝着不同方向运动，导致了谱线不同程度地改变了它们的波长。于是，在单次的沿轨道环绕过程中，就产生了谱线两次分离后合并的现象。

如果伴星过于昏暗，它的光谱将被较亮的恒星所覆盖。但这样的光谱中同样存在多普勒频移，从而伴星的存在能由此显示出来，这样的系统被称为光谱双星。

双星系统为天文学家测量恒星重量提供了机会。为了达到这一目的，恒星间的距离以及它们互相环绕一周所需的时间必须被测量出来。通过简单的数学计算，能够得到两颗恒星的总质量，于是就能作出对其中哪颗恒星具有大部分质量的估计。如果两颗恒星完全相同，那么就能够简单地将得出的数字分半。

三星系统与四星乃至更多恒星组成的系统也是已知的。多星系统中的恒星越多，这样的系统也就越少。已知恒星中超过一半的恒星是存在于双星系统或者是六星系统中的。

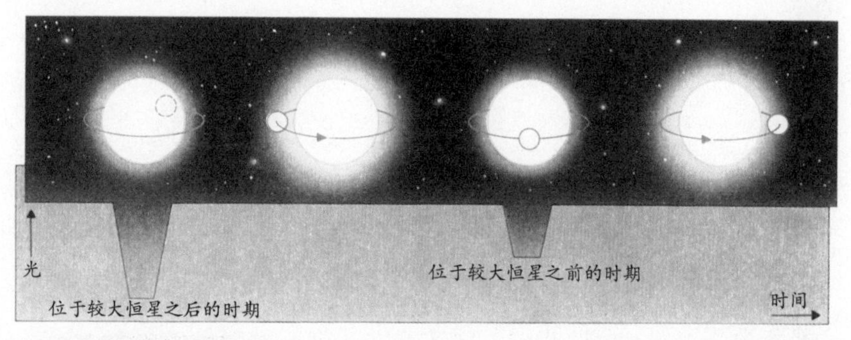

↑双星系统中，当两颗恒星的排列使得它们在地球上看来发生相互交食时，就是食双星。这导致系统发出的光的变化：当一颗恒星在另一颗恒星一旁时，双星最为明亮；亮度的最大落差发生在较亮恒星被较暗恒星遮挡时——即便较亮的恒星也是较大的一颗。两颗恒星的运动通常和分光镜分析能被分辨出来。最出名的食双星是大陵变星或者说是英仙座 β，它的星等以不到 3 天为周期，在 2.2 到 3.7 之间变化。

←在双星生命周期的第二阶段，质量较大的恒星变为红巨星并且填满它的洛希瓣。从这颗星上喷出的物质经过一阵恒星风，通过较小恒星的引力场，被捕获并向其表面螺旋下降。这一过程使得较小恒星的质量增加。

↓在第四阶段中，伴星（曾经的较小恒星）最终变为红巨星。像是它之前的伴星一样，这颗恒星比原来扩大了很多倍。它同样填满了自身的洛希瓣，并且开始将质量传回第一颗恒星，下一步发生什么取决于第一颗恒星最终变化成什么：如果传送的物质落到白矮星上，将会产生新星；如果物质落向中子星，将会产生 X 射线暴。

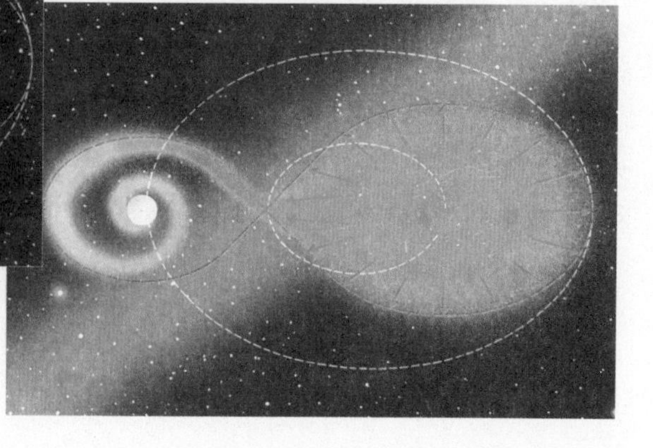

↑在第三阶段中，红巨星完成了它的演化进程，使它变为一颗白矮星或者是中子星。那颗仍然位于主序上的曾经的较小恒星继续演化，但演化的速率不再像以前那么快。

恒星的生与死

恒星的诞生

巨分子云环绕星系中心运动时被引力场和磁场所牵引，它们所包含粒子的运动速度取决于它们的温度：云团温度越低，粒子运动越慢。高速移动的粒子难以相撞，因此恒星只能在冰冷云团的致密核中形成。这些云团的典型温度高于绝对零度 15 度。这些云团周期性地发生崩塌，这类崩塌的触发机制被认为是巨分子云之间的碰撞或是巨分子云进入星系旋臂中。这两种情况都导致云团中的压缩波产生，这使得某些孤立区域变得极致密以至于引力超过了其他作用，从而云团崩塌。这些孤立区域通常包含了足以形成几百个具有与太阳质量类似的恒星的质量，它们被称为巴纳德体，通常表现为恒星前面的黑暗区域。有时，含有发射星云的区域会达到适当的密度并且发生崩塌，这表现为发光气体中的圆形黑色“气泡”，它们被称为博克球状体。随着巴纳德体和博克球状体的崩塌，它们中间的孤立区域也发生崩塌。通过这种方式，云团分裂为多个大小不一的碎片。恒星在较小的碎片中形成。

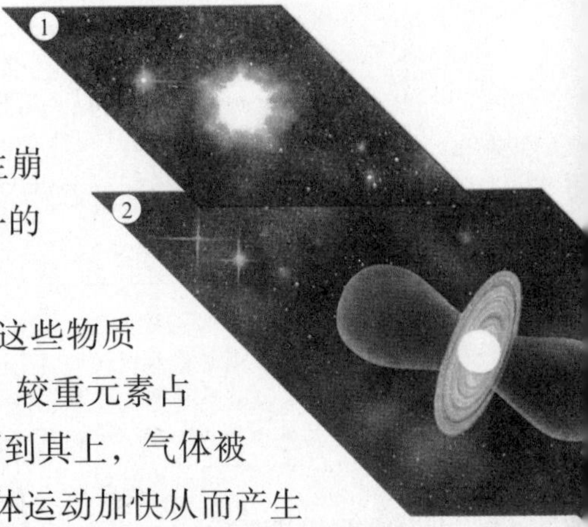

在崩塌区域的中心产生了物质的聚集，这些物质的 3/4 以氢气形式存在，其余的几乎都是氦，较重元素占 2%。这一区域被称为原恒星，随着物质倾泻到其上，气体被压缩，温度开始显著升高。温度的升高使气体运动加快从而产生更大的压力。这一压力逐渐平衡引力的向内拉力并阻止原恒星的进一步崩塌。随着更多的物质聚集到原恒星上，它逐渐被压缩而不再崩塌。这一过程将使它的温度继续升高。尽管在原恒星中没有核反应过程，它仍然由于物质撞击其表面而释放能量。能量以辐射的形式发出，但很快被落向原恒星表面形成的尘埃壳所吸收。这一过程加热了尘埃，它们将能量以红外波长重新辐射。包围原恒星的尘埃外壳十分巨大，典型情况下，它是我们整个太阳系的 20 倍。

最早的年轻红外恒星发现于猎户座恒星形成区域，在 1967 年被美国加州理工学院的埃里克·贝克林和格里·诺伊格鲍尔发现，这种恒星也就被称为贝克林–诺伊格鲍尔天体。而最年轻的原恒星是位于蛇夫星座的 VLA1623，是以发现它的超大阵列望远镜命名的。它被认为不到 1 万岁。

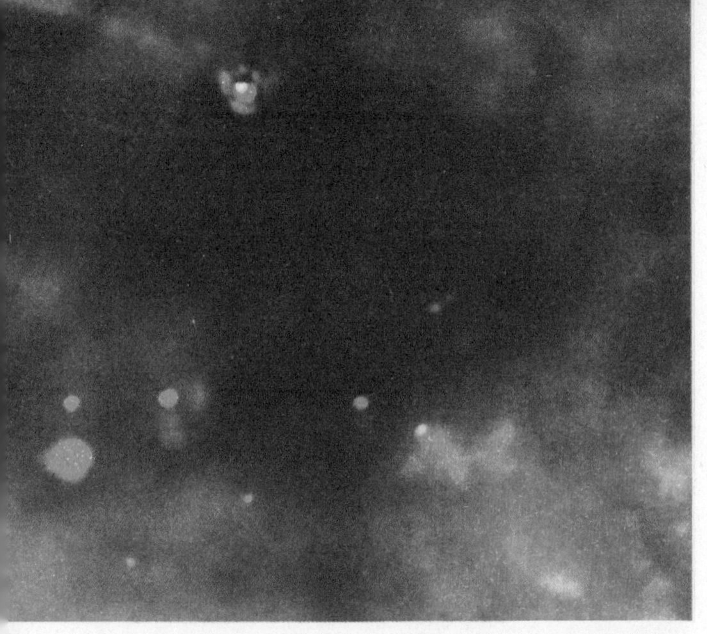

↑哈勃空间望远镜照下了这一猎户座恒星诞生区域的高解析度伪色图。它释放出氢、离子氧和硫，在图上分别显示为绿色、蓝色和红色。在图的上部中心有一条由年轻恒星射出的物质喷流。这些物质清理出了一个将形成反射星云的空腔。只能看见一条喷流的原因在于另一条喷向相反方向并且被尘埃所遮挡。在猎户座星云中有着很多这样的天体。

↑花朵展开花瓣的过程与双极腔的演化过程相似。原恒星风侵蚀腔壁。逐渐地，星云展开，双极特性失去。最终只剩下吸积盘。

↓非常年轻的恒星通常被发现于双极星云中心，它在年轻恒星发出的亚原子粒子和辐射在星际介质中雕出形状时产生。(1) 崩塌区域中心物质的密度通过吸积形成。物质落向中心原恒星产生的冲击加热了天体并释放出能量。能量也通过氢的同位素——氘在比普通氢聚变更低温度下发生的核聚变产生。氘的燃烧可能有助于雕出双极空腔的原恒星风的产生。(2) 双极星云开始呈现出特征化外形，并在原恒星周围形成吸积盘。尘埃的这一聚集就像是阻止辐射和亚原子粒子沿年轻恒星天体赤道平面逃逸的屏障。在极区，物质的密度很小；辐射从这里逃逸。(3) 星云现在成熟了并且易于观测。从原恒星逃出的光子穿过空腔，当它们与腔壁相撞时，向所有方向散射，其中的一些向地球方向投射。通过对光线极化的研究，天文学家推演出关于中心恒星的许多信息。

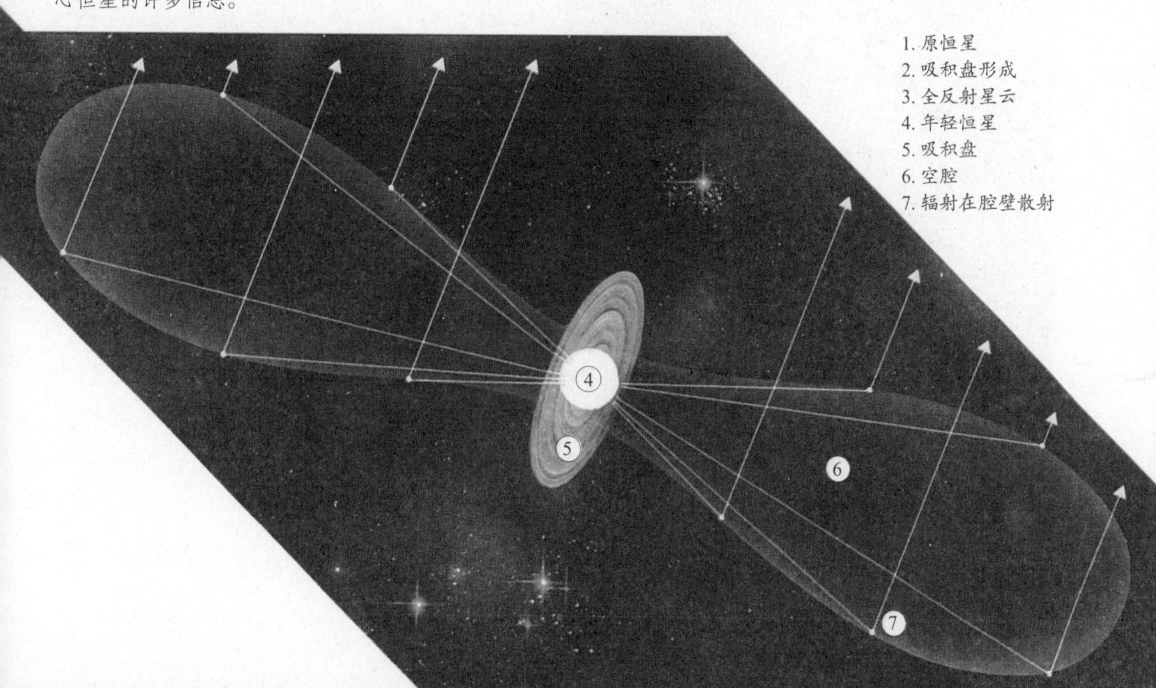

行星的形成

在引力引起空间中的分子云在原恒星上崩塌的过程中，物质并不简单地直接落向原恒星。取而代之地，由于云团原有的旋转，物质螺旋下落并在恒星周围形成厚实的物质盘，这就是吸积盘。

原恒星释放出亚原子粒子，如电子和质子，这一过程形成了向原恒星外吹出的恒星风。由于吸积盘中大量的物质阻碍，使得恒星风难以吹出吸积盘。

但是，沿着吸积盘的轴存在着下落尘埃相对较少的区域，粒子能够轻易地从中切出一条离开原恒星的路径，因此形成了圆锥形的空腔，一旦尘埃被清空时，辐射也能够从中逃逸出原恒星。当辐射与腔壁碰撞时，它被那里的尘埃散射。

我们能够看见朝向地球散射的辐射，因此这一天体被称为反射星云。空腔是从原恒星的旋转极上延伸出来的，所以被称为偶极外向流。

吸积盘被天文学家认为是行星形成的场所。物质构成的尘埃盘在织女星和绘架座 β 周围都有发现，它们可能是行星形成的场所，甚至是等待落向中心恒星的彗星的仓库。

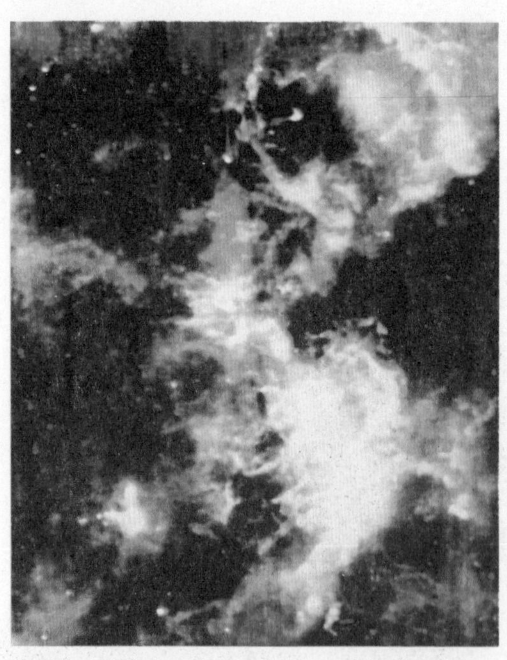

↑猎户星座中的巨分子云非常大，如果我们能够通过眼睛直接看到它，就会发现它覆盖了整个星座。图中的巨大明亮区域是星云，也是恒星形成的主要区域。

在解释行星在恒星周围的吸积盘中形成过程上存在着两种理论。第一种理论认为吸积盘发展出了与母气体云碎裂和崩塌过程中同样方式的引力不稳定性。这其中的不稳定点在引力作用下发生崩塌，将物质拉向它们并形成了原行星。最终它们停止崩塌，行星也由此形成。

另一种理论目前为大部分天文学家所接受，被称为碰撞吸积。在这里，吸积盘中的尘埃粒子相互碰撞，一些粒子结合在一起，于是它们变大了一些，这也增加了它们的质量以及引力。当它们与尘埃的另一种粒子碰撞时，粒子被吸附，从而被称为微行星的岩石粒子经过数千年逐渐形成。

微行星与现在的小行星类似，它

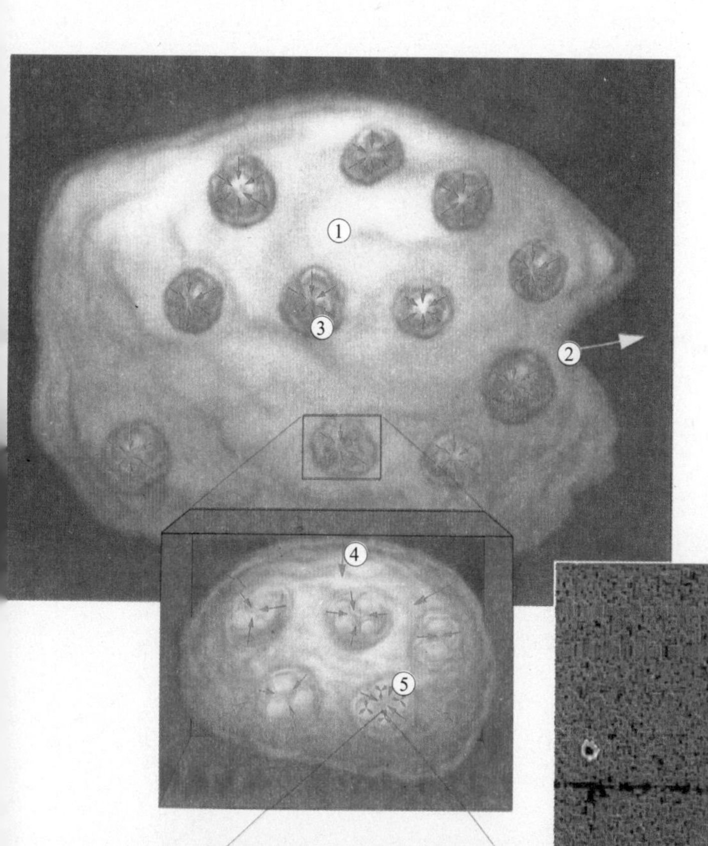
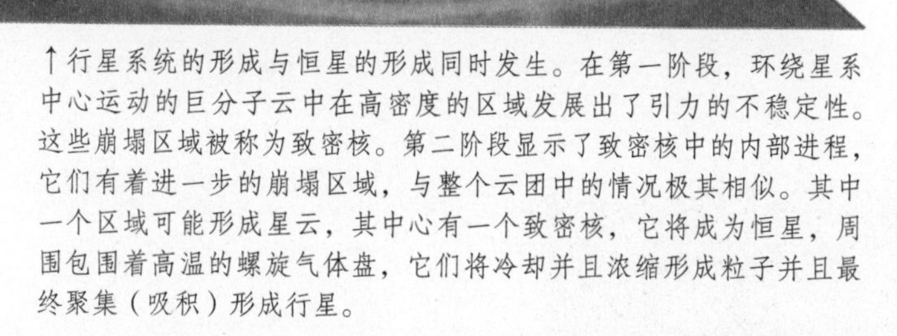

↑行星系统的形成与恒星的形成同时发生。在第一阶段，环绕星系中心运动的巨分子云中在高密度的区域发展出了引力的不稳定性。这些崩塌区域被称为致密核。第二阶段显示了致密核中的内部进程，它们有着进一步的崩塌区域，与整个云团中的情况极其相似。其中一个区域可能形成星云，其中心有一个致密核，它将成为恒星，周围包围着高温的螺旋气体盘，它们将冷却并且浓缩形成粒子并且最终聚集（吸积）形成行星。

↑绘架座 β 星拥有由物质构成的拱星盘，这颗恒星距离我们 50 光年，这一盘状结构能够在这张图上很清楚地看到。在它的中间，恒星由于被遮挡，并没有盖过盘中反射出来的昏暗光线。这一盘状结构向恒星外延伸了 600 亿千米——比太阳系中冥王星的轨道离太阳的距离远 10 倍。不同于形成中的恒星系统，环绕绘架座 β 的盘状结构可能是聚集着彗星的柯伊伯带。

们继续环绕中心恒星旋转，但由于它们的轨道相互交错，它们常常相撞。这使得它们聚集，直至行星大小的体积形成。

一般认为太阳系初始时有着大量的微行星，它们在 3000 万年中逐渐地聚集在一起形成原行星，并且最终在 1.5 亿年后形成了 4 颗内太阳系行星。

大约在 100 万年后，当母恒星的演化到达核心开始发生核聚变——温度达到大约 800 万度——的阶段时，行星的形成停止了。

太阳系外行星

第一次经过证实的对环绕类太阳恒星的行星的探测是在1995年由两位瑞士天文学家麦克·梅厄和迪迪尔·奎洛兹完成的。他们第一次对太阳系外行星的发现却使所有的展望变得混沌不清，因为它们发现了一颗木星大小的天体环绕着它所在的恒星——飞马座51运行，其轨道周期只有4天。在我们的太阳系中，微小的水星——最内的一颗行星需要88天环绕轨道一周。所以这一新的巨大行星到其恒星的距离可能比水星到太阳的距离近8倍。在这一声明发表后不久，一个美国研究团队宣称他们也发现了另一颗有着短周期轨道的气体巨行星。这些行星被称为高温木星，并且陆续在附近的大约每20颗类太阳恒星中就发现1颗。

计算表明，尽管气体巨行星能够在距恒星这么近的距离下存在而不被“煮沸”，但它不可能是在那里产生的。它们应当是在所在恒星的恒星系统外层形成并且向内迁移的。在2002年6月，第一颗具有木星类似大小以及相似环绕恒星轨道大小的行星被发现。

所有目前发现的太阳系外行星都是用径向速度方法探测到的。行星环绕恒星运行时，它的较小引力对恒星的扯动使得恒星发生摆动。由于恒星的摆动，使

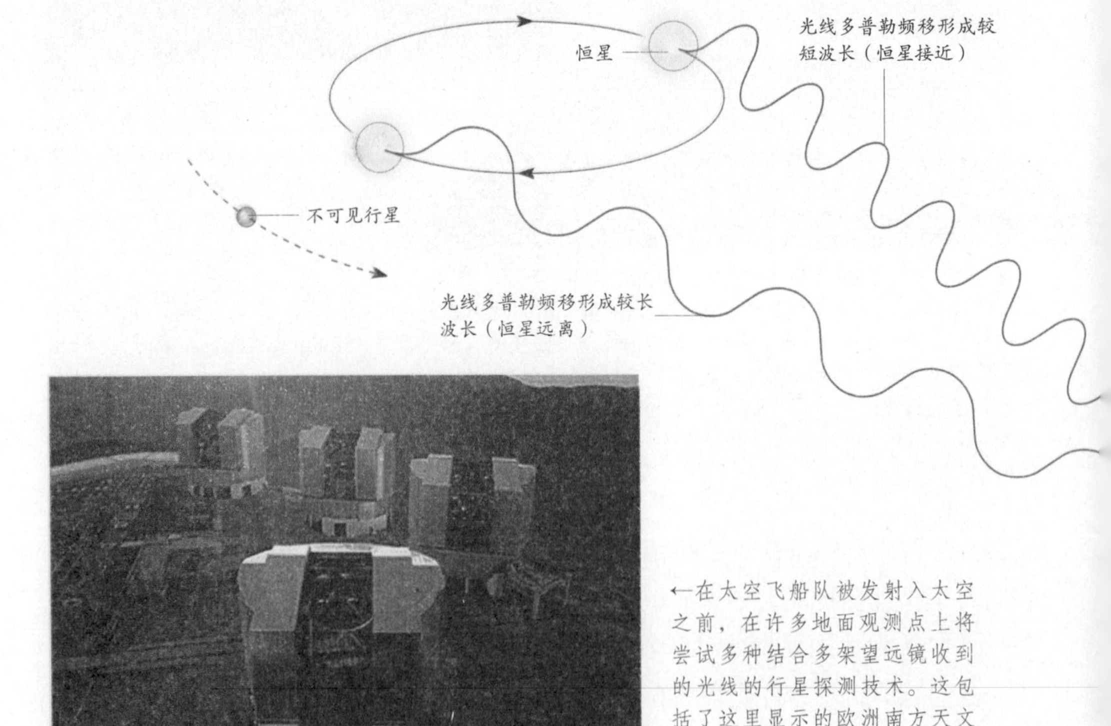

←在太空飞船队被发射入太空之前，在许多地面观测点上将尝试多种结合多架望远镜收到的光线的行星探测技术。这包括了这里显示的欧洲南方天文台位于智利的超大望远镜。

↓“达尔文计划”是欧洲航天总署的寻找地球大小的行星并分析其大气组成的计划（这是它所遇到的目标可能样貌的效果图）。在分析中，可能发现任意的生命的迹象。NASA也在计划一个名为“类地行星搜索者”的类似计划。

↑对流、旋转和凌星（COROT）卫星是第一颗能够探测两倍地球大小的环恒星行星的卫星。其效果图如这里所示，它是法国航天局与欧洲太空总署的合作计划。

其光线接收到多普勒频移，而这能在地球上探测到。通过这种方式，能推断出恒星邻近行星的存在。在未来的几年，越来越精密的分光镜将被制造出来，这将使得更小和距离更远的行星被发现。但不幸的是，径向速度方法永远不能发现地球大小的行星。这是由于由地球大小的行星造成的摆动非常的小，将被恒星表面的气体沸腾运动所掩盖。

↓随着行星环绕恒星运动，它使恒星纳入自己的小轨道。当恒星朝向地球运动时，它发出光的波长将有微小的缩短；当恒星远离时，它发出的波长将会被拉长。这在地球上被探测到，用以推论围绕恒星运行的不可见行星的存在。

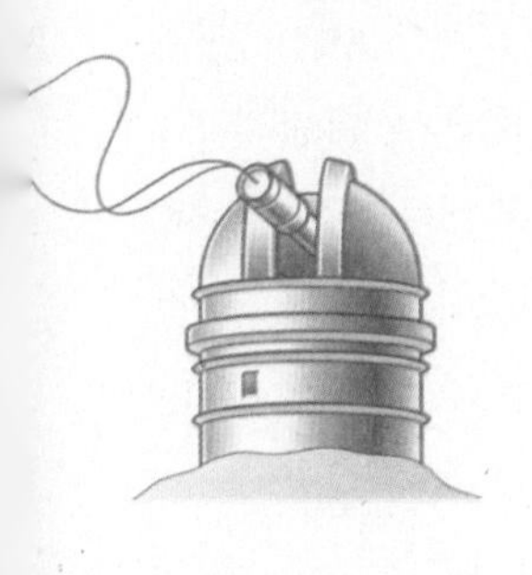

出于这个原因，地面径向速度方法最终将为使用不同探测方法的空间探测器所替代。一系列的探测器已经由ESA、NASA以及其他机构发射升空，或者被列入其计划中正在实施。这些空间探测器（如COROT、开普勒等）能够探测到气体巨行星和岩状行星。开普勒探测器于2009年发射升空，对银河系内10万多颗恒星进行探测，希望搜寻到能够支持生命体存在的类地行星。目前，第二代空间天体测量卫星计划GAIA和SIM Planet Quest正在实施，并将于几年内发射升空。GAIA卫星将实现对几乎整个银河系的扫描。全世界天文学家的梦想计划是ESA的“达尔文计划”和NASA的“类地行星搜寻者（TPF）计划”，这些计划都被设计为空间干涉计。

主序星

→随着时间的流逝，O型和B型恒星发出的恒星风吹开了周围的物质。玫瑰星云是一个宽度为100光年的尘埃气云。由中心恒星向外吹开的物质使得其他区域发生崩塌，于是产生了环绕中央空腔的博克球状体。

随着原恒星积累了更多的质量并且开始收缩，它中心的温度和压力上升得更高，直到它们促使质子相互靠近到足以发生核聚变的程度，这就开始了恒星产生能量的过程，原恒星也开始进入赫罗图上的主序。

在它进入稳定的“中年”期前，它必须适应其核内发生的核聚变。这一过程提供了一个将物质推向外的压力。到那时为止，主导恒星形成的引力最终与恒星内部高温气体的压力达到平衡，于是恒星停止崩塌。

当压力的均衡发生时，恒星经历着一个剧烈的不可预测的亮度变化和物质外流。这一特性能够激发周围分子云中的小片区域，导致它们发出辐射。这些有着瘤状外观的辐射区域被称为赫比格－哈罗天体。形成了崩塌碎片内的恒星的质量取决于碎片中所含物质的质量以及物质在原恒星上吸积的速率等因素。在崩塌云团中，形成的恒星的大小范围在已知最大和最小的恒星质量之间变动。

总体来说，较小质量的恒星产生的数量比大质量恒星多。在光谱分类序列O、B、A、F、G、K、M上，最多的恒星是光谱型为K和M的红矮星。大质量、高亮度、短寿命的O型和B型恒星数量极少，但它们对于恒星形成区域的演化十分重要。这些恒星释放的辐射巨大并且产生强烈的恒星风——亚原子粒子——它们沿着远离恒星的磁场线加速。辐射使周围的氢电离，产生自由电子和质子。当这些粒子重新形成氢原子时，它们释放出电磁辐射。常见的发射波长之一位于可见光谱上的红区，因此这些发射星云常被称为HⅡ区域，发出特有的红色光。在电离周围物质的同时，这些大质量O型和B型恒星将周围的物质向外推开，这造成了它们邻近的分子云被压缩，于是在新的区域中开始崩塌过程。按照这种方式，恒星形成过程穿过一团巨分子云传播，并且更新恒星形成的区域与较老的区域联合在一起，这被称为OB星协。

恒星的质量决定了它在主序上的时间：较大质量的恒星以极快的速率消耗燃料，因此它们只有足以支持数千万年的氢；较小质量恒星尽管只含有较少的氢燃料，但由于它们消耗氢的速率较慢，因此在主序上的时间更长。G型的恒星，例如太阳，氢聚变为氦的过程需90亿年。红矮星消耗氢的速率极慢，将在主序上持续数百亿年。当恒星从它们的诞生星云中出现时，它们通常连在一起，被称为星团。一个典型的例子就是由年轻恒星组成的昴星团（七姐妹星团）。随着这些星团环绕星系中心旋转，单独的恒星逐渐相互远离，并且最终失去它们之间的联系。

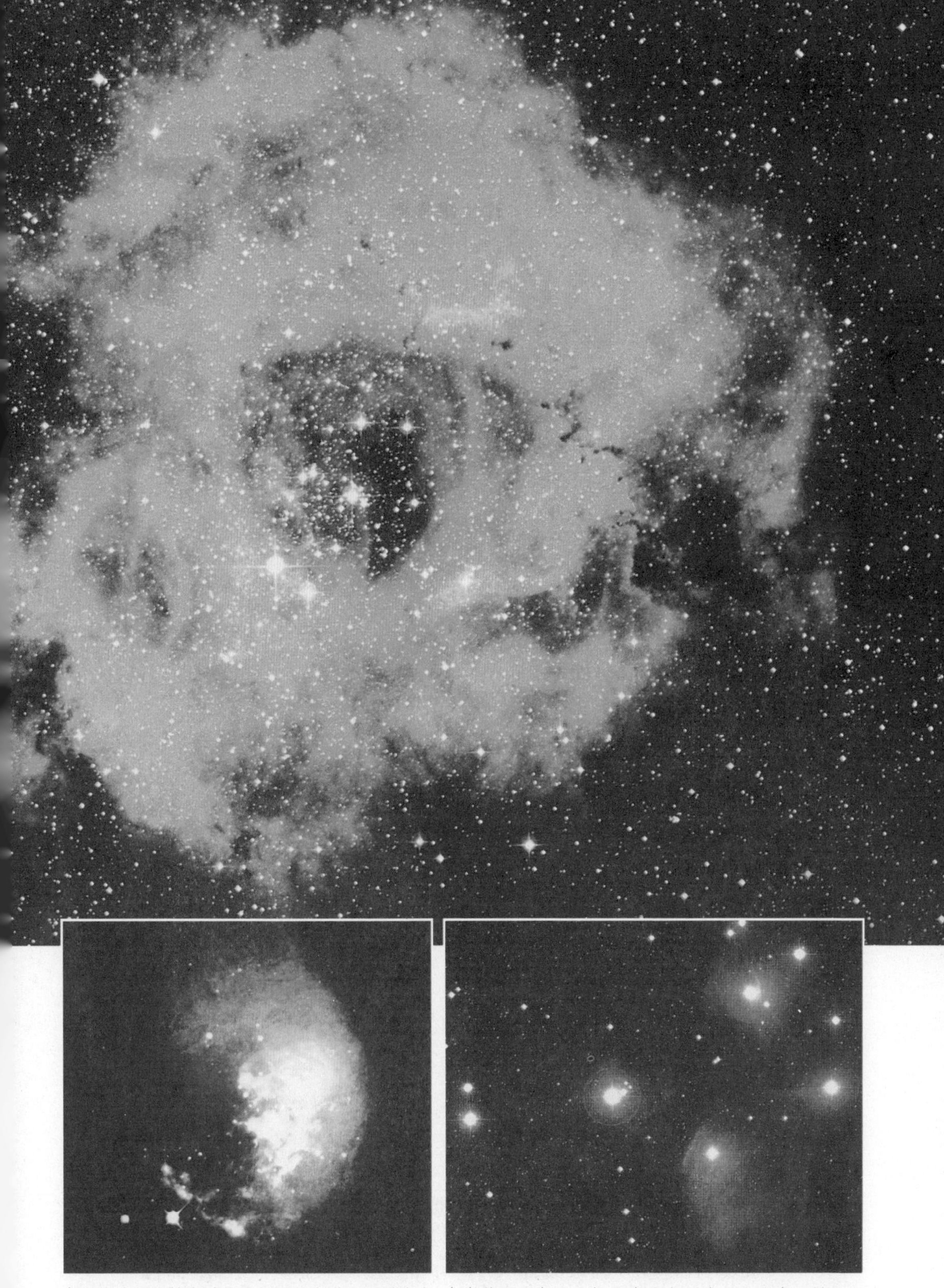

↑红外波长能够穿过生成恒星的气体云。猎户座的这一景象由多个红外波长合成，图中的颜色代表了温度。淡红区域温度为15开，最高温度为100开。中心附近四个明亮的恒星为O型和B型恒星。

↑在数百万年后，恒星完全与诞生星云分离。昴星团（M45）是从同一个分子云中形成的一组恒星。一些恒星周围的细线是从恒星穿过的稀薄气体云发出的。

后主序

在整个主序时期，恒星中只有10%的氢参与了核聚变。随着核心中氢的消耗殆尽，聚变被限制在围绕着氦的惰性核的壳中。由于核内没有能量产生机制运行，恒星开始收缩，产生了更高的温度和压力。

核收缩通过势能的释放传导到恒星的外层。随着这些层向外膨胀，恒星的大小迅速增加，通常直径变为原来的10到100倍，其温度也随之下降，并且恒星变红。这些恒星就被称为红巨星。

随着核继续收缩，温度持续上升。最终，温度上升到核内足以发生氦聚变的程度。引燃氦聚变的过程被称为氦闪，包含的核反应为3α 过程。这涉及两个氦核（通常称为 α 粒子）熔合形成一个具有放射性的铍的同位素。如果第三个氦核在铍衰变前碰撞，一个稳定的碳核就会产生。有些时候，第四颗 α 粒子稍后反应并生成氧核。

碳持续地生成，直到氦被用尽，核再次变为惰性的。在具有太阳类似质量的恒星中，这与核聚变过程持续一样长的时间。随着核聚变的消退并最终停止，恒星开始死亡。在这些低质量恒星中，外层的气体层被恒星风抛出。这是巨星变为造父变星时常常要经历的脉动的结果。这导致了质量的减少，但产生了行星星云。

随着气体从中央恒星向外飘出，它被仍然由恒星释放的辐射照亮。这些辐射被壳中的气体吸收，并且以可见光波长重新发射出来。星云逐渐散开并且在几十万年后融入星际介质中。

行星状星云的中央恒星由于引力作用已经变为很小的紧凑型天体。有些时候它们是白矮星——物质的密度很高，以至于电子不再能够环绕原子核运动的恒星。取而代之地，它们全都被压缩，从而都

→恒星的外观取决于它核内部发生的一切。当恒星燃烧氢转化为氦时，它仍处于主序上。当氢被耗尽而情况导致氦聚变为碳时，恒星“膨胀”成为一颗红巨星。在太阳等低质量恒星中，氦燃烧的终结将导致崩塌，它将产生行星星云和白矮星。

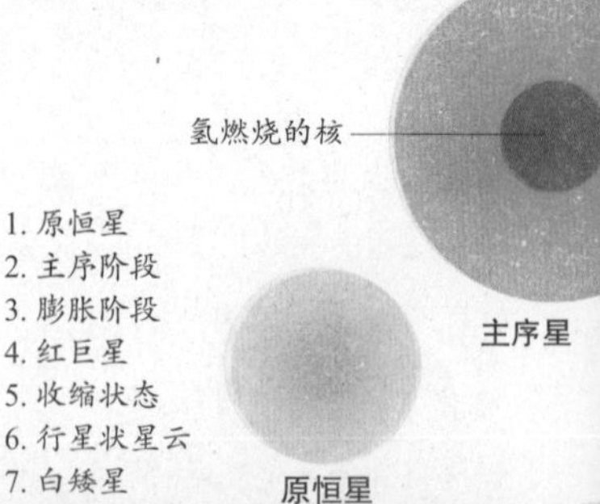

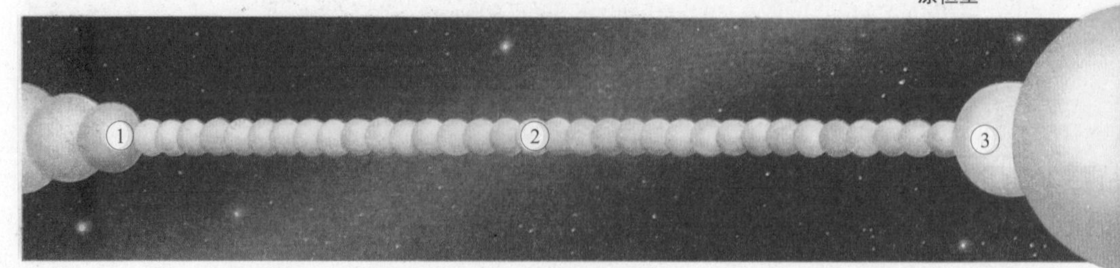

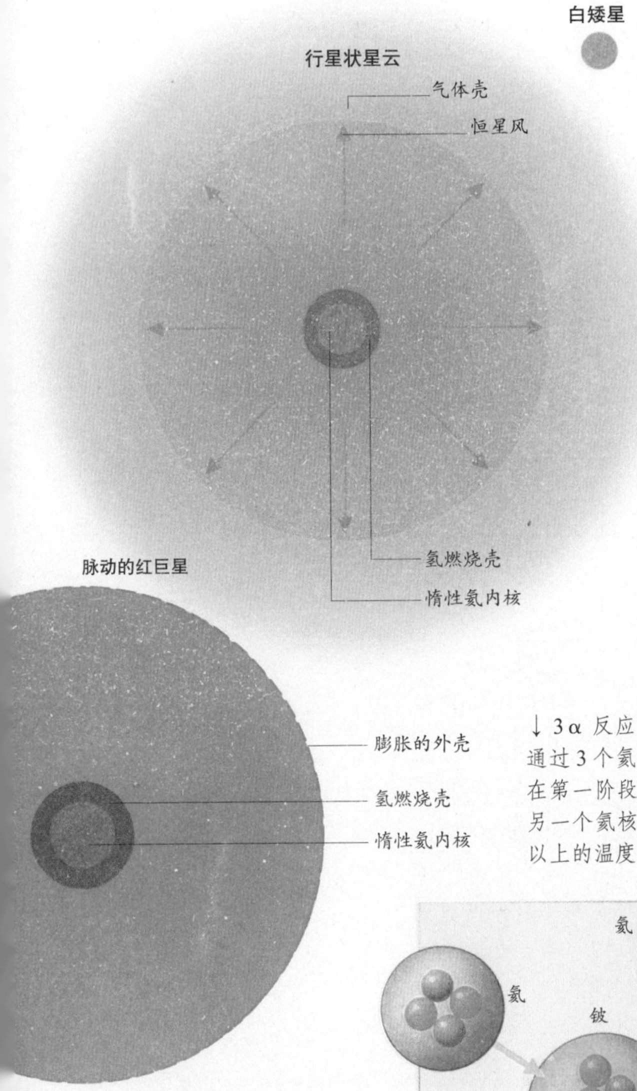

试着占据最低的能级。

这一状态的物质被称为电子简并物质，并且导致了电子间产生极大的压力，这是由于如泡利不相容原理所说，它们不能共同占据同一个量子态。这一压力——电子简并压——阻止了白矮星的进一步崩塌。

白矮星在接下来的几十亿年的过程中逐渐冷却，直到最终变为一颗黑矮星。而最大的恒星将经历一个更为剧烈的变化过程，并且留下比白矮星更为致密的物体。

白矮星
行星状星云
气体壳
恒星风
氦燃烧壳
惰性氦内核
脉动的红巨星
膨胀的外壳
氦燃烧壳
惰性氦内核

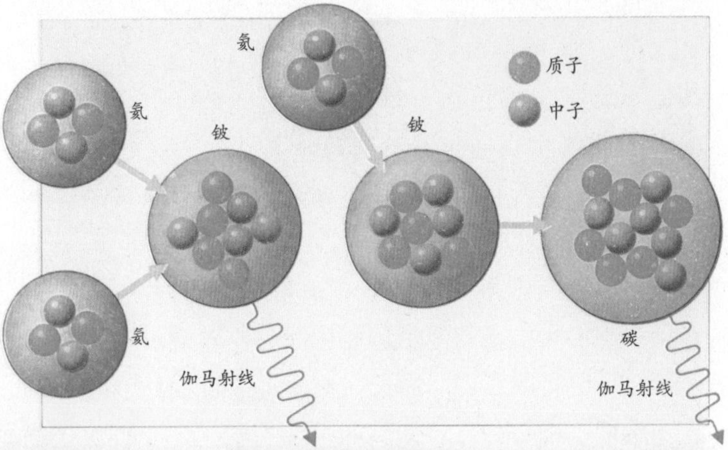

↓具有太阳类似质量的恒星演化的序列从恒星由气体云崩塌中产生开始，接着进入主序，到达氦燃烧开始阶段——红巨星及以后的阶段。

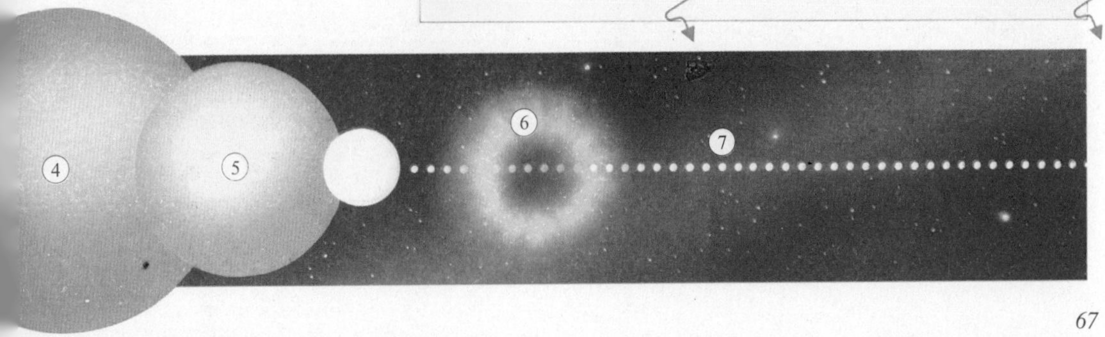

↓ 3α 反应被认为是后主序星的主要能量产生方式。它是通过3个氦核（有时被称为 α 粒子）合成碳的一种方法。在第一阶段，两个氦核熔合形成一个铍核，它再反过来与另一个氦核碰撞并熔合形成一个碳核。这一反应在1亿开以上的温度下发生。

氦
氦
氦
铍
铍
质子
中子
碳
伽马射线
伽马射线

恒星的核合成

使恒星发光的能量来自于核聚变反应。实际上，恒星内部的核聚变产生的能量阻止恒星在自身的巨大引力下粉碎性的推力而引起的崩塌。随着辐射穿透到表面，它与整个恒星中的原子核相碰撞，将它们向外推，从而抵抗向下的引力。

主序星由于在核内氢熔合成氦而发光，但按照主序星的质量，这总共有两种方式。恒星的质量决定了它核的温度，当恒星类似于太阳时，其核的温度大约为 1.5 亿开，在这样的温度下，单个质子（构成氢原子的原子核）相互碰撞先产生氘，然后是氚——都是氢的同位素。在相似的大部分这一反应的最后阶段，两个氚相互碰撞产生一个氦核和两个质子，这被称为质子－质子链。其他可能的步骤包括了氚与一个形成了的氦核相碰撞。不论通过哪种方式的反应，所有的过程最终导致了另一种氦核的产生。恒星内核温度越高，这类反应发生的数量也就越大。

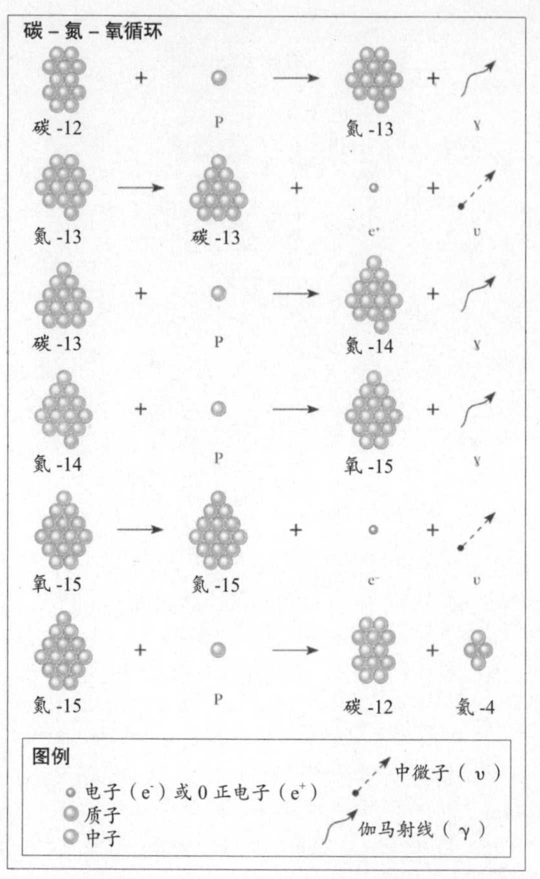

↑碳－氮－氧循环为比太阳更大质量的主序星提供了能量。它在恒星内核温度超过 1.5 亿开时取代质子－质子链成为主要的能量来源。它使用碳作为生成氦的催化剂。

直到具有太阳质量的所有恒星都是通过质子－质子链产生能量的。但是具有比太阳更大质量的恒星则提出了一个难题——尽管它们内部的温度可能要高 3 倍，并且更亮数百倍。质子－质子链的过程并不能解释这一种巨大的能量输出。

然而，有一种反应能够产生比质子－质子链更多的能量，它被称为碳－氮－氧反应，并且要求恒星内核中存在碳元素。因此，这种反应在包含有上代恒星产物的年轻 I 族恒星中最为常见。在这些年轻高温恒星中，碳起着催化剂的作用。首先，质子与碳核碰撞产生不稳定的氮同位素，它自然衰变形成碳的一种重的同位素；另一个质子与较重的碳碰撞使其变化成氮的稳定同位素；然后第三个质子将氮转化为氧；最终，第四个质子与氧结合并使它分解为一个氦核和一个最初的

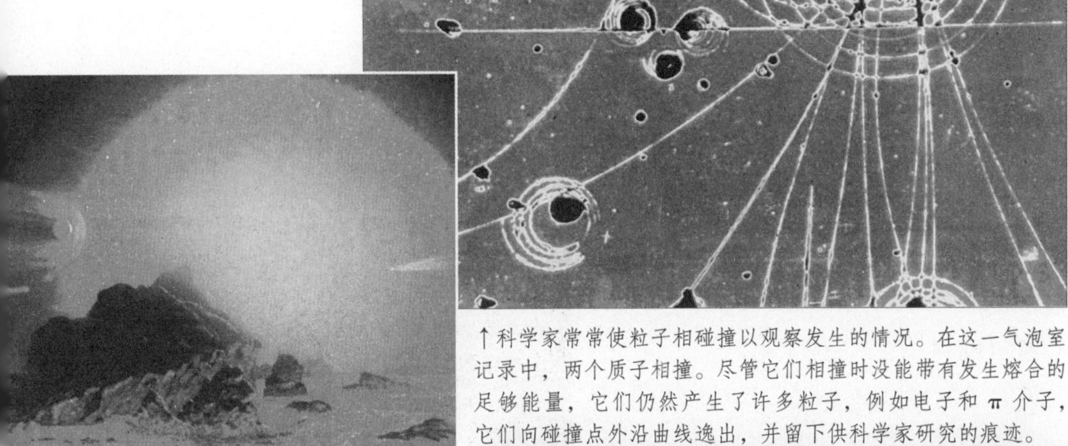

↑科学家常常使粒子相碰撞以观察发生的情况。在这一气泡室记录中，两个质子相撞。尽管它们相撞时没能带有发生熔合的足够能量，它们仍然产生了许多粒子，例如电子和 π 介子，它们向碰撞点外沿曲线逸出，并留下供科学家研究的痕迹。

↑当太阳在大约45亿年的时间后耗尽其核心的氢燃料时，核聚变开始在包围其惰性氦内核的外壳上发生。在这时候，太阳将膨胀为红巨星，吞没水星、金星，最后是地球和月球，如这幅图片所示。

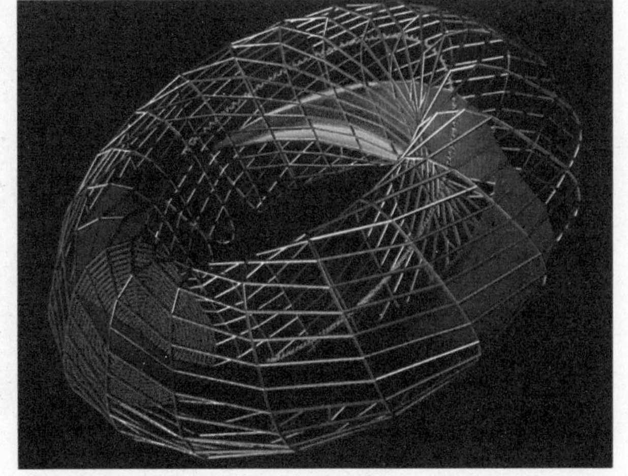

→科学家尝试在核聚变反应堆中利用太阳的能量。这一计算机模拟展示了一个面包圈形的反应堆，被称为托卡马克装置。图中的彩带表示了磁场，而黄线表示了典型质子的路径。通过模拟有助于科学家建造一个真正的核反应堆。

较轻碳核。通过这一反应过程4个质子生成一个氦，就像质子–质子链所完成的，但这时由于较重原子核的参与，释放出的能量更多。

在逐渐离开主序的恒星中，氦核成为了主要的反应物，它们缓慢地形成了越来越重的原子核。氦的燃烧通过3α 过程产生碳，而氧在另一个氦核加入后生成。在这一反应中，氦核被称为 α 粒子。

在小质量恒星，例如太阳中，反应在氧生成时停止，但大质量恒星继续生成更重的原子。这一过程与之前的发生方式相同，并且很关键，它使不同的原子核熔合成更重的，但如果内核温度超过10亿开，就有足够的能量分裂原子核。这使得参与核聚变过程的原子核更加复杂混乱。

崩塌和爆炸中的恒星

在具有7倍以上太阳质量的恒星中，惰性碳核质量极高，以至于发生足以引燃碳聚变的坍缩。引燃碳聚变所需的温度的区域的温度达数亿度。碳聚变生成镁。恒星开始形成层状结构，在恒星中的每一层壳内都进行着不同元素的核聚变。氢聚变仍然在核区的最外层发生，在它下面，氦转化为碳和氧。恒星发展出了物质构成的同心环，每一层中一种特定的化学元素聚变为另一种，并且为下层壳提供物质。这些壳中包含了氖、钠、镁、硅、硫、镍、钴以及最终的铁。与它们的初始阶段相比，这些大质量恒星以极高的速度通过它们最后的演化阶段。碳聚变通常在1000年内完成，而氖和氧的聚变发生在1年之内。生成铁核的硅的燃烧通常仅仅持续一两天。

↑船帆座超新星遗迹是由发光气体丝构成的大致圆形外壳。这张照片只展示了它的一部分。产生于这个星云的恒星被认为在1.2万年左右以前经历了超新星爆炸。在这层外壳的几乎正中心是脉冲星0933-45，它被认为是爆炸恒星的残余部分。

铁和镍在恒星的核心生成，但并不聚变生成其他物质，这是因为之前的所有核聚变都是释放能量的，但在铁之后，元素聚变所需的能量要大于聚变过程释放的能量。这些能量无处得到，从而铁在恒星中心积累成电子简并质量。但电子的压力不是无限的，随着质量的继续增加，核心开始变得不稳定。当内核所含的质量达到1.4倍太阳质量——钱德拉塞卡极限，电子简并压不再能够抵挡引力，核心进一步崩塌，这一崩塌具有与从建筑物底部敲打其地基一样的效果。上层结

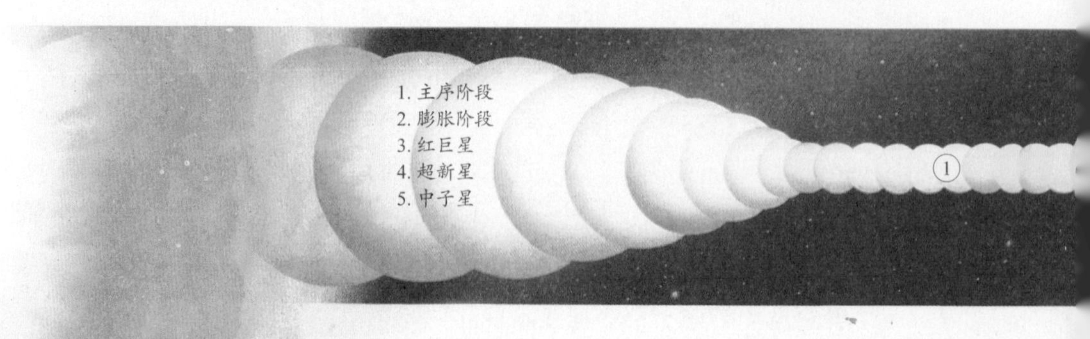

构，在这里就是恒星的其余部分，开始向下崩塌。

↑这是在6厘米波长下拍摄的仙后座A超新星遗迹。它大约在300年前爆炸，也是天空中最亮的无线电源之一。蓝色的区域表示辐射最为强烈。

随着恒星自身向下坠毁，它释放出大量的能量使得它爆炸并且将自身吹散成小块。这就是超新星。超新星爆炸释放的能量导致了比铁更重元素的产生。以这种方式爆炸的恒星被称为Ⅱ型超新星。Ⅰ型超新星牵涉到一颗白矮星，如果白矮星与另一颗恒星足够接近，那颗恒星会将部分的外层大气传到白矮星上，这在白矮星上累积直到发生强烈的核爆炸，这能够摧毁白矮星并且产生一颗Ⅰ型超新星。

超新星为星际介质提供了比氦更重的元素。宇宙包含了75%的氢和23%的氦，更重的元素占据了剩余的2%，这些较重元素被天文学家称为金属，它们使得行星和生命的产生成为可能。地球上和我们身体内的每个原子都曾经位于太阳和行星形成前以超新星形式爆炸的大质量恒星中心。超新星爆炸产生的震波是压缩星际介质形成新恒星的一种机制。

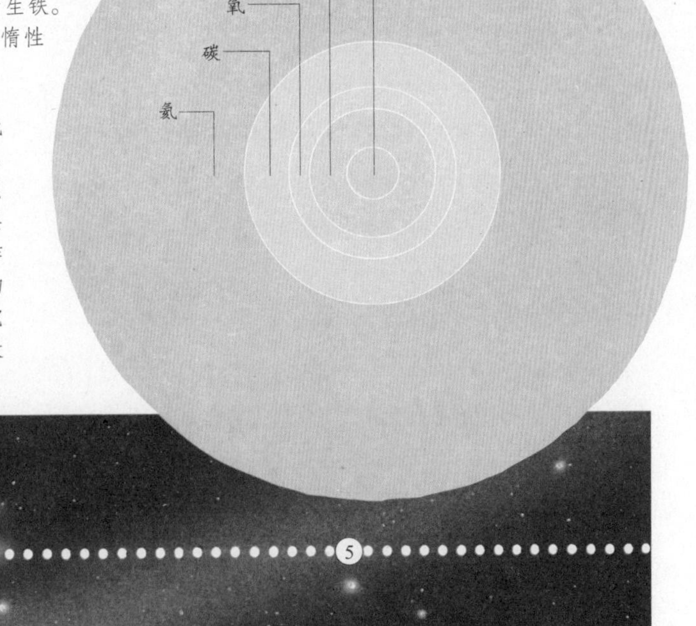

→当大质量恒星到达其生命的最后阶段时，聚变在它内核的各层中自发发生。氢聚变产生氦，氦聚变为碳和氧，碳聚变生成氖和镁，氧聚变生成硅和硫。最终硅和硫聚变产生铁。铁聚变需要额外的能量，因此铁以惰性核的形式聚集。

↓当具有超过太阳1.4倍质量（钱德拉塞卡极限）的恒星离开主序时，它膨胀形成红巨星。最终它以剧烈的超新星的形式爆发，并将其外层物质吹向宇宙中。其内核在引力作用下崩塌形成微小的、异常致密的中子星。当恒星成为超新星时，它的亮度增加了10^8倍，这将持续数天时间。

超新星

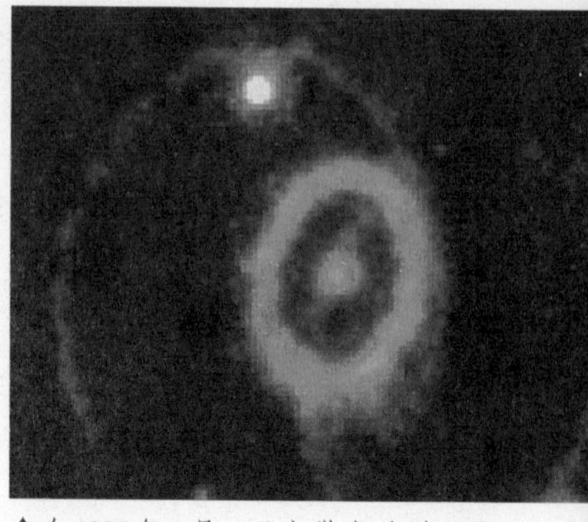

↑在1987年2月，天文学家看到了望远镜发明以后观测到的最近的一次超新星。超新星1987a在银河系的一个卫星星系——大麦哲伦星云中爆炸。一个膨胀的沙漏形气泡很可能制造出两个围绕超新星的巨大圆环。

超新星是恒星的爆炸，它以恒星铁核的崩塌开始。这一过程有时亮到即便在白天也能在地球上看到。超新星爆炸中发生的具体事件过程已经通过成熟的计算机模型分析过了。恒星核心开始崩塌是一个突发的过程，事实上，计算表明仅需要80毫秒就可以使直径2000千米的核心崩塌到20千米。这一初始崩塌是原中子星的开始。随着中子星的形成，电子与质子结合，释放出大量的中微子。这些粒子开始向这一死亡恒星外逃逸。

随着恒星持续崩塌，较轻物质开始从内核上落下，达到接近1万千米/秒的速度。随着这些物质冲击内核，释放出高能光子（X射线和伽马射线），它们打破了部分铁原子核。该反应也增加了形成中的中子星周围物质的密度，并使中微子不再能逃逸出去。先前逃逸出去的中微子穿过恒星向外移动到宇宙中，这些逃逸的中微子被称为中微子脉冲，它们对天文学家而言是即将发生的可见超新星爆炸的提示。

当中子星到达最致密的大小时，它停止崩塌并且反弹。这一反应冲击了上层持续落向中子星的物质，并产生震波。当震波穿过恒星，它分开了原子核，释放能量以继续进一步的核聚变过程。随着被困住的中微子奋力向内核外运动，它们为震波提供了额外的能量。在内核崩塌大约1秒后，震波积攒了足够的能量以爆炸性的膨胀穿过恒星，震波穿过整个恒星需要将近30分钟。在它到达表面时，外部的宇宙就看到了恒星的爆炸。在剩下的活跃核熔炉中，比铁重的所有元素都能够产生出来，包括放射性元素。

超新星对天文学家的价值在于它们提供了测量宇宙间距离的理想工具。光在向外传播的过程中受到平方反比定律的限制，这意味着如果你将光的距离变为原来的3倍，它的强度会下降为原来的1/9。如果知道开始的光亮度，光的亮度衰减量就能够被用于计算到达它所在位置的距离。

由于超新星都是在核心达到1.4倍太阳质量以后，由铁核的崩塌开始，崩塌和爆炸的过程都十分相似。所有的超新星爆炸都有几乎相同的能量输出，这意味着它们将达到几乎相同的亮度。因此当超新星在一个遥远星系中爆炸时，它的观测亮度与理论亮度就能利用平方反比定律比较，到达该星系的距离就能计算出来。

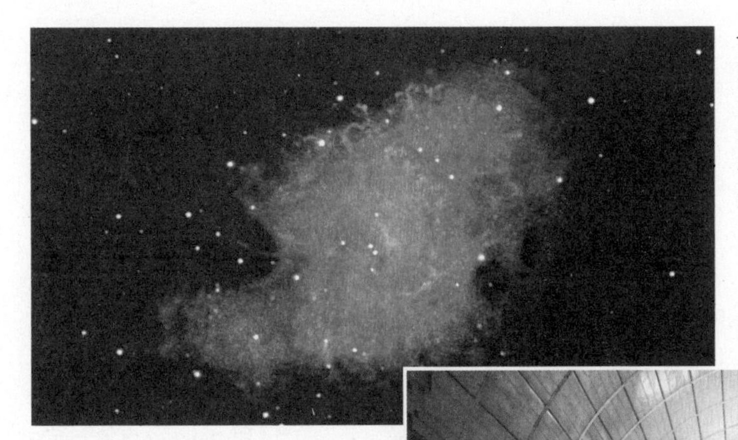

←蟹状星云是一颗在1054年爆炸的恒星的遗迹。这一爆炸被当时的中国和日本天文学家所记录。研究表明在周围的云层中有着大量的氮，这是在恒星爆炸前产生的。

→可见的超新星爆炸以恒星的内核崩塌释放的中微子脉冲为先导。意大利的GALLEX等实验设备能够探测到这一脉冲。这一设备被埋在岩石表层下1400米处起防护作用，以阻止其他不能够穿过这样深度的无用粒子。

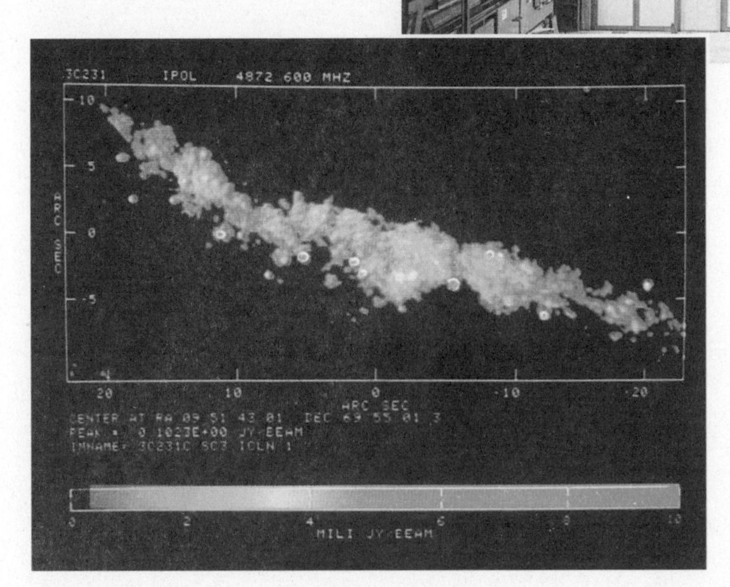

←星系M82有着大量发出无线电波长的超新星，在这里以气泡的形式表示。通常在螺旋星系中每一个世纪只产生一次超新星爆炸，但在M82中，早期的异常高速的恒星形成，也就是所谓的星暴，导致目前超新星产生频率的增加。

超新星在典型的螺旋星系中基本上每一世纪发生一次。但对银河系中心的精确观测显示出了一个大质量恒星带，这些恒星都是立刻形成的。这意味着在大约1亿年后它们到达生命的最后阶段时，这些恒星将几乎在同一时间爆炸，产生名为星暴的天文现象。

中子星和脉冲星

当大质量恒星的内核无法承受由于引力下拉带来的压力时，恒星物质崩塌到一种名为简并物质的状态。简并物质是正常原子的排列由于外部物质的重量大到难以承受，在引力作用下被打破的物质。在重子简并物质中，电子——通常在环绕原子核的轨道上运行——被压入原子核，在那里它们与质子结合生成中子。因此恒星的整个内核由被紧密压缩的中子组成。

在这样的情况下，中子仍然受到引力的牵引。但根据泡利不相容原理，尽管紧密堆积，没有两个同样的粒子能够拥有同样的量子态。换言之，两个中子不能在同一时间位于同一地点——这在物理状态上是不可能的。所以，正如之前电子所做的那样，中子产生了阻止进一步崩塌从而使它们更加接近的压力。

由中子构成的物质是极为致密的。由电子简并物质构成的白矮星的直径与地球相近，但它们有着比太阳更大的质量。中子星更加致密，它包含了超过太阳 1.5 倍的质量，并且被塞在直径仅为 10 千米到 20 千米的球形区域中，这等于原子核的密度。

恒星通过简并压阻止引力崩塌的能力受到自身质量的限制。直到达到 1.4 倍太阳质量，恒星才可依靠电子简并压支撑自身的质量。超过太阳质量的 1.4 倍时，物质崩塌，直至为重子简并压缩所中止，这直到 3 到 5 倍太阳质量的奥本海默－沃尔科夫极限都是有效的，这也是中子星质量的上限。

中子星是Ⅱ型超新星爆炸后遗留下的，它们是大质量恒星的崩塌内核。尽管它们的存在在 20 世纪 30 年代的理论中就已经被预测，但被认为由于它们的体积小而无法被探测到。之后，在 20 世纪 60 年代，一类后来被命名为脉冲星的高速脉动天体被发现。事实很快表明有着这种特性的天体只能是旋转的中子星。同样，脉冲星的辐射束扫过整个宇宙，当它通过我们的视线时，我们接收到了辐射脉冲。

超新星爆炸后，留下中子星高速旋转。最快的脉冲星被称为毫秒脉冲星，它们每秒旋转上百周，是由附近恒星的吸积盘“旋转加速”的老年脉冲星。这一旋转“旋转加速”过程类似于双星系统中物质注入白矮星的过程。

由于简并物质的特性，中子星积累了越多的质量，它就收缩得越小；中子星越小，它也就旋转得越快。中子星的旋转加速过程使得天文学家期望在它周围发现吸积盘的形成。在原恒星周围，吸积盘是行星生成的场所。在名为 PSR1257+12 的脉冲星周围确实已经发现了三颗行星的形成。然而，这些“第二代”行星并不处于能够发展出生命的位置。

→脉冲星的闪烁被认为是旋转造成的。这被称为灯塔模型，因为灯塔通过一个具有孔洞的旋转遮蔽物造成同样的闪烁。对脉冲星的观测表明脉冲是在很多不同波长上发射的。尽管脉冲曲线不同，所有的脉冲都在同一时间发生。不同脉冲的脉动速率可能不同；一些脉动较快，例如邻近双星的脉冲，而另一些较慢。

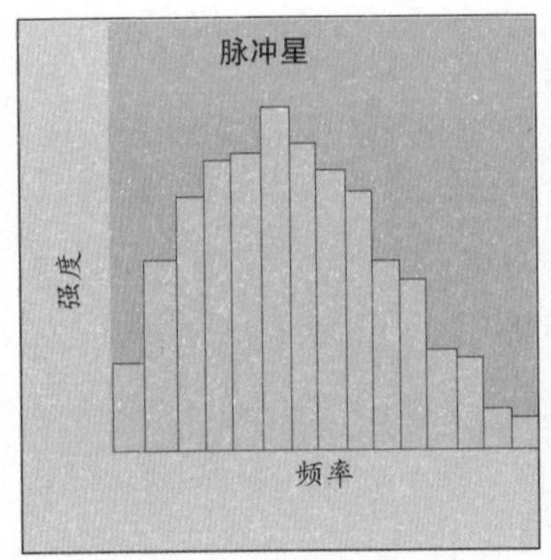

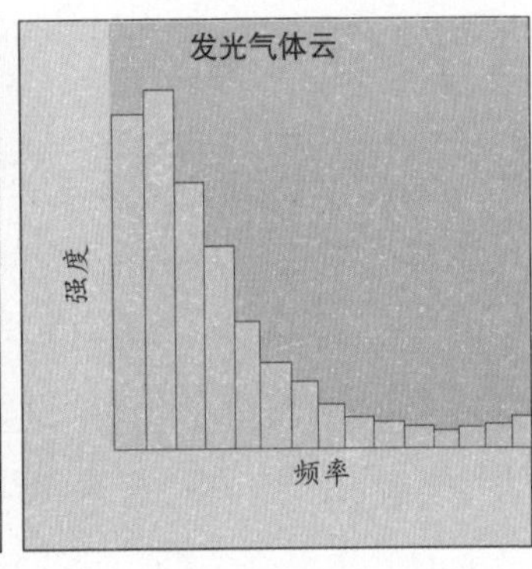

↓在已知的超过400颗的脉冲星中，只有少数的几颗被探测到发出了X射线。这两幅图表显示了脉冲星（左图）和发光气体云（右图）的X射线光谱间的区别。

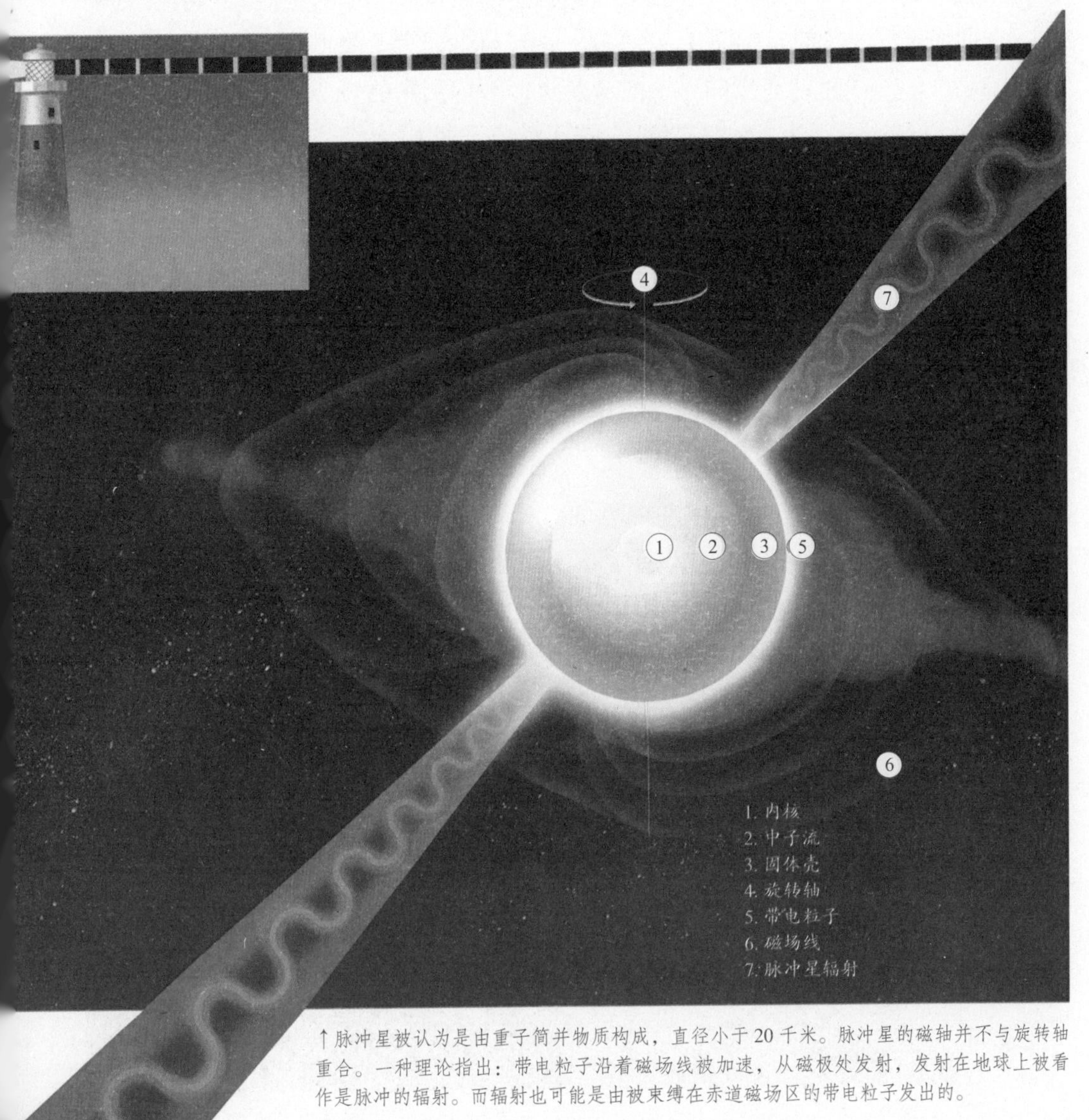

↑脉冲星被认为是由重子简并物质构成，直径小于20千米。脉冲星的磁轴并不与旋转轴重合。一种理论指出：带电粒子沿着磁场线被加速，从磁极处发射，发射在地球上被看作是脉冲的辐射。而辐射也可能是由被束缚在赤道磁场区的带电粒子发出的。

黑洞

崩塌恒星是由于内核中核聚变不再发生而崩塌的恒星。一些崩塌恒星变为白矮星和中子星；其他的成为黑洞。恒星的质量决定了它究竟是成为白矮星、中子星还是黑洞——这些黑洞都比在活动星系以及其他星系中心发现的小很多。恒星黑洞是超过了惰性非能量产生物质的可预测极限，也就是3.2倍太阳质量的天体。在这一极限——奥本海默-沃尔科夫限——之上，中子抵抗引力产生的重子简并压不再能够终止恒星由于引力的崩塌。恒星变得越小，它表面的引力也就越大。表面引力越大，逃逸所需的速度也就越大。随着崩塌恒星变得越来越小，逃逸速度不断上升，直到等于光速。当逃逸速度达到这一水平时，没有任何东西——即使是光——能从恒星上逃逸出来，它也就成为了黑洞。恒星于是从可见宇宙中消失——尽管它造成的一些效应是可以被探测到的。

如果恒星质量很大，它需要较小的压缩就能够成为黑洞。恒星成为黑洞所必须压缩到的半径称为施瓦茨席尔德半径。它定义了名为视界的区域——黑洞的边缘，在这里的逃逸速度等于光速。没有人能够知道在视界的边界之内发生的一切。崩塌中的质量被认为继续收缩直到成为具有无限密度的一个小点，称为奇点。

黑洞周围的引力十分强大，甚至使得空间围绕它“弯曲”。天文学家相信黑洞正在旋转，使得它们周围邻近的时空连续体被拉伸。这一被拉伸了的空间区域被称为动圈，它的边缘以静止极限作为标志，它内部所有物质都不能保持静止，而是被黑洞绕着拖曳。穿过视界的物体永远无法找到，并且被认为消失在奇点中。因为没有任何东西能够逃出黑洞，发现黑洞就变得十

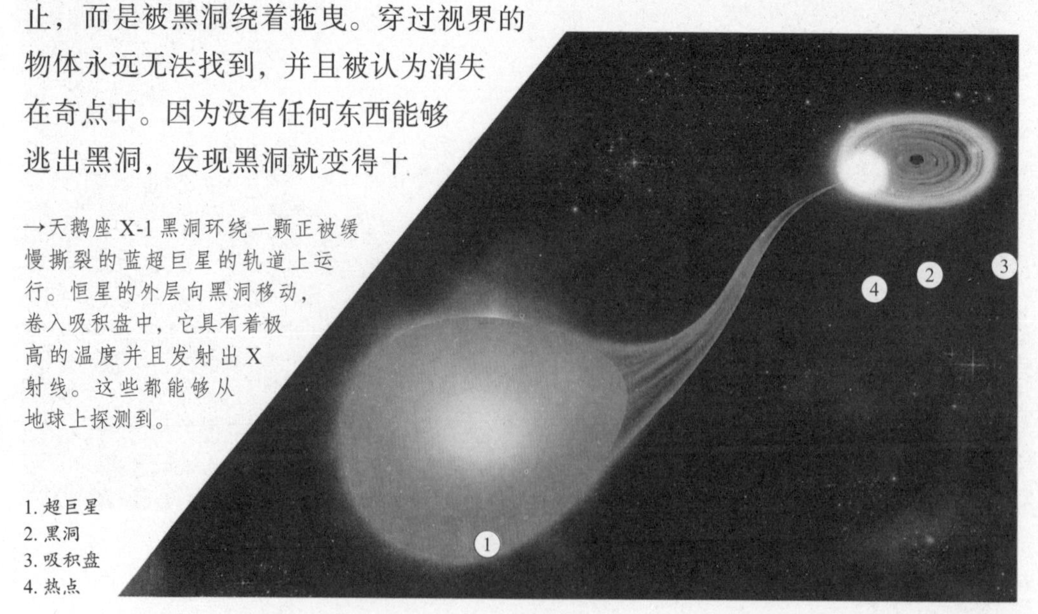

→天鹅座X-1黑洞环绕一颗正被缓慢撕裂的蓝超巨星的轨道上运行。恒星的外层向黑洞移动，卷入吸积盘中，它具有着极高的温度并且发射出X射线。这些都能够从地球上探测到。

1. 超巨星
2. 黑洞
3. 吸积盘
4. 热点

分困难。与白矮星和中子星一样，黑洞能够存在于双星系统中。来自于伴星的气体由于黑洞引力的影响而被剥离，并且向下注入黑洞中。因为恒星和黑洞相互环绕运行，物质在黑洞周围形成吸积盘。盘中的物质围绕黑洞高速旋转，使得分子间的摩擦加热了气体，直到发出X射线。在这之后，分子失去能量并螺旋进入黑洞中。表明黑洞存在的X射线能够在地球上探测到。一个可能的黑洞是天鹅座X-1，它是天鹅座中围绕一颗具有太阳20到30倍质量蓝超巨星运行的X射线源。这一大质量恒星看起来被一个具有9到11倍太阳质量的可见伴星的引力所拉动，发射出的X射线被认为是来自伴星周围的吸积盘。具有太阳数千倍质量的超大质量黑洞被认为存在于活动星系和类星体的中心。

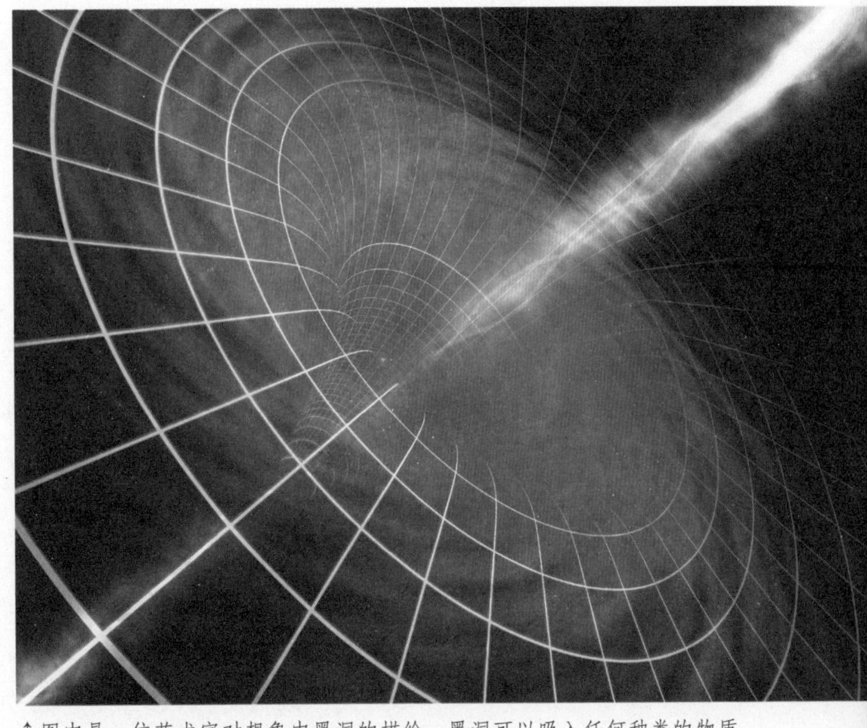

↑图中是一位艺术家对想象中黑洞的描绘。黑洞可以吸入任何种类的物质。有些科学家认为在每个星系的中心都存在一个黑洞。

知识档案

如果掉进黑洞中会发生什么事

首先，你必须明白你再也出不来了。当你刚一接近黑洞时，你根本不会有什么感觉。就像绕地球轨道运行的太空人，你将处于“自由落体”状态，并且你身体的每一个部分都将处在同一个重力的影响下，你会感觉到失重。但是，一旦你开始接近黑洞那巨大的引力场——大概距黑洞中心80万千米，你会感受到什么是所谓的黑洞潮汐力。如果你进入黑洞时碰巧是脚先下去，你的脚将会比你的头感受到更大的拉力，而你会有被撕扯的感觉。当到你的身体快要发出“砰”的一声这个临界点时，一切将变得更糟，那就是你生命的终点了。

这将很可能发生在你穿过一个被称为黑洞边界的东西的时候。此时你必须要让你的运动速度和光速相等。所有的引力场都有一个脱离速度，在地球上，这个速度就相当于火箭进入太空的速度。一旦你来到了黑洞边界，为了逃离，你需要跑得比光速还要快，而那是不可能的事。因此一旦你到了黑洞边界，就必然再也出不来了。

深空爆炸

20世纪60年代晚期，美国发射了一架能够探测伽马射线的空间探测器。它并不是被设计用以天文观测的，而是用于强调最近签订的核试验禁令条约，禁止宇宙中核武器的引爆。这一卫星很快开始报告伽马射线暴的到来，它不是来自地球轨道（这样的话可能是一次核弹爆炸），而是来自深空。在1969年7月到1972年7月间，探测到了16次这种事件。更为敏感的空间探测器被发射以后，很快，探测到的伽马射线暴的数量激增至每天一次。这些伽马射线暴能从任何时候开始，持续数10毫秒直到15分钟左右。没有相同的两次爆发，这些伽马射线暴也都来自不同的方向。

在接近30年中，没人能够解释它们。证据表明伽马射线暴已经穿过了很大体积的宇宙，这是因为它们存在红移现象。但是如果通过计算修正可疑的红移，这些爆发将是宇宙中最剧烈的爆炸，在某些情况下释放出的能量比整个星系1年的还多。这一结论使得一些天文学家怀疑它们是本地未经红移的爆发，因此也没有那么剧烈。一些天文学家被这些数据所困惑，他们（仅仅是半开玩笑的）提出可能这些爆发并不是自然现象，而是外星飞行物驱动引擎的排出物！

在20世纪90年代晚期，这个谜团开始被解开。意大利-荷兰联合卫星BeppoSAX能够迅速分辨爆发的方向并在数小时的时间内将信息转发到地面。哈勃太空望远镜（HST）的控制器也能够将望远镜对准爆发的方向并拍摄长曝光时间照片。1997年2月28日，BeppoSAX探测到一次伽马射线爆发，HST也捕捉到了这次爆炸的昏暗的光学余晖。在余晖周

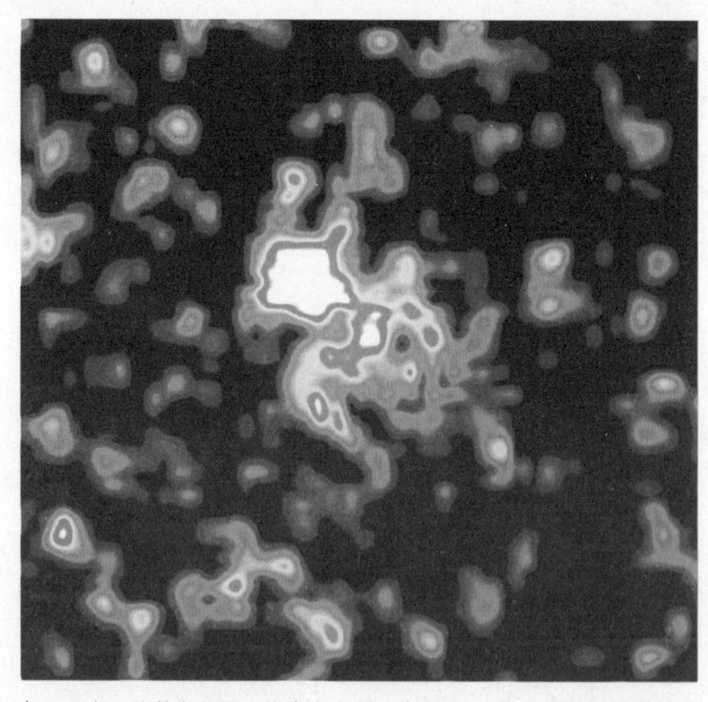

↑1997年，哈勃太空望远镜在意大利-荷兰联合卫星BeppoSAX给出的快速定位信息的帮助下，捕捉到了伽马射线暴光学图像。这是类超新星爆炸第一次与伽马射线暴联系起来。

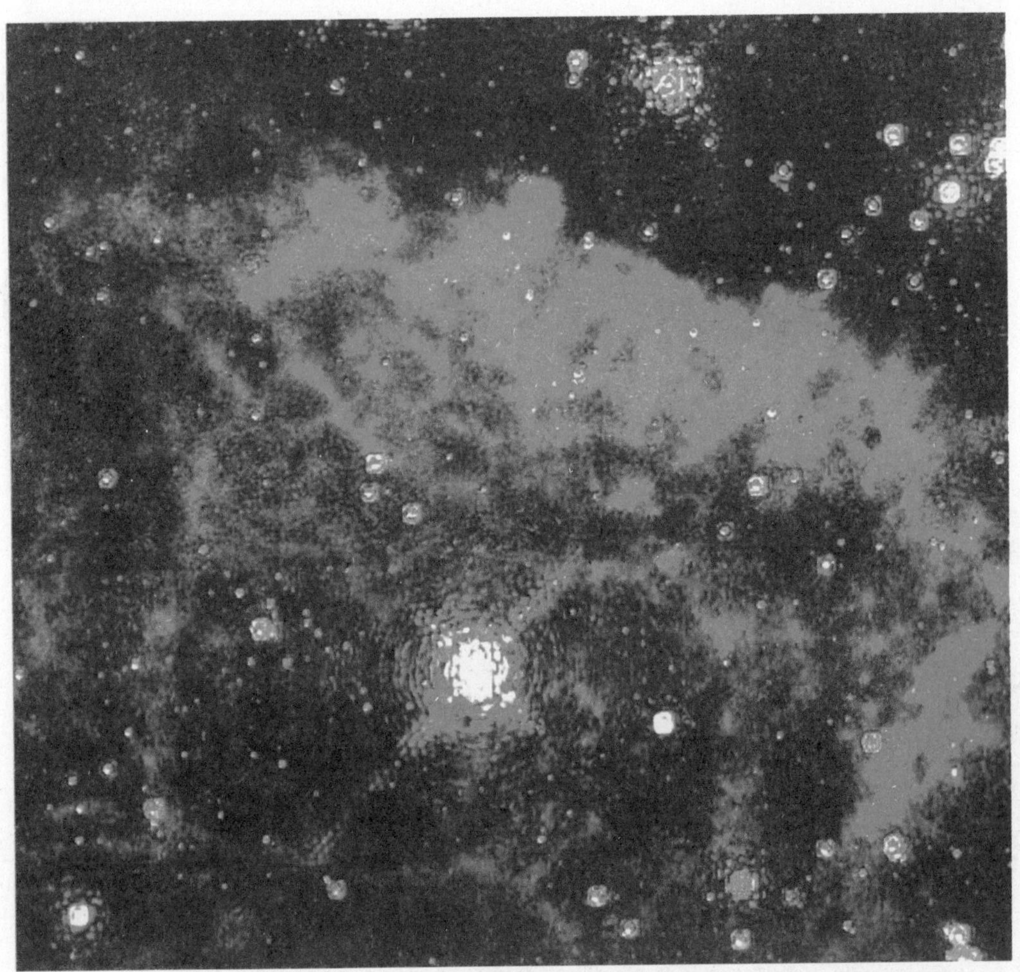

↑我们星系中质量最大的恒星之一是手枪星，它是一颗巨星，有着太阳100倍的质量。手枪星周期性地从它的表面爆发出发光气体。可能宇宙早期的这些恒星作为超级超新星爆炸时产生了伽马射线暴。

围是更为昏暗的亮光——一个遥远的星系。

余晖自身可能位于星系的旋臂处，正是天文学家认为能够发现超新星的区域。

在21世纪的最早几年中，伽马射线暴与超新星之间的联系越发紧密。天文学家通过欧洲南方天文台的X射线卫星XMM-Newton观测伽马射线暴的余晖并尝试分析它的化学组成，它们发现了硅、硫、氩、镁和钙等元素，这些通常都与超新星有关。但是，由于伽马射线暴看起来喷出比本宇宙中超新星更多的能量，科学家并不了解这两种现象究竟是如何联系到一起的。

这一困惑可能能被理论计算解决，它提出在宇宙非常早期，恒星的原始组成几乎完全是氢和氦。这些早期恒星能够长到很大的体积，燃烧得更快也更热，并且比现在的恒星爆炸要更为猛烈。这些爆炸就是超级超新星。

按照这一理论，当超级超新星爆炸时，在其核心产生一个黑洞。不是所有的周围恒星都被吹到宇宙中，其中的一些几乎立刻就被黑洞吞噬，而正是这些高速下降的气体产生了伽马射线暴。一些较短、较不猛烈的伽马射线暴可能是双中子星螺旋进彼此，这同样产生了一个黑洞。

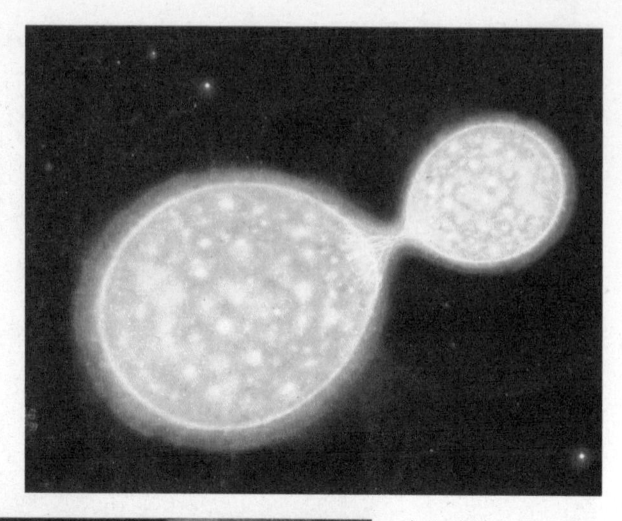

↑伽马射线暴的另一个来源可能是两颗中子星的合并。这些微小的恒星遗迹有时被观测到由于其曾经是双星系统，因而成对运行。如果它们持续螺旋靠近并且最终相撞，科学家们计算得出它们应释放出短期但是强烈的伽马射线脉冲。

←康普顿天文台卫星是NASA在20世纪90年代发射的环地球轨道任务卫星。它在进入地球大气层中并被烧毁之前，发回了许多关于伽马射线暴的信息。它的工作将由欧洲航天总署的INTEGRAL卫星接替并且其职责范围进一步扩展。

第四章

热闹的太阳系大家族

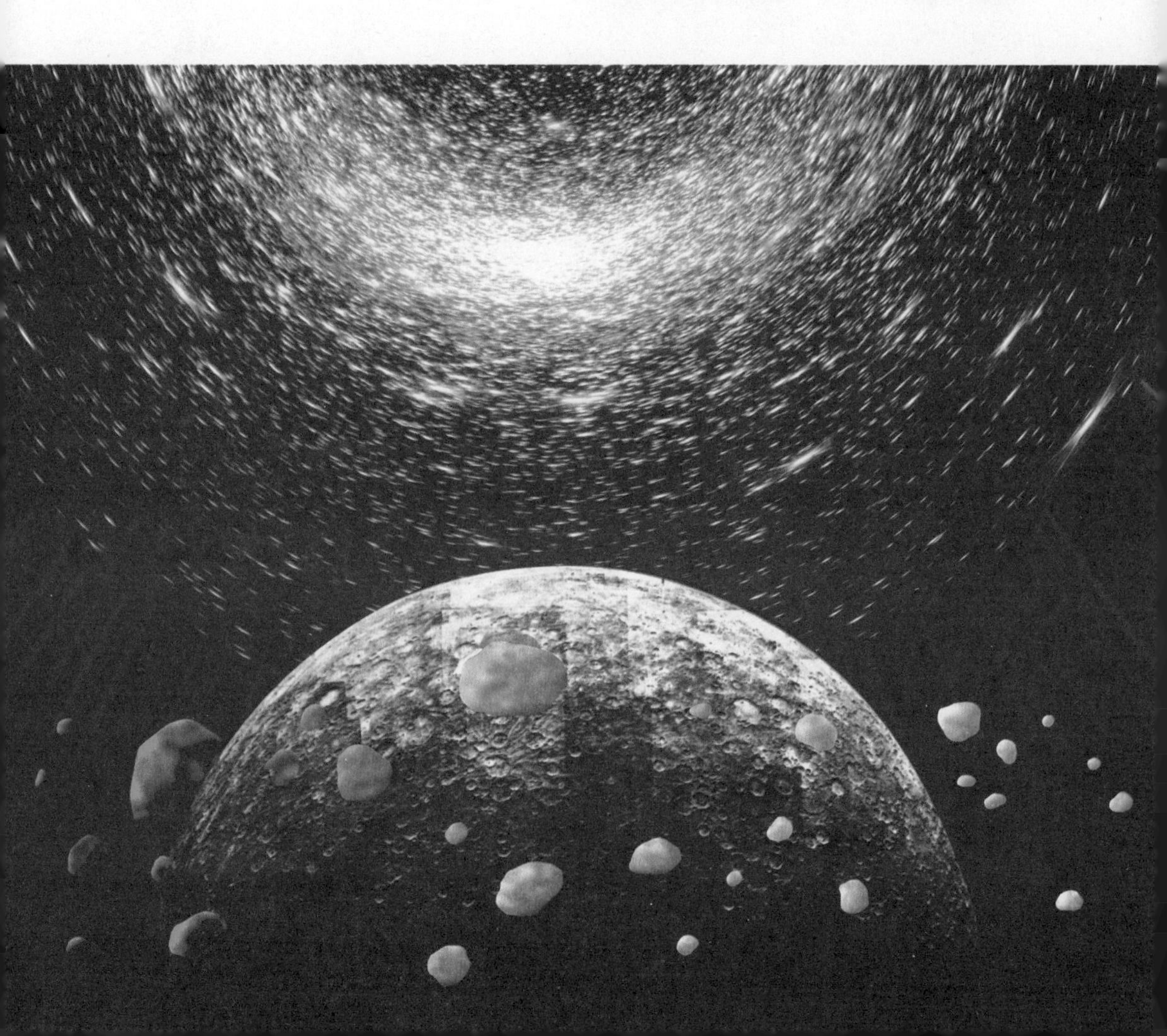

太阳系生成前

早在太阳诞生以前，宇宙中一代代的恒星就已经历了生与死。死亡恒星的残留物是组成新恒星的重要物质，它们漂浮在太空中巨大的尘埃和气体云内。

大约46亿年前，银河系中一个这种巨大分子云中的某个区域因为受到自身重力作用而开始塌陷，它中心核的物质开始缓慢旋转，随后又在尘埃和气体的覆盖下塌陷。该云团就是太阳星云，这是地球所在的太阳系的胚胎。

在其后的1亿年间，太阳星云的中心质量，逐渐增大，并最终成为一颗原恒星，但在这一阶段，氢聚变为氦的反应尚未发生。原恒星开始快速自旋，这使云团变得扁平，成为一个慢速旋转圆盘。

圆盘继续扩大，这一阶段，其质量占到了整个太阳质量的4%（今天，它只占太阳质量的0.1%）。最后，该圆盘逐渐演化成拥有行星和卫星的太阳系家族。

在星云的中心、靠近新生原太阳的地方，在不断增长的云团粒子碰撞影响下，温度开始上升。

云团最初是冰冷的，温度大约是50开，因此只有氦和氢能以气态形式存在，星云中的其他物质不是尘埃就是冰。随着中心附近温度的升高，中心附近的挥发性物质开始气化，而星云外围地区仍旧是一片寒冷。

星云内部温度分布——原太阳附近为2000开左右、外围温度则只有50开——影响了星云内部分子的分布。像金属和硅酸盐矿物之类最致密的物质在1500开左右的温度下会浓缩，并受原太阳重力牵引，聚集到星云的内区域，吸积形成太阳系中较小的石质内行星。而相对较轻的冰和气体，例如水、二氧化碳、甲烷和氨，以及氢和氦，则被推向外部区域，星云内区域元素如氢和氦逐渐耗尽，迫使其进入更冷的区域，在那里它们开始浓缩成大的气态外行星。与此同时，原太阳内的温度和压强形成，其核的温度最终达到了1000万摄氏度～1500万摄氏度，导致氢聚变为氦。太阳开始发光并释放巨大的能量，它的内部也开始产生强烈的对流，并且以“恒星风”的形式稳步地散失质量。上述状况在经典金牛座 T 型星阶段快速发生，在该阶段——从太阳 10 万岁开始持续将近 1000 万年的一个阶段，和太阳质量相当的恒星一年中会消耗自身总质量的百万分之一。

这种强大的粒子风会将多余气体吹离太阳系，同时能将太阳附近的原行星上的挥发性物质驱走。

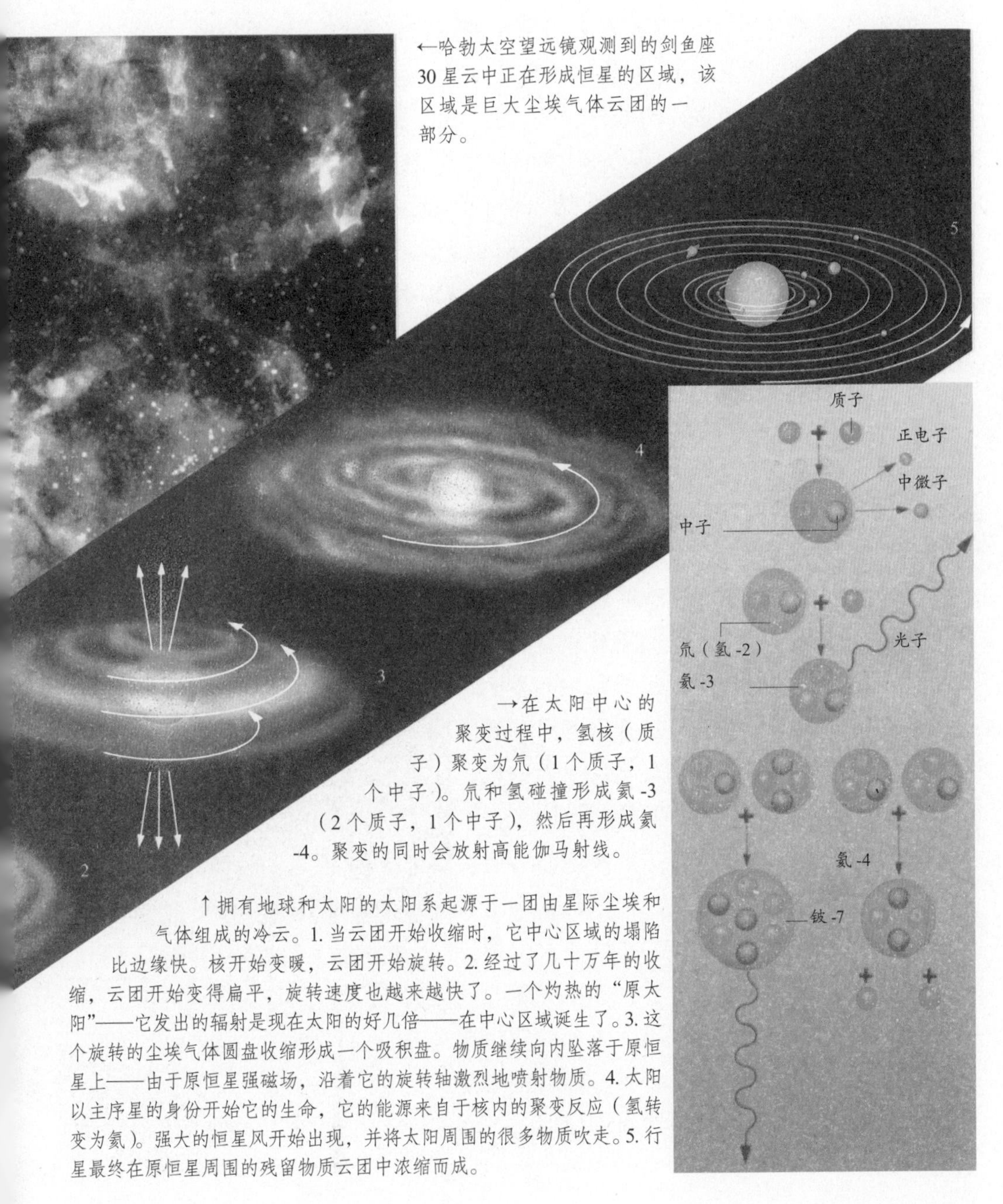

←哈勃太空望远镜观测到的剑鱼座 30 星云中正在形成恒星的区域，该区域是巨大尘埃气体云团的一部分。

→在太阳中心的聚变过程中，氢核（质子）聚变为氘（1 个质子，1 个中子）。氘和氢碰撞形成氦 -3（2 个质子，1 个中子），然后再形成氦 -4。聚变的同时会放射高能伽马射线。

↑拥有地球和太阳的太阳系起源于一团由星际尘埃和气体组成的冷云。1. 当云团开始收缩时，它中心区域的塌陷比边缘快。核开始变暖，云团开始旋转。2. 经过了几十万年的收缩，云团开始变得扁平，旋转速度也越来越快了。一个灼热的“原太阳”——它发出的辐射是现在太阳的好几倍——在中心区域诞生了。3. 这个旋转的尘埃气体圆盘收缩形成一个吸积盘。物质继续向内坠落于原恒星上——由于原恒星强磁场，沿着它的旋转轴激烈地喷射物质。4. 太阳以主序星的身份开始它的生命，它的能源来自于核内的聚变反应（氢转变为氦）。强大的恒星风开始出现，并将太阳周围的很多物质吹走。5. 行星最终在原恒星周围的残留物质云团中浓缩而成。

炽热的太阳

太阳的直径为 139.2 万千米，超过地球的 109 倍，它是一颗较稳定的恒星，闪着黄色的光。太阳核的温度高达 1500 万开，这样的环境足以将电子从原子核中剥离，并使氢聚变为氦。在地球上看到的太阳“表面”是太阳大气的外层，即光球，其温度在 6000 开左右。

通过特定的滤光器观察或将太阳圆盘的影像投射在一块白板上，人们就会发现太阳表面的亮度是不均匀的，这就是太阳耀斑。太阳表面亮度的不同反映了外层中的对流所引起的温度的差异。这可能暗示了氢经历的变化：从太阳内部的完全离子化到太阳表面的中性化。在太阳的可见表面上方约 500 千米处，大气压强急速下降，温度也至少下降到 2000 开，来自光球的绝大多数辐射都能够透过这里的气体，但和该层原子辐射波长相等的辐射则会被吸收。复杂的太阳光谱就在这里开始产生。

太阳中温度较低的地区，也就是通常所说的“反变层”，位于色球层的底部、光球层之上，有几千千米厚。色球只有在日全食前后极短的时间内才能为人眼所见，由于氢的散发，它呈现出微红色。用特殊仪器对该外部区域进行的研究显示，有喷流状钉子似的网从色球处升上来，这些网状物就是日珥。壮观的日珥冲向日冕区，如果它们受到太阳磁力线的包围，就会形成复杂的弓形和环形结构。色球向上延伸到日冕层，而日冕则形成融入行星际空间的太阳风。

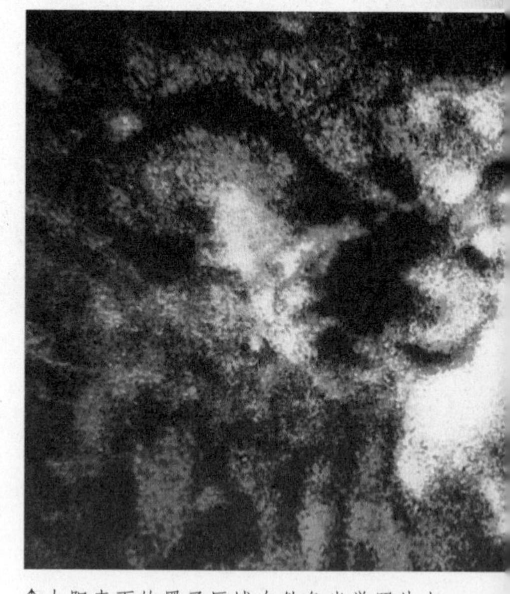

↑太阳表面的黑子区域在伪色光学照片上显示为黑色。太阳黑子的温度比周围的光球要低 2000 开。通常它们的存在周期比较短，并且往往在横跨太阳赤道 60°宽的带状区域成群出现。黑子的产生与强磁场有关，图中，强磁场为太阳黑子上方光球中白色区域。太阳黑子的出现有周期性，大约每隔 11 年爆发一次。

由于受到从光球喷向色球的冲击波的激荡，日冕处于持续运动状态，它扩张进入空间，形成“太阳风”，可以穿过整个太阳系甚至传得更远。太阳风以每秒约 500 千米的速度接近地球，能与地球磁场产生很强的相互作用。到达地球的 X 射线和紫外辐射将地球大气的上层离子化，从而形成了地球大气的电离层。

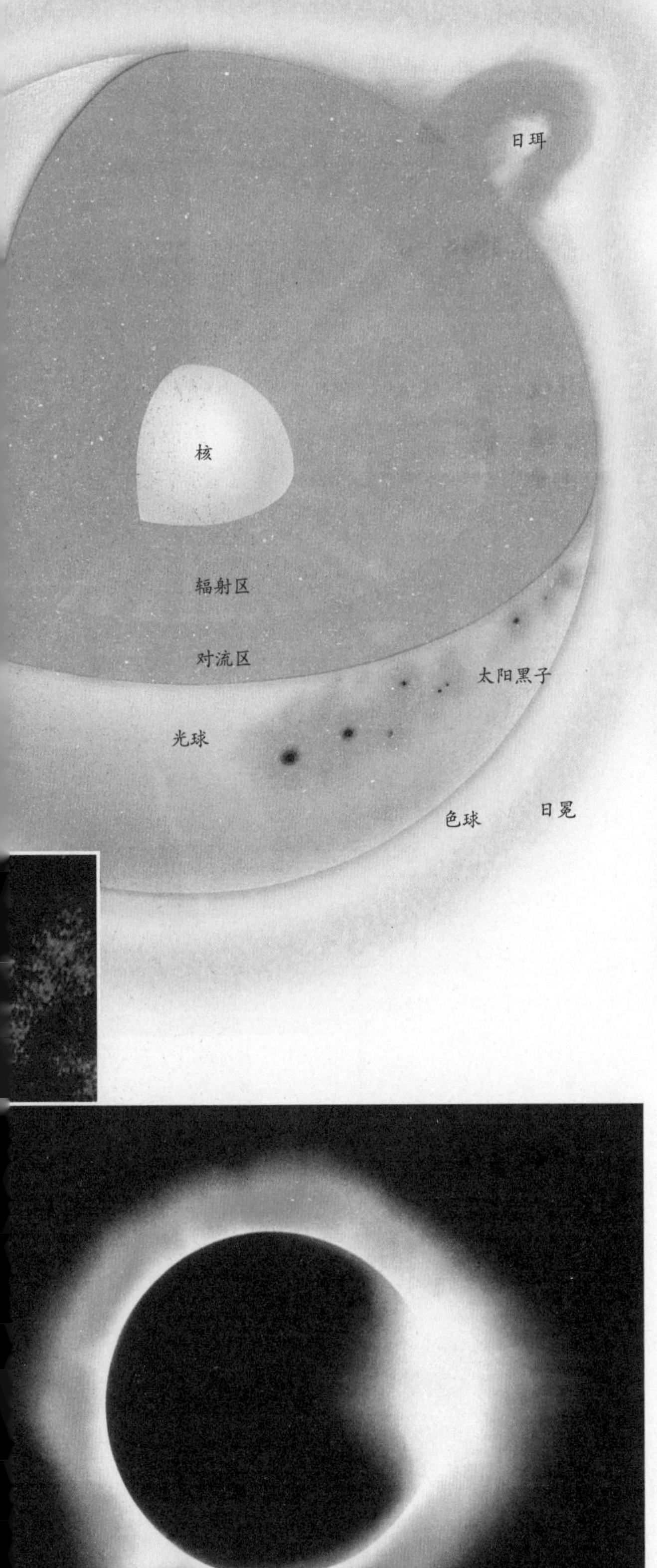

←太阳致密、灼热的核从中心点一直向外延伸达17.5万千米。核的外面是辐射层，再外面是对流层，对流层主要将内部物质输送到表面。我们可见的那层即色球层，只有400千米厚。色球层上面是光球层——非常稀薄，它产生太阳光谱中的吸收谱线。在光球层外面是非常稀薄的日冕，它于无形中融入太空。

↑日珥的火焰状“舌头”从太阳外层伸入太空。日珥是致密的气体云团，它的形成与联系太阳黑子群的磁场有关。日珥的气体与其周围的太阳物质相比温度低但密度高。如果太阳磁场突然被扭曲，气体云团就会被吹进太空。柔和的日珥有时会悬浮在日冕中达数月之久甚至更长时间，而短暂、激烈的日珥则可能闪耀着冲到太空中10万千米远的地方。

←日全食发生时，月球经过太阳的正前方，挡住了太阳光，这为人们提供了观察日冕的难得机会。这幅日食照片摄于1970年3月7日，其效果非常好，图片中边缘的色彩圈就是日冕。尽管日冕的温度很高（200万开）并且很大（向太空延伸有好几个太阳半径那么远），但是它相对人的视力而言还是太暗，所以不用特殊仪器是没办法看到的。图中右侧的白光是光球发出的，这时候日食也快要结束了。

行星的吸积

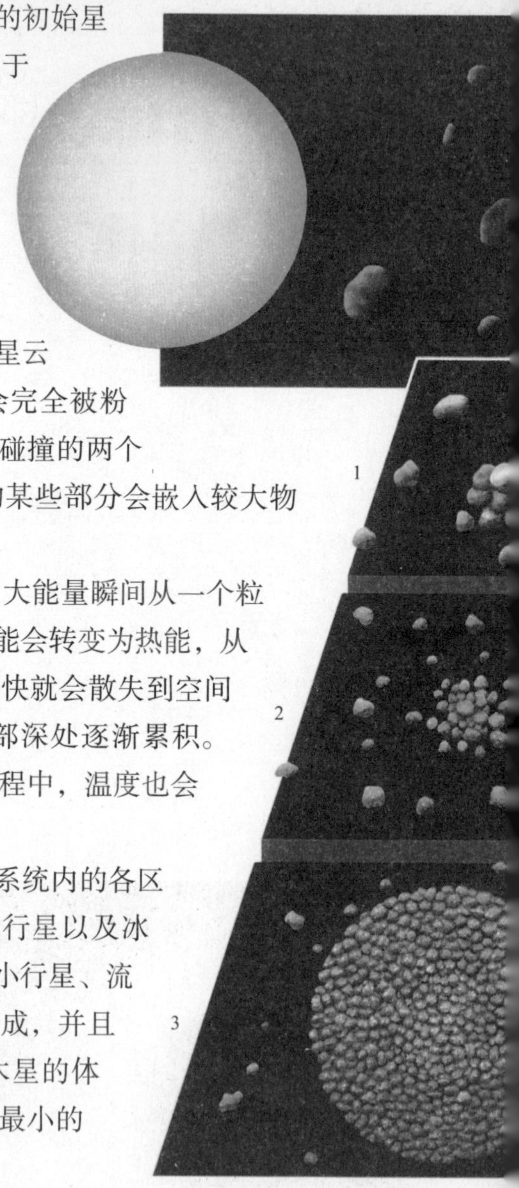

熔化

1

2

3

现在大多数科学家认为，行星是由较小的初始星体也就是小行星体和原行星吸积形成的。由于太阳系大多数固态星体最老的表面上都留下了撞击盆地的疤痕，因此现代行星的组成块体都含有比尘埃粒子大得多的碎片。这些碎片应该是因直径1000米的物体撞击而形成的。

高速运动微粒间大大小小的碰撞在太阳星云内部非常频繁。在一些碰撞中，有的碎片会完全被粉碎甚至蒸发，而在另一些特殊的碰撞中——碰撞的两个物体中一个较大而另一个很小，较小物体的某些部分会嵌入较大物体中，这样就增加了其质量和体积。

每一次碰撞都导致与快速运动有关的巨大能量瞬间从一个粒子被转移到另一个粒子，其中的一些这种动能会转变为热能，从而产生强热。如果碎片比较小，这些热量很快就会散失到空间中，但如果碎片很大，那么热量会在其内部深处逐渐累积。这样，较大的小行星体在体积逐渐增加的过程中，温度也会逐渐升高。

最终会有3种不同类型的行星产生（与系统内的各区域相关联）：体积小的石质内行星，气态巨行星以及冰质巨行星。所有这些行星和无数小天体——小行星、流星和彗星——在太阳星云冷却时在其内部形成，并且演化成目前的稳定结构。气态巨行星——木星的体积很庞大，但它的质量却比目前所知的体积最小的恒星质量还要小很多。

尽管我们对于行星形成的确切方式还不是非常肯定，但天文学家已经确定行星的形成分为四个阶段。第一阶段是尘埃累积阶段，我们对这一阶段了解最少。尘埃微粒自身的重力非常小，以至于它们想要粘合在一起就必须发生化学反应。同时，后来成为太阳系的那股云团“薄饼”变为一个扁平的旋转圆盘。最后，凝聚在一起的尘埃微粒达到了一定体积而形成为卵石状，当这些“卵石”开始碰撞并粘在一起形成更大天体的时候，行星形成的第二

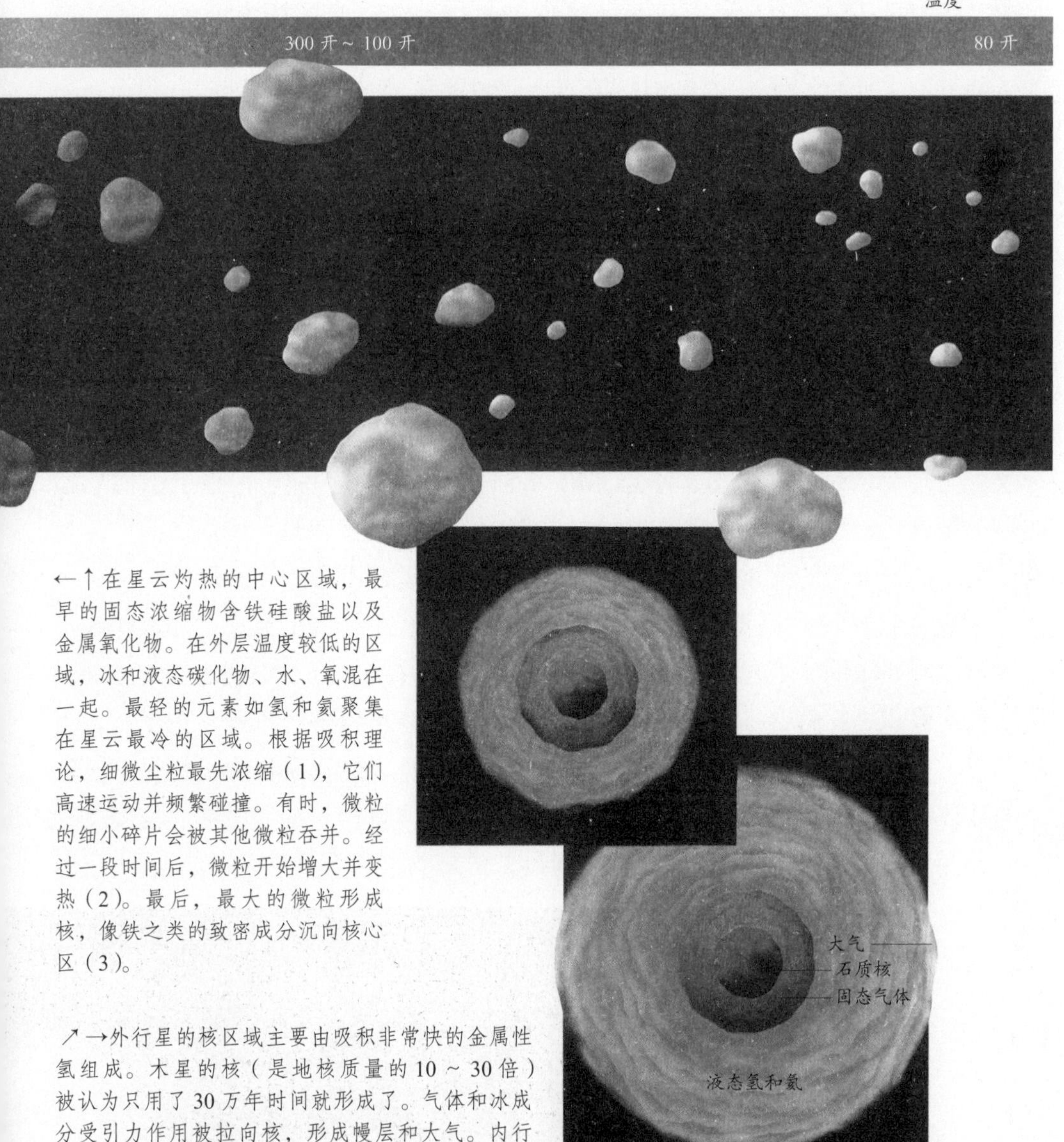

←↑在星云灼热的中心区域，最早的固态浓缩物含铁硅酸盐以及金属氧化物。在外层温度较低的区域，冰和液态碳化物、水、氧混在一起。最轻的元素如氢和氦聚集在星云最冷的区域。根据吸积理论，细微尘粒最先浓缩（1），它们高速运动并频繁碰撞。有时，微粒的细小碎片会被其他微粒吞并。经过一段时间后，微粒开始增大并变热（2）。最后，最大的微粒形成核，像铁之类的致密成分沉向核心区（3）。

↗→外行星的核区域主要由吸积非常快的金属性氢组成。木星的核（是地核质量的 10 ～ 30 倍）被认为只用了 30 万年时间就形成了。气体和冰成分受引力作用被拉向核，形成幔层和大气。内行星上的气体则被太阳风吹走了。

阶段就开始了。这些新形成的天体和今天太阳系中的小行星没有多少差别，它们在行星形成过程中被叫作小行星体。其中一些小行星体增长很快，体积也很大，就产生了可感知的引力场，这使得它们能够吸引更多的物质从而快速成长为质量和月球甚至火星相当的行星胚胎。第三阶段开始于行星胚胎间的碰撞，逐渐形成行星。最后一个阶段叫作晚期轰击，即行星受到较小行星体撞击的过程。在太阳系中，月球表面的陨石坑就很好地记录了该阶段的情形。最后，大多数物质要么被行星吸收，要么冲向受巨行星（如太阳系中的木星）的重力场作用的遥远轨道。

大小行星

最初，太阳星云是一个均匀的混合体，温度接近2000摄氏度，其主要成分是气体。当它慢慢冷却下来时，星云分离出物理性质和化学性质不同的物质。在靠近原太阳的地方温度是最高的，该区域早期的固态微粒是由钨、铝和钙等耐高温元素的氧化物组成的。随着温度的继续降低，这些元素与星云中的气体发生反应形成硅酸盐。内行星——靠近太阳形成的行星——主要由富含镁、铝、钙和铁的硅酸盐矿物组成，因此密度相对较高。很多流星和小行星也是由这些矿物组成的。

离太阳更远的地方，即在星云温度只有50摄氏度左右的区域，富含碳的化合物就会结晶出来。在这里，水态冰以雪花的形式存在，并与周围的固体结合。在离太阳更远、温度更低的地方，像氩之类的挥发性元素和氨、甲烷之类的化合物就会结晶。最轻的元素——物质氢和氦，可能永远都不会浓缩。

挥发性物质比耐高温物质要丰富得多，后者也许仅占星云总质量的0.5%。一旦行星开始浓缩，通过对碳化物、易挥发硅酸盐和水、氨、甲烷之类的冰混合物的快速吸积，它就会加速增长。冰物质的大量存在可以解释木星、土星、天王星和海王星的质量为何如此之大。更多的这类冰冻挥发性物质形成了彗星——较小的冰体，它们的组成部分甚至在比太阳还远的地方累积。

行星的进化速度可以从含放射性同位素的球粒状陨星中估算出。这些放射

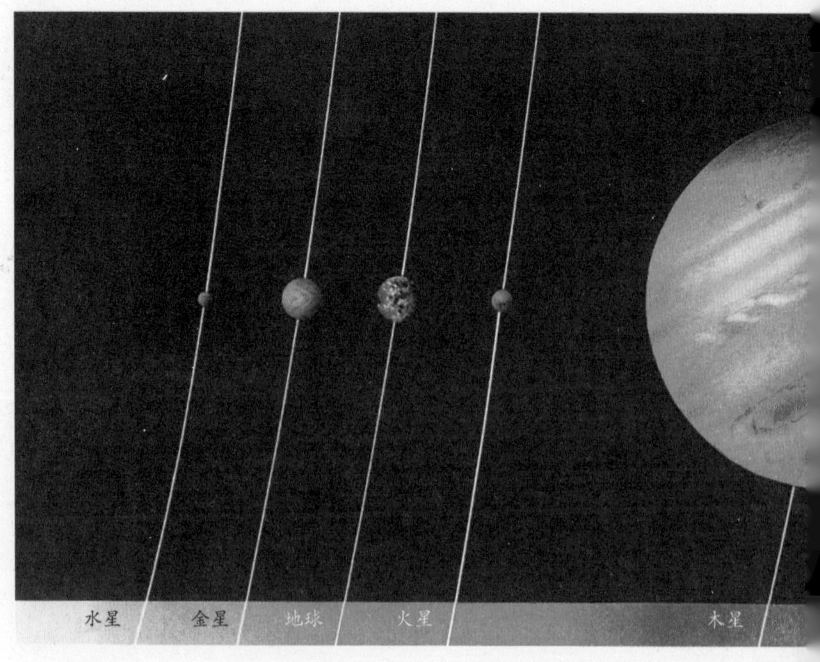

→按一定比例绘制，太阳系最大的行星——木星比1300个地球加起来还大。土星拥有由冰和岩石颗粒组成的环系统，太空船已经在木星、天王星和海王星周围发现了类似的环和许多小卫星。地球的卫星——月球较大，只比水星小一点点。

→这幅组拼图显示了水星表面密布着陨石坑。该图像是“水手10号”探测器于1974年拍摄的，它对直径达1300千米的多环卡洛里盆地进行了特写，该盆地四周的山脉高达2000米。水星是所有行星中离太阳最近的，它是一颗灼热的石质行星。水星表面的其他特征也许是在它冷却时发生的起皱引起的。

性同位素会衰变为其他同位素，以同位素的半衰期为单位产生衰变序列。在陨星中发现了同位素铝–26（原子量为26的铝元素同位素），其半衰期是72万年；另外还发现了碘的同位素碘–128（半衰期是1600万年）。这些元素都不是太阳系本身具有的，所以它们一定来自于其他遥远的超新星。它们被太阳星云捕获，并被早期太阳中形成的陨星吞并。这说明吸积很迅速：也许在原太阳诞生后的几百万年就已经开始。原行星大约在46亿年前成形。

在太阳系进化的第一阶段，所有行星都受到宇宙粒子的轰击。该过程对它们的“能量预算”作出了很大贡献，因为单是粒子的撞击就可能使地球表面的温度升高到10000摄氏度。

每次撞击都能增加行星的质量，每个撞击粒子的动能又几乎全部转化为了热能，因此，“原行星”在增长的同时还变得越来越热。

行星及其轨道

1609年，开普勒发现行星是以椭圆轨道绕太阳运行的，太阳位于行星椭圆轨道的其中一个焦点上。行星轨道离太阳最近的点被定义为近日点，离太阳最远的点则是远日点。绝大多数行星轨道都是近乎正圆的。离太阳最近的水星到太阳的距离约为4590万千米，而离太阳最远的海王星到太阳的距离达44.95亿千米。地球绕日公转的平均轨道半径为1.496亿千米，这一距离通常被天文学家用作衡量单位，即天文单位（AU）。

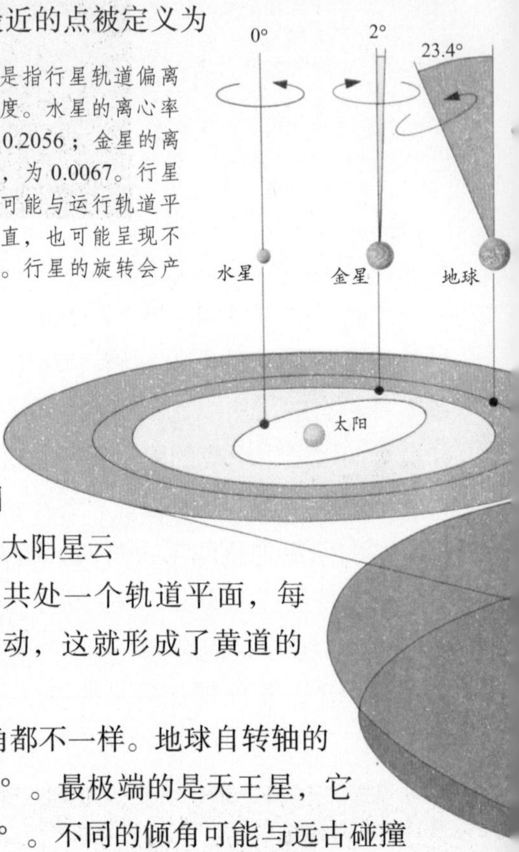

→离心率是指行星轨道偏离正圆的程度。水星的离心率最大，为0.2056；金星的离心率最小，为0.0067。行星的自转轴可能与运行轨道平面近乎垂直，也可能呈现不同的倾角。行星的旋转会产生岁差。

除水星以外，其他行星的轨道都处在同一平面上，造成这种情况的部分原因可能是太阳星云上太阳产生的引力影响。因为太阳和行星共处一个轨道平面，每个都沿相同的路径即黄道相对恒星背景运动，这就形成了黄道的12宫。

每颗行星的自转轴相对于黄道面的倾角都不一样。地球自转轴的倾角是23.5°，而木星自转轴的倾角是3.2°。最极端的是天王星，它几乎是“侧躺”着的，自转轴倾角达97.86°。不同的倾角可能与远古碰撞有关，同时还最终影响到行星与太阳之间的距离。

行星自转轴的倾斜度是不固定的，倾斜度的长期变化会导致岁差现象或自转轴的摆动。例如，今天的火星自转轴与公转轨道平面的倾斜交角约是24°，但情况并非一直如此，火星的自转轴角度会发生轻微的变化，变化的周期大约是17.5万年。类似的摆动也在地球上发生。

从地球上看，太阳每年都在天空中来回移动，在北半球的6月21号（夏至）这天到达最北点，12月21号（冬至）那天到达最南点。在北半球的夏天，北极朝着太阳倾斜，北纬地区饱受酷暑，南纬地区则经历严寒；而当北半球进入冬天时，南半球却正值夏日。在一年中，太阳会越过天球赤道两次，分别是在春分点（3月21号左右）和秋分点（9月21号左右）。当太阳位于这两点时，全球昼夜平分——由于地球轨道的近日点和远日点只差500万千米，所以地球处于轨道哪一点对夏至和冬至时间的影响不大。

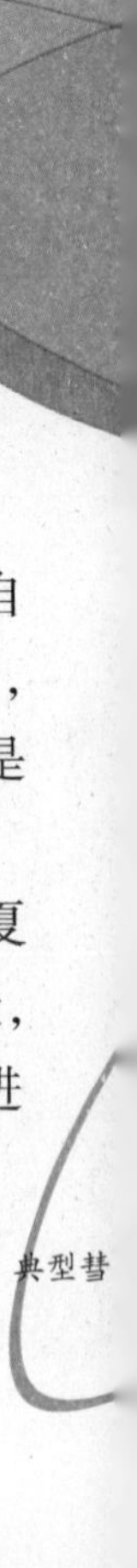

典型彗

行星数据

行星	离太阳的平均距离（千米）	赤道直径（千米）	公转周期	自转周期	质量（千克）
水星	57.91×10^6	4878	87.969 天	58.65	3.303×10^{23}
金星	108.20×10^6	1201	224.701	243 天	4.87×10^{24}
地球	149.60×10^6	12750	365.256	23.93 小时	5.97×10^{24}
火星	227.94×10^6	6786	686.980	24.62 小时	6.42×10^{23}
木星	778.33×10^6	142984	4332.71	9.8 小时	1.90×10^{27}
土星	1426.98×10^6	120536	10759.50	10.6 小时	5.68×10^{26}
天王星	2870.99×10^6	51118	30685	7.9 小时	8.684×10^{25}
海王星	4497.07×10^6	49500	60190	19.2 小时	1.024×10^{26}

地球和月球

尽管月球的直径只有地球直径的 1/4 多，但已经是一颗很大的卫星了。地球和月球有时被看作双行星系统，围绕着地球内部深处的某一点共同转动。月球对地球具有强大的引力，这使得地球上的海洋每天产生两次潮汐。

月球轨道距地球的平均距离为 38.4392 万千米，它的自转周期和绕地公转周期都是一个月，因此，月球总是以同一面对着地球，也就是说，在地球上永远看不到月球的另一面。月球的月相取决于地球、月球和太阳之间不同时期的角度变化。当地球的影子投射到月球上时，就会出现月食。

月球的平均密度要比地球平均密度小很多。众所周知，地球的平均密度比较高是由于其核含有重物质，可以推测，月球不同于地球是因为它没有一个巨大的致密核。

月球的表面布满了陨石坑，这表示月面很古老。月球上陨石坑最多的地区叫作高地，反照率比较高，位于相对较暗的月海更高处。

高地的高反射率是由于它上面覆盖着浅色钙长石的缘故，浅色钙长石富含钙和铝，是月球古老月壳的主要组成部分。

高地的岩石样本显示，它们已有 45 亿年的历史——比地球地壳中所有已知岩石的年龄都要大。与类型相似的地球岩石不同，所有月岩中都不含挥发性元素。

这些古老的岩石在很长一段时间内遭受着小行星体的强烈撞击，直到 40 亿年前撞击才逐渐停止。高地岩石有很多是陨击岩，它们是由被撞碎的月球外壳岩

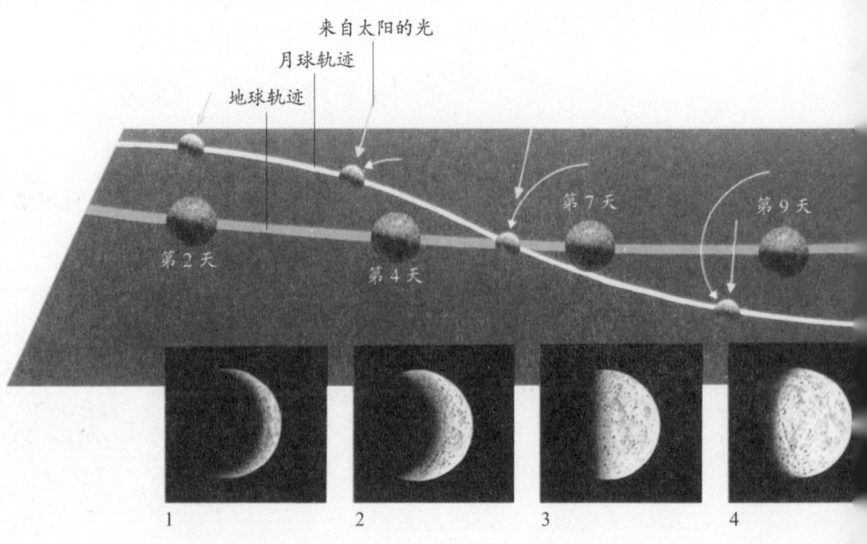

→月球每 27.3 天完成一次绕地球运行，然而由于在该周期内地球本身也在绕太阳公转，所以一次满月的周期需要 29.5 天。月球轨道与黄道的交角只有 5°，这意味着当地球的影子落在月球上时，会产生月食；或月球遮住太阳时，会产生日食，但这些现象并不会经常发生。

石或越过月球表面的喷出物形成的。

月海比较年轻，表面也较平坦，它是由火山玄武岩组成的。火山玄武岩来自月球内部，以熔岩的形式在月球表面流动，最后填充在诸如月海低地之类的大型撞击盆地中。这些岩石大约形成于39亿年前到30亿年前之间，这表明至少在那个时段，月球内部是异常灼热的。大多数月海低地都处于月球向着地球的这一面上，因此月球向着地球这面的外壳比背向地球那面的外壳要薄。

↑该图为地质学家兼航天员杰克·施密特于1972年在月球高地地区探察的一块巨大漂石。图中看不到登月舱登陆的地点。被带回地球的月岩样本揭示了月球大部分的地质史，而太空船上的热流检测器也显示月球内部某些区域是炽热的。月球外泄的能量是地球的一半，它们是由月球深处的放射性同位素衰变产生的。

曾经有一段时间，月球源于地球的说法颇为流行，人们认为月球是从地球太平洋喷出去的。不过，现在该观点的影响力已经大大减弱。

现代科学研究认为，在地核形成后不久，曾有一个巨大的天体擦过地球。这次碰撞释放的能量将巨大物质云抛入了绕地球的轨道中，随后，这些物质逐渐收缩形成了月球。由于较致密的物质在到达轨道前就落回了地球，所以月球实际上是由密度相对较小的物质组成的。

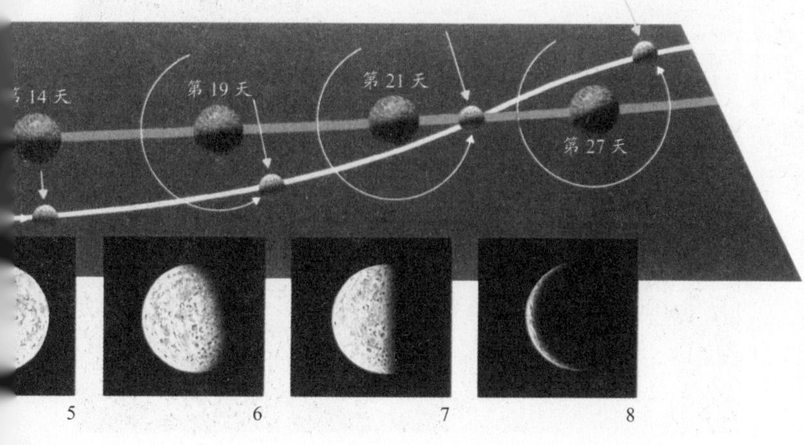

←当月球的明亮面背着地球时，就是新月。当明亮的那面慢慢转向地球时就出现了如图1月牙。月牙会逐渐转变为图2的样子。图3是当月球的明亮面有一半对着地球时的上弦月。图4是光亮部大于半圆时看到的月亮，图5是明亮面正对地球时的满月。接下来顺序就刚好相反，经过图6光亮部大于半圆的月亮到图7的下弦月，然后再到图8的新月。

内行星

水星、金星、地球和火星是太阳的四颗内行星，也叫“类地行星”，形成于靠近原太阳的地方——那里星云的温度很高，只有致密的硅酸盐物质才能浓缩。因此，内行星的平均密度都很高，火星的平均密度为每立方厘米3.3克，而地球的平均密度为每立方厘米5.5克。这些行星都有一层外壳（表层）、硅酸盐岩石组成的幔层（内部固体层）以及富含铁的致密内核等部分。

水星轨道距太阳的平均距离为5791万千米，和其他行星的轨道相比，水星的轨道更接近于椭圆，并且其轨道平面和黄道面的交角达7.2°，是行星中最倾斜的，但人类还不能完全解释该现象产生的原因。水星体积小、密度大，它巨大的核半径占了整个水星半径的3/4。它有一个弱磁场，这意味着它内核中至少有一部分仍处于液态。

水星表面布满了撞击陨坑，并有一个特别大的盆地——卡洛里盆地，“水手10号”于1974年第一次清晰地拍摄到该盆地，盆地的直径为1300千米。陨坑之间是相对较平坦的平原，它们大概是火山活动形成的。水星最特别的特征是一道横穿表面的1000米高的压缩断层崖，这些断层说明该行星曾经历了2千米～4千米左右的收缩，这大概发生在40亿年前。

金星的体积、质量和密度都与地球相当，但它拥有稠密的二氧化碳大气层，没有卫星，并且是缓慢逆向自转的，它自转

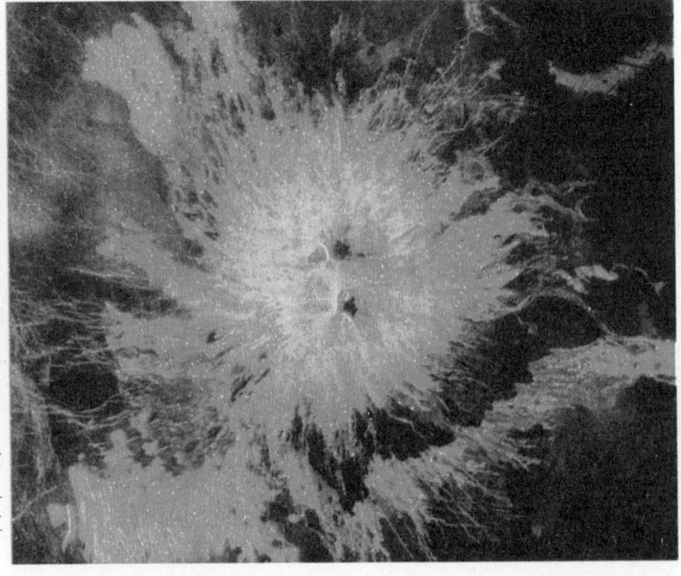

↓这张照片是“麦哲伦号”探测器用雷达扫描绘制的，是金星火山地盾的Sapas高地。该地盾的直径达400千米，由熔岩流汇聚而成。有些位置的雷达反射信号比其他地区要强些，这是因为它们的表面更加粗糙。在中心地区有两个坚硬岩石构成的类似平台的结构，它们周围的岩石已经被侵蚀了。

↑在这幅由“水手10号”拍摄编辑的水星表面拼图中，可以看到水星表面布满了陨石坑。就像月球一样，更年轻的撞击陨坑被喷出物的明亮射线所环绕。陨坑之间相对较平坦也比较暗的区域被认为有火山源。

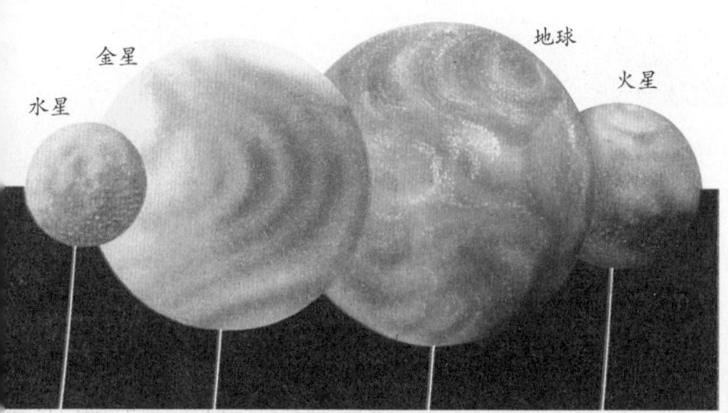

←水星是内行星中最小的一颗，直径为4878千米。金星就像地球的双胞胎兄弟，它的直径为1.2012万千米（地球的直径是1.275万千米）。火星也很小（直径为6787千米），而且它是石质行星中最外边的一颗，它的运行轨道与太阳的距离在2.067亿～2.491亿千米间变化。

一圈需要243个地球日。它的大气层锁住了热量，造成了严重的温室效应，因此它表面的温度已达到了500摄氏度。

金星表面布满了火山平原，在这些平原上有成百上千的叫作“冕”的环形结构和各种不同的火山、穹隆结构及撞击陨坑。金星表面陨坑的数量相对较少，这说明其表面相对比较年轻——约4.5亿～5亿年。

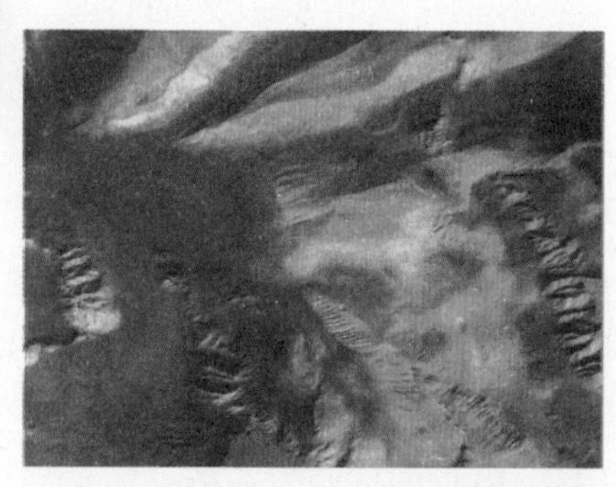

↑火星水手谷中被命名为堪德峡谷部分的中心区域。图片左边可见的那层覆盖物可能是在一个巨大的冰川湖中形成的。尽管该峡谷是源自沉淀和断层而形成的，但图片底部的扇形围壁却是陡坡碰撞的结果。

金星上也有结构较为复杂的高地区域，如在麦克斯韦尔高地的东边，杂乱地分布着沟壑区域——叫作“镶嵌区”，它们记录了金星外壳过去的运动。类似的活动则生成了大量长的线形脊带。

火星轨道在地球轨道之外，离太阳的平均距离是2.279亿千米，它只有地球的一半大（火星直径为6787千米），密度也较低——每立方厘米3.93克。火星的表面温度很低，通常处于–140摄氏度到–20摄氏度之间。由于火星表面温度低，且气压也只有地球的1/100，所以液态水不能在它的表面存在。由于火星薄大气层的主要成分是二氧化碳，加上部分水分的蒸发、极地的冰冻以及冰帽的产生，使火星随着季节的变化膨胀或收缩。相对赤道倾斜约28°的一条边界，北部，火星表面由火山平原和盾状火山组成，主要集中在岩石圈的一个巨大的隆起的地方——萨锡斯高地。壮观的火星赤道峡谷体系——水手号谷，就是从该高地向东延伸开来的。

火星南纬度地区由于受到更多的撞击而有更多的陨坑，因此年龄比北纬平原地区大得多。巨大的峡谷网络和大量水渠在这里发展出来，说明了曾经的水流运动。初始的挥发性物质（通常以气态形式存在的元素和分子）有可能还以各种形态禁锢在表层的渗透性岩石中，这意味着火星的大气在其历史进程中可能发生过变化。

遥远的伙伴

木星、土星、天王星和海王星统称为类木行星，因为其他几个星球在很多方面都和木星相似。然而，木星—土星系统和天王星—海王星系统之间存在很大区别。

木星是太阳系最大的行星，其质量是地球质量的318倍，而它的平均密度（1.33克每立方厘米）却只有地球平均密度的1/4——和太阳差不多。这个巨大的星球主要由氢和氦组成，它们主要位于大气层的外层，有1000多千米厚，在该层下，气态氢就让位于液态氢，该层有2万多千米厚，压力很高，以至于氢有点金属化了。科学研究认为木星中央有一个质量约为地球质量10 ~ 30倍的致密岩石核。

↑木星是外行星中最里面的一颗，它是一个巨大的气态星球——就像它的邻居土星一样。木星的直径是太阳直径的1/10多，但它的质量却只有太阳的1/1000。接下来的一对行星是天王星和海王星，它们都是气体和冰结合的巨行星。

→土星的环是由包括水态冰在内的颗粒混合物组成的。环之间的间隙是由于它们之间以及牧羊卫星间的引力共振作用造成的。

尽管木星的体积很大，但它的自转周期是所有行星中最短的——仅为9小时50分钟，这使得它的赤道地区格外鼓。木星有很多亮与暗的平行云带，并存在半永久的大气特征，它表现为一个巨大的旋涡状天气系统，叫作大红斑。亮区是由温度较低、纬度较高的冰冻氨云组成的，而代表低纬度云团的暗带则是由各种氢化合物组成的。

土星的直径是地球直径的9倍，它的结构和成分与木星很相似。土星最大的特色是有一个壮观的环系统，直径达27.3万千米。该环系统是“旅行者号”太空飞船于1979年发现的，它由无数的小型岩石块和冰粒组成。这些颗粒差异很大，有的像尘埃那么小，有的则有房屋那么大。小卫星（也叫牧羊卫星）在这个系统中运转，维持着组成成分之间的间隙。

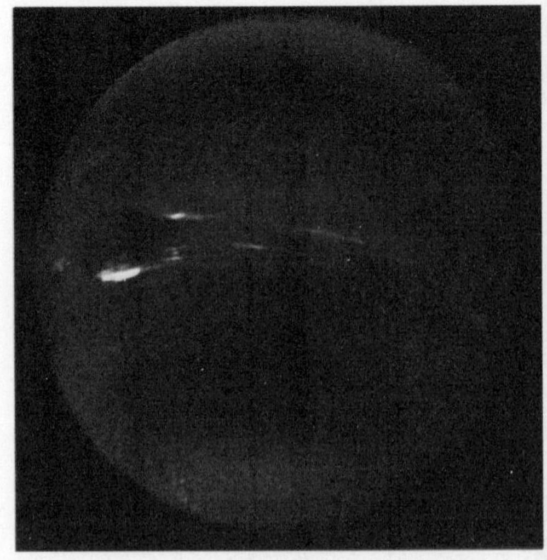

↑“旅行者2号”于1989年8月在距海王星不到5000千米的地方掠过。它拍摄到了一个表面上有暗斑的蓝色圆盘，同时上面还有甲烷冰冻物被强风吹出的条状白云。

天王星的直径是地球的4倍，它是人类用天文望远镜发现的第一颗行星。与土星和木星一样，它拥有氢含量丰富的大气，但它的大气中冰的比例更大——特别是冻冰水

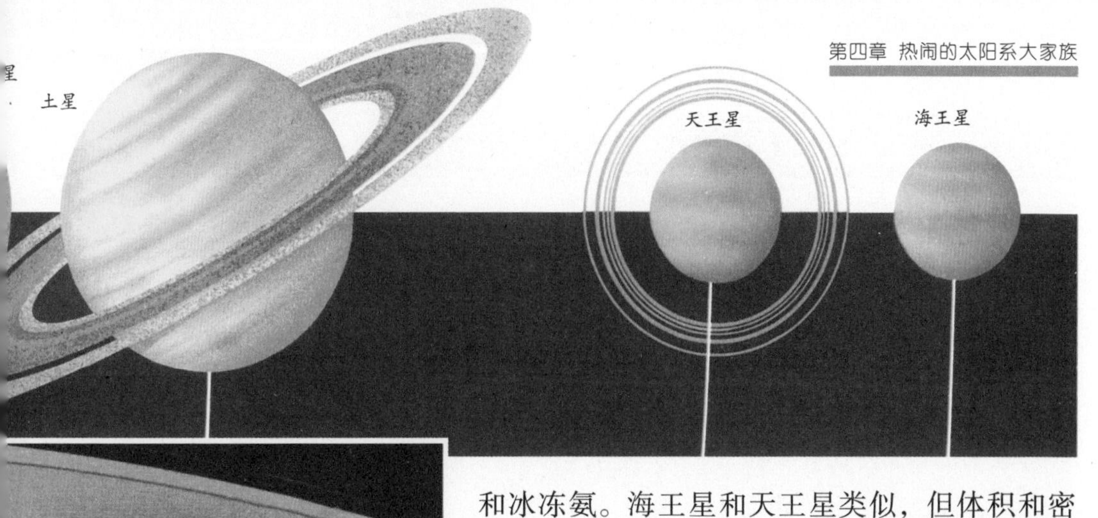

和冰冻氨。海王星和天王星类似，但体积和密度都更大一点。显著的云带和大暗斑是海王星蓝色球体上的特色。这两个星球的外层大气都富含甲烷，其内部很可能有一个厚厚的、被泥泞的冰物质包围着的致密石质－金属（性）核。

巨行星的内核由难熔元素组成，形成的速度也许非常快，然后通过吸积形成气态包覆层。木星的质量之所以如此大很可能是因为它处于“雪线”附近，雪线是水和挥发性物质聚集和冷却的点——强烈的太阳活动清除了更靠近太阳的较轻元素的区域。

每颗巨行星都有很多卫星：木星至少有 29 颗；土星有 30 颗；天王星有 21 颗；海王星则有 8 颗。海王星卫星中最大的一颗是海卫一，它是大卫星中唯一拥有逆向自转轨道的卫星；土星大卫星——土卫六则有厚的大气层。“旅行者号”宇宙飞船在很多这样的卫星附近掠过，揭示了木星的卫星——木卫一上活跃的硫磺－硅酸盐火山作用、其他一些卫星上的撞击陨坑和构造变形，以及海卫一上的巨大断层悬崖和低温火山作用。另外，“旅行者号”还揭示了围绕木星、天王星和海王星的环系统。

←天王星（图中显示为月牙状）是蓝绿色的，唯一可辨别的特征是昏暗的云带。天王星的一套环系统是 1979 年被发现的，它比土星的环系统薄，而且更暗。

外行星的卫星

太阳系外围的四个气态巨行星——木星、土星、天王星和海王星都有很多卫星。20 世纪 90 年代末和 21 世纪初期，“伽利略号”空间探测器对木星及其周围环境进行了探测，展示了其卫星的细节特征并搜集了大量相关信息。很多太阳系外围卫星都含有大量冰及岩石物质，本身就是一个大星球，例如，木卫三是太阳系中最大的卫星，事实上它比水星还要大，它甚至有自己的磁场。

木星的另一卫星——木卫一，是太阳系中火山活动最活跃的星球——尽管地球上有 600 多个活火山而木卫一上只有 100 个左右，但木卫一上火山喷发的热量是地球上所有火山喷发热量的两倍。这种壮观景象发生在一个体积只有地球 1/3 的星球上，不得不令人惊叹。木卫一每年喷出的熔岩数量是地球每年喷出熔岩数量的 100 倍。

正是火山喷出的熔岩给了木卫一绚丽的色彩，这些色彩大多是由硫磺形成的。熔岩温度最高的地方往往是最暗的地方。从火山口喷出的熔岩是红色的，它慢慢变为黄色。地球的火山熔岩中没有发现如此高浓度的硫磺，然而在非洲南部的一种叫作科马提岩的岩石有非常古老、固化的熔岩，和木卫一上的熔岩成分非常相似。木星强大的引力场导致了木卫一上强烈的火山活动。这也在木卫一上引起了巨大的“潮汐”，挤压卫星并使其内部升温，最后，热量通过火山活动被释放出来。

木星另一颗大卫星——木卫二是整个太阳系中最有趣的地方之一，这里的潮汐力比木卫一的要小，在它厚的冰层外壳下面还有一个全球性的海洋。它的冰层厚度大概在 1 ~ 10 千米之间，而底下海洋的深度则被认为有 100 千米。如果科学家的推测是正确的，木卫二上的水比地球上的还要多。现在，很多人都很好奇木卫二的海洋里是否存在简单的微生物。空间工程师正在设计空间探测器试图解答这一疑问。木星最亮卫星中的第四颗也是最外面的

↑木星卫星——木卫一（左图）和木卫二（右图）的内部结构显示这两颗卫星都拥有一个致密核的传统结构——由金属组成，被岩石质幔包围着。在木卫一中，它有一个被熔融熔岩覆盖的薄外壳。木卫二在它的水态冰外壳下面有液态水层。

↑美国太空总署发射的“伽利略号”空间探测器已经对木卫二进行了广泛研究。这幅图显示的是木卫二表面仅发现的几个陨坑中的一个，该陨坑直径达140千米。在木卫二上，陨坑不会长久存在，因为当它们移动到地下水的上面时，冰层就会覆盖它们。

↑2004年，欧洲航天局制造的“惠更斯号”空间探测器正进入土星最大的卫星——土卫六布满云层的天空。该探测器将采集土卫六上丰富的有机化学物质样本。它还有漂浮功能，以防出现意外情况，因为有人曾预测土卫六表面是由液态甲烷组成的海洋。

那颗大卫星——木卫四可能有一个亚表面盐水海洋。

美国太空总署（NASA）与欧洲航天局（ESA）联合发射的空间探测器“卡西尼－惠更斯号”于2004年进入绕土星运行的轨道。在该合作任务中，欧洲航天局（ESA）制造了“惠更斯号”探测器，该探测器计划登陆土星的卫星——土卫六。作为太阳系的第二大卫星，已知土卫六拥有稠密的大气，通过望远镜科学家已对其大气成分进行了分析，结果表明它的大气成分和生命出现前的40亿年前地球可能存在的大气总体上有些相似。在“惠更斯号”探测器飘向土卫六的过程中，它将采集土卫六大气中的化学元素样本，为我们提供了有关早期地球状况的线索。天王星和海王星的卫星一般都比较小，且含有多种岩石与冰的混合物。现在还没有对它们进行进一步探索的计划。

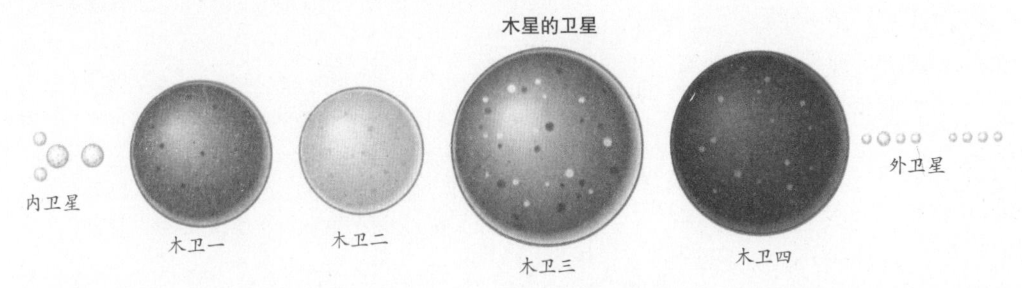

↑围绕木星运转的卫星系统是太阳系中最广阔的，它大致可以分为3个部分：第一部分是较小的内卫星，它们都是正圆形轨道转。第二部分是大卫星，它们是由伽利略发现的；第三部分是外卫星，这些卫星很有可能是被俘获的小行星以及其他天体残骸，因为它们的轨道通常是椭圆形的，并且它们绕木星运转的方向和其他卫星刚好相反。

月球

观察月球，你会看到它上面有一些明暗不同的成片区域。古代的天文学家把那些黑暗的区域当成是海洋，把明亮的区域当成陆地。即使我们现在知道事实并非如此，但那些海洋的名称和水一样的特征仍然沿用至今，从表中可以看出来。

拉丁语	英语	汉语
Sinus Aestuum	Bay of Heats	暑湾
Mare Anguis	Serpent Sea	蛇海
Mare Australe	Southern Sea	南海
Mare Cognitum	Sea of Thoughts	知海
Mare Crisium	Sea of Crisis	危海
Palus Epidemiarum	Marsh of Epidemics	流行病沼
Mare Foecunditatis	Sea of Fertility	丰富海
Mare Frigoris	Sea of Cold	冷海
Mare Humboldtianum	Humboldt’s Sea	洪堡海
Mare Humorum	Sea of Humours	湿海
Mare Imbrium	Sea of Showers	雨海
Mare Insularum	Sea of Isles	岛海
Sinus Iridum	Bay of Rainbows	虹湾
Mare Marginis	Marginal Sea	边缘海
Sinus Medii	Central Bay	中央湾
Lacus Mortis	Lake of Death	死湖
Mare Moscoviense	Moscow Sea	莫斯科海
Palus Nebularum	Marsh of Mists	雾沼
Mare Nectaris	Sea of Nectar	酒海
Mare Nubium	Sea of Clouds	云海
Mare Orientale	Eastern Sea	东海
Oceanus Procellarum	Ocean of Storms	风暴洋
Palus Putredinis	Marsh of Decay	凋沼
Sinus Roris	Bay of Dews	露湾
Mare Serenitatis	Sea of Serenity	澄海
Mare Smythii	Smyth’s Sea	史密斯海
Palus Somnii	Marsh of Sleep	睡沼
Lacus Somniorum	Lake of the Dreamers	梦湖
Mare Spumans	Sea of Foam	泡沫海
Mare Tranquilitatis	Sea of Tranquillity	静海
Mare Undarum	Sea of Waves	浪海
Mare Vaporum	Sea of Vapours	汽海

月球的历史可以追溯到大约46亿年前地球形成时期。关于月球形成最流行的理论是这样的：一个很大的天体撞击到地球上，击毁了地球的一些地方，碎片与这个天体夹杂在一起飘入太空，所有那些岩石状的物质在地球的周围形成一个圆环。在相当短的时间内，也许只有1年，这些岩石状的物质便凑到了一起，形成了月球。

你有没有感到很奇怪，为什么月球上有那么多陨石坑，而地球上却没有多少呢？这就需要我们从早期的太阳系里寻找答案。在那遥远的过去，很多天体在太空中到处乱飞，一会儿飞到这里，一会儿飞到那里。只要有东西挡住它们的去路，它们就朝那些东西撞上去。地球也不能幸免，被撞得不轻，但由于地球上大气、水和大陆漂移等作用，使地球上早期的陨石坑几乎被抹平不见了。月球则不然，它没有大气，因为它太小了，吸附不了多少大气。因此，所有月球上的东西都完好地保存着原来的状态，

↑安东的官方月面图

包括陨石坑以及其他东西。

月球上的海洋

月球上的海洋（maria）是在月球与别的天体碰撞最厉害的时期形成的。那时候，月球表面被撞开了口子，使得它内部的熔岩物质流了出来，形成了这些广大的熔岩湖一样的黑暗景象。如果你要去月球，这些海洋是你着陆的好地点，因为它们都是些较为平坦的地方。你会发现，在20世纪60年代后期到70年代，“阿波罗号”宇宙飞船绝大多数时候都是在这些地方着陆的。

陨石坑（crater）主要是由彗星和小行星撞击月球形成的。就像你往池塘里扔一块石子会产生涟漪一样，月球的岩石也会向外飞溅，但是它们不同于水，它们很快就会凝固，于是给我们留下了陨石坑，实际上也就是一些凝固的涟漪。

↑在我们看来，夜空中最大、最明亮的天体就要属月球了。

↑**盈凸月**

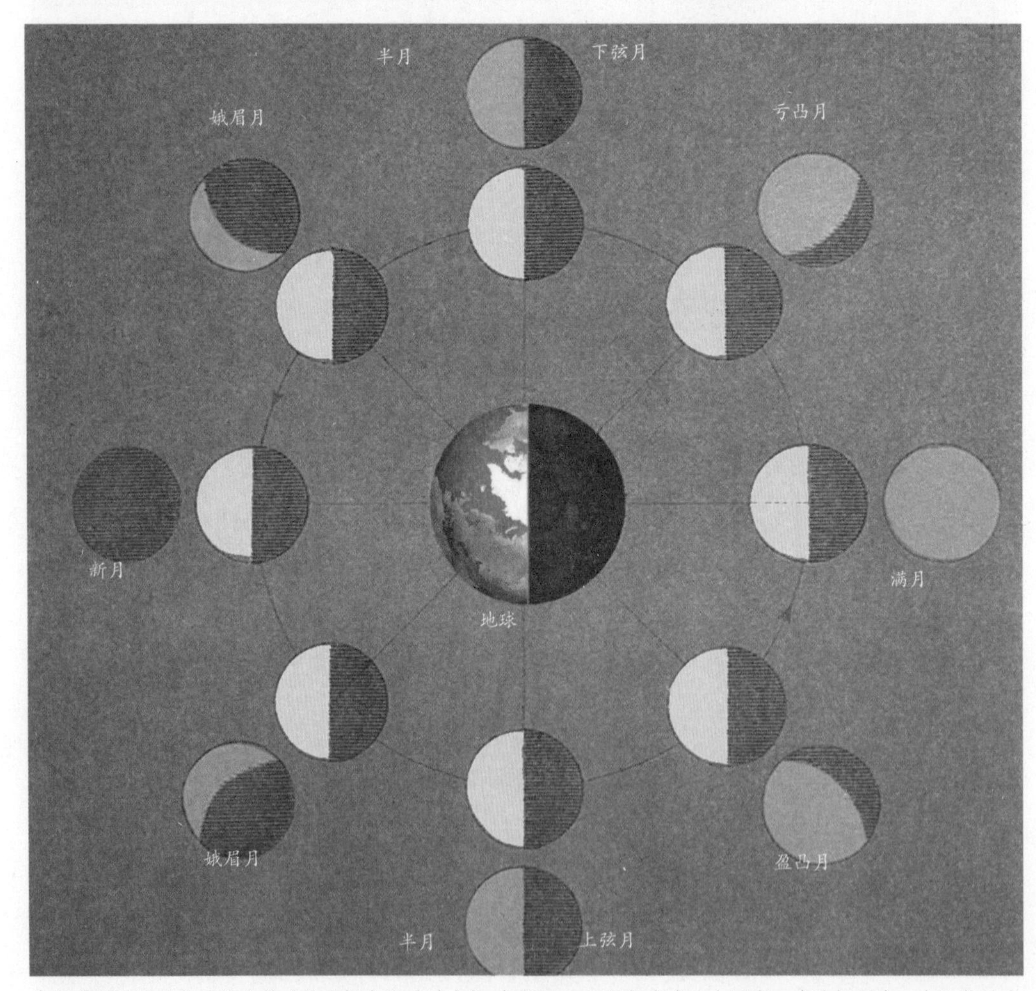

↑月球围绕地球逆时针公转（从北极上空看过去），每隔29.5天月相完成1个周期。在这幅图中，太阳位于左方，持续照亮月球表面的一半，但是我们看到照亮的这一半有多大取决于月球在它轨道上的位置。里面一圈白色的月球是围绕地球公转所在的不同位置，外面一圈带标志的浅棕色月球表明了它此时的月相。

月球的运行

月球围绕地球公转 1 周的时间与它自转 1 周的时间相等，这被称为同步自转。土卫六环绕土星，海卫一环绕海王星，木卫一、木卫二、木卫三和木卫四环绕木星旋转，它们都是同步自转。同步自转意味着我们只能看到月球的一面，也就是“近月面”。

我们对“远月面”是什么样子一无所知，直到 1959 年，苏联的太空探测器“探月 3 号”拍到月球背面的照片。那些照片显示，月球的背面同样布满了陨石坑，也没有真正的海洋。

不过，我刚刚告诉你的也并非十分准确。因为月球运行时会有被称为“天平动”（libration）的抖动，这样就使我们能够看到的月球表面只比一半稍微大一点儿。

另一个关于月球的词汇是朔望月。它是指月相重复出现需要的时间，也就是从一个满月到下一个满月，或者从一个新月到下一个新月所经历的时间。这个时间是 29.5 天，称作太阴月。如果你看到一个满月，那么下次的满月将会在 29.5 天之后出现。阴月和一个日历月是大约相同的时间，这绝非是个巧合。这也就是月份这个词的来历，它的本意应该是月的时间。

观测月球

学习有关月球的知识跟学习星座知识的过程相同。如果你慢慢来，你就能轻而易举地找到门路。

前面的月面图可以帮助你辨认月球上明亮和黑暗的区域，这些你只需抬头看一下就能看到。但是，和所有的观测一样，如果你多观察两眼，月球就会向你展示更多的细节：由于古代撞击而产生的明亮光线遍布月球，使得月球表面呈现出斑驳的形状。还有就是陨石坑，其中有 3 个比较著名：哥白尼、阿里斯塔克和开普勒。它们非常突出，是因为它们都坐落在黑暗的风暴洋的明亮区域的中心。

↑月球上明暗相交的地方非常有趣，值得观看。它能揭示出月球表面的特征，看上去经常是“锯齿状”的。

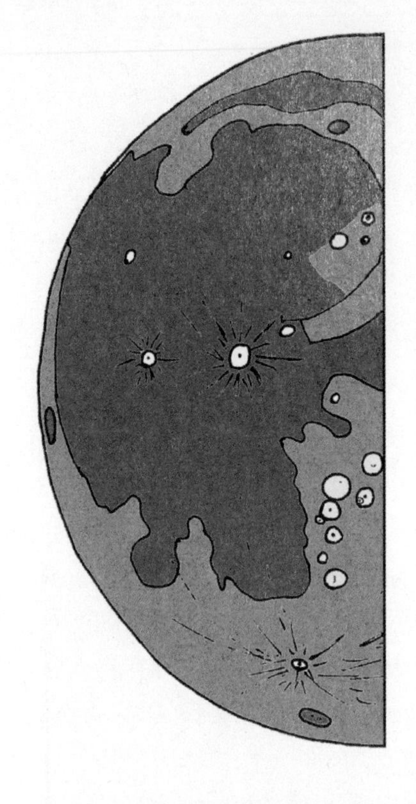

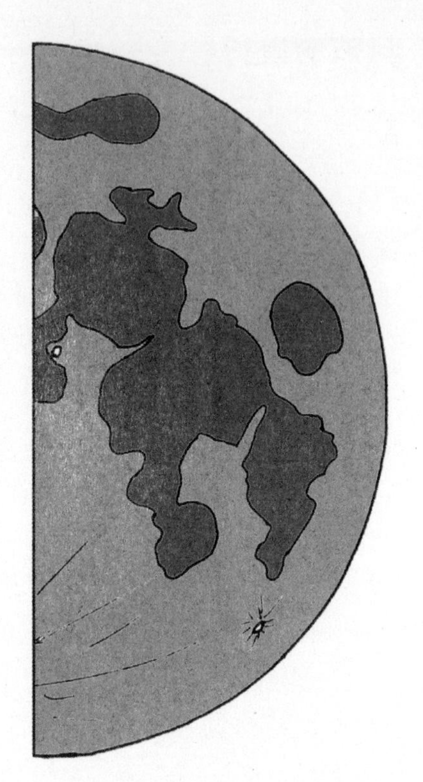

←→右边的半月是你在满月之前1周的下午所看到的月球，而左边的半月是在满月之后1周的早晨所看到的月球。因为早晨的半月有更多暗色的“海洋”，这就意味着早晨的半月不如下午看到的明亮。为什么一些人在白天没有注意到月球的存在，这是其中的一个原因。

观察刚刚提到的那些特征的时间是在满月前后，但娥眉月、半月和凸月的月相也呈现出有趣的景象。（凸月是指半月和满月之间的月相。）请特别关注阳光照亮的部分和黑暗部分之间的界限，这条线被称为晨昏线。

正是这条晨昏线，我们有时候能够见证太阳照亮了其两侧的月球特征。这样就使得我们的眼睛能够看到若隐若现的山峦、陨石坑、山脊和山谷，这些都撩人心魄。

有时候我们看到的整条晨昏线的样子是像锯齿那样参差不齐，这就表明月球表面是崎岖不平的。还有，因为月球不停地绕着地球公转，它的月相也就在不断发生变化。同样地，晨昏线也就不断地展示出月球上不同的明亮和阴影部分。如果你不相信，可以自己去看一看。

月球在大白天也可以很容易看到，只是因为明亮的蓝天，它才显得不那么突出。事实上，有一个因素造成出现在黎明的天空中的亏月没那么明亮，就是月球表面的那些黑暗“海洋”区域。

根据你在地球居住位置的不同，月球看上去很不一样，不仅是它在天空中的形状，而且它的运动都不一样。拿晚上出现的盈月来说，这是由于地球反照形成的正对着的月相：明亮的部分是由太阳照亮的，其余部分是由地球反照的。这就是在同一时间从地球的不同地点看到不同的月相的原因。因此，如果你对此还不太习惯，那么月球看上去就好像很怪异。

有一种荒诞不经的说法是，月球在贴近地平线时要比高高挂在空中时大一些。这只是个光学错觉，当然，它看上去是那样的。

对于那些对月球感兴趣的人，这里有一些有关月球的基本数据。

直径：3475.5 千米
与地球平均距离：38.44 万千米
恒星月（意思是它围绕自己的轴心转动一周所需时间）：27.32 天
太阴月（意思是它的月相每重现一次的时间）：29.53 天
轨道速度（意思是它绕地球转动的速度）：3680 千米 / 小时
质量：73.5×10^{21} 千克

↑ 早晨的亏凸月

↑北半球中纬度地区看到的娥眉月

↑同样的时间赤道地区看到的月球是这个样子的。

↑同样的时间南半球中纬度地区看到的月球是这个样子的。

恒星月的长度与太阴月的长度并不相等，即月球自转一周的时间与从一个满月到下一个满月所需的时间并不相等。如果你对此不感兴趣，没关系，请跳过这里，接着阅读月食和日食。如果你对此感兴趣，你只需要记住一点，即月球在绕地球公转的同时，地球也在绕着太阳公转。

想象一下，假如地球在自己的轨道上静止不动，恒星月和太阴月就会相等了。但是，地球在围绕着太阳公转时，相对于其他恒星来说，太阳也在运动。

这就是为什么在黄道十二宫图上，太阳会慢慢地移动位置。在大约1个月时间内，太阳在黄道上移动几乎1/12的路程。这样的话，月球还得追上太阳，要做到这一点，它需要两天多的时间，因此就造成了上述的不同。难道你还不喜欢如此可爱的太空吗？

月食和日食

月食

月全食只是月食的3种形式之一。另外两种是月偏食和半影月食，但是无论从哪一方面来说，它们都没有月全食那么激动人心，因此我在后面就不再提及。一个完整的月全食只有在满月的时候才会发生，此外还需要太阳、地球和月球在太空完全处于一条直线上。站在地球的北极向上望（参见后面的超级月食和日食图），我们可以看到月球有怎样的变化。

被太阳完全照亮的月球从位置1开始运行到地球的阴影里。然后经过几个小时的行程，月球运行到了太阳正对面的天空，在那里地球把太阳照在月球上的光线完全遮挡住了。通常这种情况发生在满月的时候，不过承蒙这3个天体的好意，它们现在已经站成了笔直的一排。

你也许会注意到，月球的左侧在这期间逐渐变暗，在到达位置2的时候，月食就到了全食阶段。但奇怪的是，此刻月球经常是呈现出浅红色、橙色和棕色混杂在一起的颜色，很少完全是黑色。这是因为太阳光还是能间接地照到它身上：地球的大气层过滤了太阳的其他颜色，只让其中红色的光线穿过，从而微弱地照到月球上。

↑ 2001年1月9日20时18分。月全食是一种奇异的景象：这颗红色的天体坐落在满天星斗的空中，看起来就像是一颗外星球飞来地球做客。这张照片是我在皇家格林尼治天文台拍摄的。你可以看出来，周围有轻度的灯光污染。如果你离开街灯和城市越远，天空将会变得更暗、更清晰。

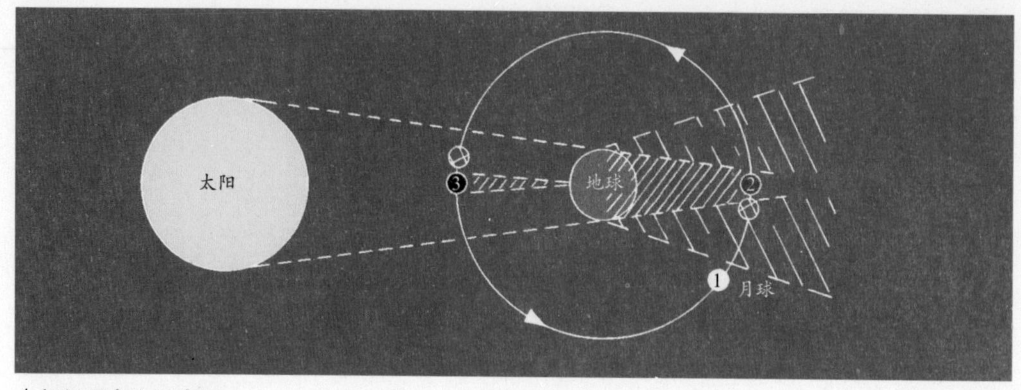

↑**超级月食和日食图**

这张月食和日食图并非绝对精确，只是示其大意。要使月食或日食发生，我们需要具备3样东西：太阳、地球和月球（出现在不同位置）。当在位置1时，没有月食或日食发生。只有三者运行到一条直线时，我们才会看到月食或日食。因为在这个时候，地球的影子可能会落到月球上（发生月食，月球处在位置2），或者月球的影子可能会落在地球上（发生日食，月球处在位置3）。

在大多数的月份，月球在地球的阴影上方或是下方运动，因此不是每个满月之时都发生月食。但一般来说，每年至少总有一两次这3个天体排成一行的时候。

观测月食的超级提示

随着进入月食阶段，月球逐渐变得昏暗，天空自然也就变暗了。你可能还没有意识到，满月的亮光把蓝天冲刷成模糊的一片，只有那些比较明亮的星星才可以看到。在月全食期间，月球变暗就意味着那些较暗的星星也能露出脸来，因此我们就会看到天空中有种怪异的景象：（通常是）一个暗红的月球被一些闪烁的小星星围绕着。你自己去看一看，就会明白我说的是什么意思。

月食全食阶段可能会持续1个小时到1个半小时，因此这是个缓慢的过程。你不需要什么特殊的设备，如果你的房子正对着月食发生的方向，你甚至都不用出门！你只需要出神地凝望着窗外，就像被施了魔法一样，这也是一种奢侈的享受。

日食

如果一只猫走在阳光灿烂的大街上，然后走进一座大厦的阴影处，你可以说，猫看到太阳正在被大厦“吞食”掉。比大厦大得多的天体也会发生同样的事情，比如说月球，当然月球的阴影要大得多。实际上，月球阴影的直径接近3500千米。这种情况发生在太阳、月球和地球排成笔直的一条线的时候，如那张超级月食和日食图中显示的，新月运行到位置3的时候。

↑ 1984 年 5 月 30 日黄昏时分的日偏食

因为月球比太阳要小得多，所以产生的阴影实际上是一个圆锥形状（注意图中也有所标示）。当月球在它的公转轨道上运行且离地球足够近的时候，我们发现它的阴影的圆锥顶点刚好到达地球。此时此地就会产生一个完全的日食，或称为日全食。因此，这种类型的日食只有在地球的某些区域才能看到。

随着月球沿着轨道公转，它在地球上的阴影以大约 3200 千米 / 小时的速度运行（这是非常粗略的估计，因为阴影的速度在不断变化：地球表面凸凹不平，照到地球上的阴影运动的速度也就或快或慢）。图中的区域是被全食完全覆盖的路径，如果你站在这条路径里，就可以看到日全食。如果你站在这条线以北或以南的地方，那么你只能看到日偏食，也就是太阳只有一部分被遮住。

当然，太阳、月球和地球三者排成一条直线可以形成日食，但是并不一定也能刚好让月球阴影的圆锥顶点落在地球上。这样的话，我们所能看到的最好情形也就只是日偏食了。

日环食是由月球公转轨道的椭圆性引起的。由于月球沿着椭圆轨道公转，在 1 个月的时间里，它有时候离我们较近，有时候较远。当它离我们足够远的时候，看起来要比太阳小得多。如果这时候太阳、月球和地球碰巧排成一条直线，那么月球就不能够完全遮住太阳（日全食），我们可以看到太阳光像一个圆环围绕着月球，这就是日环食（这个名称来源于拉丁语 annulus，意思是“环状物”）。

和月食一样，日食也并非每个月都会发生，主要是基于这样的事实：月球围绕地球公转的轨道和地球围绕太阳公转的轨道之间有所倾斜，倾角为 5 度。这就意味着，在新月期间，月球的阴影通常从地球的上方或下方经过。但是，每年至少会有两次，三者处于同一直线上。那时月球阴影的一部分可以垂落在地球表面，在地球的某些地方我们可以看到日偏食、日环食或日全食。

观测日食

（包括只在日全食期间才能看到的现象）

第 1 次接触：这是月球开始在太阳前面运动的时刻。你将会看到，月球正慢慢地、一点点地把太阳“咬掉”。

变暗的天空：大约有半个小时的时间，你可能不去理会其他的东西，只注意日食正在发生。因为光线变暗是逐渐发生的，太阳这个大圆盘非常明亮，足以与不断吞食它的月球相抗衡。

树木：尽量找棵树，透过树叶观察斑驳的阳光。通常树叶的针孔效应会把阳光投射到地面上，形成无数的圆圈。在日食期间，这些斑驳的光影会变为成百上千的娥眉状。

↑第1次接触：月球慢慢地运行到太阳的前面。

恒星和行星：在全食之前天空可能非常暗，那些比较明亮的恒星和行星就会映入眼帘。

植物和动物：小鸟纷纷飞回它们的巢穴，夜行性的动物可能会跑出来。你可以听到有猫头鹰在叫，看到有些花儿开始把花瓣闭合上。气温也会下降，到全食的时刻，甚至可能会寒气逼人。

↑全食：奇迹持续2分30秒。

第2次接触：就是它！全食的时刻到了。这时候你需要眼疾手快，因为此刻有很多事情同时发生。你也许会目睹月球从西边的天空飞速穿越大气层把阴影投向你，而与此同时，正在消失的太阳的最后一部分只有透过月球表面起伏的山峦和谷地才能勉强看得见——这一效应我们称之为“贝利珠”。就全食而言，你只有1秒~7分30秒的时间来欣赏这一壮美的景观。只有在全食的时候，我们才可以看到太阳的外层大气，也就是日冕。这是一种珍珠白的精巧构造，是由从太阳发出的日冕射线构成的。然后，经过非常短暂的时间，这一切都结束了……

↑第3次接触：“钻石环”效应宣告全食阶段结束。

第3次接触：这是人人鼓掌欢呼的时刻。太阳从月球背后偷偷地露出脸来窥探，刚才还乱哄哄的一片现在恢复了平静。因为在全食期间你的眼睛逐渐适应了黑暗，现在重新出现的太阳光就显得格外刺眼，再加上月球周围的发光，这些合在一起称为“钻石环”效应。在接下来的1小时20分钟时间里，日食过程就好像刚才的一切倒过来重新播放一样，然后一切都慢慢地复归正常。

第 4 次接触：月球“咬”了太阳最后一下后就松开了口，太阳又重新变成了“完整”的大圆盘。

只有在日全食的情形下，你才能看到所有这 4 次接触。在日偏食的时候，在从第 1 次到第 4 次接触的过程中，太阳被月球遮挡的程度会有不同的变化。

安全观测日食

警告

不要用肉眼直接观看太阳。如果不采取正确的眼睛保护措施，那么可能会给眼睛造成永久伤害，甚至导致失明。

只有在全食那短暂的几秒或几分钟时间里，你才可以用肉眼直接观看太阳而不会受到伤害。如果没有专门的预防措施，你千万不能直接用肉眼观看任何日偏食，那是很危险的。在日全食发生的偏食阶段，即使太阳有 99% 的部分都被月球遮挡，那剩下的 1% 娥眉状部分太阳光线仍然相当刺眼。如果没有适当的措施保护眼睛，不能直接对着太阳观看。

关于观看日食，我还要破除一个很危险的迷信说法，不要通过观看水塘中的倒影来观看日食。在水中，太阳光只是稍微有些暗，但仍能给你的眼睛造成足够的伤害。

你可以买一副日食观测器，这样就能够清除所有危险的辐射和 99.9% 的光线。如果你决定要使用日食观测器，则要确认它上面有正规的认证标志（欧盟 CE 认证或者英国风筝标志），而且没有丝毫损坏。有些专家建议，不论什么情况你都不应当观看太阳，但就你而言，仍需要具备一些常识。有些人认为，哪怕是瞟一眼太阳都可能给眼睛带来无法弥补的伤害。

针孔观测日食步骤指南

最简单、最安全地观测日偏食或日环食（或日全食的偏食阶段）不需要什么复杂的设备，只要两张卡片就行了。在其中一张卡片上扎个小孔，让太阳光从小孔穿过照在另外那张卡片上。就这么简单！当日食发生的时候，小孔会把月球在太阳前面经过的图像投影在卡片上。记住：不要用眼睛透过小孔去看太阳。如果你发现成像效果不太理想，则尽量把小孔弄圆一些，或者尝试着把小孔稍微弄大一些或小一些。运用你的智慧，首先应把针孔扎小一点儿！

小行星

→狮子座流星雨的定时曝光照片。每年十一月份地球运转到与流星轨道相交的地方，就会发生狮子座流星雨现象。在流星雨顶峰时期，每小时有6万颗流星进入地球大气。

八大行星以及太阳系中的无数小天体都围绕太阳运转。这些天体中的小行星形成了一个群体，它们中的绝大多数都位于火星和木星之间，围绕着太阳运转，另外有一部分的轨道和地球轨道相交。科学家估计，直径超过1000米的小行星至少有100万颗。

小行星与通过吸积形成行星的星云物体在本质上很相似，但在某些小行星粘在一起形成更大天体之前，它们受到太阳和其他行星的引力影响而被置于倾斜的长轨道上，所以它们最终没有能够成为大行星。

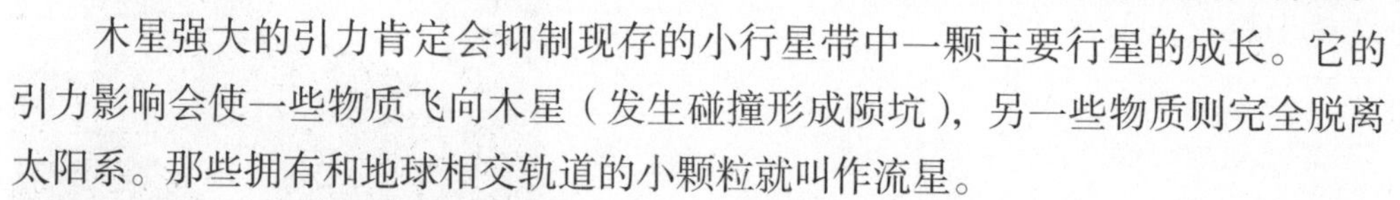

木星强大的引力肯定会抑制现存的小行星带中一颗主要行星的成长。它的引力影响会使一些物质飞向木星（发生碰撞形成陨坑），另一些物质则完全脱离太阳系。那些拥有和地球相交轨道的小颗粒就叫作流星。

通过望远镜，人们可以看到很多小行星的亮度会发生变化，这很大程度上是由于它们的不规则形状造成的，也有部分是由各侧面的反射率不一样造成的。小行星型是C型（或碳质类），这些星体比煤还暗，主要位于小行星带的外围区域；位于小行星带中间区域的主要是S型星体，富含硅，其反照率处于中间水平；而M型金属（性）星体的反照率一般，M型小行星很可能是更大的不同母体行星解体了的富含金属的内核。

流星体的数量甚至比小行星还多，而且它们的化学成分也相似。当它们受到地球引力的影响而坠入地球大气层时，摩擦力的作用会使它们的温度升高，然后人们就能看到一个火球或流星。大多数这类星体会在大气层中解体，但有些大的碎片有可能坠落到地球表面成为陨星，给行星科学家提供了早期太阳系珍贵的地质化学资料。

按照传统，流星体被分为石质、铁质或石－铁混合质三类（区别于小行星群的分类法），但一种更有意义的分法是将其分为“差别”类和“无差别”类。“无差别”类中主要是球粒状陨石，它们包含和太阳大气成分相似的化学元素。“差别”类流星体经历了化学变化，并被认为是更原始的行星物质熔融与分离的产物。一些较年轻的星体，如SNC族陨星，和火星表面的物质很相似，也许它们就是在某次撞击中从火星表面脱落的。

球粒状陨石是由高温富铝物、挥发性物质和被叫作“陨星粒养体”的特殊球状颗粒组成的，“陨星粒养体”是原始熔岩熔融的产物。这些成分证实了在行星吸积时期，组成太阳星云的那些物质很好地混合在一起。

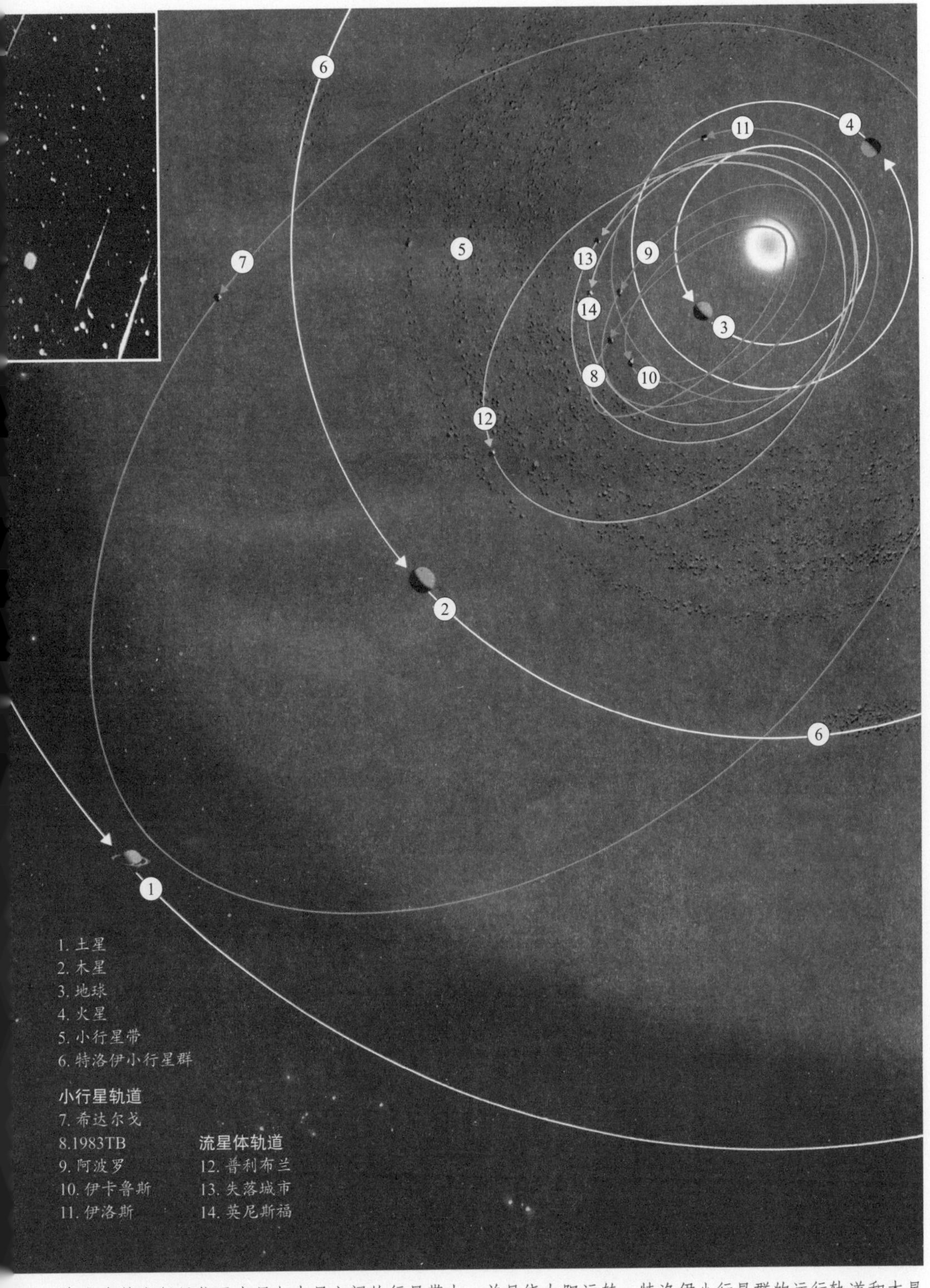

↑大多数小行星位于火星与木星之间的行星带上，并且绕太阳运转。特洛伊小行星群的运行轨道和木星轨道是一致的，其中一组位于木星前方60°处，还有一组位于木星后方60° 处。另一些小行星如希达尔戈的偏心轨道与太阳系平面的倾角角度很大。

彗星

彗星是太阳系中最小同时也是最古老的天体之一。彗星的起源和太阳系本身密切相关，因为它们似乎是由原始的太阳星云物质直接压缩而成的。尽管传统上认为它们的出现是厄运的预兆，但对彗星周期性出现的预言是早期天文学家的重大成就之一。如今，彗星的回归已被科学家看作收集太阳系早期历史信息的特殊机遇。彗星的质量很小，这意味着它们在形成之后几乎没经历什么化学变化，它们因此被认为是吸积形成外行星的原始太阳星云物质的残余物。

彗星由冰和尘埃组成，被形象地称为“脏雪球”。它们早期可能受到了重力影响并产生摄动，最后被抛入一个由无数彗星组成的绕太阳系运转的巨大云团内。这个云团就是奥特星云，它位于太阳到最近一颗恒星距离的 1/3 处。其中一些彗星的运行周期很短，轨道呈高度椭圆状，这些轨道将它们引进太阳系内部，但其轨道平面不一定和行星轨道平面重合。

当一颗彗星接近太阳时，它的冰核会部分蒸发，产生漫射的明亮彗发或尘埃和气体云，并受太阳风作用产生长达几十亿千米、背离太阳的离子化气态粒子尾——彗尾，从地球上看到的彗尾很亮。被彗核“落下”的第二条较短的由尘埃粒子组成的尾巴也在太空中聚积。

1986 年哈雷彗星回归太阳系时，科学家向该彗星中心区发送了 5 个航天探

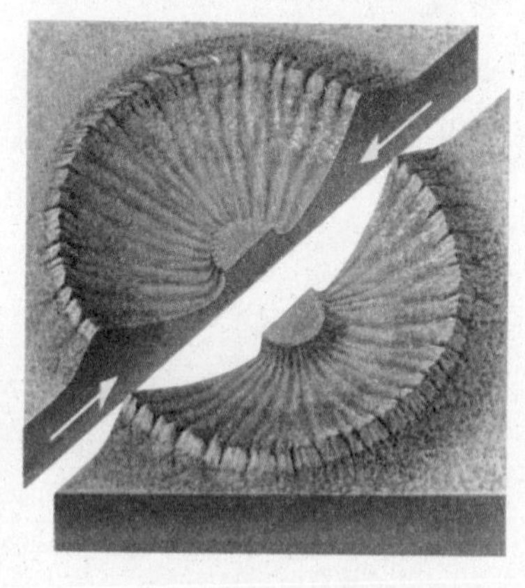

↑像彗星一般大小的天体撞上岩石质行星（如地球）的话，碰撞所产生的冲击力会在行星表面形成巨大的坑，并将表面岩石蒸发。外壳内产生的冲击波会迫使陨坑中心的岩石向上隆起。这样的效果在 20 千米宽的戈斯峭壁陨石坑中可以看到。戈斯峭壁陨石坑位于澳大利亚沙漠中，是 1.3 亿年前一颗彗星撞击的结果。

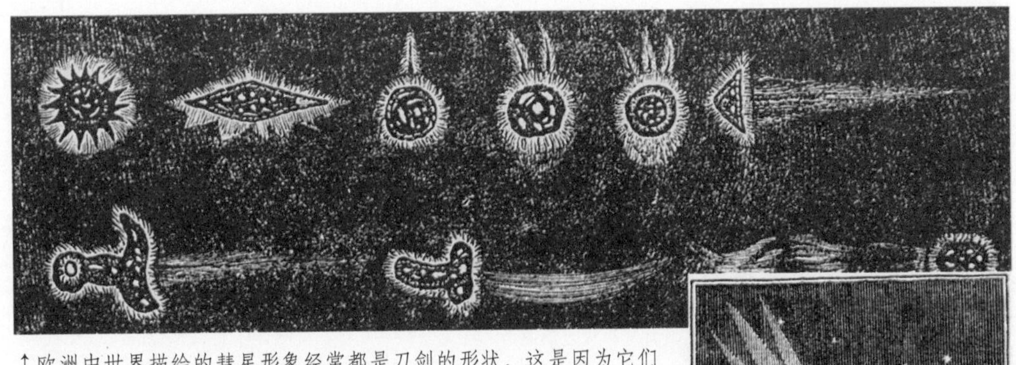

↑欧洲中世界描绘的彗星形象经常都是刀剑的形状，这是因为它们通常被认为是带来厄运的使者。但是，忘掉那些不愉快的东西吧，毕竟它们只不过是“长毛”的星星。

测器——特别是“乔托号”，这使得他们掌握了哈雷彗星的大量信息：哈雷彗星的彗核呈不规则形状，长 16 千米，宽 8 千米，表面布满了坑，并且是翻动着的。哈雷慧星的表面非常暗，这也许是因为靠近太阳时，它内部的冰融化并在慧核表面形成厚厚的含碳物质残渣。

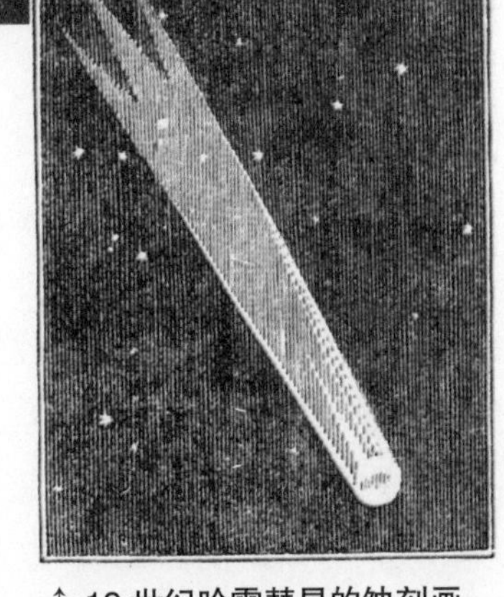

↑ 19 世纪哈雷彗星的蚀刻画

借助分光镜进行的研究表明，彗核是由各种像氢、氮、碳和钠之类的挥发性物质分子组成的，它同时还含有一氧化碳。当这样一颗彗星接近太阳时，镁、铁、镍、硅等元素也能被探测到——大概是在太阳照射升温过程中释放的尘埃微粒中。

彗核其实是由含碳物质和含水的硅化物组成的，混合在由冰冻甲烷、冰冻氨、冰冻二氧化碳及冰冻水组成的雪泥中。

尘尾
离子尾
高能粒子
电流层
等离子波
太阳风
磁场线
彗核
接触面
激震前沿
氢气冕

←彗核由冰块和细小的固态颗粒组成，其直径一般不超过几千米。包围着彗核的是明亮的彗发，彗发是由于彗核靠近太阳发生蒸发形成的。彗星有一条或是两条尾巴，一条是由尘埃和气体组成的，另外那条（离子尾）是由离子化物质组成的。

流星

太阳系拥有行星、卫星、小行星、人造卫星以及空间站，可真是个热闹的地方。再者，还有前面刚刚提到的那些彗星，它们带有非常细小的微粒。虽然这些微粒只相当于沙粒大小，但是它们能在夜空中产生出最壮观的景象。如果这些微粒碰巧飞来跟地球的大气来个短兵相接，就会燃烧殆尽，结果我们会看到它们燃烧留下的遗迹在天空中像彩带一样划过。这种现象被称为流星。

很多人想必都曾经在看到一颗流星后许下了一个愿望，因为他们相信流星是一种比较罕见的天文现象。事实上，这些细小的微粒每时每刻都在撞击着地球的大气。太空中有很多这种物质飞驰而过，因此如果你凝望一下清澈的夜空，不论时间长短，你都会有所收获，可以看到流星。

这些细小的微粒在太空中飞舞的时候被称为流星体（meteoroid）。它们撞击到地球大气的外层，然后转变成流星，速度高达每秒 74 千米。我们所看到的流星轨迹位于我们头顶上方 80 ~ 160 千米之间，持续时间通常不到 1 秒钟。

那么，你指望每天晚上可以看到多少颗流星？在清澈的夜空并且较低的地平线以上，平均数字是每小时 5 颗。我前面说过每时每刻都有很多微小的颗粒撞击大气层，实际上每天高达 1 亿颗，但它们绝大部分都太小，不能变成看得见的流星。当然，也有很多是在白天发生的，那时候你基本上是没有机会看到它们的。

→2002 年 8 月 12 日。一颗孤独的流星进入大气层，然后，消失在茫茫夜空中。

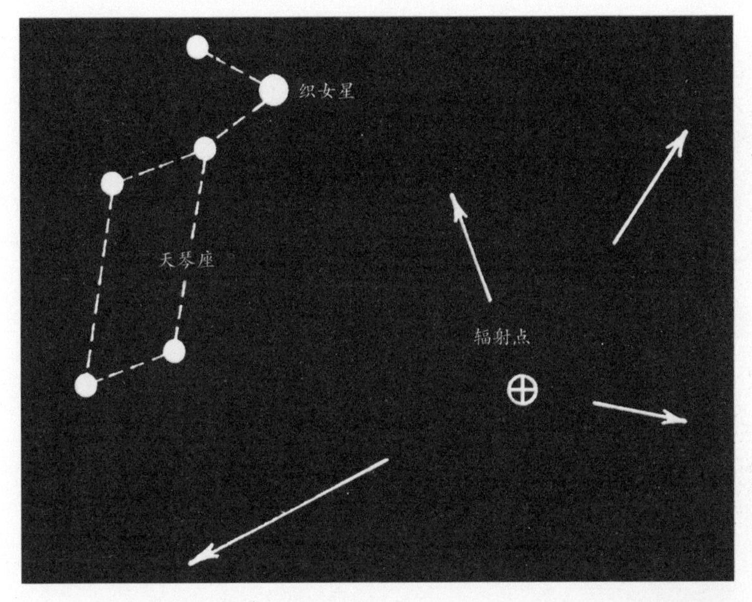

←如果你观看流星雨，流星看似都是从某一特定区域发射出来的，那么该区域被称做辐射点。实际上，很少有流星从这一区域出现，但如果你逆着流星的轨迹寻根求源，就会找到这个地方。

↓人们注意到的最早的流星暴之一是1799年的狮子座流星雨。这幅雕版画描绘的是在格陵兰岛看到的景象。

一些这样的流星痕迹是由微粒引起的，这些微粒漫无目的地在太空中飞舞，有的飞到地球上来，“嘭”的一声响，一颗流星诞生了。我们给这些东西取名叫作偶现流星，因为我们无法预测它们什么时候在哪里出现。但是，也有一些成群结队的微粒，它们在太空围绕太阳公转，每年都要定期光顾我们，我们能够预测它们，它们被称为流星雨。

在流星雨发生期间，我们看到流星的数量每小时都在大量增加。这些流星雨看上去好像是出自天空中同一个地点，这一地点被称为辐射点。简单

观测流星雨的超级提示

就观测单颗流星而言，月球可能非常令人头痛。月球越亮，天空被它的反射光冲洗得越厉害，所以更多的“流星”被月光压了下去，无法看见。因此，在你费尽力气准备观测流星之前，应首先弄清楚当晚月球的情况。

祝你好运：从现在开始，每隔1个小时你最好至少许5个愿望。如果你非常走运，最好许100个愿望。

↓1833 年的狮子座流星暴把一个观测者吓得直喊“世界着火了！”

地说，每一群流星雨的名称都取自于它的辐射点所处的星座名称。例如，4 月份天琴座有一个辐射点，那么这群流星雨就被称为天琴座流星雨。

总而言之，如果你知道流星雨什么时候出现，以及它们将在什么地方出现，那么你就可以看到更多的流星。真是太方便了！

说到流星雨，我们自然会联想到彗星。这是因为，随着彗星从太空飞过，它们会遗留下一些残骸绕太阳公转，这些残骸就是流星体。当地球公转到这些残骸中间时就会产生流星雨。我们需要动用观测人员在不同的地点观测，并使用雷达计算出这些流星的轨道，以防止它们撞击地球。结果就是，因为这些流星的运行轨道与周期彗星相似，因此有力地证明了流星体是在这类彗星的衰变过程中产生的。

历史上最强有力的证据来自于 1966 年 11 月 17 日的狮子座流星雨（来自狮子座），当时在高峰期的时候，每分钟有 2000 多颗流星出现。这个流星群与坦普尔－塔特尔彗星有关，这颗彗星每 33 年绕太阳公转一周。最近一次它飞越我们是在 1998 年 2 月，当时只有使用双目镜才勉强看得见。在它那里，流星体都被串成一串，挤在紧贴着彗星轨道的一角，这就是为什么它每 33 年才绽放一次。狮子座流星雨在 1999 年 11 月复归的那一次，人们都怀着极大的兴趣进行观测。有记录显示，当时的流星暴高达每小时 5000 颗。但很遗憾，在英国可不是这样，当时英国正覆盖着厚厚的云层，这在英国可是稀松平常的事。在接下来的年份，人们看到数量更多的狮子座流星雨，但是还没有哪一次能接近 1966 年的水平。的确，蚀刻画上显示的景象是历史上早期流星雨的壮观景象。

观测流星步骤指南

1. 做好准备，出门（当然要在恰当的时候！）多穿些衣服，注意保暖。如果你是在花园里观测，白天光线好的时候，找一个视野最开阔并且远离街灯的地

年度流星雨名单

（黑体字突出显示的是每年主要的流星雨）

流星雨	高峰日期	日期范围	每小时极大数量	备注
象限仪座流星雨	**1月3日**	**1月1～6日**	**75**	**中等速度的黄色和蓝色流星雨**
半人马座α星流星雨	2月8日	1月28日～2月21日	5～20	非常明亮、迅速的南天流星雨
御夫座流星雨	2月5～10日	1月31日～2月23日	10	算不上最好的流星雨之一
室女座流星雨	4月7～15日	3月10日～4月21日	5	缓慢、有光迹、多辐射点的流星雨
天琴座流星雨	4月22日	4月17～25日	15	来自撒切尔1861I彗星的迅速流星雨
宝瓶座π星流星雨	**5月5日**	**4月22日～5月20日**	**50**	**非常迅速、明亮的南天流星雨，与哈雷彗星有关**
牧夫座6月流星雨	6月27日	6月27日～7月5日	可变	来自庞斯－温尼克彗星的慢速、变化，偶有强烈爆发的流星雨
摩羯座流星雨	7月5～20日	6月10日～7月30日	5	缓慢的黄色和蓝色明亮流星雨。有多次高峰期和多辐射点
宝瓶座δ星流星雨	7月29日 8月8日	7月15日～8月19日	20 5	有两次高峰期的南天流星雨
南鱼座流星雨	7月30日	7月16日～8月12日	5	缓慢的南半球流星雨
摩羯座α星流星雨	8月1日	7月15日～9月10日	5	产生慢速的持续数秒的可见火球
宝瓶座ι星流星雨	8月6日 8月25日	7月15日～9月18日 7月1日～9月18日	8	缓慢至中等速度的双辐射点的暗弱流星雨
英仙座流星雨	**8月12日**	**7月23日～8月21日**	**75**	**来自斯威夫特－塔特尔彗星的有光迹的许多明亮流星雨**
双鱼座流星雨	9月8日 9月21日	8月25日～10月20日	10 5	来自不同辐射点的有几次高峰期的缓慢流星雨
贾科比尼或天龙座流星雨	10月8日	10月6～10日	可变	来自贾科比尼－纳津彗星的缓慢流星雨
猎户座流星雨	**10月21日**	**10月15～29日**	**25**	**来自哈雷彗星的迅速、多光迹流星雨**
金牛座流星雨	11月4日	10月15日～11月30日	10	来自恩克彗星的明亮、缓慢流星雨
狮子座流星雨	11月17日	11月14～20日	可变	来自坦普尔－塔特尔彗星的迅速、有光迹流星雨
双子座流星雨	**12月14日**	**12月6～18日**	**90**	**来自小行星法厄同（3200）的中等速度、明亮流星雨**
小熊座流星雨	12月22日	12月17～25日	10	来自坦普尔－塔特尔彗星的缓慢流星雨

流星雨超级报告

日期：需要两天（8月12晚上，也就是8月12、13日）	观测者：这里是你的名字
观测位置：写出经度、纬度	地址：没问题就继续下去。 这里有表格的两个术语的解释： 偶现流星不属于你观测到的流星雨； 持续时间是指从流星雨开始到剩余尾迹的持续时间。
观测时间：以至少1个小时为好	
天空情况：薄雾、厚云、月光	
极限星等：你能看到的最暗星等	

流星数量	时间（UT）	星等	流星雨或偶现流星	星座（流星雨来源）	持续时间
1	23:45	2	英仙座	鹿豹座	2秒
2	23:46	－1	英仙座	仙后座到仙王座	—
3	23:51	0	偶现流星	小熊座到天龙座	1秒
4	23:53	－3	英仙座	飞马座	2秒
5	23:58	0	英仙座	小马座到人马座	—
6	0:04	－5	英仙座	仙女座到蝎虎座	4秒
7	0:08	－2	英仙座	飞马座	1秒

方，支好一把便携帆布躺椅，晚上你就可以直接坐上去观测了。便携帆布躺椅也非常有助于支撑你的脖子。对于所有的天文活动而言，最好使用蒙有红色过滤纸的手电筒，因为这样不会影响到你已经适应黑暗的眼睛。

2. 准备一个长颈瓶，里面装些温水，水不要太热，不然你看到的流星数量会激增，变得不可信，明白我的话吗？邀请两三个朋友，你们肯定会度过一个美好的夜晚。

3. 现在，如果你想作一个流星雨观测，并使观测对他人有用的话，那么你需要作一份观测报告，可以使用如下面例子中所列的详细信息。确保你出门的时候带上足够的钢笔或铅笔，因为在黑暗中这些笔在使用的时候往往容易掉到地上，然后在很小的黑洞里立刻消失，再也寻找不到了。还要确保你有一个走时准确的钟表，只有在正确的时机才能观测到流星。当然，因为你已经深入阅读了本书，给每一颗流星准确地定位，所以找到它们对你来说想必是小菜一碟。

最后补充一句，流星雨通常与陨星没什么关系。流星是来自彗星的尘埃物质，而陨星则是岩石、金属或者是两者混合而成的物质，主要处于小行星带。

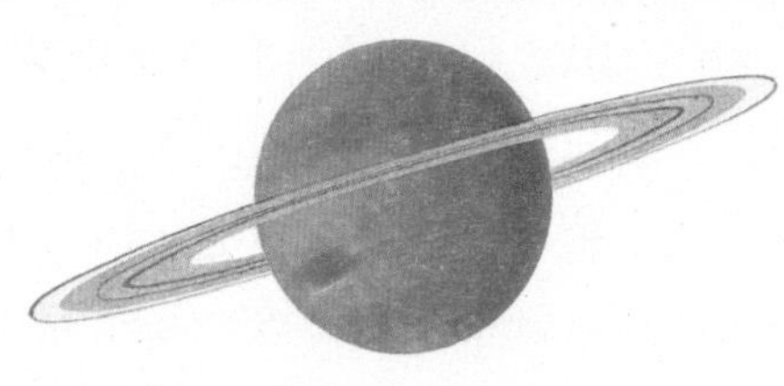

第五章

天文观测常识

天文学发展史

最早的太阳历

古埃及太阳历是人类历史上最早的历法，约在公元前4000年前出现，这跟尼罗河的定期泛滥关系密切。从某种意义讲，尼罗河的定期泛滥催生了太阳历。

尼罗河全长6700千米，堪称世界上最长的河流，它流经坦桑尼亚、卢旺达、乌干达、肯尼亚、埃塞俄比亚、苏丹和埃及等10个国家，最后向北注入地中海。尼罗河主宰着流经国家的命运，离开了它的滋润，这里的文明将灰飞烟灭。但由于尼罗河水流缓慢，泥沙不断沉积使河床持续填高，致使多次泛滥成灾，但河水退后，又留给当地人大片沃土。因此，古埃及人需找到其中的规律以趋利避害。

经过长期观测，古埃及人逐步发现尼罗河泛滥的规律，当它开始开始泛滥时，清晨的天狼星正好位于地平线上。这一点天文学上称为“偕日升”，即与太阳同时升起，于是这一天便被设定为一年的第一天。不巧的是，天狼星偕日升的周期并没有很快被发现，智慧的古埃及人也没有放弃，经过几代人的不懈努力，他们终于发现：天狼星偕日升那天与其120周年后那一天恰好相差一个月，而到了第1461年，偕日升那天又重新成为一年的开始。于是古埃及人设定1460年的周期为天狗周（因为他们的神话中称天狼星为天狗）。

↓描绘古埃及控制洪水的泥版画

古埃及人根据天狼星的位移和尼罗河河水的涨落情况来确定季节，进而在此基础上确立了历法。这种历法后来就演变成了太阳历。

把古埃及的太阳历与当前的公历作一个简单对比，就不难发现其科学性：一年的天数为 365 天，继而把一年划分为 12 个月，每月 30 天，末了还剩 5 天则作为宗教节日，就如同我们传统的春节一样也是 5 天，这比精确的一回归年（365.25 天）仅少 0.25 天，120 年后少 30 天，1460 年后就会少 365 天，又接近一年，如此便形成一个完整的周期。这样精妙的历法凝结着无数古埃及先民的智慧。

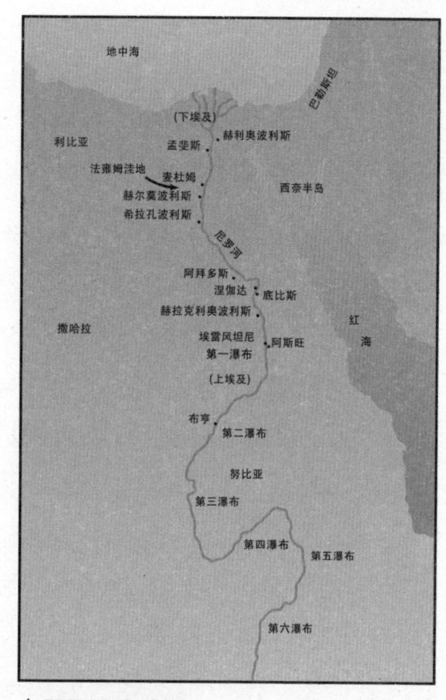

↑尼罗河流域图

尼罗河流域是人类文明的发祥地之一，古埃及人在这里创造了辉煌的古代文明。

在古埃及，人们运用大量的时间进行天象的观测，特别是对天狼星位置的观测更加细致入微。他们发现，在固定的时间里，天狼星从天空消失，在太阳再次出现在同一位置时，它又从东方的天空升起，这就是一个周年。同时，古埃及人把天狼星比太阳早升起的那一天定为元旦。

古埃及人创制的太阳历对尼罗河流域的农业生产有着深远的影响。正是有了这样一部较为完备的历法作指导，古埃及的先民才得以准确预测尼罗河河水涨落，合理安排农时，做到趋利避害，获得一年又一年的大丰收，从而具备了稳定的衣食之源。在这个物质基础上，古埃及才得以在宗教、建筑和医学等领域创造更加辉煌灿烂的文明成果。

知识档案

何为“回归年”

回归年就是太阳绕天球的黄道一周的时间，所以又称为太阳年。回归年是比较常用的年长单位，它的准确定义为，太阳中心从春分点到下一个春分点所经历的时间间隔。这是因为地球上的观察者由于地球绕太阳的公转而产生了太阳在天球上运行的现象，在太阳二次经过春分点的间隔内，地球正好绕日一周，是为一年。一回归年平均的长度为365.24220日，折合365日5时48分46.08秒，现在使用的历法就是以回归年作为基本计量年长的单位。

另外，由于一个回归年的12等份——30.4368日近于两个朔望月时间长度之和，阳历也把一年分成12月，但这里的“月”已与朔望没什么内在联系。

泰勒斯预言日全食

泰勒斯是古希腊哲学家、数学家和天文学家，生活在公元前 7 世纪和公元前 6 世纪之间。他出身于小亚细亚的米利都城的奴隶主贵族家庭，泰勒斯不为显赫的地位、富足的生活所诱惑，全身心地投入到哲学和科学的研究之中，终于成为一位科学泰斗。其在天文学、数学、哲学等领域都取得了骄人的成就，但最令后人称道的还是其对于公元前 585 年 5 月 28 日日全食的预言。

当时的情况是：吕底亚王国与西进的米底王国(占有今天伊朗的大部)发生矛盾，双方的部队在哈吕斯河流域进行了殊死的战斗，但战争一直持续了 5 年，仍未决出高下。双方谁也没有罢手的意思。考虑到人民的疾苦，贵族出身的科学家泰勒斯决定凭借自己的智慧拯救黎民于水火。泰勒斯经过缜密地观测与推算，认定公元前 585 年 5 月 28 日这天哈吕斯河一带会出现日全食的天象奇观。他到处散布流言，说日食是上天反对人间战乱的警示。但没有人会把这位文弱书生的话放在心上。战争依旧如火如荼地进行着，但始料不及的是：公元前 585 年 5 月 28 日这一天，正当两国的精锐部队酣战之时，天色骤然暗了下来，最后竟然与黑夜无二，交战的人马不胜惊惧，人们又想起市井上的流言，真以为神人嗔怒要降灾祸于人间，于是迅速撤出战斗，化干戈为玉帛，重新言归于好，并且以联姻的方式巩固了和平成果。从此，泰勒斯名声鹊起，受到人们的景仰和爱戴，被称为不朽的科学家。人们也百思不得其解。泰勒斯是如何预测到这次日食的呢？

原来，泰勒斯研究过迦勒底人的沙罗周期，一个沙罗周期为 6585.321124 日

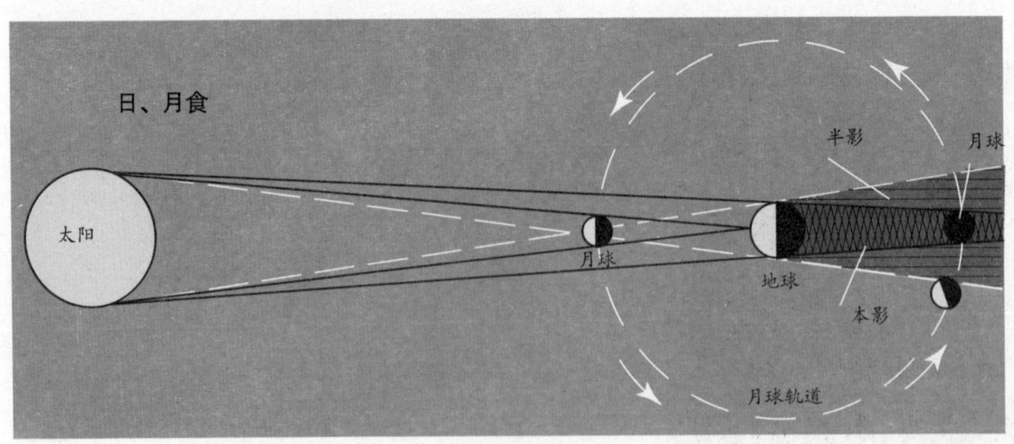

↑ 日食与日、月、地的关系

根据现代科学观察得知：一年之中，食最少发生两次，而且均为日食。最多会发生 7 次：5 次日食，2 次月食。最近一次发生 7 次食的年份是 1935 年，而下一次则是 2160 年。当食发生时，太阳、月亮和地球三者必须在同一平面上。换而言之，当日食发生时，月球的本影锥必须投射在地球表面上，若三者恒在同一平面时，日食一定发生在每个朔日。

知识档案

泰勒斯测量金字塔的高度

泰勒斯生活的年代，埃及的大金字塔已建成1000多年，但它的确切高度仍旧是一个谜。许多人作过努力，但均以失败而告终。

后来，人们听说泰勒斯很有学问，但只闻其名，未见其实。何不借此机会试探一下他的能力，法老也是这么想。泰勒斯慨然应允，但提出要选择一个阳光明媚的日子，而且法老必须在场。这一天，法老如约而至，金字塔周围也聚集了不少围观者。泰勒斯站在空地上，他的影子投在地面。每隔一段时间，他就让别人测量他影子的长度，并记录在案。当测量值等于他的身高时，他命人立即在大金字塔的投影处作好标记，之后再测量金字塔底部到投影标记的距离。这样，他不费吹灰之力就得到了金字塔确切的高度。

在法老和众人一再请求下，他向大家讲解了从“影长等于身长”推到“塔影等于塔高”的原理。其实他用的就是相似三角形定理。

或 18 年又 11 日，约为 223 个朔望月。既然日、月和地球的运行都是有规律的，那么日月食的发生也就存在一定的规律性。具体而言，日食一定发生在朔月，18 年 11 日之后日、地、月又基本回到原来的位置上，这时极有可能再次发生日食，而对天文学熟悉的泰勒斯当然知道公元前 603 年 5 月 18 日有过日食。由此推算出公元前 585 年 5 月 28 日的日食便在情理之中了。

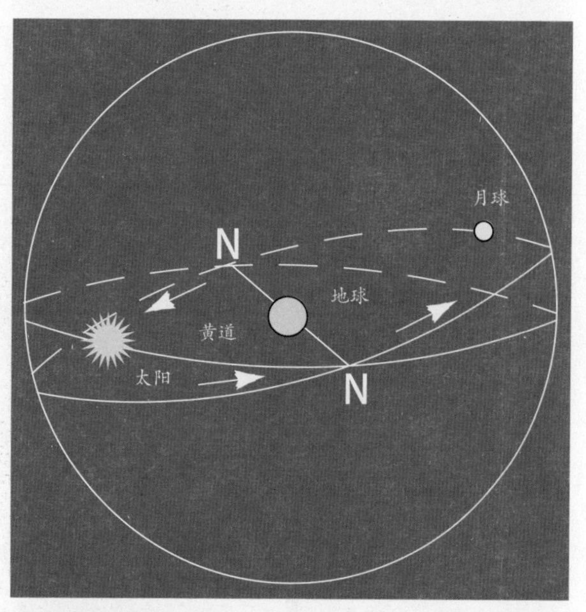

月球轨道交界面

除了天文学，泰勒斯在数学方面也都取得了有令人振奋的成就，如在平面几何方面，我们所熟知的“直径平分圆周”、“三角形两等边对应等角”、“两条直线相交对顶角相等”、“两角及其夹边已知的三角形完全确定”等基本定理均由泰勒斯论证并进一步归纳整理，应用到实践生活中。

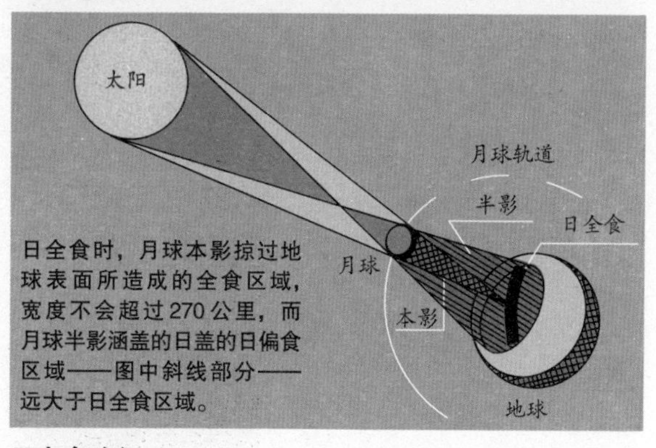

日全食路径

天文学和占星术

天文学研究夜空——从行星和卫星到恒星和星系。它是最古老的科学，可追溯到几千年前。

古埃及人利用自己的天文知识计算日历和排列金字塔。

天文学家利用望远镜研究那些因光辉太微弱、体积太小导致肉眼无法看见的天体。

除了光，太空中的天体还会发出其他种类的辐射，天文学家使用特殊的仪器探测它们。

专业天文学家主要通过照片和电脑显示进行研究，而非通过望远镜注视夜空。这是因为光辉非常微弱的太空天体只会显示在长时间曝光的照片中。

知识档案

你知道吗?

在 2003 年，美国国家航空航天局的 WMAP 卫星拍摄到了地球可观测到的宇宙最远部分的图像，有近 140 亿光年远。它显示了恒星和行星远未形成时的宇宙。

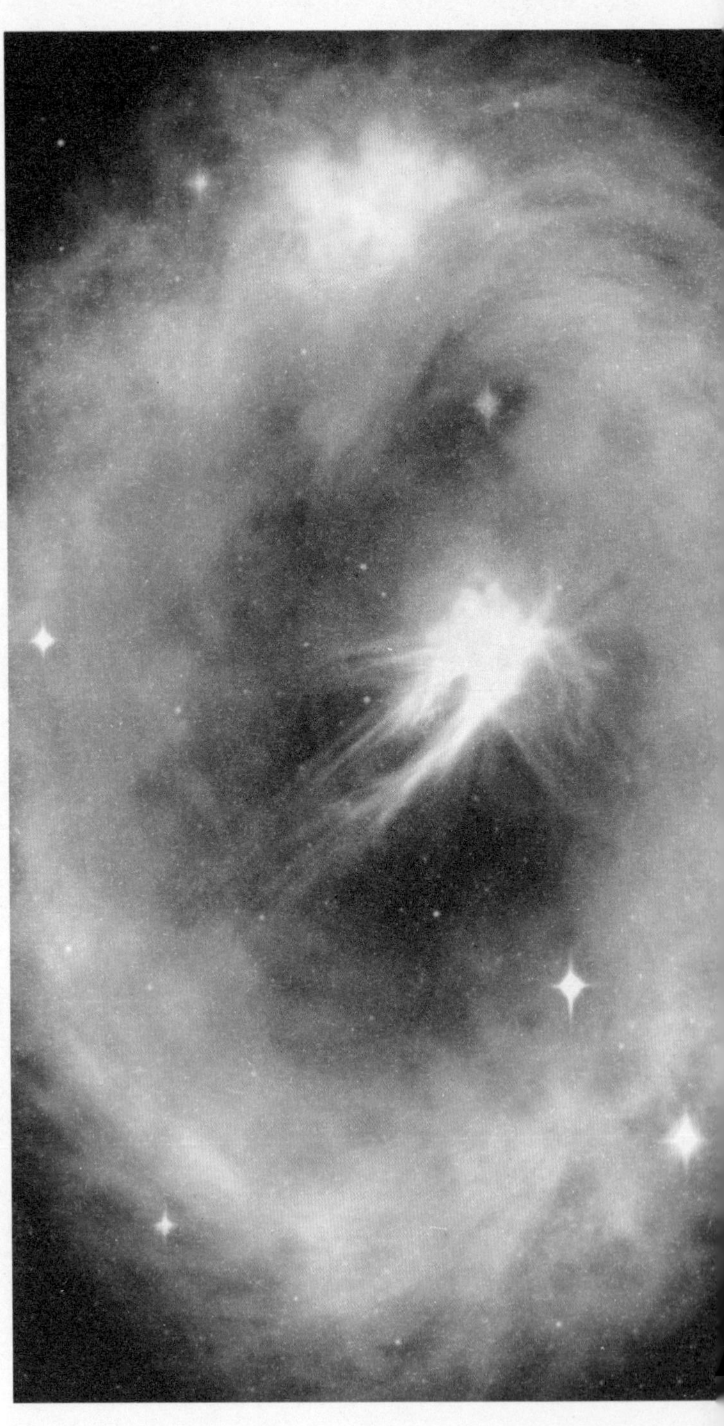

→大多数天文学家远离城市灯光工作，在那里他们能看到清晰的夜空和超新星等景象。

占星家

黄道带是地球公转一周中，太阳看似经过的星座带。它位于黄道上——地球围绕太阳公转的轨道面。月球和所有行星都在此平面上。古希腊人把黄道带分成 12 个部分，每部分以他们在此间看到的星座命名。这些是黄道十二宫图的标志。它们是古天文学家想象出的符号，与星星排列形式相联系。占星家认为行星和恒星的运动影响着人们的命运。占星家与天文学家不一样，他们不是科学家。现在在黄道带中出现了第 13 个星座，蛇夫座，但占星家们忽略了它。

摩羯座，山羊（12 月 22 日～1 月 19 日）

水瓶座，水瓶（1 月 20 日～2 月 18 日）

双鱼座，鱼（2 月 19 日～3 月 20 日）

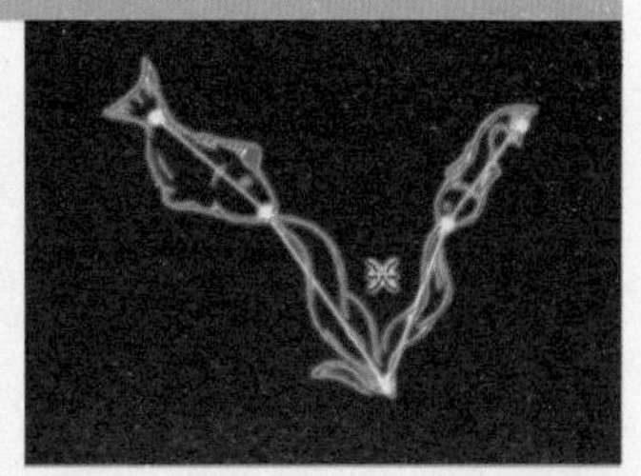

白羊座，公羊（3 月 21 日～4 月 19 日）

金牛座，公牛（4 月 20 日～5 月 20 日）

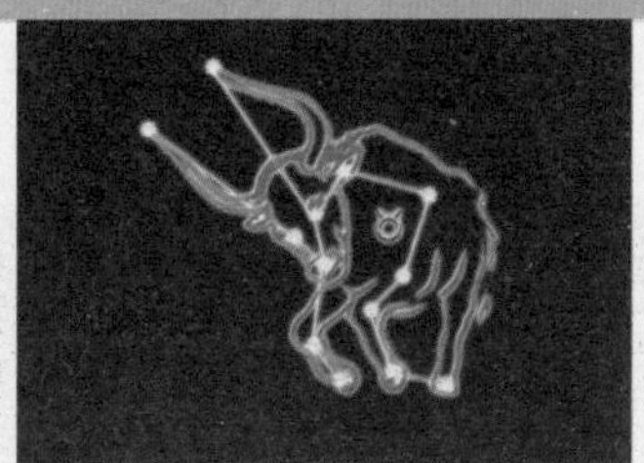

双子座，双生子（5 月 21 日～6 月 20 日）

巨蟹座，蟹（6 月 21 日～7 月 22 日）

狮子座，狮子（7 月 23 日～8 月 22 日）

处女座，处女（8 月 23 日～9 月 22 日）

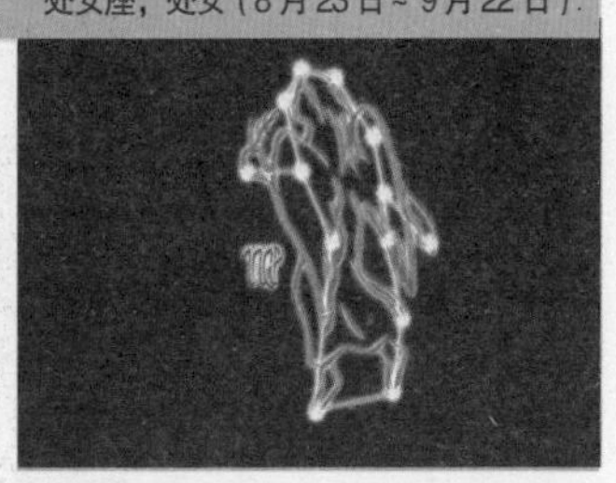

天秤座，天平（9 月 23 日～10 月 22 日）

天蝎座，蝎子（10 月 23 日～11 月 21 日）

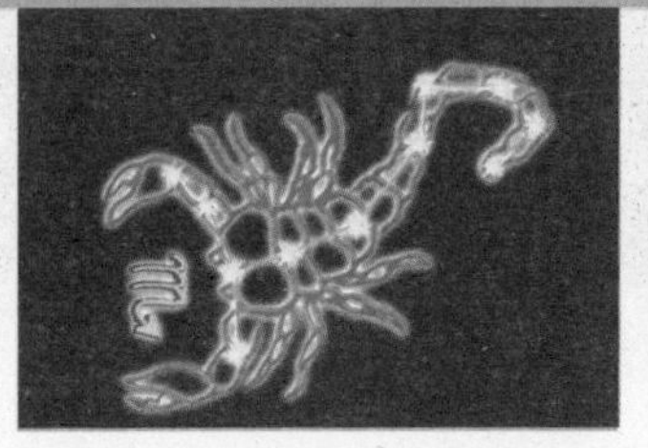

射手座，人马（11 月 22 日～12 月 21 日）

第谷的天文观测

第谷是一位出身贵族的天文学家。儿时和年轻时的第谷与常人没有什么大的差别，他脾气暴躁、性格偏执、好斗，逢事爱问个为什么。这也可能是他成功的一个原因吧。

第谷的成名在于他的天文观测事业。尽管其伯父强烈要求他学文科，第谷还是偷偷地研读天文学著作，尤其是托勒密的《大综合论》和哥白尼的《天体运行论》他简直爱不释手。不仅读书，托勒密还付诸行动：观测天象。1563 年 8 月，第谷观测到了木星和土星相合的景观，并进行了详细的记录。这是他第一次记录天象，以后便一发而不可收。

1572 年 12 月 11 日，黄昏时分第谷正忙着手头的实验。疲劳的时候，他总是习惯性地凝视一下浩渺的天空。这时他一抬头刚好发现了仙后星座中闪烁着一颗新星。为什么这么说呢？因为从少年时代起第谷便熟悉天上的星星，他清楚地知道这些星的位置和轨迹。他熟悉它们，就像熟悉小伙伴们的脸庞一样。更何况今天的这颗新星是那么明亮，甚至都有些耀眼。他认定这是一颗新星，它以前从来没出现过。为了得到这颗星的准确数据，第谷使用了精心设计的六分仪却没能发现它有任何视差，如果是颗近地星就会有 58′ 30″ 的视差，比如月球。他认为这是一颗从未出现过的恒星，于是给予了它相当的关注，并详细记录了该星的颜色和亮度的变化。这便是第谷超新星的发现过程。当时却有许多学者由于盲从《圣经》而把这颗星星称为魔鬼的幻影。

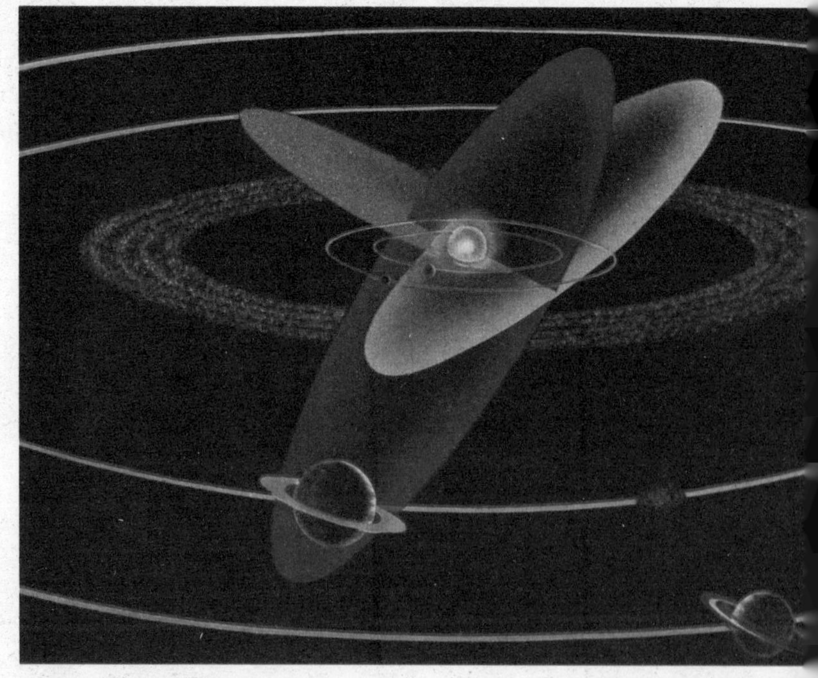

↑**奇异的小行星图**

小行星是围绕太阳运行的自然天体之一，一直以来，它很少被人发现。第谷在进行天文观测时发现了许多以前没有发现的小行星。

第谷在天文学界的另一突出贡献

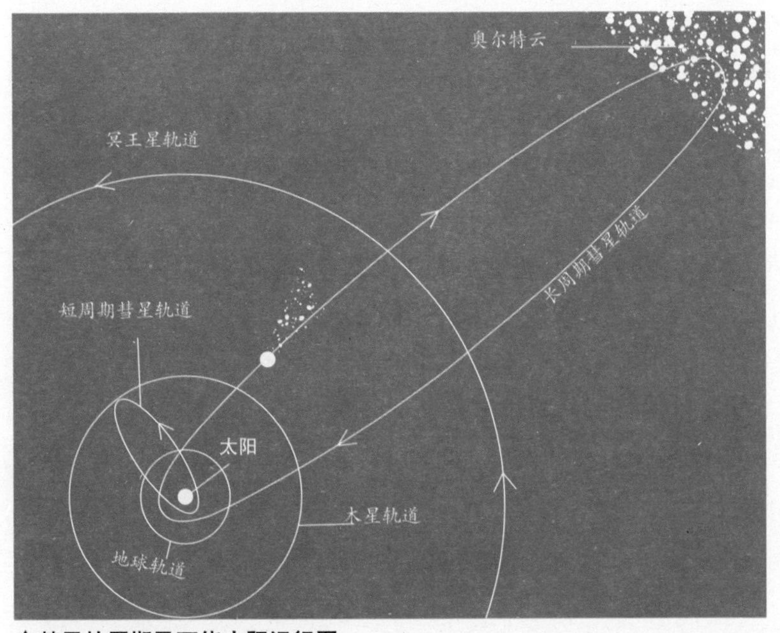

↑彗星的周期及环绕太阳运行图

是对彗星的测定。那是在其发现超新星5年后的一个傍晚，第谷在纹岛的天文台发现了一颗彗星，并对其进行了详细的记录和精确的测量，直至75天后消失为止。第谷经过严密论证和推理得出结论：彗星发光是由阳光穿过彗头而致，彗星也是绕日公转的天体。第谷这次以不折不扣的事实驳斥了亚里士多德认为彗星是燃烧着的干性脂油的谬论。

30多年的时间里，第谷孜孜不倦地进行着他的天文观测事业，获得大量的第一手资料和手稿。期间他的敬业精神和出色业绩博得丹麦国王腓特烈二世的赏识。国王为他专门拨款修建了乌伦堡天文台，并配以最全、最新的观测仪器。这一切使得第谷如鱼得水，取得一系列观测成就，如编制第一份完整的天文星表，发现黄赤交角的变化和月球运动中的二均差，完成了对基督世界延用1000多年的儒略历的改历工作，颁行格里高里历法等。最重要的是第谷培养和造就了新一代的天文学家——开普勒。在老师的悉心教导下，开普勒创立了三大行星运动定律，为天文学作出了重大贡献。

第谷以惊人的毅力和一双锐眼把天文观测事业推向一个又一个的新高度，可以说在望远境发明之前的天文观测史上，他是巅峰，难怪被人们誉为“星学之王”。

知识档案

《论新天象》

《论新天象》是第谷的一部拉丁文著作，出版于1588年。这本书详细地记录了第谷11年间观测到的天文现象，其中包括对1577年大彗星的专门论述。总体上构筑了所谓的“第谷宇宙体系”，该体系最突出的一点就是抛弃了以前天文学家惯用的以思辨来阐述见解的方法。他强调以实际观测的数据作为论证的起点。第谷穷其一生进行天文观测，所得大部分资料都集中在《论新天象》一书中。美中不足的是，虽然第谷尊重事实，深入观察的做法为后来的天文工作者树立了光辉的榜样，但是他在该书中的理论仍然趋向于地心说。这一点在某种程度上束缚了天文学的进步。

李普希发明望远镜

许多孩子都喜欢一种玩具，那就是望远镜。因为架一副望远镜在眼前，世界会一下子变近了，孩子的脸上立刻现出神气十足的样子。可你知道是谁家的孩子最先“神气”的吗？

这些幸运儿是李普希的孩子们。事情发生在17世纪初的荷兰。那时眼镜和凸（凹）透镜对人们已不再是什么稀罕物件了，眼镜店也布满了大街小巷。在小镇米德尔堡的集市上就有一家眼镜店，主人叫李普希。生意并不是很红火，以至于给自己的孩子买不起一件像样的玩具。但孩子是不能也不会没有玩具的。这在哪里都一样，穷人家的孩子没有专门的玩具，但家具什物，父母的工具，甚至是一堆土，一汪水都是他们最好的玩具。他们可以将这些最平淡无奇的东西玩得热火朝天，玩得大汗淋漓，他们乐此不疲，这是天性使然，李普希的孩子也是这样。

1608年的一天，他的3个孩子拿着几块废旧的镜片比划着，翻过来调过去的这儿照照那儿看看，有时还把几块镜片叠在一起透过去看。突然，小儿子向正在店里打理生意的父亲大喊：“爸爸，快来看呀！”李普希听到喊叫声，以为又是被镜片割破了手指，赶忙从店里奔出来。可等他看到孩子们还在那里比比划划，感觉不对劲。等到了近前，小儿子连忙得意地一手拿一块镜片得意对他说：“爸爸，你透过这两片玻璃看远处的教堂！”李普希以为他又在搞恶作剧，但还是下意识地俯下身去。当他的眼睛透过一前一后两块镜片看远处的教时，教堂顶上的风向标是那样

望远镜的类型

根据制作原理和使用方法的不同，望远镜一般分为：折射望远镜、反射望远镜、射电望远镜等多种类型；根据成像原理又可以分为：普通、红外、夜视等多种；根据位置不同可分为地球望远镜和太空望远镜。

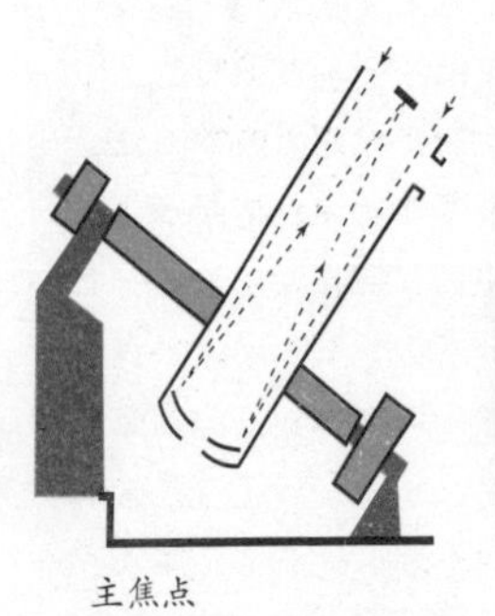
主焦点

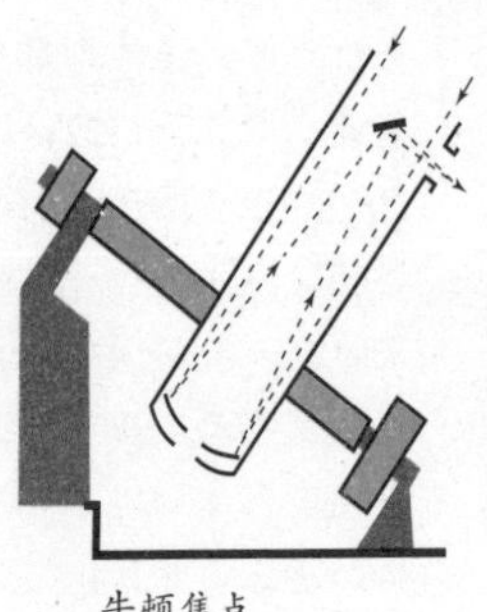
牛顿焦点

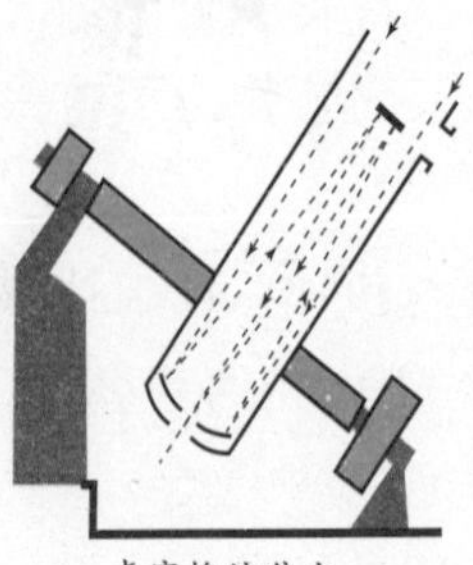
卡塞格林焦点

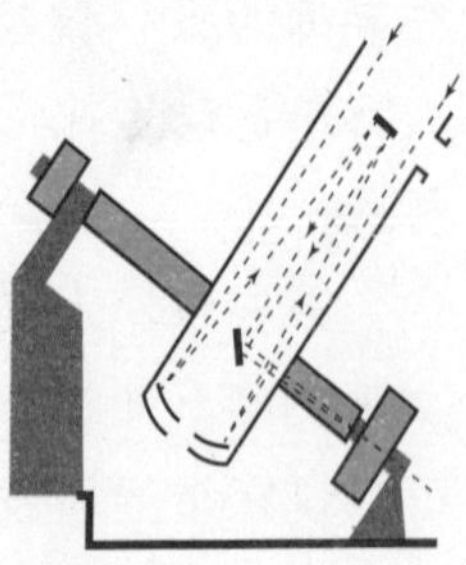
肘焦点

↑反射型的焦点系统

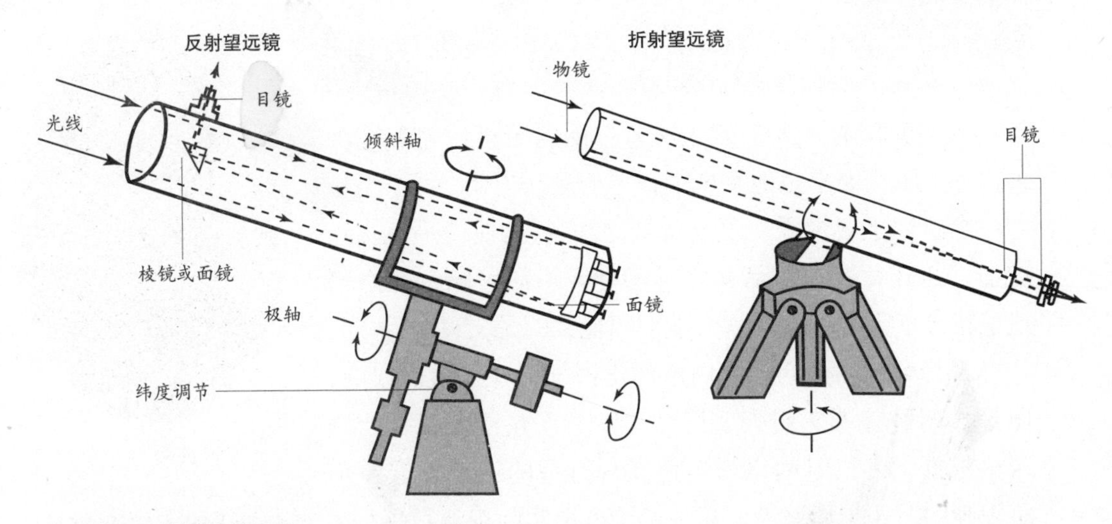

↑两种不同类型的望远镜

的清晰，好像一下子被拉到了眼前，李普希为此惊讶不已。消息不胫而走，没过几天，整个小城几乎人手一副镜片看看这儿，望望那儿，好像人人都成了科研工作者似的。

极富商业头脑的李普希比一般人想得更远。他找来一根长约 15 厘米，直径约为 3 厘米的金属管，又做了两块口径相当的凸透镜和凹透镜，一前一后固定在金属管两端。一副简陋的望远镜制成了。李普希想，这一定是件新奇的玩具，细心地他还为此申请了专利保护。

在他申请专利时，引起了荷兰政府的注意。这群正在谋求海上霸权的野心家可没有把这项发明仅仅看作是一件玩具。他们在批准李普希专利权的同时，就责成他为海军赶制一批更为方便实用的双筒望远镜。这可是一笔不小的订单，李普希欣然受命。最初的折射式望远镜就这样诞生了，并且很快投入到应用的领域。

从此以后，荷兰人像得到一件法宝一般，对于望远镜的制作工艺严格保密。可世界上哪有不透风的墙？更何况望远镜原理简单，而用途又如此之大。首先是意大利的那位天文怪才伽利略，他在望远镜发明的第二年就照猫画虎地制造了一部天文望远镜。开始是 3 倍的，后几经改进倍率达到 30 倍。伽利略用它来观察了月球的表面和木星的卫星，在天文观测领域又迈进了一步。60 年以后，牛顿又在折射式望远镜基础上制成了第一架反射式望远镜。之后望远镜不断发展，现在的射电天文望远镜能看到 200 亿光年外的宇宙空间甚至更远。

总之，望远镜的问世，使人们真正拥有了一双仰望太空的“千里眼”。同时。望远镜也大大开阔了人们的视野。

开普勒和行星运动

↑开普勒

开普勒作为“天空的立法者”闻名于世，他怎能为天空立法呢？原来是他发现了行星的运动规律。

命运似乎要捉弄一下这位“立法者”，使他一生贫病交加。而开普勒却对命运之神的嘲弄不屑一顾，死心踏地地跟定了天文学，尽管大学期间他读的是文科。

开普勒开始热心于哥白尼的学说，但并不迷信权威，而是长期坚持天文观察、记录、思考，并仔细演算观测所得数据。一段时间以后，他发现行星的运动好像并不是规则的匀速圆周运动。这一结论根据实际观测数据得出的，他决心弄个究竟。

开普勒是公认的数学天才。在解决行星轨道问题时，他首先想到是数学。而在这方面，古希腊人早就有过关于天体轨道正多面体的猜想。开普勒循着这个思路发现，在包容土星轨道的天球中内接正六面体，木星的轨道恰好外切于这个六面体。其他的行星如土星、火星的轨道都具有类似的特点，只是内接的多面体形状不同罢了。他将这一思路充分展开，又进一步加工整理后写成《神秘的宇宙》一书。这本书虽然仅是对天文学的初探，略显幼稚，却展现了作者天文学方面的天赋和潜力。当时著名的天文学家第谷看到了这一点，主动邀请这个年轻人做自己的助手。

自从来到了第谷主持的布拉格天文台之后，师徒二人相得益彰，共同开展了许多研究项目。可不久第谷便辞世了。所幸的是第谷临终向鲁道夫二世推荐了开普勒，使他得以继续在天文台工作。开普勒在第谷奠定的基础上继续探索行星的轨道。他渐渐发现，要测定行星的轨道只靠太阳和行星本身的位置是不够的，有必要找到第3个点作为参考点。他选定的这个点是火星，而火星的公转周期为1.8年。开普勒根据对太阳与

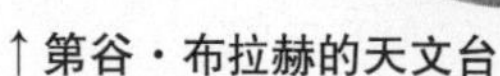

↑第谷·布拉赫的天文台

作为开普勒的老师，第谷是望远镜发明以前最伟大的天文学家。他在丹麦国王腓特烈二世所赐予的文岛上建立天文台，以精确地观察星际，所用观察工具是金属六分仪和四分仪。

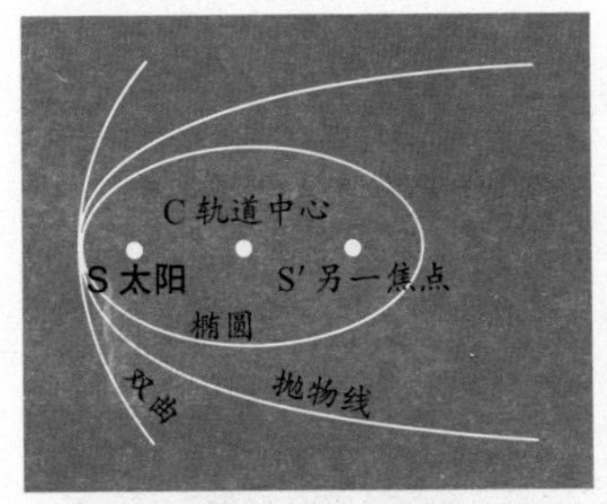

↑天体力学中的开普勒第一定律

开普勒第一行星运动定律：各行星的轨道是椭圆，太阳位于其中一个焦点上，另一个焦点上空无一物。

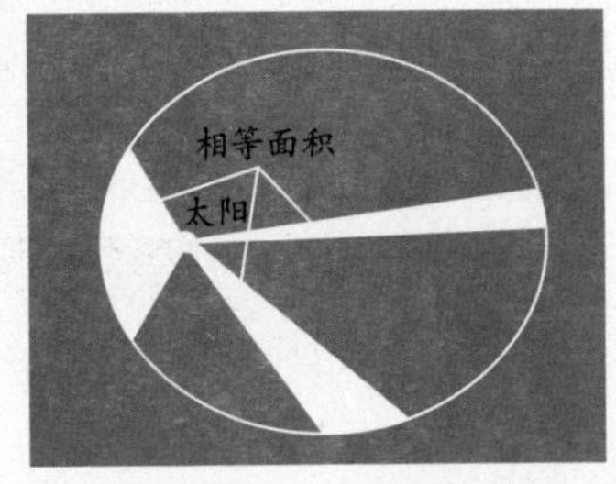

↑天体力学中的开普勒第二定律

开普勒第二定律：行星绕日运行时，行星对日连线在相等进间内扫过相等面积。

开普勒第三定律：行星公转周期的平方与它距太阳距离的立方成正比。

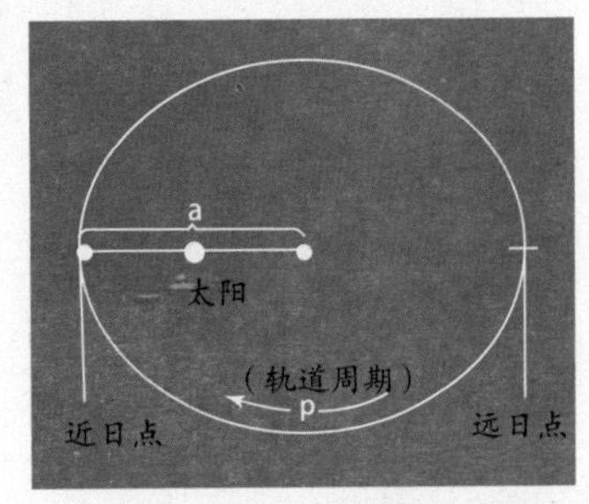

↑天体力学中的开普勒第三定律

火星的位置变幻规律，运用三角定点原理把地球的轨道勾勒了出来。接着他又借助关于地球的资料，描绘了其他行星包括火星的运行状况。开普勒在综合分析了所有这些行星的轨道特点后发现：行星的运行轨道不是正圆，而是椭圆形；其运动速度也不是匀速，而是跟到太阳的距离有关。在他 1609 年出版的《新天文学》一书中给出了两个行星运行定律。

开普勒第一定律：所有的行星都分别在大小不同的椭圆轨道上围绕太阳运动，太阳在这些椭圆的一个焦点上。这一定律指出了行星一切可能的位置，这些位置的集合便形成了其轨道线。开普勒第二定律：行星与太阳的连线在相等的时间里扫过相等的面积。该定律归纳了行星运行中速率改变的规律。根据这一定律，我们可以测定各个时刻行星所处的确切位置。开普勒于 1619 年又出版《宇宙谐和论》，这本书中他给出了第三定律：行星公转周期的平方与它距太阳距离的立方成正比。

知识档案

《宇宙和谐论》

《宇宙和谐论》是开普勒晚期的重要著作。全书分为5卷，255页。该书的第一卷讲了多边形的几何学，他曾用多边形诠释行星轨道，不过在此仅仅从其结构的角度进行了剖析。第二、三卷，研究对象从多边形过渡到了多面体，着重分析了多面体占据空间的大小与相应多边形面积的关系问题。第四卷，则带有明显的占星术色彩。在这一卷中他写到，黄道是人类灵魂的投影。每当黄道上出现圣物……人类的灵魂就会产生一些兴奋点，每个人出生时行星的位置排列特点都将影响其一生。第五卷他才又回到唯物的天文科学中，这一卷中集中讨论了行星运行过程中距离、速度、偏心率等问题。著名的开普勒第三定律也在这一卷给出。

开普勒的《宇宙和谐论》不仅是一部自然科学著作，它在哲学上强调宇宙、人类社会应保持和谐稳定的观念也有很积极的社会意义。

各类天文观测仪器与天文台

观测仪器

圭表

圭表也叫土圭，是我国古代用来测量日影长度以定方向、节气和时刻的天文仪器。包括两部分：表是直立的标杆；圭是水平横卧的尺。表放在圭的南端，并与圭相垂直。利用圭表可以方便地测出日影长度。日积月累记录，就可以求出回归年的数值。现陈列在紫金山天文台的圭表是明正统年间（1437 ~ 1442 年）所造。

↑这个中世纪的壁钟本质上是一个安装在墙上的日晷。日晷纤细的金属指示针投影在外围刻度上的投影指示着时间。图上指示的时间是刚过正午。

日晷

日晷是在圭表基础上发展起来的我国古代测时仪器。由晷盘和晷针组成。晷盘是一个有刻度的盘，中央装有一根与盘面垂直的晷针。中国的日晷独具特色，晷盘为平行于赤道面，倾斜安放的圆盘。晷针为指向正南方向的金属针。针影随太阳运转而移动，刻度盘上的不同位置表示不同的时刻。按晷面的不同放置，日晷可以分为地平日晷、赤道日晷、立晷、斜晷等。其中最常见的是前两种。

漏壶

漏壶是古代计时的器具，用铜制成，分为播水壶、受水壶两部。播水壶有二至四层，均有小孔，可以滴水，最后流入受水壶。受水壶里有立箭，箭上划分一百刻，箭随蓄水逐渐上升，露出刻数，用以表示时间。

浑仪

浑仪也叫浑天仪，是中国古代测定天体位置的一种仪器。仪器的支架上固定两个互相垂直的地平圈与子午圈，还有若干个与地轴平行转动的圈，分别代表赤道、黄道、时圈、黄经圈等。在转动的圈上，附有绕中心旋转的窥管，用以观测天体。

简仪

简仪是中国古代测量天体坐标的一种仪器，由元代王恂、郭守敬创制。它由赤道经纬仪，地平经纬仪和日晷3种仪器组成。现陈列在紫金山天文台的简仪，为明正统年间（1436 ~ 1442年）所造。

星盘

星盘是测量天体的仪器。即一个刻有度数的圆盘，圆盘上通过中心有一个可以旋转的窥管。使用时将星盘垂直悬挂，观测者通过窥管对准天体，便可以从圆盘周界上的刻度得到观测天体的高度。18世纪以后星盘被六分仪代替。

←占星盘由古希腊天文学家发明，被用来测量天体的仰角（以角度来确定高度的参数）。阿拉伯人后来又改进了该仪器。上图是一个19世纪的占星盘样品。

六分仪

航海家常常使用六分仪测量太阳或夜空中某恒星与水平线的角度，再根据特定的星表将角度转化成航海者所处纬度——赤道以南或以北的角距离。分度镜（事实上为反射镜）将太阳光线反射至第二块反射镜，即水平镜上。事实上，水平镜为半反射镜，可以将光线反射入望远镜并进入海员眼中。而遮光镜的作用则是为了降低光线亮度，防止其对眼睛造成伤害。海员可以在水平面上透过水平线未镀银的那半面观察，调整分度镜角度，使得太阳的像位于水平面上。此时可根据六分仪分度弧上的刻度得知太阳与水平线的角度。

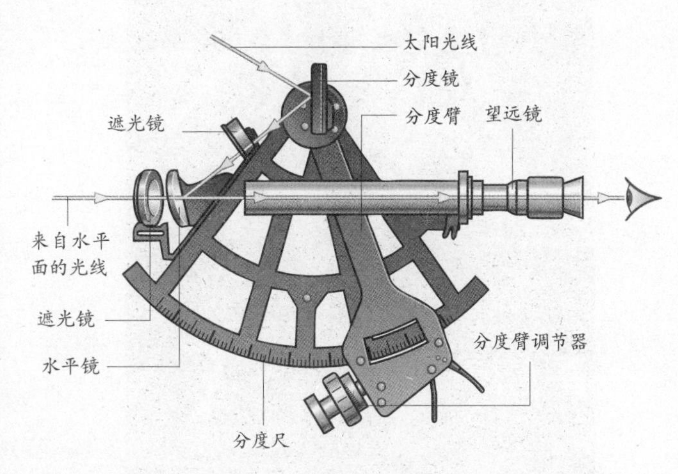

射电干涉仪

射电天文学家利用地球在其地轴上每日的旋转带动小型射电望远镜的方法，

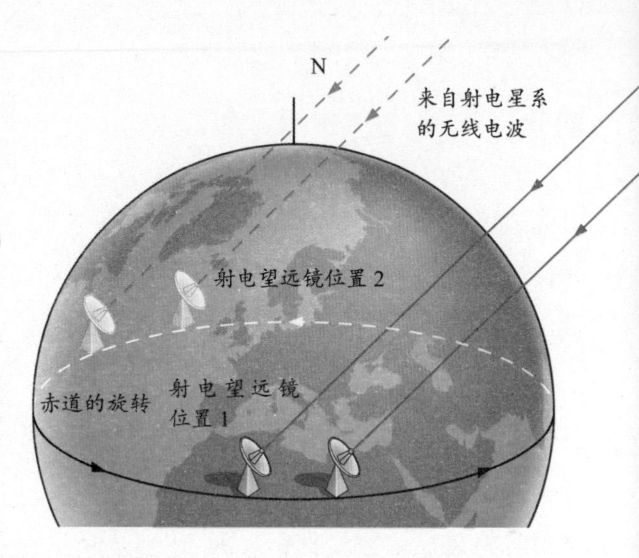

取得了与巨型射电天文望远镜相当的分辨率和灵敏度。从安装在赤道上相隔 12 个时区的射电望远镜上（位置 1 和位置 2）与从直径为 12760 千米（地球的直径）的望远镜上获得的信息是相同的。两个装置收集的射电信号传递给电脑整合。借助此项技术，天文学家就可以研究射电星系（大概是从位于星系自身两侧的一对巨大的射电旁瓣发射无线电波的星系）的结构。有些星系的旁瓣跨径可达 1600 万光年，或者相当于整个“普通”星系（比如我们的银河系）那么大。它们是最大的已知天体结构之一。

↑组成欧洲南方天文台的超大望远镜（VLT）的四台望远镜之一的独立望远镜的组装已接近完成。每个单元中的镜片都由单块直径为 8.2 米的薄玻璃片构成，并且由计算机控制的支撑臂保持着镜片的准确形状。

巨型望远镜

在 20 世纪末，天文学家和工程师发现了建造巨型光学望远镜的新技术。半个世纪以来，似乎望远镜的主镜直径大小被限制在了最大为 4 ~ 5 米的范围内。更大的玻璃镜片会太过沉重，并且会由于昼夜温差变化导致的膨胀收缩变得不稳定。

被称为电荷耦合装置（CCDs）的新型电子光探测设备可以从某些方面弥补光学望远镜的不足。普通的摄影胶片一直被用来记录天体图像，但胶片只能记录到达其表面的很少一部分光线，而 CCDS 能够记录落在它表面的超过 90% 的光线。

此后，在对绕开镜片尺寸限制的尝试中，凯克望远镜使用由 36 片六角形片组成的镜片建造而成。接下来取得了重要的进展：在计算机控制下发展了可移

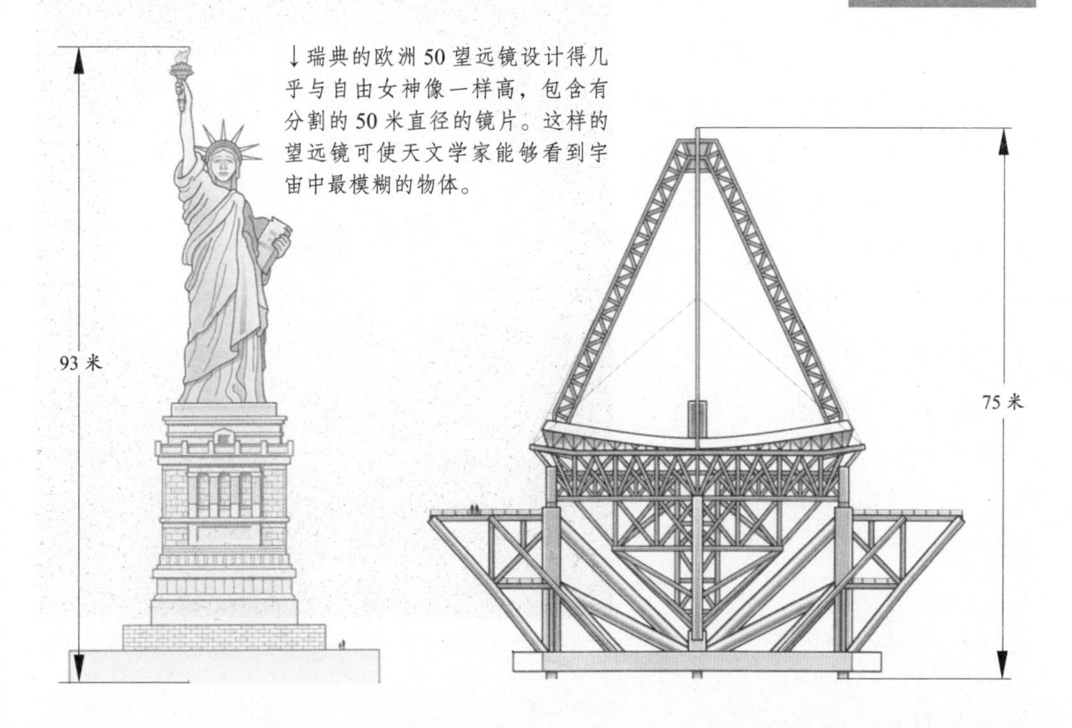

↓瑞典的欧洲50望远镜设计得几乎与自由女神像一样高，包含有分割的50米直径的镜片。这样的望远镜可使天文学家能够看到宇宙中最模糊的物体。

动支撑系统，能利用精确的结构固定薄且轻的镜片。这个进步使得建造8米级望远镜，如日本的昴星团望远镜和多国合作建造的双子座望远镜等，成为可能。

目前为止建造的最大望远镜是欧洲南方天文台（ESO）的超大望远镜（VLT），它是由位于智利阿塔卡马沙漠的4台8.2米的望远镜组成的。这些望远镜被称为Antu（太阳）、Kueyen（月亮）、Melipal（南十字座）和Yepun（金星），这些名字都是来自由智利土著所使用的古代马普切语言中的天文名词。这四架望远镜可以单独使用，也可以联合在一起使用。在最简单的操作模式中，来自望远镜的光线能够被结合在一起，提供相当于16米望远镜的观测能力，这使得超大望远镜成为世界上最大的望远镜。但它的建造仍在继续，以使VLT能够通过与多射电望远镜一样的方式，更加精确地结合收到的光线。这将使VLT通过综合孔径技术能

↓凯克双子望远镜位于大夏威夷岛上的死火山——莫纳克亚山的山顶。每架望远镜的镜片直径都达到了10米，由36块六角形镜片镶嵌组成。这两架望远镜能够用来观察同一个天体，以模拟一架更大的望远镜的效果。

够看到更多的细节，其中，每个单独的望远镜作为更大的假设收集面中的一小部分。为了达到这个目标，精确的过程控制和信号组合是必须的。在夏威夷的凯克分割望远镜是一个双子结构，并计划连上较小的望远镜，从而使它也能实现综合孔径功能。

↑制造一块很大的镜片必须缓慢而精准地进行。双子座望远镜之一的8米镜片就是用打磨机打磨而成的。打磨造成的环形图案能在特定的光下看到。它们将镜片打磨到了1微米以下级别的精度。

依靠建造这些现代巨型望远镜获得的经验，天文学家正在思考着下一代技术的革命：现在有许多所谓的ELT，也就是极大望远镜的设计方案；欧洲南方天文台提出的概念是绝大望远镜（OWL），是具有直径超过100米主镜的单独望远镜。

全世界的天文学设计小组都在设计关于ELT的蓝图，大多数都以一个更为适中的直径——30 ~ 50米镜片——作为目标，但所有想法都是基于像凯克望远镜这样的分割镜片技术。他们旨在改进并扩展计算机主动控制镜片的能力，使传感器能够发现由大气层引起的星光扭曲，并用弯曲镜片补偿这些偏差。这项被称为自适应光学和自然原型系统的技术现在正广泛地应用在全世界许多望远镜上。然而，这一旨在完美校正星光并提供宇宙的景象的新系统需要将望远镜发射到太空中，以摆脱大气层的干扰。

非光学望远镜

不是所有的望远镜都被设计成观测发射光线的物体的。可见光区域只是整个电磁波谱中很小的一部分，从其他波长上观测宇宙为我们打开了一扇了解宇宙的新窗口。然而，不是所有其他波长的电磁辐射都能够到达地球的表面，它们中的大部分都被地球的大气层阻挡，因此在很多情况下，辐射必须由环绕地球的卫星来收集。

太空中的望远镜同样能够持续观测而不被日光和云层所阻碍。它们最大的缺点是难以养护，所以对设备的可靠性要求很高。1990年美国发射的哈勃太空望远镜已经由宇宙飞船上的宇航人员多次升级，以保持它的最佳状态。该望远镜收集辐射中的光子来形成图像，并将它们转换为电信号传送回地球进行分析。

电磁辐射中的短波占据了伽马射线和X射线所处的高能量部分，这需要非同一般的望远镜才能观察到。它们能够被掠入射光望远镜聚焦，这是因为伽马射线和X射线能量很高，以至于大多数光子能够笔直地穿过常用的用以反射或聚焦射线的镜片。掠入射光望远镜镜面不采用抛物面形，镜片向上延伸成圆柱形，从而光子能以很小的角度入射到镜面，然后这些高能射线被逐渐地反射并聚焦。掠入射光望远镜通常由多个具有不同半径的圆柱状望远镜组合在一起以提高其性能。

编码掩模成像是一项新技术，它使用高能光子投射形成阴影，从而计算机可以构造出天空的图像。

比那些光和红外线波长更长的光被无线电波区域的光谱所占据。无线电波通常能不怎么被扭曲地到达地球表面，辐射被大量的地面碟形天线和互相连接的碟形天线系统——

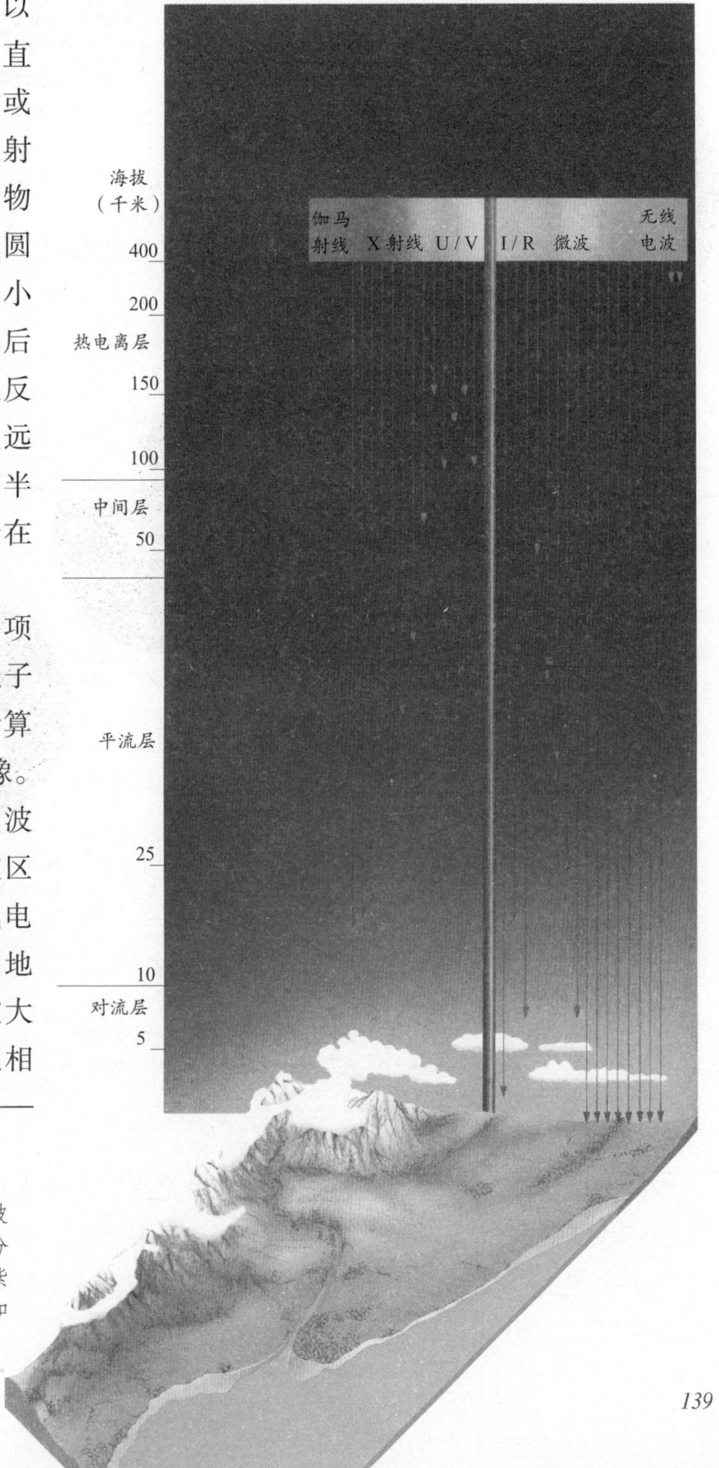

→除可见光外，大部分辐射都被地球的大气层阻挡住了。气体分子吸收了几乎所有的红外线，紫外线被臭氧层所吸收。X射线和伽马射线不能穿过平流层。

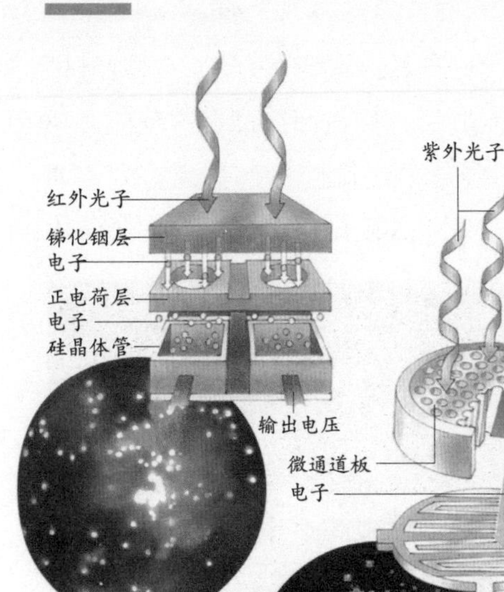

↑无线电波是少数几种能够穿透地球的大气层辐射之一，射电望远镜就利用这个性质收集无线电射线。

↑电磁波谱的红外区图像为图1，紫外区为图2，X射线区为图3，伽马射线区为图4，它们都是由地球大气层外旋转的卫星运载望远镜记录下的。红外探测器包括了超过500像素（图片元素）的半导体阵列，会产生细微的电流，通过计算机被转化成图像。

↑在紫外线检测器中，进入的射线通过感光材料，光子撞击感光材料时产生电子。电子被平行电极收集，再由计算机分析它们的数量并生成图像。

↑X射线检测器包含了一个充满气体的腔室，它包含了位于一对低压阴极之间的高电压阳极栅极。进入的X射线撞击从气体原子产生的高速电子，释放出比从阳极上收集的更多的电子。从阳极到阴极的信号显示出X射线的初始位置，所以进入的所有射线的图像能够被逐渐地绘制出来。

↑伽马射线也是利用充满气体的腔室探测的。进入的射线经过一系列由钨板制成的狭窄的火花室，并转化为正负电子对。两个粒子在撞击闪烁体前穿过更宽的火花室，发出闪光引发了电子的释放，并通过光电倍增管测量到。这个测量结果表示出原始的伽马射线的能量并被用来构建成图像。

干涉计所接收。

在干涉计中，两个或更多碟形天线联合观测同一个源。干涉计是一种功能强大的设备，在最简单的干涉计中，两个射电望远镜被隔开一定距离，这个距离被称为基线，两个望远镜都指向同一个天文源。来自源的无线电波到达其中一个望远镜的距离会比到达另一个望远镜的距离稍稍远一些。当信号被计算机合并时，它们不是完全吻合的，将产生干涉的图样。天文学家能够利用这个图样来构建他们所观察的物体的图像。基线越长，能够看到的细节也就越多。

天文台

天文馆

天文馆是专门从事传播天文知识及其科学研究的场所。世界上第一座天文馆于 1923 年在德国的慕尼黑建立。中国第一座天文馆于 1957 年在北京建立。

观象台

观象台是中国古代用来观测天象的台子，也是早期的天文台。古代帝王在这里祭天，同时还任命专职人员在这里观测天象，占卜吉凶，编制历书进行授时。

天文台

天文台是从事天文观测和研究的场所。为减少地球大气干扰，多建造在山上。台中有各种天文望远镜，安装在圆顶室内，用以观测天体。也有各种测量仪器和电子计算机，用以分析观测资料。近年来，为了克服地球大气对紫外线、X 射线、γ 射线的部分红外辐射的吸收，发射了围绕地球运行的轨道天文台和轨道空间站，其中有的可载人观测。天文台利用观测结果，编制各种星表和历书，进行授时，并对天体的分布、运动、结构、物理特性、化学组成和演化等进行研究。

↑汉密尔顿山上的李克天文台是世界上第一个山顶天文观测站。

天文圆顶室

天文圆顶室是天文台的标志，是天文台的主体建筑。圆堡的顶部有一个长长的天窗，用时打开，不用时关上，还可以随意转动，使望远镜对准天空中任何一个方位。为了防止室内昼夜温差大，圆堡的外面都涂了一层银粉漆，可以反射阳光。

中外天文学家

张衡

↑张衡塑像

78年，张衡出生于一个官僚家庭。他熟读儒家经典，十六七岁时就开始到外地游学，“游于三辅，因入京师，观太学，遂通五经，贯六艺”，终成一代文化伟人。

张衡一生为官清廉公正，不与权奸同流合污，所以仕途并不顺利。他曾因上书建议裁抑宦官权臣，而遭到奸佞联合弹劾，被贬为河间太守。111年，张衡被调回京师担任尚书一职，他因此接触到更多的黑暗与腐败，对社会深感悲愤与失望。于是，他专心致志，从事科学研究，取得了累累硕果。

张衡最杰出的成就是在天文方面，他继承和发展了浑天说，撰写了两部重要的天文学著作《灵宪》和《浑天仪图注》，在论著中他首次提出宇宙无限的观点，阐述了天地的形成、结构和日月星辰的运动本质，对月亮的盈缺和月蚀做出了科学的解释。117年，张衡根据浑天学说制成了世界上最早使用水力转动的浑天仪。张衡创制的浑天仪是世界上第一架能够比较准确地观测天象的浑天仪，是划时代的伟大创造，推动了中国天文事业的发展。1092年，苏颂和韩公廉在他的启发下，创制了世界上最早的天文钟，这是中国古代最雄伟、最复杂的水运仪象台。

↑浑天仪（模型）

在地震学上，张衡发明了世界第一台地震仪——候风地动仪，这是张衡在浑天仪之外的另一个不朽的创造。地动仪全由青铜铸成，像一个大酒坛。周围铸有8条龙，头下尾上，按照东、南、西、北、东南、东北、西南、西北的方向排列着。龙头和仪器内部的机关相连，每条龙嘴里都含着一颗铜球。8个龙头下，蹲着8只张着嘴的铜蟾蜍。地动仪内部有一根大铜柱，叫作都柱，都柱上粗下细，能够摇摆。都柱旁有8条通道，通道内安有机关，叫作牙机。一旦发生地震，都柱就会向地震的方向倾斜，触动通道中的牙机，而那个方向的龙头，就会张开嘴巴，吐出铜球，落在下面的蟾蜍嘴中，发出声响。据此，人们就可以知道地震的时间和方位。138年，张衡利用地动仪准确测出发生在距洛阳千里外甘南地区发生的地震，证实了地动仪的科学性。

张衡的地动仪，在当时是一项遥遥领先于世界的伟大发明，直到1700年后，欧洲才制造出原理基本相似的地震仪器。

在气象领域，张衡还发明了类似国外的风信鸡的气象仪器——候风仪，比西方的风信鸡要早1000多年。

除了天文，在其他很多领域张衡都颇有建树，他发明过指南车、会飞的木雕、水力推动的活动日历等机械仪器；写过一部数学专著《算罔论》，还计算出圆周率是3.1622，在1800年前，能有这样精密的计算，着实让人惊叹；张衡还研究过地理学，他绘制的地图流传了几百年；他还是东汉六大画家之一；在文学领域，他创作的《二京赋》把汉大赋推向了一个高峰，被誉为“长编之极轨”，在中国文学史上占有重要地位。他写的抒情小赋《温泉赋》、《归田赋》等也极富文采。张衡的新体七言诗《四愁诗》，也是脍炙人口的传世之作。

中国科学院第一任院长郭沫若先生评价张衡：“如此全面发展之人物，在世界史中亦所罕见。”“万祀千龄，令人敬仰。”

知识档案

张衡的天平

阎罗王知道张衡很有智慧，就问张衡有没有方法甄别到地府来的官是清正还是贪鄙。

张衡就给了他一架特制的天平，天平一头的盘子极其巨大，另一头却很小。

“这天平怎么用？”阎罗王问。

张衡对阎罗王说：“你把他的乌纱帽作为砝码放在小盘子上，他所管辖范围的老百姓就立即被摄入了另一头的大盘子里。如果放乌纱帽的一头比装百姓的那头重，那官一定是个坏官；反之，那官就比较好。”

张衡再三叮嘱阎罗王：“在有官需要考核之前，请你自己千万别去动它！”

天平在阎罗王那里放了一晚。

第二天，阎罗王告诉张衡：“你的天平不好，我已经下令拆掉了。”

张衡说，“你认为它不好，肯定是你把自己的乌纱帽在上面试了一下。”

↑地动仪（模型）

祖冲之

429年，祖冲之出生在建康（今南京）。祖冲之的祖籍是河北范阳，西晋末年迁居到江南。南朝刘宋王朝时，祖冲之做过徐州刺史刘子鸾的从事，后来又担任他府中的公府参军，刘子鸾被杀后，祖冲之被调到娄县去做了县令。刘宋孝武帝时，祖冲之曾在华林学省学习，在这里，他进行了很多科学研究。南齐发生内乱时，祖冲之在给齐明帝的上书《安边论》中建议朝廷开垦荒地，发展农业，安定民生，巩固边防。齐明帝深受震动，并打算派祖冲之前往各地巡查，但还未成行时，祖冲之就去世了。

↑祖冲之像

祖冲之一生对仕途并不热衷，他的主要兴趣是在学问研究上，不论是自然科学、文学还是哲学，他都很喜欢，对数学、天文和机械制造尤其钟爱。在数学领域，祖冲之最光辉的成就是精确推算了圆周率，他推算出圆周率的值在3.1415926和3.1415927之间。它的“约率”为22/7，“密率”为355/113。这是当时世界上最精确的圆周率值。直到1357年，欧洲才有一个德国数学家推算出这个数值。所以，圆周率值也被称为“祖率”。他的数学专著《缀术》，影响极大，一直到唐朝还是官办学校必修的数学课程，考试题目也大多出自其中，可惜这部书到北宋中期竟然失传了。

在天文历法方面，祖冲之经过长期的观察研究，取得了一些创造性的成就。首先是改革闰法，中国历法采用阴阳合历，阴历与阳历年的时间并不相等，为改变这一现状，古人采用在阴历年置闰的方法解决，祖冲之时代，历法为17年9闰，并不准确，祖冲之通过研究，提出每391年应该有144个闰年，这种方法更为精确，也是最先进的。祖冲之还推算出岁差是每45年11个月后退1度，而且在制订历法时，使用了岁差理论，这在天文历法史上是一个创举。他根据自己的研究成果编制了当时最科学、最进步的历法——《大明历》，但是这部历法在祖冲之去世10年后才被正式使用。祖冲之还发明制造了水碓磨、指南车、欹器等，有的发明至今还被人们使用。在哲学领域，他曾著有《易义》、《老子义》，还注释过《论语》、《孝经》、《楚辞·九章》等。

祖冲之“搜炼古今”，但是绝不“虚推古人”。在吸取古籍文献中精华的同时，他对前人的研究成果中的错误和不足也予以纠正补充。

郭守敬

郭守敬的祖父是金元之际学者，精通五经，熟知天文历算，擅长水利工程。在祖父熏陶下，郭守敬从小就对科学有着浓厚的兴趣。他是 13 世纪世界上有突出成就和发明创造最多的科学家之一，他不仅在天文、历算和水利工程方面成绩卓著，在地理、数学和机械工程方面也有重要的贡献。他的名字被国际天文学会用来命名月球上的一座环形山，所以，著名科学家茅以升说："郭守敬不仅在地上闻名，而且还在天上闻名。"

↑郭守敬像

1276 年，元世祖灭南宋迁都大都后，决定改旧历，颁行元代自己的历法，郭守敬参加了修订新历的工作。在准备工作中，郭守敬重新创制一套精密的仪器，他改进了圭表，解决了观测困难，减少了观测结果的误差。他还改变了浑天仪的基本结构，比原来的浑天仪简单且实用，所以叫作简仪。它可以同时测量天体的地平方位和高度。他创造的简仪等天文仪器比西方类似的发明早了几个世纪，不仅在当时是最先进的，而且一直沿用到明清时期，对中国天文历法的发展作出了卓越的贡献。郭守敬用他创造的简仪对黄道和赤道交角、黄道和二十八宿的距度进行了精密测定，这两项观测成果，对编订新历有重大的意义。

1278 年，郭守敬在大都设计建造了太史院和观天台，还主持了东起朝鲜半岛，西至四川、云南和河西走廊，南及南中国海，北尽西伯利亚，南北跨度 5000 多公里，东西行程 2500 多公里的大规模的"四海测量"活动。郭守敬精密的天文测量，为创定新历提供了精确的天文实测数据。1281 年，《授时历》在全国颁行。《授时历》所定一年周期为 365.2425 天，与现行公历几乎相同，但却比西方现行的公历早了几百年。《授时历》一直使用到明朝末年，还东传到日本和朝鲜。

↓浑仪
原由郭守敬设计制造，明代仿制，现在南京紫金山天文台。

在水利方面，郭守敬也取得了很大的成就。1260年，郭守敬帮助大名路长官张文谦到各地勘测地形，筹划水利工程。1262年，经张文谦推荐，郭守敬向元世祖忽必烈提出了6条水利方面的建议，被元世祖任命为提举诸路河渠，后来又提升为银符副河渠使。1264年，郭守敬在西夏修复水利工程，9万多公顷的良田得到了灌溉。完成修渠工程后，郭守敬又去探求黄河的发源地，是中国历史上第一个以科学考察为目的，探求黄河源头的人。为了解决大都的粮食供应，沟通南方与北方的经济交流，元世祖决定疏通淤塞已久的大运河，并开凿从天津到大都的水上通道，由郭守敬负责设计督修。1291年，郭守敬提出把昌平神山（今凤凰山）的白浮泉水引入瓮山泊（今昆明湖的前身），并沿途拦截所有从西向东流入清河、沙河的泉水，汇合到积水潭，作为运河的水源。1292年8月的一天，在郭守敬的主持下，开河工程正式动工了。1293年秋天，这条从神山一直到通州高丽庄，全程80多公里的运河工程全部竣工。

> **知识档案**
>
> **郭守敬纪念馆**
>
> 郭守敬纪念馆在西海北沿汇通祠内，1988年10月建成开馆。汇通祠始建于元代，最初名镇水观音庵，郭守敬曾长期在此主持全国水系的水利建设设计，乾隆年间重修，改名汇通祠。1986年复建。纪念馆分三个展厅，展示了我国元代天文学家和水利学家郭守敬的生平功绩。
>
> 该建筑造型得体，格调素雅，步入园中，小径曲折蜿蜒，假山错落有致，登高可见清水悠悠，小桥卧波，林阴掩映，景致十分优美。

郭守敬设计主持的水利工程，促进了南北航运，改善了农业灌溉，不仅在当时起了促进生产贸易的作用，而且惠及后世。特别是通惠河的开通，使京杭大运河畅通无阻，大大加强了南北物资的交流。当时的大都城商船云集，成为当时世界上最繁华的大都市。他的水利设计的先进思想和措施，对后人也有很大的启发。

元政府从郭守敬这里开了一个先例，以后的太史令和其他负责天文的官员，一律不许退休。郭守敬一直留任到他86岁去世。

↓郭守敬纪念馆

希帕恰斯

希帕恰斯其人及成就

当希帕恰斯大约于公元前 200 年降临人世时，天文学已经发展成为一门著名的古代科学。尽管他生前曾经名闻遐迩，逝世后其肖像还被雕刻在罗马硬币上，但关于他的生平我们知之甚少。据考证，他的出生地可能是在比西尼亚的尼西亚（Nicaea），即现在土耳其的伊兹尼克。希帕恰斯从青年时期就开始整理汇编当地的天气记录，并尝试着探索季节性气候和特殊星体升降之间的联系。他一生中的大部分时间基本上都在希腊罗德岛度过，这里离埃及的亚历山大很近，他对天文学的研究也主要在这里开展。托勒密在著作中曾提及希帕恰斯在罗德岛上对行星开展了大量的观测工作。大约公元前 126 年，希帕恰斯在罗德岛与世长辞。现在我们对他的了解更多是来自于间接的资料，它们的可信度仍然无法得到核实。

希帕恰斯在天文学方面的研究著作广泛而丰富，他还为此专门编写了一部目录手册，可惜经过历史动荡多已散失，现在仅流传下一本对当时流传甚广的《物象》的评论。《物象》是一部描述天文星象的长诗，对研究古代的天文学和气象学具有极大价值，由亚历山大学者阿拉托斯和欧多克索斯编写。尽管这部评论与希帕恰斯的天文学研究成果毫不相干，但从他对诗中描述星群时的部分错误的严厉批评中，我们可以看出他严谨得近乎苛刻的科学态度。希帕恰斯在托勒密的书中被描述成“真理的情人”，假如希帕恰斯真的如此严谨和公正，那么他对自己的要求实在是非常严苛，一旦有了新的发现，他便会随时修正自己的观点。

工作中的希帕恰斯

不可否认，希帕恰斯是一名善于观察的科学家，常常会发现许多新鲜事物。同时，他大量吸取中东地区长久以来对天文学的研究成果，特别是古巴比伦的研究资料，这其中的只言片语蕴藏着波斯帝国废墟下残存的思想光辉。

公元前 134 年，希帕恰斯观测到一个罕见的天文现象，他发现夜空中出现了一颗新星（从未被观测到的一颗恒星）。而直到 1572 年，才由第二位天文学家第谷·布拉赫再次观测到了这颗新星。相传，正是这个异常发现在希帕恰斯脑中燃起了新的念头——将当时已知位置的 850 颗左右的恒星进行分类。这种分类方法被托勒密继承和发展，直到 16 世纪仍然被不少天文学家采用。事实上这种分类方法极其精确，甚至在 1800 年后，天文学家爱德蒙·哈雷把自己的天象图与希帕恰斯的分类进行比较时，惊奇地发现几个世纪以来这些行星位置的变化简直微乎其微。

希帕恰斯还把肉眼可观测到的星星按亮度大小从高到低分为六等。根据他的观测，天狼星是这些星星中最明亮的，因此被定义为一等星，而肉眼可见的最暗星体则是六等星。尽管现今的研究范围在不断扩大和变化，天文学家们还在沿用他的这套方法来区分不同的星体。

但是较原来所针对的范围已经有多扩大，不仅把其他各种天体（如太阳）加进来，而且把那些希帕恰斯肉眼从未见到过的天体也吸收了进来。根据希帕恰斯原先的星球等级划分体制，一等星的亮度大约是六等星亮度的 100 倍左右。现代的星球等级制还把每个星球等级之间的亮度差值定义为绝对数 100，但这种制度最后只能采取负数来表示亮度极高的物体。

希帕恰斯的卓越工作要归功于他极为严谨的科学态度。试想，仅凭当时十分简陋的科学条件，他只靠一双肉眼观察星空以及参阅晦涩难懂的历史记录，却能对天体运行作出如此令人震惊的精确计算，实在令人敬佩。现代人有时会误以为古人对地球在太阳系中的位置一无所知，甚至可能不清楚地球是平的还是圆的，其实希帕恰斯（以及同时代其他希腊天文学家）对此早就有所认识，尽管他的观念并非完全正确。

和同时代的许多科学家一样，希帕恰斯犯了一个最大的错误：他认为地球是静止不动的，太阳、月亮、其他行星以及恒星都围绕着地球转动。在当时，唯有萨摩斯岛的阿里斯塔恰斯正确地认识到地球是围绕太阳运行的。尽管在星体运行方式的判断上犯了错，但由于希帕恰斯的计算精确度很高，因此即使在“恒星不动而地球运动”的正确前提下对他计算的太阳、月亮、恒星的运行轨道等数据进行验证，我们仍会发现这些错误假定下的计算结果与实测数值相差无几。

希帕恰斯的计算

希帕恰斯对天文研究的精确性来源于他熟练的运算能力和严谨的研究态度。据传，他发明了数学运算的分支学科——三角学，这是一门有关三角形计算的学科。此外，他还引入三角学中“弦”的概念，并推导出一套三角运算的弦表。借助这些，他可以更好地推算出地球或其他恒星的大略位置。

希帕恰斯还标注了黄道，这是他若干重要天文学研究成果的理论前提。由于地球绕着太阳公转，因而从地球上观看，太阳每年在以恒星为背景的天空绕行一周。所谓黄道，就是太阳一年中在恒星背景上走过的路线。黄道和地球赤道以一定的角度相交于两个点，分别被称作春分点和秋分点；离太阳最远和最近的点则被称作至点（分别是冬至点和夏至点）。真正引起希帕恰斯兴趣的现象是，无论太阳的运动轨迹看起来多么接近于一个圆，从春分点到夏至点与从秋分点到冬至点经历的时间长短并不相等。为了解决这个难题，他给出了一套数学方法用来计算任意一天太阳的准确路径。

他进一步测量了一年的长度。计算一年时间的方法多种多样，希帕恰斯采用的方法是计算“热带年”，即介于春分点和秋分点之间的一年。希帕恰斯将初步计算的结果与古代运算记录进行比较并作适当修正，由此得到的最终数据仅仅比现代实测结果慢了 6 分钟左右。

↑希帕恰斯不仅绘制出天空中 850 多颗星星的位置图，而且发明了三角法。三角法用于计算三角形各边的长度和内角的度数。

摆动的地球

希帕恰斯最著名的发现是“春分点（秋分点）的岁差”，这是他发挥严谨的科学作风、孜孜不倦所得到的重大成果。当他对春分点（秋分点）的恒星进行时间和位置的计算后，将结果与150年以前的记录进行比较，从中发现黄道附近的恒星位置产生了微小的移动。在考虑了各种可能性后，他得出结论：众星均在由西向东缓慢移动，而每26000年它们将完成一周的运动回归到原位。现代的研究表明，引起这种现象的原因在于地球运转时倾斜方向的变化，我们将其称之为“岁差”，以区别于其他恒星的摆动。然而希帕恰斯在当时就能观察到这一点，我们不得不承认这是一个非凡的发现。

希帕恰斯决定由此出发研究月亮的运行规律，预测日食和月食发生的时间并探索其中的缘由。然而，希帕恰斯在这方面只取得了小小的进展，因为他从来都不接受看似虚无缥缈的理论，坚持只信奉亲眼见到的证据，因此他仅仅计算出月亮和地球之间的距离与地球大小的比值。为了完成这项工作，他还参考了视差现象，即当地球运动时（或者相对于观察者希帕恰斯而言是天空在运动），较近天体相对于较远天体的运动轨迹而言，似乎有微弱的倾斜；并且天体运动速率越快，看起来就离我们越近。希帕恰斯通过这一系列复杂而颇具创新性的假设，比较了发生日食时月球的大小（看起来和太阳一样大）和发生月食时地球在月球表面的阴影大小，计算得到月亮和地球间距大概是地球半径的63倍，实际倍数则应该是60多倍。

现在所知的大多数关于希帕恰斯的信息都来源于第二手资料，如通过托勒密的书籍等途径获知。但是，科学家们于2005年1月发现了一份可以证实希帕恰斯的研究贡献绝非捏造的的确凿证据。尽管在此之前曾出现过能证明希帕恰斯编写过星体分类书籍的资料，但尚未经证实。然而，美国天文学和历史学家布拉德利·谢弗有了新的发现，他注意到位于意大利那不勒斯的法尔内斯博物馆内的一座大理石雕像，该雕像高2.13米，是一件雕刻着巨神阿特拉斯背负着球体天象图的古罗马雕塑。

该雕塑背负的球体浮雕上面有星群图案，看起来像是依照一份星群目录雕刻的一样。对球体上恒星的分布进行细致分析后，谢弗计算出这些恒星的位置应该是约公元前125年的状况，前后误差不超过55年。而这恰恰又是希帕恰斯生活的年代，从而强有力地证实了希帕恰斯确实曾编写过一部星群目录。接下来科学家将进一步比较该星图和《天文学大成》中星图之间的差异。该雕塑还进一步证实，后世将希帕恰斯推崇为古代最伟大的天文学家并非空穴来风。

托勒密

现在对希帕恰斯的了解多数来自于天文学家克罗狄斯·托勒密的著作，他于公元2世纪编写的4部书汇集了古希腊天文学的所有研究成果，其中包括著名的《天文学大成》(阿拉伯语中意为“至大”)。在16世纪以前，这些书籍一直被西方各国和阿拉伯天文学家奉为天体研究的典范，尤其是巨著《天文学大成》更是备受推崇。

↑托勒密

有关托勒密的生平我们同样知之甚少。据考证，他是生活在亚历山大的希腊人，对他的了解仅此而已。幸好托勒密的主要著作都得以保存。

《天文学大成》描述了一套完整的天体运动系统，后人称之为“托勒密系统”。直到16世纪，哥白尼学说颠覆其“地心说”之前，它一直是历代天文学家遵循的准则。托勒密系统所述如下：星系中心是地球，地球周围环绕着一系列呈层叠模式运行的庞大星球，包括恒星、行星、太阳和月球等。此外，书中还描绘了这些星球的升降以及它们在太空中的运行情况。

众所周知，由于地球的自转和公转，行星的运行在地球上的观察者看来并非遵循完美的圆形轨迹。它们仿佛经常会发生逆行，难怪古希腊人会称其为“流浪者”。托勒密系统独创性地提出“本轮”概念。“本轮”指的是以地球为圆心的许多同心圆，它们不仅如巨大的太空时钟般一刻不停地运转，而且最重要的是该系统极为精确，通过它预测行星和恒星的运动由此变得极为便利。难怪即便知道哥白尼指出了它的致命错误（地心说）后，不少天文学家仍然舍不得丢弃它。

托勒密的另一部巨著《地理学》相对《天文学大成》来说，影响更为深远。该书囊括了当时所有已知地区的地图。他的伟大创新在于，将世界地图上8000个地区都标注了各自的经纬度。托勒密还创造了两种方法，用来在平坦的地图上准确表征弯曲地球表面的经纬度。然而从现代科学的视角来看，托勒密对于世界的认知并不比同时代的科学家高明多少，他的地图错误百出，唯有精确的计算方法令人叹服。不过无论如何，这都是当时绘制出的最完美的地图，《地理学》也因此成为1300年来广为奉行的标准地图。

哥白尼

哥白尼出生的时代正是欧洲文艺复兴逐渐繁荣的时期。古希腊和古罗马的经典言论和著作源源不断地从阿拉伯传到欧洲各地，各国思想家们也在从中吸取精华，不断扩充自己的理论。此时，古罗马学者托勒密的巨著《天文学大成》（又名《至大论》）也随之传到各地，其中的宇宙模型得到了广泛的认可。该模型的基本理论如下：地球静止不动地停在宇宙中心，外围环绕着一个看不见的、以地球为核心的水晶球型薄层，而太阳、月球、行星和恒星都分布在这个水晶球内的圆形轨道上。除了恒星外，每个星体都有一个自己独立运行的轨道。

令人遗憾的是，经观察，该系统中唯有恒星的运动轨道符合圆形假设。托勒密为了解释这个现象，引入了两个观点：一是本轮概念，二是等分机理。由此在保证原有假设成立的前提下解释了行星的轨道为什么不是完美的圆形。本轮概念指的是每个星体的小轨道呈“轮轮嵌套”的情况；等分机理则解释了月亮和行星的球心均有微小的偏移地球中心的现象，为区别于地球中心，它们的实际球心被称为等分点。

托勒密地心体系提出的“水晶球”宇宙模型非常实用，它可以帮助天文学家精准地预测太阳，月亮以及当时发现的其他五大行星的运动规律，如水星、金星、火星、木星和土星。15 世纪 90 年代，也就是哥白尼二十几岁时，德国天文学家约翰内斯·缪勒（拉丁文译名“雷纪奥蒙坦”）出版了一本关于托勒密《天文学大成》的摘要，学术界称之为《概要》。在《概要》中，雷纪奥蒙坦指出了托勒密地心体系的唯一缺陷：倘若真如书中所说，月亮球心存在偏移，那么当它运动到离地球较近的轨道时，看起来就会比原来大一些，反之则会小一些。然而，问题在于，实际观测结果并非如此。

↑哥白尼

年轻的哥白尼牧师还发现了“水晶球”模型的另一个缺陷，即该理论的体系太过繁冗复杂，这使得一贯坚持简洁的哥白尼对“地心说”产生了怀疑。他进一步发现，如果把宇宙中心从地球转移到太阳，那么唯一亟待解决的问题就是解释月亮围绕地球旋转的天文现象。尽管作为客观事实的“日心说”（太阳为中心的体系）具有明显的优势，但直到一个多世纪后它才被世人熟知，而人们真正接受它则花费了更长的时间。

米科拉·哥白尼

1473 年 2 月 19 日，哥白尼出生于波兰北部维斯瓦河畔的小城托伦。他的原名为米科拉·哥白尼，到后来他才使用了拉丁文名字尼古拉斯·哥白尼。哥白尼的父亲是一名富商，在他 10 岁时就逝世了，小哥白尼是舅舅卢卡斯·瓦赞尔罗一手带大的。卢卡斯·瓦赞尔罗是主教，他给哥白尼安排了以教会内容为主的课程，希望外甥将来和自己一样可以在教廷觅得一官半职。

20 岁时，哥白尼来到了克拉科夫大学进修艺术，课程包括占星学和天文学。1496 年，他赴意大利博洛尼亚大学求学。在这里，他遇到了对自己一生产生深远影响的占星学家和天文学家福雷朗西斯，他请哥白尼在家中小坐，并向他推荐了雷纪奥蒙坦的《概要》一书。在这位学者的谆谆教诲下，哥白尼坚定了将一生奉献给天文学的决心。1497 年，哥白尼在博洛尼亚第一次观察到了月食现象。

1503 年，哥白尼拿到了教会法博士学位，此时他已经在天文学方面打下坚实的基础，并着手准备研究“日心说”的可能性。他的舅舅为他在波兰的弗龙堡教堂谋了个教士职位，这份工作轻松悠闲，正好为他的天文学研究及其他兼职工作腾出了不少时间。例如，他的医术高明，并在社区担任医生。他还是近代第一个提出劣币淘汰良币理论的经济学家。1519 年，条顿骑士团来犯，哥白尼被要求参军以抵挡敌人的进攻，保卫艾伦斯坦城堡。

提出伟大的观点

闲暇之余，哥白尼利用职务之便继续探索他的天文王国。他把大多数成果都装在脑袋里或记在笔记本上，但有时他还会爬上弗龙堡、艾伦斯坦城堡和海尔斯堡的教堂的屋顶凝望夜空。不过和后来的科学家不同的是，他不喜欢通过观察或实验方式证明自己的观点。

1514 年，哥白尼完成了一本名为《浅说》（又名《天体运动假说》）的著作，这本书叙述了哥白尼关于天体运动学说的基本思想。他少量印刷了《浅说》，并分发给自己的朋友阅读。哥白尼在《浅说》中指出，地球是围绕太阳运动的，恒星距离地球非常遥远，并解释了一系列诸如行星逆行现象之类的天文现象。在托勒密地心体系中，行星逆行现象被解释为轨道之间的迁移，他还引入了“本轮”（指的是以地球为圆心的许多同心圆）的概念，使整个解释过程非常精妙。如果我们设定太阳是宇宙的中心，而地球和行星围绕太阳运动，就可以很容易给出解释，所谓的逆行运动只是由于地球的运动致使我们的观察角度随之变化才产生的错觉。

除此之外，哥白尼还推导出，行星围绕太阳运动的周期和它与太阳之间的距离成正比的关系。如水星距离太阳最近，运动周期是 88 天；金星周期为 225 天；地球周期是 1 年；火星是 1.9 年；木星是 12 年；而土星则需要 30 年。有了这些数据，排列各大行星与太阳的距离就变得很方便了。

保持缄默

哥白尼在《浅说》中表达了他决定将“日心说”理论的研究全面深化的想法，他这样写道，“简单来说，为了得到更全面的研究成果，我打算暂时省略数学例证的步骤。”他笔下所谓的“更全面的研究成果”就是后来的巨著《天体运行论》，然而这部著作却在 26 年后方才出版面世，此时哥白尼已处于弥留之际。之所以耽搁这么久，是因为哥白尼深知当时宗教压迫的严酷，深恐公开出版这样的学说会招致教廷的迫害。也有人推测，是因为哥白尼对自己的理论还不够满意，想要进一步修正它。

勇敢的年轻人

无论真相如何，最终说服哥白尼完成《天体运行论》的功臣是他的学生，这个学生名叫乔尔格·冯·劳肯（又名雷迪卡斯），是来自德国威登堡大学的数学教授。雷迪卡斯来到波兰的弗龙堡，师从哥白尼学习天文知识，他无意中发现了老师突破性的卓越见解后，就极力劝说哥白尼把这些观点整理后公之于世。

1540 年，雷迪卡斯出版丛书引言。《天体运行论》的第一卷是全套书的精华，它阐述了日心学说的各种论据。整件事看起来就像是一出戏：1541 年 6 月 9 日，雷迪卡斯在给朋友的信中写道，他“已经彻底说服哥白尼，将会出版老师的著作”。《天体运行论》终稿于当年 8 月完成，雷迪卡斯联系德国纽伦堡一位有名的出版商约翰尼·皮尔斯确定了相关出版事宜，并中途把监督出版过程的重担交给了路德教会的奥西安德尔。

奥西安德尔或许是出于好意，擅自杜撰了一篇前言，声称书中的理论不一

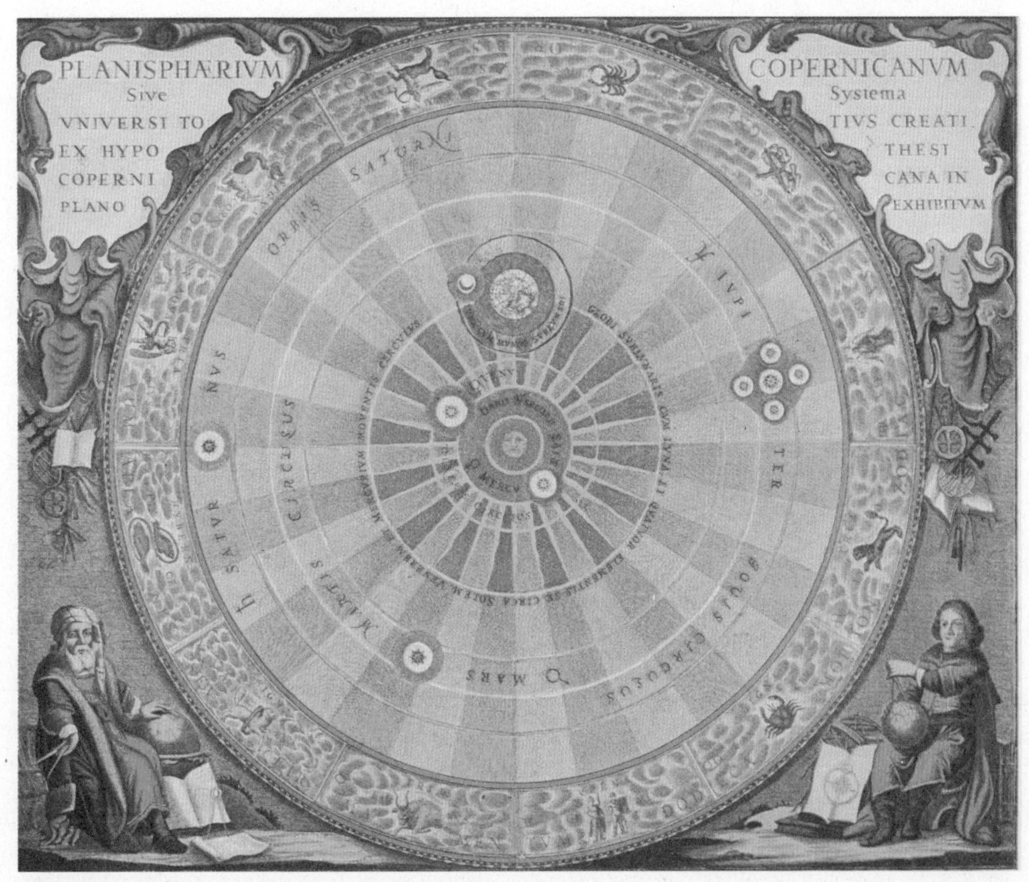

↑图为哥白尼描绘的天体运行图，这是以太阳为中心的行星系统。现在这已得到广泛承认，但在哥白尼所处的时代却是一次科学史上的巨大革命。

定代表行星在太空中的真实运动，只不过是为了编算星历表和预测行星位置而提出的一种人为假设。他甚至还修改了书名，使得它的主题看起来比较不确定。很明显，奥西安德尔非常担心这部书出版后可能会引来的不良后果。当雷迪卡斯惊讶地发觉书中文字被改动时，他愤怒地在书上画上了大大的红叉。

人们无法知道，哥白尼发现奥西安德尔作的变动时会有什么样的反应。1543年，他在书出版后不久就中风逝世了。传说当哥白尼因中风躺在病榻上无法动弹，人们趁他短暂清醒时送来了刚出版的新书，一位年届古稀的老人抚摸着自己的毕生心血安然逝去，我们都衷心地希望这是一个真实的故事。

运动的地球

奥西安德尔的举动是否避免了一场灾祸，现在已经无从知晓。唯一可以肯定的是，最初这本书几乎无人问津，初版的400本书剩下了不少，而且各大教堂也没有要将哥白尼的著作焚毁的意思。事实上，唯有奥西安德尔在杞人忧天并刻意维护。很可能当时几乎没有人会对哥白尼所坚持的观点感兴趣，而那些真正了解其精髓的学者都选择三缄其口，从而避免了一场灾祸。

英国天文学家托马斯·狄更斯就是拥护哥白尼学说的学者之一。1576年，他出版了第一部有关哥白尼日心体系的英语解析论著，并指出太阳系周围的宇宙空间是无限的，其中布满了无数个星体。

著名的丹麦天文学家第谷·布拉赫起初并不同意哥白尼的学说，但他所做的精确观测却使自己的观点逐渐偏向于哥白尼的论点。比如他曾经观测到一颗超新星，并于1572年证实它并非如教会和托勒密所言的是无序或是无变化的。

第谷无法接受哥白尼日心体系的原因之一，在于第谷的观测实在是太细致了，而现代科学证明哥白尼的学说确有其不符合事实之处。关于这一点，我们就要说到第谷的助手约翰·开普勒，开普勒和第谷的不同点在于他完全接受了哥白尼学说，更令人叹为观止的是他高超的数学运算技巧。通过反复精准的计算，他终于找到了将第谷的观察结果和哥白尼的日心体系相融合的方法。开普勒发现，如果行星和地球的运行轨道不是圆形而是椭圆形的，那么哥白尼学说就能完美地解释那些现象了。

开普勒的观点于1619年被整理成册出版发行，书名为《宇宙和谐论》。当时的另一位天文学家乔达诺·布鲁诺却遭到火刑的噩运。由于他是哥白尼学说的坚定捍卫者，同时他坚信狄更斯的观点，认为宇宙不仅是无限的，还是物质的，这一切招致了罗马教廷的愤怒和制裁。最终，他为“危险的天文学观念”付出了沉重的代价。实际上，是宗教法庭给他套上“亵渎神明”的阿里乌派信徒的罪名，并控诉他使用“巫术”，而处死他的。

与此同时，天主教会开始对这场新教派革命进行大规模的迫害。1610年，伽利略用自制的望远镜观察宇宙，为证实哥白尼的学说找到了确凿的证据：他发现木星有4个卫星，金星有盈亏现象等。就在这时，欧洲的天主教中心佛罗伦萨教会开始行动起来，他们将伽利略投进了监狱。

1616年，即《天体运行论》出版73周年后，天主教会对该书下了禁令。同年，罗马的红衣主教把伽利略召来，严禁他继续发表和哥白尼的学说有关的言论。然而，伽利略仍然坚持己见，于是教会以酷刑相胁迫，在教会的长期压制下伽利略最终“放弃了”自己的观点。这场由哥白尼的学说引起的革命席卷了整个欧洲，直到整整200年后，天主教会才解除了对《天体运行论》的禁令。

哈勃

20世纪初，天文学家普遍认为我们的银河星系就是整个宇宙，其横跨距离大概是几千光年。20年代，爱德温·哈勃指出，我们所在的宇宙浩瀚无比，而银河系仅仅是数以万亿的宇宙星系中的一个。他还揭示出宇宙在不断地膨胀，为“创世大爆炸”的宇宙诞生论提供了第一个较为可靠的依据。

早期生涯

哈勃于1889年11月29日出生于美国密苏里州的马什菲尔德市。9岁那年，哈勃全家搬到了美国伊利诺斯州东北部的惠顿（位于芝加哥郊区）。少年时期的哈勃身强体健，是一名出色的运动员，在学校各大运动会中往往能力拔头筹。1906年，他甚至还打破了伊利诺斯州的跳高纪录。

哈勃不仅热衷于体育活动，对科学也表现出极大的热忱。长大后，他在芝加哥大学主修数学和天文学课程。在校期间，他有幸聆听了享誉世界的天文学家乔治·埃勒里·海耳的生平事迹，在深深为之折服的同时立志要在天文学方面有所作为。课余时间，哈勃仍然坚持体育锻炼，并加入了大学篮球队。他还是一位天才拳击手，其拳击技巧精湛，在同龄人中几乎没有敌手，他的教练曾试图说服他转为职业拳击手。幸好，哈勃还是选择坚持自己的天文学理想，婉拒了拳击教练的建议。

由于德智体全面发展，哈勃在学校里的成就非常引人注目，并于1910年获得英国牛津大学颁发的罗氏奖学金。尽管哈勃热爱科学，但父亲却一直希望儿子能成为一名律师，他答应了父亲的临终嘱托，转而在牛津大学攻读法律专业。23岁时，哈勃返回美国找到了一份律师的工作。但没过多久，他就辞职担任篮球教练，兼任高级中学的讲师。英国的求学经历在哈勃身上留下了明显的印迹：他喜欢类似牛津学者的衣着，嘴里叼着烟斗，连说话也带着英国口音（或者说是他自己的口音）。哈勃的特立独行受到了学生们的热烈关注，他独特的教育风

↑哈勃坐在蒙特·威尔森天文台天文望远镜前面，他利用这台望远镜观察造父变星，并开始研究遥远的太空。

格也同样大受欢迎，但他始终希望有朝一日能返回科学领域，继续他喜欢的事业。

1914年，哈勃迁往威斯康星州，并以大学毕业生的身份进入芝加哥大学的叶凯士天文台。他首先研究了模糊朦胧的星云，跨出了迈向成功的第一步。1917年，哈勃获得芝加哥大学天文学博士的头衔。作为一名天文学家，他具备全面出众的科学素质，这引起了不少天文学研究所的重视，纷纷力邀哈勃前去工作，最终他选择了加利福尼亚的威尔森天文台（位于帕萨登纳附近）。

造父变星

1919年，30岁的哈勃来到威尔森天文台从事研究工作。在这个时期，天文学家们都误以为宇宙中只有银河系（该词来自拉丁语，原意为“乳白色的天顶”）一个星系。然而当时最新的研究表明，宇宙的体积或许比这更大。哈佛大学天文台的一名女天文学家亨利耶塔·斯琬·勒维特观测到一类新星——造父变星（又称仙王座 δ），这是在仙王星座之后发现的第一种恒星。这些恒星的明暗变化遵循着某种未知的节律（造父变星现被命名为“红巨星”，因为与其他恒星相比，它们的年龄非常古老）。勒维特意识到，这些恒星的明亮程度（或者说距离地球的远近程度）与这种未知节律存在着某种关联。她比较了造父变星在太空中不同位置的相对亮度，计算出它们与地球之间的位置变化以及这些恒星之间的位置关系。这次运算的成功首创了人类历史上测量太空不同天体之间距离的先例。

在哈勃加入威尔森天文台之前，另一名天文学家哈洛·夏普莱凭借他的天文学报告震惊了全世界。他利用造父变星的测量方法，较为准确地估算出银河系的直径大约是30万光年，这是原先公认数据的10倍。美中不足的是，夏普莱和同时代的大部分天文学家一样固执地认为银河系就是整个宇宙，对于那些奇怪的被称作“星云”的烟云，他认为那只不过是一些气体的集合体罢了。

发现新星系

在某种程度上，哈勃是一个幸运儿，在他到达威尔森天文台前不久，这里刚刚制成了2.54米直径的胡克天文望远镜，这是当时最先进的天文学仪器。与前人相比，哈勃的视野更为开阔。他每天潜心观察太空，并作下详细的记录，不出几年，便小有所成。1923年，哈勃在仰望夜空时，发现所谓的“气体集合体”仙女座星云中有一颗造父变星。他采用勒维特的测量技术证实仙女座距离地球大约100万光年，这已经远远超出了银河系的范围，而且很显然，它是一个实实在在的星系。

哈勃又研究了其他星云中的造父变星，发现太空中还存在着许多尚未被发现的星系。1924 年，他发表了一篇题为《旋涡星云中的造父变星》的论文，产生了很大的反响，他很快成为当时世界上最知名的天文学家。人们蓦然发现，原来宇宙比我们想象中要大得多。夏普莱在读到这则爆炸性的新闻时大为震惊。他立即就此事提笔写信给哈勃："对于星云问题的大突破，我不知道是喜是悲，或许两者兼而有之吧。"

1926 年，哈勃开始建立已知星系的分类系统，根据它们的范围、距离、形状和亮度等一一对它们分门别类。在研究过程中，他发现了一个奇怪的现象：这些星系看起来正在远离地球。在地球上的人类看来，这是由于恒星上发出的光芒发生了红移现象。所谓红移现象，即当一个遥远的光源快速运动时，相对于静止不动的观察者所造成的变化，这些光波的波长被拉长而逐渐向红外线移动。类似地，当光源向观察者方向运动时则发生了蓝移现象。

哈勃并不是第一个注意到天体光波红移现象的天文学家。1914 年，美国一位天文学家也有过同样的观察结果，但是他的发现并没有引起任何关注。12 年以后，哈勃借助更优良的天文望远镜再度发现了红移现象，并进而提出宇宙中远不止一个星系。

膨胀的宇宙

在助手米尔顿·哈马逊的协助下，哈勃开始研究星系向外后退的现象。1927 年，他提出了著名的哈勃定律：星系距离我们越远，其后退速度则越快。种种迹象表明，我们所处的宇宙并非静止不动，而是一直在膨胀。

2 年后，哈勃计算了星系的膨胀速度，这就是著名的哈勃常数（H）。对于任意星系，其后退速度（v）可以用以下公式进行计算：v = H × 距离。实际上，哈勃在当时错误地假设银河系是最大的星系，把宇宙的形成年代也缩短了许多，以致高估了常数的取值。然而，哈勃常数依然非常有用。后来的天文学家修正这个常数后，常用它来估算宇宙的大小和年代。经计算，宇宙半径大概最多不超过 180 亿光年，而它的形成年代应该在 100 亿 ~ 200 亿年之间。

哈勃戏剧性的发现引起了著名物理学家埃尔伯特·爱因斯坦的注意。爱因斯坦曾于 1915 年发表广义相对论，指出由于万有引力的作用，宇宙不是在缩小就是在膨胀。然而，当时天文学界的科学家一致认定宇宙是静止不动的，而爱因斯坦苦于缺乏足够的天文学知识，无力与诸多天文学家抗衡。因此他在新推导出的公式中引入了一个宇宙学常数——反引力常数作为补充。而现在，哈勃的惊世发现恰恰证实了爱因斯坦的预言。爱因斯坦在后来的评论中，称引入反引力常数是“我一生中所犯下的最大的错误”。他甚至于1931年特意到威尔森天文台拜访了哈勃，感谢他纠正了自己的错误。

1936年，哈勃的天文学巨著《星云世界》出版，书中详细阐述了他的学说，由此奠定了他在天文学领域不可动摇的地位，并使他成为当时科学界最耀眼的巨星。威尔森天文台也因此摇身一变成为最佳的旅游胜地，而哈勃也成为了加利福尼亚学会的精英分子之一。

1939年第二次世界大战爆发，1941年哈勃决定奔赴前线保家卫国。然而，他最终被说服留在后方继续他的科学研究，发挥个人的最大作用为国效力，并成为美国马里兰州一家研究中心弹道学研究的负责人。

二战后，哈勃转到加利福尼亚帕罗马山天文台工作，成为那里设计和制造海尔天文望远镜的权威。1948年，一台外形长度为5.08米的海尔望远镜制成，其性能是胡克望远镜的4倍，在后来的40多年中，它一直都是世界上最大的天文望远镜。哈勃非常荣幸地成为使用这台仪器的第一人。当记者询问他最希望从

↑由于宇宙大爆炸，星系逐渐向外膨胀。创世大爆炸学说揭示了宇宙的起源，指出整个宇宙最初聚集在一个无限小的聚点中，100亿～200亿年以前，该小点发生了大爆炸，碎片向四面八方散开，逐渐演变成了现在的宇宙。

中发现什么时，哈勃回答道："我们希望观察到从未想到过的东西。"

晚年的生活

哈勃在天文学研究方面取得的巨大成就使他获得了许多荣誉。1946年，他被授予荣誉勋章；1948年，他当选为牛津大学王后学院的荣誉院士。然而，哈勃终生最渴望能获得的诺贝尔奖，终因该奖未设天文学奖项而未能如愿。1953年他逝世的时候，诺贝尔评奖委员会正考虑授予他诺贝尔物理学奖，但已经为时太晚。

哈勃在成名后仍然保持着一颗平常心，同时在威尔森天文台和帕罗马山天文台日以继夜地工作。1953年9月28日，一场突如其来的脑溢血夺走了这位科学伟人宝贵的生命。哈勃对天文学的贡献是如此之大，他改变了我们对宇宙的认识，帮助我们了解到自己在宇宙中所处的位置。他提出的宇宙膨胀学说推动了创世大爆炸理论的形成，根据膨胀论的说法，宇宙大概诞生于100亿~200亿年前：一个小聚点的大爆炸发射出了巨大的能量，其碎片向四面八方散开，逐渐膨胀演变成了现在的宇宙。

作为一名才华横溢的太空观察者，哈勃极力避免向公众谈论新发现的理论的意义，因为这会显得非常艰涩难懂，而是选择通过探视镜或望远镜等仪器观察的现象列出有可能直观得到的结论。正如哈勃自己所说："人类具备5种感官，他们借此观察和研究身处的宇宙中的环境，这就是对自然科学的冒险。"

哈勃太空望远镜

爱德温·哈勃的伟大发现影响了无数人对宇宙的看法，大大增进了我们对太空的了解程度。人们为了纪念他，把现在常用的太空望远镜称做哈勃太空望远镜（HST）。通过它，我们能够观察到从来没有看到过的宇宙的面貌。众所周知，地球外圈包裹着一层厚厚的大气。当我们应用地球望远镜观察外太空的天体时，无论望远镜制造得多么精巧，由于大气对光波的阻隔作用，我们所看到的只能是扭曲的景象。而哈勃太空望远镜的不同点在于，它排除了大气的影响因素，其视野比先前的观察仪器更为清晰细微。

哈勃太空望远镜于1977年开始制造，1990年4月25日，太空飞船"发现号"搭载它飞上太空。这台精密的仪器不仅能观察到可见光线，还能敏锐地探测到紫外光线和红外线。此外，它拍摄的照片分辨率极高，其清晰度是地球望远镜的10倍以上。现代天文学发展之迅速，简直可以用"风驰电掣"来形容。如今，天文学家们借助优质的仪器设备，可以清楚地观察到许多遥远的天体，其清晰度在哈勃和与他同时代人的眼里根本是无法想象的。

霍金

↑霍金

大约1个世纪以前，天文学家普遍认为所谓的宇宙只是比我们所处的银河星系略微大一些而已，并认为宇宙的存在自古以来就非常稳定，没有发生过任何变化。但在20世纪的后几十年里，这些观点遭到了前所未有的挑战。

第一波冲击是由太空望远镜的发明带来的。通过它，人们认识到在银河系外还存在着无数多的类似星系，宇宙比原来想象的要大得多。到了20世纪20年代，伟大的美国天文学家爱德温·哈勃伯爵发现所有星系都在远离我们，换句话说，宇宙并不是像我们预料中那样永亘不变，而是正以某种可感知的速度不断膨胀。

与此同时，在19世纪牛顿物理学的基础上，两大经典基础理论——普朗克的量子力学和爱因斯坦的相对论应运而生。这些新兴观念的提出不仅对全世界的科学领域产生了极大的冲击，而且还使不少科学家看到了其中蕴含着的无穷内涵。例如，在哈勃观察到宇宙膨胀现象的10年前（即1917年），俄国天文学家亚历山大·弗里德曼就已经从爱因斯坦的相对论中推导出宇宙膨胀论。坚持经典宇宙不变论的爱因斯坦坚决批驳了这个观点，但随后哈勃却证实了弗里德曼的理论，这令爱因斯坦本人震惊不已。

科学家们应用相对论学说，得出爱因斯坦自己都不敢相信的新理论，并最终被证实，这对爱因斯坦而言已经不是第一次了。之前，德国天文学家卡尔·施瓦兹希尔在研究爱因斯坦的相对论时，推导出恒星会因为自身引力自我收缩而崩塌。施瓦兹希尔在结论中说，当恒星收缩后，引力将变得越来越大，世间万物都会被吸收进去，连光也不能幸免，他称之为宇宙中的“黑洞”现象。不久以后，科学家发现该黑洞浓缩在一个微小的点——“奇点”中，在那里时间和所有的力都合为一体。恒星在收缩成黑洞之前需要达到的大小称为“施瓦兹希尔半径”，对于像太阳大小的恒星来说，其施瓦兹希尔半径大概是3000米。

在20世纪后半叶，科学家们开始集中计算宇宙膨胀的速度并逐渐认识到，浩瀚无比的宇宙在很久以前是非常微小的，这就是宇宙大爆炸理论的由来。坚持大爆炸理论的宇宙学家们指出宇宙原本集中在一个极小的浓缩点中，大约在130亿年以前，这个小点在某一时刻突然发生了大爆炸。碎片四处飞散到空间中，随着时间流逝逐渐形成了现在的宇宙。美中不足的是，由于缺少一定的实测证据，这个理论仍然有待完善。

关于黑洞理论，仍然存在不少争议。毕竟，人类无法通过亲眼所见来证明它的存在。前苏联的一些科学家对黑洞的存在性提出质疑，他们认为黑洞的形成必须建立在恒星完全对称收缩的基础上，而要做到这一点几乎是不可能的。

值得思考的是，虽然爱因斯坦的相对论在黑洞理论和宇宙大爆炸学说中占有很重要的地位，另一个重大新兴学科——量子力学却似乎始终置身事外，与宇宙学的研究全无关联。在科学家眼里与量子力学有关的都是微小的亚原子物质，庞大的宇宙系统似乎和它理应是毫不相干的。

然而，斯蒂芬·霍金却凭借超人的智慧将相对论和量子力学融会贯通，将两者共同应用到对黑洞理论和创世大爆炸学说的解释中，为人类描绘了一个宇宙中能量相互作用的宏伟过程。

刚从大学毕业时，年轻的霍金便意识到宇宙大爆炸的成因可能恰好与黑洞形成的机理相反，宇宙大爆炸起源于一个微小的奇点。这为科学家探索宇宙起源的状态提供了一个非常合适的数学模型。霍金在 20 世纪 70 年代提出，量子效应或许可以应用到“事件穹界”位置。他指出，假如该方法可行，就可以利用其计算得出黑洞将发出微弱的光芒，由此人类便有机会探测到这个微弱信号，从而就能证实黑洞的存在。这种黑洞辐射现被称为“霍金辐射”。更令人瞩目的是，霍金把量子力学引入到黑洞理论中，并决心将这种思维方式推广到对宇宙学领域的研究中，以此来开辟宇宙物理理论大融合的道路，这便是当时霍金和他的同事们共同致力于开发的研究道路。

不幸患病

斯蒂芬·霍金之所以能够享誉世界，除了所提出的惊世绝伦的宇宙理论外，还有所患的奇怪重病，这场疾病夺去了他自由行动的能力，使他全身瘫痪。他能够用来表达思想的唯一工具是一台电脑声音合成器。这种疾病名为“肌肉萎缩性脊髓侧索硬化症”（运动神经元疾病，简称 ALS），一旦患病，人体脊髓的神经细胞会逐渐遭到破坏，致使患者无法自如行动。当被诊断为这种恶性疾病时，霍金年仅 22 岁，还是风华正茂的年龄，却被医生告知留在世上的时日无多。病魔不断折磨他的躯体，霍金坚持与疾病作着不懈的抗争，凭借着惊人的意志顽强地活了下来，而他的大脑仍然灵活如初。

霍金于 1942 年 1 月 8 日出生在英国的牛津，父母为了躲避伦敦的空袭，暂时居住于此。霍金的出生日期恰好是伽利略逝世 300 周年纪念日，与牛顿诞辰 300 周年纪念日也非常接近。霍金 8 岁那年，全家搬到了伦敦城外的圣奥尔本。

↑史蒂芬·霍金是本世纪享有国际盛誉的伟人之一，当代最重要的广义相对论和宇宙论家，被誉为继爱因斯坦之后世界上最著名的科学思想家和最杰出的理论物理学家。他因患肌肉萎缩性脊髓侧索硬化症，禁锢在一张轮椅上达40年之久，他的魅力不仅在于他是一个充满传奇色彩的物理天才，还因为他是一个令人折服的生活强者。

他自小就沉默寡言，是个内向的孩子。他的卓越才华在早期并没有显露出来，但霍金的一个朋友至今仍能回忆起他是如何由“一颗闪亮的科学界新星”变为“一代科学巨匠，或者说是追寻宇宙本源的智者”。

17岁那年，霍金获得自然科学的奖学金，顺利入读牛津大学。3年后，霍金从大学毕业并获得了学校一等奖学金，随后被剑桥大学录取，打算跟随著名的弗雷德·霍伊尔学习宇宙学。不幸的是，霍伊尔由于太忙根本抽不出时间来和他交流。霍金的自尊心因此遭到了极大打击。到达剑桥大学几个月后，他感觉到身体常常不受自己控制，行动越来越笨拙，就医后被诊断为肌肉萎缩性脊髓侧索硬化症。这对原本对未来充满憧憬的霍金而言，无疑是个晴天霹雳。

幸福婚姻和工作进展

大概就在这个时候，霍金遇见了18岁的姑娘简·王尔德，两人一见钟情，迅速坠入爱河。或许是她的出现才为霍金带来了新的希望，他坚持与残酷的病魔奋力抗争，决心要完成自己的科研事业。“我梦见自己将要死亡，”他回忆道，“我突然醒悟到，我必须坚持活下来，还有许多事情等着我去完成。”2年后，他与简结婚。在以后的25年里，简支持着霍金顽强地生存和奋斗。夫妇俩克服了许多常人难以想象的困难，并共同养育了3个儿女。

与此同时，霍金逐渐出了名。弗雷德·霍伊尔在皇家科学院宣讲他的稳态理论时否决了宇宙膨胀学说，指出宇宙只是稳定地在膨胀和收缩两种状态中变动。演讲结束后，在经久不息的掌声逐渐消退那一刻，年轻的大学毕业生霍金当众站起来发言：“你所说的理论存在自我矛盾。”如果果真如此，那么霍伊尔的理论就无法成立。“它当然没有矛盾。”霍伊尔回答道。“有矛盾。”霍金依然坚持自己的意见。“你是如何得知的？”“因为我把它计算出来了。”事实上，霍金确实做到了。

钻研黑洞理论

接着，霍金开始钻研牛津数学家罗杰·彭罗斯提出的黑洞理论。彭罗斯指出，在黑洞的正中心（即事件穹界内部），必定存在着某个点，所有物质都被吸收在内，该点名为“奇点”。霍金把考虑的角度转移到了宇宙的起源上，并指出宇宙大爆炸理论正好与黑洞的形成相反，宇宙起源于一个无限小的凝聚点，里面包含着宇宙中的一切物质。

霍金从研究黑洞出发，探索宇宙的起源和归宿，解答了人类有史以来一直探索的问题。全球的宇宙学研究领域都为之震惊不已，各界科学人士纷纷向他表示了高度的赞扬和尊敬。不幸的是，霍金的健康却每况愈下。他演讲时的发音开始变得模糊不清，他的手部肌肉逐渐萎缩，以致几乎无法书写。此时他的妻子简·王尔德勇敢地面对眼前的困境，她鼓励自己的丈夫振作精神。她记录下霍金口述的内容，并将他难以辨认的文稿打印成清晰的文本。1974年，霍金被选为英国皇家学会会员，成为学会历史上最年轻的成员。此时，他只能依赖轮椅行走，发音也含混不清，只有身边的亲朋好友和多年的同事才能辨听清楚。

然而，尽管他的身体状况一天不如一天，但他的头脑仍然很清晰。在20世纪70年代后期，他建立了堪称一生中最伟大的成就——证明了黑洞不仅能够被探测到，而且它们最终很可能将发生大爆炸。由于这个观点对当时来说显得太过超前，最初提出时并没有得到所有人的认同，直至现在仍有不少宇宙学家持反对意见。

测不准原理

霍金在研究宇宙学的过程中发现数学工具的巨大力量。20世纪70年代，当霍金还在考虑黑洞问题时，惊讶地发现黑洞“事件穹界”和热力学第二定律之间存在着相似之处。该定律的基本思想是，一个绝热系统总是向熵增（混乱度增加）的方向变化，如果不施加外力，该系统永远也不会处于更有序的状态。霍金把一个系统形象地比喻成一座房子，一旦停止检修就会逐渐崩塌。霍金举一反三，认识到黑洞表面大小只能是固定不变或者处于膨胀状态，但绝对不可能收缩以致更加有序。

↑上图是一个正在释放能量的黑洞。天文学家测定了该黑洞周围的能量，并证实它比预想的要大得多。额外的能量被认为是一种旋转能，由于黑洞边缘（事件穹界）电磁场的扭转，造成黑洞旋转速度的减慢，从而产生旋转能。

为了说明这个观点，霍金引入了海森堡于1927年提出的测不准原理。该原理指出，要同时测定某物质的动量和位置是不可能的。这是因为测定任何一个要素的过程都将影响另一个要素的数据。对于人们日常生活中接触的物体，这种影响微乎其微，但对于亚原子水平的微粒物质，这个影响因素就变得非常明显，并继而导致奇怪的“量子效应”。所谓量子效应，是指微观世界的物质运动完全不遵循经典物理法则，常常在空间到处跳动，就像是魔术师礼帽里的兔子一样，根本无法预料它下一步会在哪里出现。虽然人类无法解释发生这种现象的原因，但是量子效应已经被证实，并且奠定了激光技术等与之有关技术的基础。

海森堡的测不准原理最引人注意的一点在于它对真空态的解释。它说明了世界上没有绝对的真空，所谓的真空，指的是一种相当精确的状态，而现实中根本不存在这种状态。为了建立某种接近真空的物质，必须借助成对的“正反”微粒，它们在接近绝对零度的温度下仍然不断跳动。当它们聚集在一起时将会发生自我消亡，但它们仍然会突然在空间中出现或者消失。

霍金认识到，这些“正反”微粒的上下和间歇的振荡运动将形成黑洞的“事件穹界”，即空间的边缘地带。反粒子将被吸引到黑洞中，阻碍黑洞体积的无限扩大；而正粒子则被推出，被驱逐的这种粒子就像是热能，它们的热效应非常微小，大概只能使黑洞周边温度处于绝对零度以上的几百万分之一度，但在理论上依然是可测得的。因此黑洞并不是全黑的，它能发射出微弱的辐射，科学界称之为霍金辐射。

霍金还进一步指出，就像恒星的辐射会逐渐减小，黑洞将最终挥发消失成纯辐射，也就是说，它在某个时刻会发生爆炸。他在《自然》上发表一篇题为《黑洞爆炸》的论文，阐述了自己的一系列新观点，这些论点现在已经成为了宇宙学的经典理论。

一部时间简史

20 世纪 80 年代早期，霍金开始口述一部关于宇宙学的著名著作，一部分原因是为了给自己的儿女们交学费。他于 1985 年完成书稿，并来到日内瓦观看欧洲原子核研究中心（CERN）的微粒加速器，妻子简则在著作完成后外出度假休息了一阵。在这段时期内，一名护士和实验助手伴随在霍金身边，照顾他的饮食起居。几天后，霍金突然呼吸困难，被救护车送到附近的医院进行急救。经诊断，由于急性肺炎发作，他的气管被堵塞了。唯一能挽救他生命的办法就是施行气管造口手术，这意味着他将再也不能用口说话。他夫人简在外地听闻噩耗，立即赶回到丈夫病榻前。

出院后，霍金一家回到剑桥大学，这个时候，他已经只能通过眨眼来跟外界交流了。霍金身陷困境的消息传遍了全世界，一位加利福尼亚的计算机编程专家瓦特·沃尔托兹自告奋勇亲自为他设计制造了一台只需手指颤动就能控制的声音合成仪器。不过，这台仪器需要多次训练才能熟练掌握，但最终，霍金克服了所有困难，完全掌握了声音合成器的使用，现在他独特的机器合成语音已经为广大听众所熟悉。

霍金的著作《时间简史》（全名为《时间简史：从大爆炸到黑洞》）于 1987 年 4 月 1 日愚人节正式出版。书本涉及的理论内容艰涩难懂，但它的出版却出人意料地取得了巨大的成功，并一跃成为人类历史上销量最大的科学书籍。能够真正理解它的含义的人很少，或许人们更多地是对这位出奇聪明的大科学家是否能够揭示关于宇宙的终极真理产生了浓厚的兴趣。霍金认为，很有必要让人们对自己的思想有所了解。因此，在全书的最后一章，他论述了自己关于神的一些思考。

最近几年的情况

如今，霍金已经成为了举世闻名的大科学家，他依然在思索如何将所有物理规律整合浓缩到一个简单的方程式中，他还和护士伊莱恩一起周游世界，并以公认的科学大家的身份接受电视台的采访。一部关于他的电视剧《决战时空战区》也随之上映。这时候，他和妻子简之间的婚姻矛盾开始升级。1990 年，他们的婚姻破裂，霍金离婚后与护士伊莱恩再度结婚。

整个 20 世纪 90 年代，霍金一直致力于“万有理论”的研究，人们都想知道他背后是不是正在孕育一个更加辉煌的成果。2004 年 7 月，在都柏林的国际广义相对论和万有引力大会上，霍金出席并作了一次震惊世人的报告，这立即在科学界掀起了轩然大波。

几十年来，霍金与其他科学界同仁关于“信息悖论”一直争辩不休。这是他解释黑洞现象时的量子观点衍生出的一个问题，即被黑洞吞噬的数据是否可以重新获得。霍金确信无法获得，而加州理工学院的基普·索恩等人则持反对意见，两人因此展开了长期的辩论。而就在都柏林会议上，霍金宣布他已经解决这个难题，并宣布自己输掉了这场赌局，这令所有与会者都大为惊讶。他指出，由于量子的波动类似霍金辐射现象，那么，黑洞的数据就可以依据该原理计算获得。也就是说，从理论上讲，我们仍然可以精确地恢复被黑洞吸收的所有信息。

第六章

怎样看星星：天文观测指南

纵览神秘太空

星座

在我们探索太空之前，有个词需要定义一下，这就是星座（Constellation）。星座是来源于拉丁语的词语，意为“星星的组合”。你要知道，整个天空共布满88个星座。古人们认为，繁星满天的夜空要是有一点儿秩序、有一点儿整齐，这样可能会更好一些。因此，他们就把许多星星连在了一起，就像把一个个小点儿连成一幅画那样。这样做的同时，他们还把神话和传说糅入到其中。

不要以为命名某个星座就一定有规律或者有什么特殊的理由。例如，埃塞俄比亚国王克普斯和他的妻子卡西俄帕亚都有以他们的名字命名的星座（分别为仙王座和仙后座），但是这两个星座看起来分别像一座房子和一段楼梯。就这些早期文明而言，神仙和女神需要在布满星星的苍穹里有个落脚的地方，因此，关于哪些星星被指派到哪一个星座的情形就很可能会是这样：先到者先得到安排。

人们最早获得的有关星座的知识来自阿拉托斯。他是希腊的第一位诗人天文学家，写有作品《观测天文学》(《Phaenomena》，这一作品可能是基于另一部更早但已失传的作品，作者为另一位希腊人欧多克索斯）。其后于公元150年，在埃及亚历山大图书馆工作的希腊人托勒密在一本书里记录了上面两部作品，书名为阿拉伯语的《天文学大成》，意思是“最伟大的”。几百年前，其他想出名的天文学家又增加了一些星座（其中有些比较成功），由此，便形成了目前固定的总计88个星座。

星座名称传统上是用拉丁语写成的。这是因为托勒密的书从中东传到意大利，在意大利被翻译成了拉丁语。再者，在好几个世纪的时间里，拉丁语是学者们的语言。下页表列出了星空的全部88个星座，那些包含趣味故事的星座的详细内容参见后面的内容。

↑美轮美奂的落日本身就是一幅精美的图画，同时它也向我们暗示，接下来将会是一个晴朗、清澈、群星闪耀的夜晚。这正是你所需要的，它可以激发你，使你的大脑进入天文观测的氛围之中。

拉丁名称	英语名称	缩写	汉语名称	大小排序（1表示最大）
Andromeda	Andromeda	And	仙女座	19
Antlia	The Pump	Ant	唧筒座	62
Apus	The Bee	Aps	天燕座	67
Aquarius	The Water Bearer	Aqr	宝瓶座	10
Aquila	The Eagle	Aql	天鹰座	22
Ara	The Altar	Ara	天坛座	63
Aries	The Ram	Ari	白羊座	39
Auriga	The Charioteer	Aur	御夫座	21
Bo es	The Herdsman	Boo	牧夫座	13
Caelum	The Sculptor’s Tool	Cae	雕具座	81
Camelopardalis	The Giraffe	Cam	鹿豹座	18
Cancer	The Crab	Cnc	巨蟹座	31
Canes Venatici	The Hunting Dogs	CVn	猎犬座	38
Canis Major	The Great Dog	CMa	大犬座	43
Canis Minor	The Little Dog	CMi	小犬座	71
Capricornus	The Sea-Goat	Cap	摩羯座	40
Carina	The Keel	Car	船底座	34
Cassiopeia	The Ethiopian Queen	Cas	仙后座	25
Centaurus	The Centaur	Cen	半人马座	9
Cepheus	The Ethiopian King	Cep	仙王座	27
Cetus	The Whale	Cet	鲸鱼座	4
Chamaeleon	The Chamaeleon	Cha	蝘蜓座	79
Circinus	The Drawing Compass	Cir	圆规座	85
Columba	The Dove	Col	天鸽座	54
Coma Berenices	Berenice’s Hair	Com	后发座	42
Corona Australis	The Southern Crown	CrA	南冕座	80
Corona Borealis	The Northern Crown	CrB	北冕座	73
Corvus	The Crow	Crv	乌鸦座	70
Crater	The Cup	Crt	巨爵座	53
Crux	The Southern Cross	Cru	南十字座	88
Cygnus	The Swan	Cyg	天鹅座	16
Delphinus	The Dolphin	Del	海豚座	69
Dorado	The Goldfish	Dor	剑鱼座	72
Draco	The Dragon	Dra	天龙座	8
Equuleus	The Little Horse	Equ	小马座	87
Eridanus	The River	Eri	波江座	6
Fornax	The Furnace	For	天炉座	41
Gemini	The Twins	Gem	双子座	30
Grus	The Crane	Gru	天鹤座	45
Hercules	Hercules	Her	武仙座	5
Horologium	The Clock	Hor	时钟座	58
Hydra	The Water Snake	Hya	长蛇座	1
Hydrus	The Little Snake	Hyi	水蛇座	61
Indus	The Indian	Ind	印第安座	49

拉丁名称	英语名称	缩写	汉语名称	大小排序（1表示最大）
Lacerta	The Lizard	Lac	蝎虎座	68
Leo	The Lion	Leo	狮子座	12
Leo Minor	The Little Lion	LMi	小狮座	64
Lepus	The Hare	Lep	天兔座	51
Libra	The Scales	Lib	天秤座	29
Lupus	The Wolf	Lup	豺狼座	46
Lynx	The Lynx	Lyn	天猫座	28
Lyra	The Harp	Lyr	天琴座	52
Mensa	The Table	Men	山案座	75
Microscopium	The Microscope	Mic	显微镜座	66
Monoceros	The Unicorn	Mon	麒麟座	35
Musca	The Fly	Mus	苍蝇座	77
Norma	The Level	Nor	矩尺座	74
Octans	The Octant	Oct	南极座	50
Ophiuchus	The Serpent Bearer	Oph	蛇夫座	11
Orion	The Hunter	Ori	猎户座	26
Pavo	The Peacock	Pav	孔雀座	44
Pegasus	The Winged Horse	Peg	飞马座	7
Perseus	Perseus	Per	英仙座	24
Phoenix	The Phoenix	Phe	凤凰座	37
Pictor	The Painter	Pic	绘架座	59
Pisces	The Fishes	Psc	双鱼座	14
Piscis Austrinus	The Southern Fish	PsA	南鱼座	60
Puppis	The Stern	Pup	船尾座	20
Pyxis	The Compass	Pyx	罗盘座	65
Reticulum	The Net	Ret	网罟座	82
Sagitta	The Arrow	Sge	天箭座	86
Sagittarius	The Archer	Sgr	人马座	15
Scorpius	The Scorpion	Sco	天蝎座	33
Sculptor	The Sculptor	Scl	玉夫座	36
Scutum	The Shield	Sct	盾牌座	84
Serpens	The Serpent	Ser	巨蛇座	23
Sextans	The Sextant	Sex	六分仪座	47
Taurus	The Bull	Tau	金牛座	17
Telescopium	The Telescope	Tel	望远镜座	57
Triangulum	The Triangle	Tri	三角座	78
Triangulum Australe	The Southern Triangle	TrA	南三角座	83
Tucana	The Toucan	Tuc	杜鹃座	48
Ursa Major	The Great Bear	UMa	大熊座	3
Ursa Minor	The Little Bear	UMi	小熊座	56
Vela	The Sails	Vel	船帆座	32
Virgo	The Maiden	Vir	室女座	2
Volans	The Flying Fish	Vol	飞鱼座	76
Vulpecula	The Fox	Vul	狐狸座	55

瞭望星空

好了，你现在已经打开了大门，正站在花园、庭院、田间、偏僻的内陆、热带大草原、崎岖的山地、沼泽等地方，眺望着夜空，搜寻神奇的东西，期待它的出现。在晴朗的夜晚，你能看见多少颗星星？几百万？亿万？亿亿？事实上，抛开灯光污染不说，在一个地平线较低的视野开阔的地方，你任意一次能看到的星星的最高数量大约是 4500 颗。如果你不相信我，可以自己数数看。当然，如果你生活在一个较大的城市，那么明亮的橙色天空能够很容易把这一数字减少为不到 200 颗。因此，观测星座的位置晚上越暗越好。

开始时我们需要做一些准备……

星空瞭望步骤指南

出门之前你需要确认一下，在你居住的地方太阳从哪里升起和落下。这样你就能大致了解到，

→为使你的眼睛适应黑暗，一定要确保手电筒都蒙上红色的塑料纸。

↑太空真的是空的吗？

如果想在夜空中发现些什么，应在哪里进行观察。通常，在3月21日和9月23日前后，太阳是从正东方升起，在正西方落下。但是，在北半球夏季的几个月里，太阳从东北方向升起，在西北方向落下（大体如此，视具体日期而定）；而在冬季，太阳从东南方升起，大体在西南方落下。在南半球，夏季的太阳从东南方某处升起，在西南方某处落下；而在冬季，太阳从东北升起，在西北落下。

为了能看到更多星星，你需要让你的眼睛习惯黑暗。这一过程称为黑暗适应。花10分钟坐在没有灯光的黑暗处是一种比较好的适应方法，然后对着让你感到惊异的景色沉思或冥想，看你能找出多少个星座。这一黑暗适应的过程不仅放大了你的瞳孔，让更多的光线进入眼睛，而且使得各种各样的化学反应在你的眼睛里发生，激活你接收光线的视网膜视杆细胞。现在，你就可以看到那些昏暗的星星了。

↑不久之前，以太中生发出各种各样的图案。以太是一个旧的术语，过去科学家们相信太空中充满了以太这种物质。其实以太并不存在，不过，这个想法倒还不错。

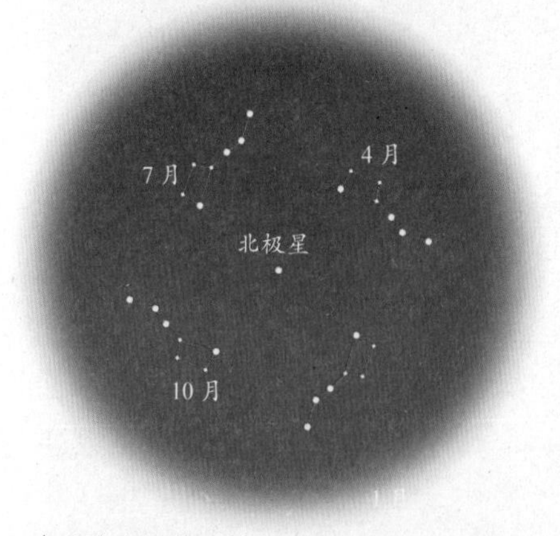

↑北斗七星转呀转，一圈又一圈。如果你在北半球向北走得足够远的话，就能看到图中的情景。这是一年之中某个特定时节晚上8时左右的图像。图中左侧为西北方向，右侧是东北方向。

在户外的黑暗处，要想知道你在往哪里去，或者看清本书中的那些著名的星图，唯一的方法就是带上一把手电筒。不论你觉得需要带几把手电筒，每一把都应当用红色的塑料纸或者类似的东西蒙上。你会看到，你的眼睛现在已经适应了黑暗，因此从手电筒发出的红色光线几乎不会影响到你。

如果你不想独自一个人，请找一位责任心强的同伴一起出门冒险。你可以跟同伴闲聊，他也许在这方面非常在行；而且有个同伴在身边，他也许会对你的决心啧啧称奇。

究竟从天空的什么地方开始观察，这要取决于你的脚踏在地球的什么地方。

北半球的人从这里开始

上一页的图就像是由大小不同的圆点组成的杂乱不堪的图案。但是，事实并非如此。每一个圆点实际上都是一个星球，我们可以在夜空中看到它们。它们和很多事物一样，开始看上去很无序，但实际上在这混乱的背

↑北斗七星的指极星正在坚守岗位，“指示”着北极星。

后存在一定的秩序。

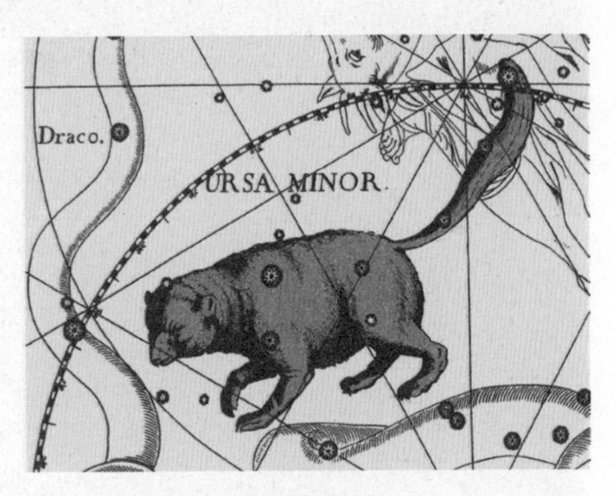

↑北极星是小熊座主要的恒星。

你会发现，在这些圆点背后有一个非常有用的图案，它可是你在北半球开始凝望星空、进行探索的最佳出发点。这组星星在英国被亲切地称为“耕犁”，而在中国则被称为“北斗七星”。在地球的其他地方，挪威人把它称为“卡尔的马车”，美国人称之为“大勺子”，法国的一些地方则称之为“长柄煎锅”。毫无疑问，相对于它的形状，这个名称非常恰当：一个平底煎锅，锅柄向左边伸出。有人会往锅里放太空豆子吗？

其实，北斗七星本身并不是一个完整的星座，而是更大的名为大熊座的一部分，我们马上就会谈到它。

如果天空比较黑暗，天气清爽晴朗，那么，从中北纬处我们一直都可以看到北斗七星。而且，那7颗星星都非常明亮，使得它很容易被看到。要想知道从哪个方向看去才能找到北斗七星，你需要具有一点儿方向的概念。就像我前面刚说过的，太阳在（大体上）西方落下，因此，你朝落日的右方观看，朝上一点儿，北斗七星就在那里，（大体上）正北方向。就这么容易。

因为地球在不停地转动，所以你不能指望北斗七星长时间都呆在同一个位置不动。还有一点需要考虑的是，地球在绕着太阳公转，这就意味着每天晚上的同一时间，北斗七星会处于稍稍不同的位置。多么神奇啊！一般而言，在春季和夏季的夜晚，北斗七星高高挂在空中；在秋季和冬季的夜晚，北斗七星比较靠近地平线。

你已经注意到了，图片的中间有一颗众所周知的星星被“锁定”在那里，北斗七星围绕着它转动。这就是北极星，也就是北方之星，或者说是名副其实的北极之星。这最后一个名称意味着它是离北天极最近的恒星。但是，因为地球要在自己的轨道上自转，所以北极星只是一个暂时的名称。在过去的几千年中，很多恒星都担任过北极星的角色。

你可以这样来找到北极星，运用北斗七星的右手边的两颗星，这两颗星被

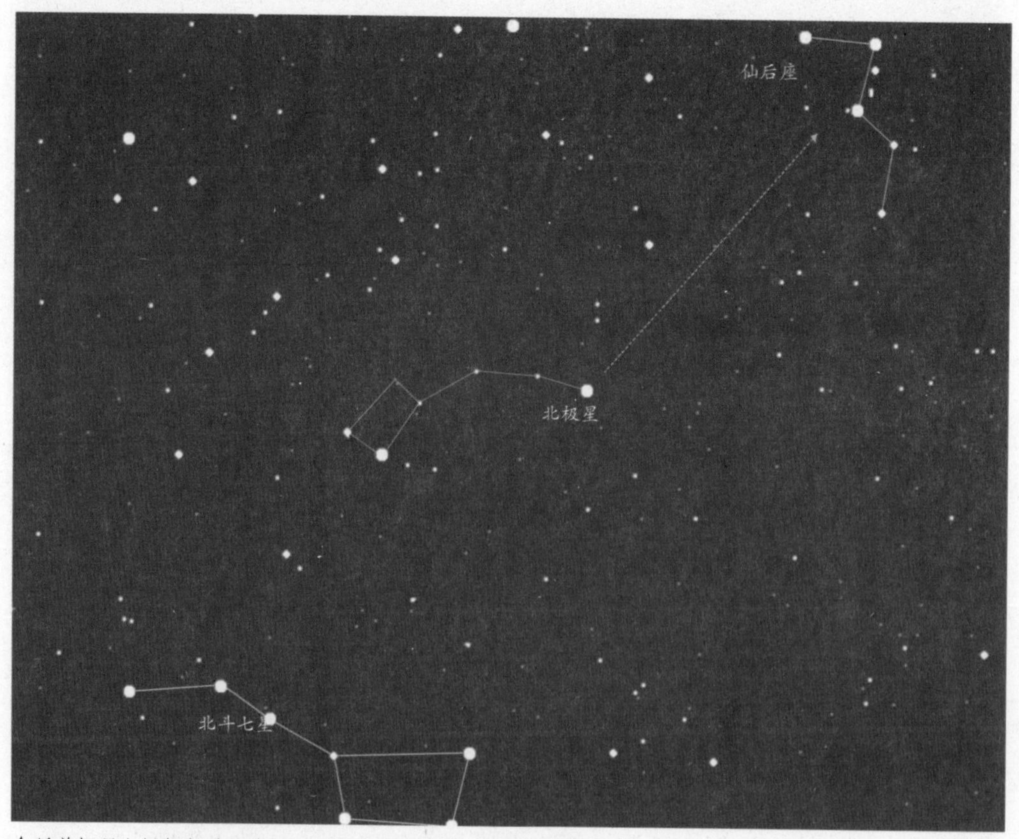

↑循着恒星之间假想的线条，可以把你引领到宇宙的任何地方。

称为指极星。它们分别叫作北斗一和北斗二，从“长柄煎锅”朝上伸出去“指向”北极星。这是基本的常识。北斗七星之所以如此有用，还有另外一个原因，那就是有很多方法可以把北斗七星用作“路标”，以此来认识其他星星和星座。

现在，让我们来确定一个事实：北极星并不是夜空中最亮的恒星。但由于某些原因，有些人曾告诉我们说，北极星不仅是最亮的，而且也是天黑以后你所能看到的第一颗星星。但是，这种说法不正确。在夜空最亮的星星中，北极星只是排名第50位。它的名声来源于它的位置：几乎在北极的正上方。随着地球自转，我们看到的是天空也在旋转，在北半球的所有星体都围绕着北极星转动。北极星在空中几乎静止不动，这就意味着如果你眺望它，你同时也是在向北眺望。如果你知道北方在哪里，你也就知道东、南和西方在哪里。这也就是为什么在古时候北极星很了不起，因为那时候水手们主要根据星星确定航线。

↑王后卡西俄帕亚坐在那里暗自思忖：“嗯，我是不是忘了什么东西？”

还有一组星星轻而易举就可以发现，方法是这样的：沿着指极星那条线向上，经过北极星，到达一个呈“W”形状的星座，这就是仙后座。如果你的房子什么的处在这样一个地方，那么在那里看到的北斗七星从来不会落下，仙后座也不会落下，它们都处于空中的某个位置。因为它们位于北极星相对的两侧，当北斗七星处于较高位置时，仙后座就处于较低位置，反之亦然。

南半球的人从这里开始

转到地球的南半球，在那里，只有在4月中旬半个小时内可以看到北斗七星，其他时间它可能完全消失在地平线以下。因此，我们需要其他东西来帮助我们继续凝望星空的旅程。要看到北斗七星（哪怕只是最短暂的时间），靠近南纬23度附近的地方是南方能观测到它的极限位置，例如澳大利亚的阿利斯斯普林斯、巴西的圣保罗或者博茨瓦纳的哈博罗内。

在南半球的天空，我们所要寻找的是一个小星座，实际上也是被称为南十字座的最小星座。

当然，与其他任何事物一样，时光已经发挥它的威力，把今天呈现在我们面前的南十字座所处的天空作了很大改变，重新作了安排。例如，在公元2世纪的托勒密时代，南十字座的星星本来是它邻近的人马座的一部分。只是到了16世纪后期，随着现代的天文学家把南十字座安置到了他们自己的星图，南十字座才开始具有了自己的特点。

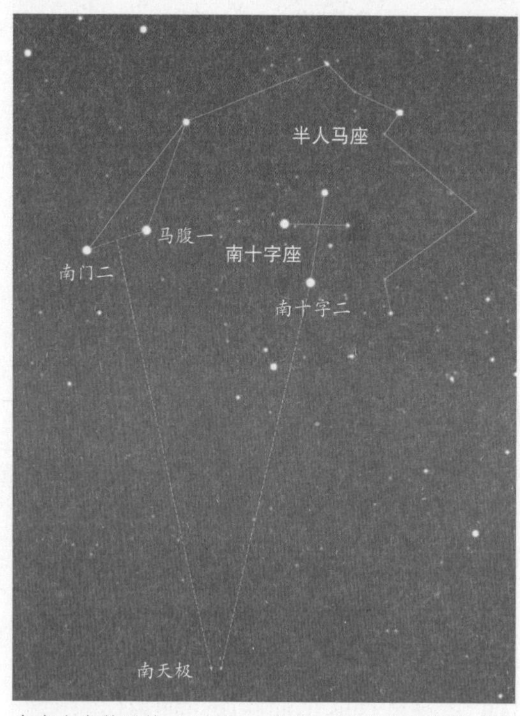

↑南十字转呀转，一圈又一圈。运用南十字座的“指极星”，再耍些小聪明，借助于半人马座的南门二和马腹一，你就能很容易地找到天空的南极点。

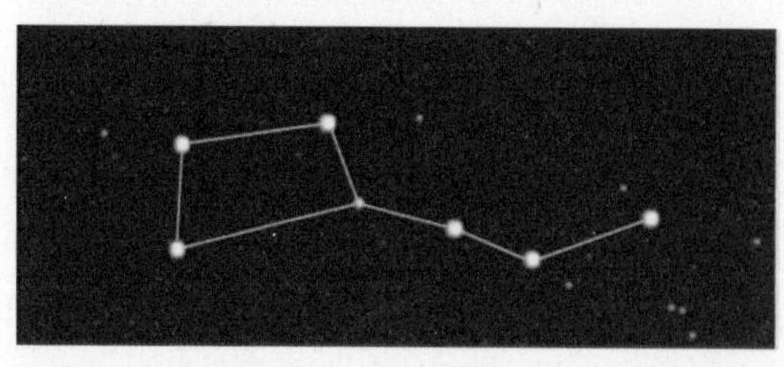

↑我们知道并喜爱北斗七星，但是它的外观要取决于我们生活在什么地方。在北半球，只要天一黑，你就可以看见它。然而，越往南走，你看到它的机会就越小。在南纬23度左右，只有在4月份的夜晚，它才出现在天空，并且很低，接近地平线。令人吃惊的是，它还是上下颠倒的！

另一个关于名称的改变涉及南十字座边界内的一些东西，你可能看得到，也可能看不到。这就是，有一团黑暗的尘埃和气体遮蔽了它背后银河系的星星。这一团物质现在我们称为煤袋，历史上它也被称为烟灰袋和黑麦哲伦星云。过去，它的形象是负面的，曾经被描述为“墨污点——那是通向无人区的入口，那里孤独难耐”。

南十字座和一些我们马上要见到的星座在南半球就相当于北斗七星和北极星两者加在一起的作用，因为它们同样可以用来帮助你在黑暗中找到你的路线。沿着各种各样假想的线条，你可以非常容易地找到天空的南极——群星看似都围绕着这一点转动。

但是很遗憾，当你找到这一点时，你会发现那里是一片黑暗。因为那里并没有相当于北极星的星星在欢迎你的到来，没有南方之星，或者你所谓的南极星。天文学家使用了能够避开天空中其他光线的庞大望远镜，这才找到几乎位于南极点的南极座σ星。它特别昏暗，一般很难找到，所以几乎没有什么用处。因

↑大熊座的北斗七星和南十字座之间的大小比较。

此，南十字座和邻近的几个较为耀眼的星星就起着给南（天）极进行定位的作用，这让其他星座羡慕不已。

随着地球自转和围绕着太阳公转，你会发现，由于时间和日期的不同，南十字座在天空所处的位置也不同。它在空中出现的最高点是在秋季和冬季的夜晚；在春季和夏季，它比较靠近地平线。

在非洲北部海岸的加那利群岛，你可以瞥见南十字座中的几颗星星。但是如果你想看到它壮观的全貌，那么你就得往南走，到处于南纬 23 度一线的地方，如埃及的阿斯旺、中国的香港或者孟加拉国的达卡等。如果你所处的纬度在南纬 34 度以南，像澳大利亚的悉尼、乌拉圭的蒙得维的亚或者南非的开普敦，那么从理论上讲，南十字座永远不会落到地平线以下，尽管它仍可能擦着地平线。除非你再往南走，那样你就得乘船，因为陆地在那里已经到尽头了！

不管怎么说，我们这里所谈论的是关于“在哪里”的问题。接下来，我们谈谈天体有多大。

天体 （所列行星时间是它们距离地球最近时所需时间）	**光线从地球出发或到达地球单程所需时间**
月球	1.25 秒
金星	2.3 分钟
火星	4.35 分钟
太阳	8.3 分钟
冥王星	5.3 小时
旅行者 2 号（2004 年最远的宇宙探测器）	1 天
半人马座比邻星（除太阳外距我们最近的恒星）	4.27 年
天津四（天鹅座主星）	~ 2100 年 *

*“~”意思是近似于，该距离也可用于整个天鹅座本身。

走进黑暗

太空有多大？地球上遥远的距离已经令我们惊诧不已，更不用说要想象一下行星之间遥远的间隔了。你可以思考一番，这样做是值得的，可以看看你能想象多远的距离。月球是太空中离我们最近的邻居，离我们的距离是我家到蛋糕店的 38.4 万倍。当然，这就意味着是 38.4 万千米。要步行到月球那里需要花我将近 9 年的时间，但是，就太空而言，月球却是离我们最近的唯一的邻居。

想象从地球到月球这么相对来说比较微小的距离，我们已经感到有些困难了。那么，对于更大的距离我们该怎么办？例如，从我家到太阳的距离非常巨大，是 1.5 亿千米——这个数据已经相当巨大，但是我们还没有离开太阳系。除了太阳，距离我们最近的恒星是比邻星，离我家大约是 40×10^{12} 千米那么远。再往太空深处走，我们可以看到仙女座星系，这是离我们较近的一个星系，但是却有 26×10^{18} 千米远！然而，跟宇宙空间距离的大小相比，这些巨大的数字只不过像一粒花生米那样微不足道。宇宙外空的空间还大着呢。

10^{18} 对你来说意味着什么？我们得承认，这一数字对我们来说并没有什么意义。我们计算从地球到月球的距离都有困难，那么对于这些 26 再乘上 10^{18} 的数字，我们将一筹莫展。

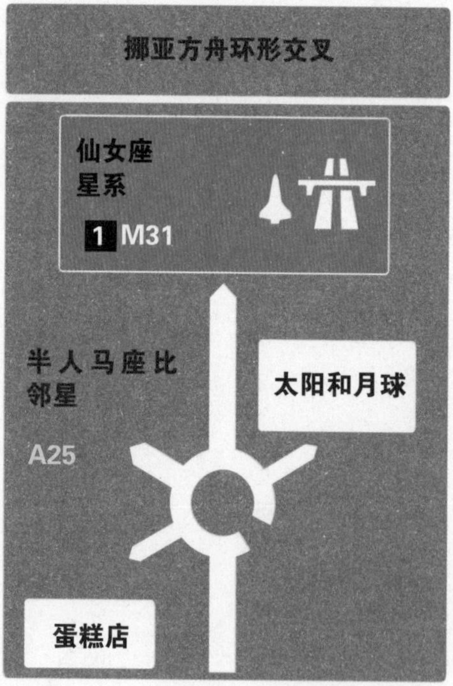

但是，希望还是有的。天文学家用另外的方法来测量非常巨大的空间距离，这一方法称为光年。1 光年就是光以每秒 30 万千米的飞快速度在 1 年时间所经过的距离。离我们最近的恒星是 40×10^{12} 千米，现在我们可以换算为 4.27 光年，这样就比较好掌握了。

即便如此，宇宙作为一个整体，整个时空的直径仍然大得出奇，具有 137 亿光年。如果你有一张非常大的纸，可以把它换算成千米看看到底有多大。

我们可以使用光速来衡量除一年时间之外的其他时间。前面的一张表，里面大大小小的数据，可以让你大致了解太空有多么大。

↑你的想象力可以把你带到太空超级高速公路的任何地方。这种情况说不定将来可以变成现实。

黑暗有多大

怎样知道你头顶上深邃的天空有多大？这要取决于你是在哪个半球。如果你能找到北斗七星或者南十字座，其实也很简单，但是你要知道它们在天空哪个方向，以及它们有多大。对星座的面积大小需要有个明确的概念，这对你非常有帮助。因此，要稍微花点儿时间来向你展示，在天空怎样度量事物。

↑2002 年 4 月 16 日 20 时 55 分，月球和土星处于天空顶部，亮星毕宿五位于底部。这些天体看起来离我们一样远，但土星离我们的距离是月球离我们的距离的 3792 倍，而毕宿五则是 9.115 亿倍。

让我们先从月球说起。大多数人会说，月球实际上要比它看起来大得多。如果我说，你伸直手臂张开手，其宽度就能轻易盖住月球，而且还有空余，那么你一定会感到惊奇。下一次月球出来的时候你可以试一试。

当然，你可以使用你的手掌、胳臂，或者也可以倒立使用双脚（要是你足够强壮的话）丈量空中不同数量的天体。从现在开始，对你非常有用的一点就是，你要知道，从地球看上去，北斗七星比你伸直手臂张开一只手的宽度稍微大一些。但是，空中也有很多非常微小的天体要看，因此，我们现在需要稍微从科学的角度来谈论一番。

↓北斗七星看似仅比你张开的手掌稍微大一点儿。当然，这要取决于你的手有多大。

你应该知道，如果我们想把任意一个圆划分成较小的单位，我们使用度，或者更准确地说我们使用角度 360° 组成一个完整的圆。如果你把圆想象成一个时钟，那么，分针走完 1 圈转动了 360° ，需要花费 1 个小时。

1° 是个非常小的度量单位，等于分针在钟面上运行 10 秒所对应的角度，

知识档案

早期星象研究

希帕恰斯（公元前2世纪），古希腊著名的天文学家，居住在罗得斯城。他对于星空的精确观察奠定了之后2000多年天文学发展的基础。凭着肉眼以及一些自己发明的天文工具，希帕恰斯绘制出天空中肉眼能够看到的所有星星的位置图，并利用这张图估算出1年的时间长度，误差小于7分钟。同时，他还定义了星等（亮度等级，每颗星星的明亮程度）。他将最明亮的星星——天狼星的亮度等级定义为1级，而将肉眼能够看到的最昏暗的星星的亮度等级定义为6级。现在，天文学家仍在使用这套星体亮度系统。

小得几乎看不出来。但是，在太空很多天体都特别微小，我们需要使用非常小的单位来度量。于是，天文学家把1° 划分为60个小部分，每1个小部分又进一步划分为60个更小的部分。这些较小的部分的名称有时候可能把你弄糊涂了，因为1角度的60个小部分被称为角分，角分的60个更小的部分被称为角秒。

这些单位由下列符号表示：

° 度 ′ 分 ″ 秒

记住这一点：不论在哪里，如果你看到角度或者弧度，这样的度量单位都是有关角度的，而不是关于时间的，这样你就不会记混了。

有了这些关于度量的信息，让我们来看看太空中一些天体的大小，它们是用角度、角分和角秒来度量的。

天体	角度大小近似值
北斗七星指极星至北极星的距离	28°
北斗七星的长度	24°
你伸直手臂张开的手掌（大致上）	22°
南十字座指极星之间的距离	6°
北斗七星指极星之间的距离	5°
你伸直手臂食指的宽度	1°
你伸直手臂小指的宽度	30′
太阳	30′
月球	30′
木卫三离木星的距离（木卫三是木星主要卫星中最亮的一颗）	6′
肉眼的分辨率（这意味着你的眼睛能够分辨出两个非常接近的天体，而不是把它们错认为是一个天体）	3′ 25″
金星面积的极大值	1′
月球上最大的陨石坑	1′
你能看见的单个最小天体（大约）	1′

从这张表格中我们可以看到的有趣的东西是，从理论上讲，只要用我们的肉眼朝天空眺望，我们就至少能够看到木星众多卫星中的一颗，以及金星的新月形星象。但实际上，超级明亮的木星盖过了它的卫星的微弱光亮，而金星耀眼的外表同样也遮掩了它的新月形星象。

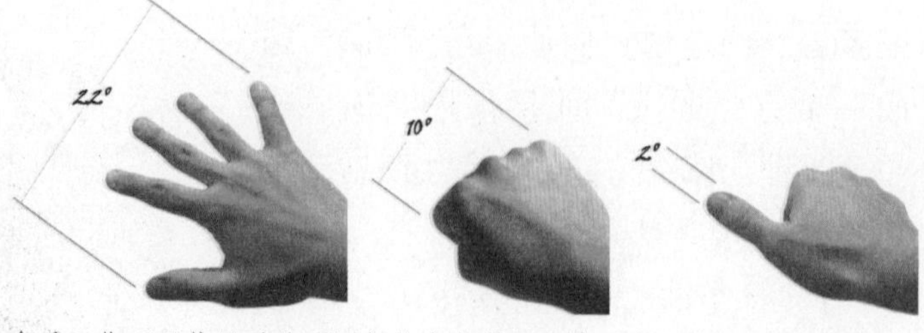

↑看！你可以使用手的不同部位来衡量天空中不同天体的大小。

如何使用星图

你能在夜空中看到什么取决于一年的具体时间：由于地球围绕着太阳公转，在不同季节，星星的位置会有所改变。因此，我们后面马上将要谈到的星座被划分为春、夏、秋、冬4个季节的星空。有些星座常年都可以看到，但是只有在一年的某些特定时间，它们才能处于最佳观测阶段。

希腊字母

α 阿尔法	ι 约塔	ρ 柔
β 贝塔	κ 卡帕	σ 西格马
γ 伽马	λ 拉姆达	τ 陶
δ 德尔塔	μ 谬	υ 宇普西隆
ε 艾普西隆	ν 纽	φ 斐
ζ 泽塔	ξ 克西	χ 希
η 伊塔	ο 奥米克戎	ψ 普西
θ 西塔	π 派	ω 奥米伽

正如我们看到的北斗七星和南十字座一样，天空中还有几个星座的形状突出，因此比较容易辨认出来。它们构成了夜空中的“指示牌”，比较有用。这些星座可以被用来帮助我们找到各种各样的美丽星体，在以后的讲解中我会把它们给指出来。

根据你在地球上所居住的位置不同，星图也被划分为不同的部分。北半球和南半球的人们所看到的星图有所区别。如果你处在北半球（地图上赤道以上的部分），那么，你应该查看北半球星图；如果你是处于南半球，你该知道怎么做吧。因为绝大部分的陆地，还有绝大多数的人口都位于北半球，那些星图看起来像你在朝南观看看到的。在北半球，你离赤道越近，就越能用得到南半球星图。对那些生活在赤道附近的幸运儿来说，整个天空都能看到，可以同时使用南北两半球的星图。

在介绍星座时包含下列信息：

首先你会发现，星座的名称是用原来的拉丁语，其次是对应的英语，然后是3个字母的缩写。这些缩写是辨认星座的国际通用做法，从而不需要使用拉丁

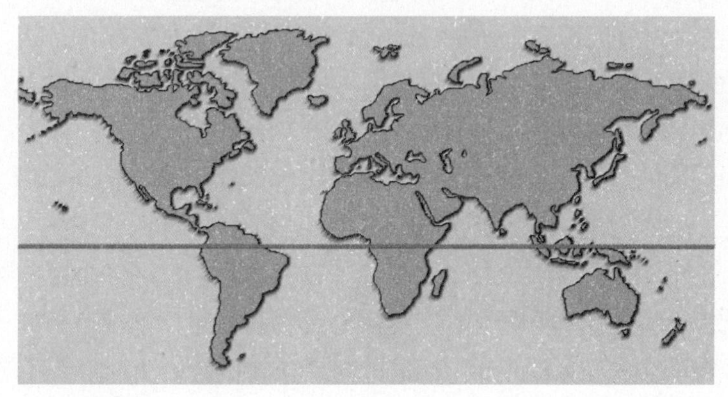

←这是一幅世界地图，赤道把世界分为南北两个半球，你可以根据南北半球的不同，选择不同的季节性星图。你离赤道越近，你就越可以使用到对方半球星图的更多内容。例如，如果你住在挪威的某地，你只好使用北半球的星图。如果某年夏天你决定到意大利去度假，你就可以使用南半球星图的一半内容，那上面有很多迷人的星星看点。

语的全称。

拉丁语所有格意思是“星座的”或“属于……”。这在声音效果上非常重要，就好像你知道你所谈论的事物。比如：“噢，北河二。你肯定是指双子座的 α 星。”

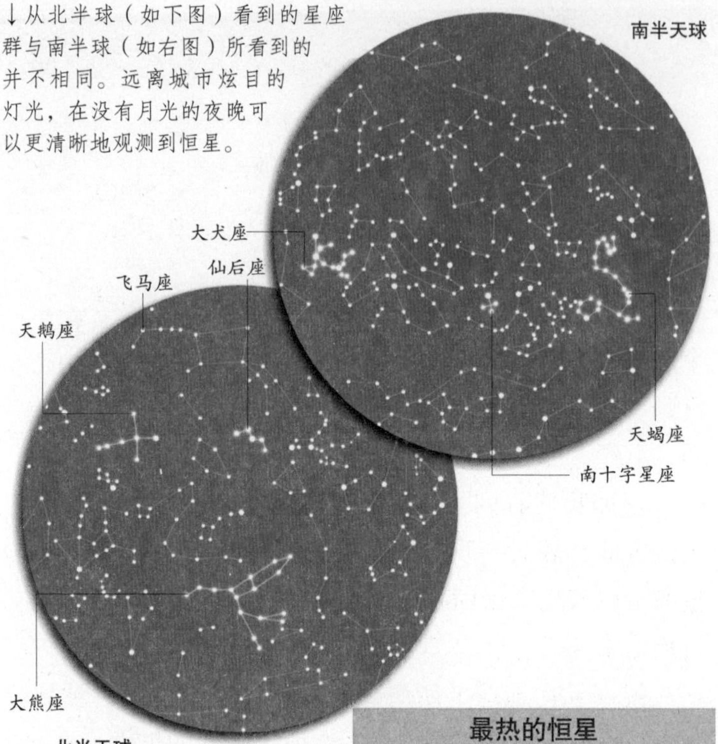

α 星是所提到星座的主星，它并不一定就是最亮的，也并非所有星座都有 α 星。1603 年，德国天文学家约翰·巴耶把所有星座整理了一遍，把最亮的星星命名为 α 星，次亮的星星称为 β 星，然后是 γ 星、δ 星，等等。结果是，星图上的星星通常都用希腊字母标出，被称为巴耶字母。全部希腊字母如下：

↓从北半球（如下图）看到的星座群与南半球（如右图）所看到的并不相同。远离城市炫目的灯光，在没有月光的夜晚可以更清晰地观测到恒星。

南半天球

大犬座

仙后座

飞马座

天鹅座

天蝎座

南十字星座

大熊座

北半天球

最热的恒星

恒星	温度（单位：摄氏度）
蓝色恒星	超过4万
蓝白色恒星	11000
白色恒星	7500
黄色恒星	6000
橙色恒星	5000

专有名词比如北斗一通常只分配给那些比较明亮的星星。很多名称是阿拉伯语，间或也有一些希腊语和罗马语。你可以查看天秤座，看看宇宙中一些最有名的星星的名称。

星等也可称为“目视星等”，可以让你知道天空中出现的星星有多亮。希腊天文学家希帕恰斯生活在大约公元前 2 世纪中叶，他制订了一套给星星亮度分级的体系：你用肉眼看到的最亮的是 1 等星，最暗的是 6 等星。我们过一会儿将要详细探讨亮度，你看，现在是不是有点儿复杂了。

星星的颜色向你表明了它是什么色彩的，同样也能告诉你它表面的温度有多高：温度最低的是红色，温度大约为 3000 摄氏度。热一点儿的是黄色，再热一些的是白色，最热的是蓝色，温度高达 4 万摄氏度。不仅如此，它们还能够改变颜色！这样的情况通常发生在当星星用完了自己的所有燃料时，星体内部重力开始发挥作用，从而引发各种各样的恒星事件（如红巨星、超新星和黑洞的形成）。

明亮还是昏暗

就星星而言，它离你越远，就显得越暗。这就像一支蜡烛，放在你旁边的桌子上比放在附近的山丘上看起来要亮得多。两处的蜡烛亮度是一样的，但是你需要考虑距离所起的作用。

那么，你跟前的一支蜡烛和附近山丘上的一堆大火又怎么样呢？它们可能看起来亮度是一样的，换句话说，它们拥有同样的视觉亮度。当然，如果你走近山丘，那堆火会显得越来越亮。因此，当我们谈到视觉亮度时，也就意味着从我们的视角来观测物体有多亮，而不管它们离我们有多远。

太空也是如此。当然，太空中不仅距离更远，而且星星和星系的真正亮度更是令人难以置信的。关于某一天体的真正亮度我们有一个术语，称为绝对星等。你可以说，山丘上的蜡烛和桌子上的蜡烛都有同样的1烛光的绝对亮度，但是跟前的蜡烛比山丘上的蜡烛拥有更强的视觉亮度。

天体	目视星等
	明亮的
太阳	– 26.7
月球	– 12.6
金星	– 4.7
火星	– 2.9
木星	– 2.9
水星	– 1.9
天狼星（夜空中最明亮的恒星）	– 1.4
土星	– 0.3
木卫三（木星的卫星）	4.6
小行星灶神星	5.3
天王星	5.5
肉眼看得见最暗的天体	6.0
海王星	7.7
冥王星	13.8
	暗弱的

说得更科学一些，我们在测量太空天体的亮度时，使用非常准确的目视星等或视星等。一些离我们较近的太空天体的目视星等列表如上。

正如图表中所显示的，在一个远离灯光污染并超级清澈的夜空下，你能看

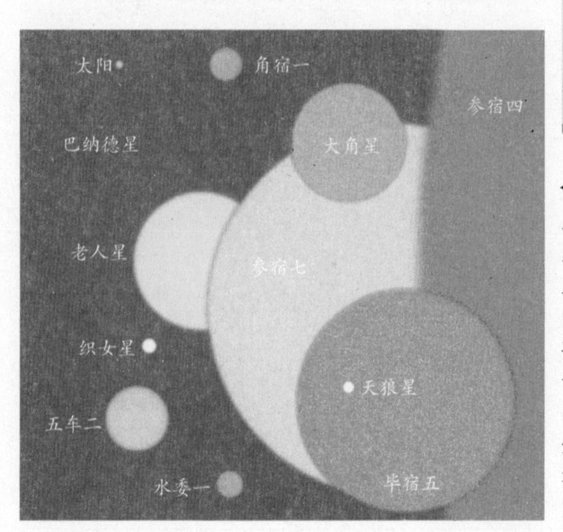

←这些是你在本篇中将会遇见的一些星星，它们呈现出各种各样的大小和颜色。请看微小的巴纳德星，然后把它跟超级巨大的参宿四相比较。事实上，如果我们能把参宿四拿来放在太阳的位置上，它的“表面”将会延伸到木星的轨道！这样做多狂妄不切实际啊！一颗星星呈现什么样子，首先取决于它由多少气体组成，以及它处于生命周期的什么阶段。天空拥有五颜六色的色彩，但是只有那些最明亮的星星才能看起来不显示出白色。因为它们非常明亮，足以触发我们眼睛感知颜色的那部分视网膜。

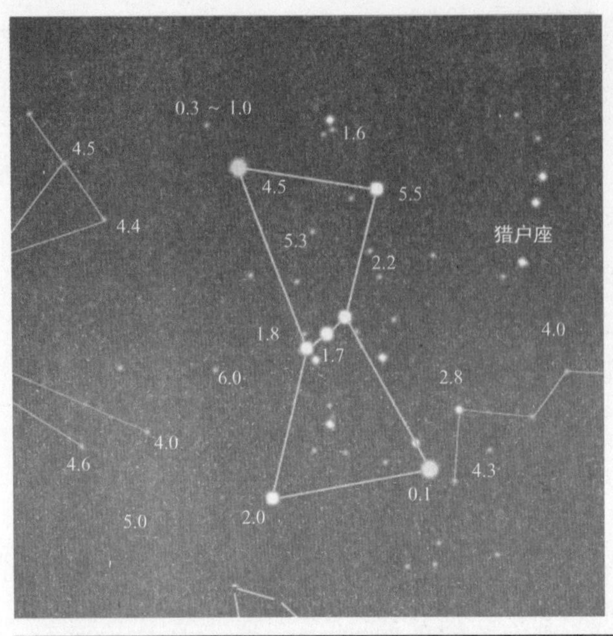

到最暗的天体是 6 等及 6 等以上。我们往回倒数到零，天体就变得越来越亮。然后，我们进入负数，可以看到最亮的天体。

关于星等的有趣的事实：据说人类能够区分出星等相差 0.1 的星体。试试看吧。

←这是猎户座周围一些星星的亮度指南。试试看最暗你能看到几等星，这也可以表明你所在地天空的清澈程度。你可能会很吃惊，你那里竟然那么清澈，情况也可能相反。

星星距离地球远近各不相同，亮度也各有差异。这里列出的是 11 颗距离地球最近的星星（包括太阳在内）以及 10 颗最亮的星座主星。表中目视星等可以让你知道这些天体在天空中看上去有多么明亮。

最近的恒星	距离（光年）	目视星等	所在星座
太阳	很近	– 26.72	
比邻星	4.27	11.05	半人马座
南门二 A	4.35	0.00	半人马座
南门二 B	4.35	1.36	半人马座
巴纳德星	6.0	9.54	蛇夫座
伍尔夫 359	7.8	13.45	狮子座
拉兰德 21185	8.3	7.49	大熊座
天狼星 A	8.6	– 1.46	大犬座
天狼星 B	8.6	8.44	大犬座
鲸鱼座 UV A	8.7	12.56	鲸鱼座
鲸鱼座 UV B	8.7	12.52	鲸鱼座

最亮的恒星	距离（光年）	目视星等	所在星座
天狼星	8.6	– 1.46	大犬座
老人星	313	– 0.72	船底座
大角星	37	– 0.04	牧夫座
南门二 A	4.35	0.00	半人马座
织女星	25	0.03	天琴座
五车二	42	0.08	御夫座
参宿七	773	0.12	猎户座
南河三	11	0.38	小犬座
水委一	144	0.46	波江座
参宿四	427	变化范围 0.30 ~ 1.00	猎户座

星空天体分类

在星图上和本篇中你会发现，很多深空天体都有像M4和NGC664这样的名称。这些名称来源于不同的分类方法，它们是为了观察便利而在过去的很多世纪里逐步形成的。下面是我们所使用的分类方法的一个快速指南。

M是指梅西耶星云星团表。查尔斯·梅西耶在研究彗星时被“模糊”的星体搞得一塌糊涂，由此心生厌倦。因此，在1781年，他把大多数的星云、星系和星团都归结为一组。它们中很多用肉眼就可看到，还有很多使用双目镜就能看到。这可能是最著名的业余天文爱好者所使用的分类方法。

NGC是指星云星团新总表。在梅西耶星云星团表发表100多年后，约翰·德雷耶发表了这一分类表，里面包含了几千个天体，其中有些非常昏暗。NGC包含了梅西耶的所有天体，因此猎户座星云M42也就是NGC1974。NGC后来有所扩展，称作新总表续编。

Mel是指梅洛特星云星团表。这是由菲利贝尔·梅洛特编制的关于星团的分类表，于1915年发表，包含250个星系星团。梅洛特作为一位有造诣的天文学家，于1908年2月在位于伦敦的皇家格林尼治天文台发现了木卫八，这是（当时）木星的第8颗卫星。

Anton是指安东·范普鲁星云星团表。这是安东·范普鲁关于9个被“遗忘”的星座的分类表，并附有一些关于它们的故事。这些稀奇古怪的构想来自于大约1750 ~ 1800年间“疯狂的星座创造时期”。当时，很多天文学家都在命名成组的星星，并把它们放进自己的星图里，而且非常随意。随着时光流逝，这些新命名的星座有的被人们遗忘了，有的被后来的天文学家所接受。

夜空的伟大之处在于，那里有非常多的天体，我们只用肉眼就能看到，没有必要使用望远镜。建议你首先对群星璀璨的天空有个大致了解，然后再开始深入观察。

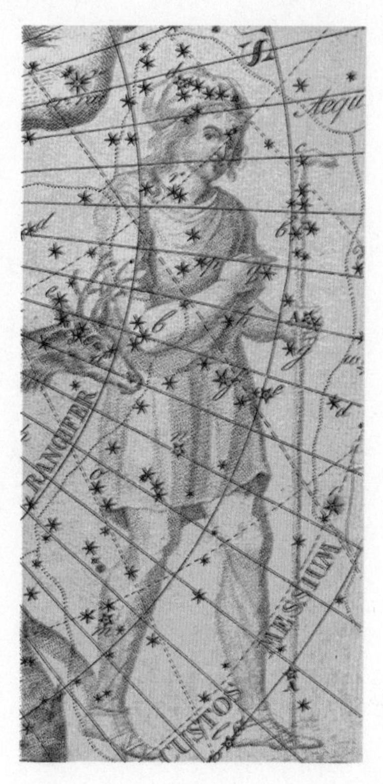

→为了纪念查尔斯·梅西耶，天文学家约瑟夫·拉兰德设计了天空中的猎人座。在图的左侧，一头好奇的驯鹿试图闯进整个画面。很不幸，这头驯鹿和猎人只有短暂的时间思考他们围绕天极的旅行，不久以后，历史就把他们交付到了“废弃的星座”里保管起来。

深空天体

这里是星图上所表示出来的只用肉眼就能看见的深空天体的全部名单。

星座	深空天体	类型	星等	面积	距离（光年）
仙女座	M31	星系	4.8	3°	~ 280 万
后发座	Mel 111	银河星团	2.7	4′ 30″	265
巨蟹座	M44	银河星团	3.7	1° 35′	577
大犬座	M41	银河星团	4.5	38′	2300
大犬座	Mel 65	银河星团	4.1	8′	5000
船底座	Mel 82	银河星团	3.8	30′	1300
船底座	NGC 3114	银河星团	4.2	35′	3000
船底座	IC 2581	银河星团	4.3	8′	2868
船底座	IC 2602	银河星团	1.9	50′	479
船底座	Mel 103	银河星团	3.0	55′	1 300
船底座	NGC 3372	星云	5.0	2°	1 万
半人马座	NGC 5139	球状星团	3.6	36′	1.7 万
半人马座	NGC 3766	银河星团	5.3	12′	5500
南十字座	NGC 4755	银河星团	4.2	10′	7600
天鹅座	M39	银河星团	4.6	32′	825
天鹅座	NGC 7000	星云	—	2°	1600
剑鱼座	LMC	不规则星系	0.4	9° 10′ ×2° 50′	17.9 万
剑鱼座	NGC 2070	星云	5.0	40′ ×20′	17.9 万
双子座	M35	银河星团	5.3	28′	2800
武仙座	M13	球状星团	5.7	23′	2.53 万
猎户座	M42	星云	4.0	1°	1600
英仙座	NGC 869 & 884	银河星团	4.7	1°	7100
英仙座	NGC 1499	星云	5.0	2° 40′ ×40′	1000
英仙座	M34	银河星团	5.2	35′	1400
英仙座	Mel 20	银河星团	2.9	3°	600
船尾座	M47	银河星团	4.4	30′	1600
船尾座	NGC 2451	银河星团	2.8	50′	850
人马座	M8	星云	5.8	1° 30′ ×40′	5200
人马座	M22	球状星团	5.1	24′	1 万
人马座	M24	恒星云	4.5	1° 30′	1 万
天蝎座	M6	银河星团	4.2	20′	2000
天蝎座	M7	银河星团	3.3	1° 20′	800
天蝎座	NGC 6231	银河星团	2.5	15′	5900
盾牌座	M11	银河星团	5.8	14′	6000
金牛座	M45	银河星团	1.5	1° 50′	380
三角座	M33	星系	5.7	1°	~ 300 万
杜鹃座	SMC	不规则星系	2.3	5° 19′ ×3° 25′	19.6 万
杜鹃座	NGC 104	球状星团	4.0	30′	1.34 万
船帆座	IC 2391	银河星团	2.5	50′	580
船帆座	NGC 2547	银河星团	4.7	20′	1950

安东星云星团表

这是一个分类表，这里搜集的是容易被忽视的星云星团，它们绝大部分都已被湮没在时光的迷雾中。

分类编号	星座	类型	英语名称	汉语名称
Anton 0	Vulpecula	银河星团	The Coathanger	衣钩座
Anton 1	Ophiuchus	旧星座	Taurus Poniatovii	波兰公牛座
Anton 2	Triangulum	旧星座	Triangulum Minor	小三角座
Anton 3	Aries	旧星座	Musca Borealis	北蝇座
Anton 4	Gemini/Auriga	旧星座	Telescopium Herschelii	望远镜座
Anton 5	Bootes	旧星座	Quadrans Muralis	象限仪座
Anton 6	Eridanus	旧星座	Sceptrum Brandenburgicum	勃兰登王笏座
Anton 7	Eridanus	旧星座	Psalterium Georgii	乔治国王竖琴座
Anton 8	Sagittarius	旧星座	Teabagus	茶袋座

星座的旧有名称

在历史上，星座不仅被翻来覆去地由人安排或是抛弃，其中有些的名称也被变来变去。这里列出一组星座，附有它们现在及以前的名称。一般来说，它们以前的名称更加华丽动听。

当前拉丁名称	原来拉丁名称	原来英语名称	设计者	汉语名称
Antlia	Antlia Pneumatica	The Pump	尼古拉斯·拉卡伊	唧筒座
Apus	Apus Indica	The Indian Bird	凯泽和霍特曼	天燕座
Columba	Columba Noae	Noah's Dove	皮特鲁斯·普兰修斯	天鸽座
Fornax	Fornax Chemica	The Chemical Furnace	尼古拉斯·拉卡伊	天炉座
Mensa	Mons Mensae	Table Mountain	尼古拉斯·拉卡伊	山案座
Norma	Quadra Euclidid	Euclid's Square	尼古拉斯·拉卡伊	矩尺座
Octans	Octans Hadleianus	Hadley's Octant	尼古拉斯·拉卡伊	南极座
Pictor	Equuleus Pictor	The Painter's Easel	尼古拉斯·拉卡伊	绘架座
Pyxis	Pyxis Nautica	The Sailor's Compass	尼古拉斯·拉卡伊	罗盘座
Reticulum	Reticulum Rhomboidalis	The Rhomboidal Net	艾萨克·哈布赖特	网罟座
Sculptor	Apparatus Sculptoris	The Sculptor's Apparatus	尼古拉斯·拉卡伊	玉夫座
Scutum	Scutum Sobiescianum	Sobieski's Shield	约翰·赫维留	盾牌座
Sextans	Sextans Uraniae	Urania's Sextant	约翰·赫维留	六分仪座
Volans	Piscis Volans	The Flying Fish	凯泽和霍特曼	飞鱼座
Vulpecula	Vulpecula cum Ansere	The Fox & Goose	约翰·赫维留	狐狸座

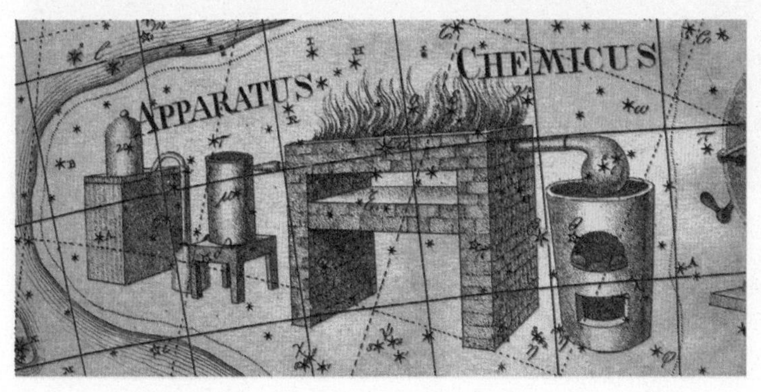

←图中是天炉座的画面表现，从中可以看出“过去好时光”的日子里，星座的名称要比现在灵活得多，也随和得多。看看这个设计多了不起。

从北半球观测到的星空

1～3月的星空

冬季可能是一年之中星空真正明亮、闪烁与发光的时节。猎户座非常突出，很容易辨认，它的周围环绕着很多神奇的星星。明亮的星星能够刺激你的视网膜，感知到色彩，因此这是一年中最佳的观星季节。你会发现很多不同色彩的星星：头顶上是黄色的五车二，高高挂在南边的是红色的毕宿五。猎户座本身就给你展现了两颗彩色的星星，一颗是红色的参宿四，另一颗是蓝色的参宿七。当你凝望星空时，你会疑惑不解，希腊人是怎么只用两颗星就创造出了小犬座的呢。也许当时正有一条小狗撞上了希腊战车，因此这一星座的名称就诞生了。

星星看点

猎户座星云 M42
金牛座昴宿星团 M45
金牛座毕宿星团
象限仪座流星雨（高峰期处于1月3日前后）

银河星团
球状星团
星云
星系

←↓北半球冬季星空

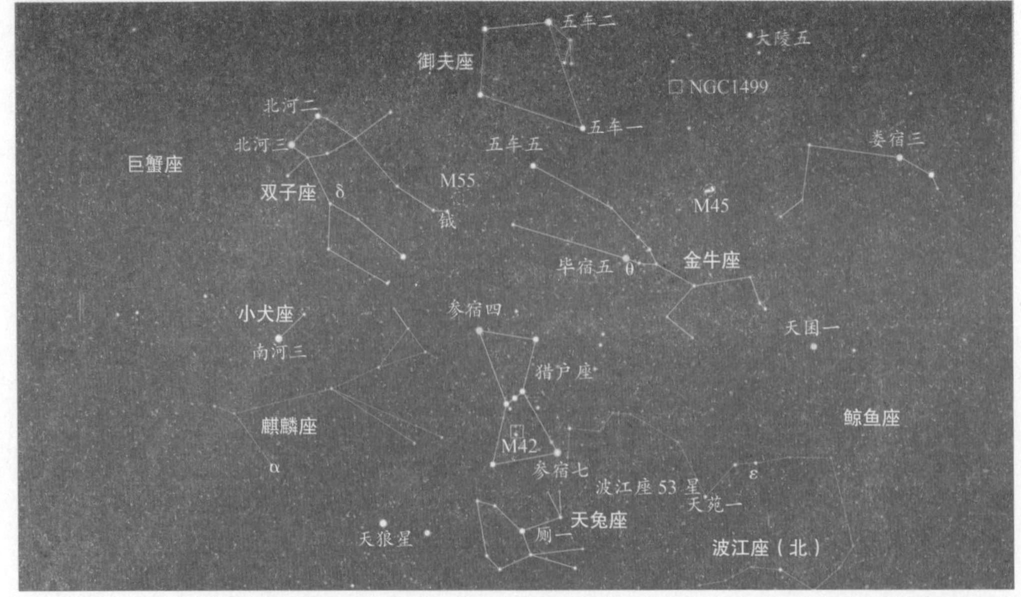

猎户座

拉丁名称
Orion
英语名称
The Hunter
缩写
Ori
拉丁语所有格
Orionis

α 星
参宿四 /Betelgeuse
星等范围
0.3 ～ 1.0
恒星颜色
红色

这是所有星座中最亮的一个，因为它比其他星座拥有更多较为明亮的星星。因此，在冬季的星空里它格外耀眼。它是一个古老的星座，有很多关于它的故事，其中包括天蝎座的故事。天蝎被派去刺杀猎户，这就是为什么它们最终被放在天空两侧的原因。

参宿七呈现为蓝白色，事实上，在大多数时间里，它比（广为误传的）主星参宿四更为明亮。参宿四实际上是一颗巨大的变星，大约每隔 6 年亮度会有所变化。

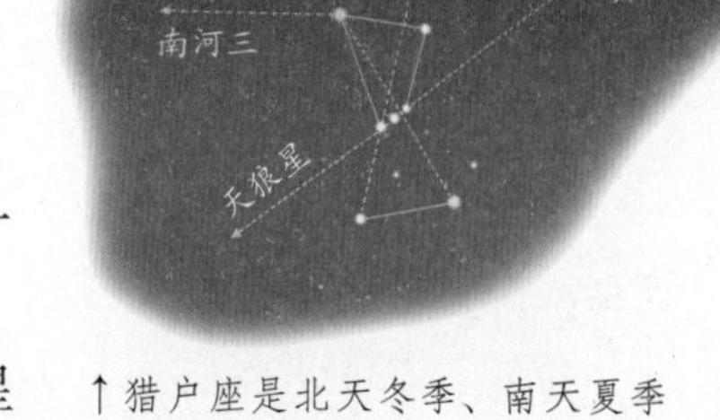

↑猎户座是北天冬季、南天夏季了不起的“指示牌”，指向附近许多明亮的星星。

在参宿七和参宿四之间，你会看到，有 3 颗星星几乎排成一条直线，形成猎户的腰带。但是它们实际上根本没有任何联系，这样比较容易辨认的图案被称为星群。这 3 颗星星从左至右分别是：参宿一、参宿二和参宿三。

位置：在北天星图中间的地方，我们可以发现猎户正在挥舞着他的大棒。

猎户座星云是一块著名的模糊云状物，位于连成“腰带”的 3 颗星星的正下方，你用肉眼就能看见。它又被称为猎户之剑，是一个发光的发射星云，由其内部的星星（最显眼的猎户座 θ 星）“激发”所有的气体而形成。目前，大约有 1000 颗星星诞生在这里，是一个真正的星星诞生地。

深空天体
M42
类型
星云
星等
4.0
面积
1°
距离（光年）
1 600

↑这是经典的猎户座星图。在夜空中，你可以非常清晰地看到猎户的狮子形盾牌，它是由 6 颗星星组成的一条曲线。有意思的是，这些星星的类别都带有希腊符号 π，从上至下分别为 π_1 至 π_6。

金牛座

金牛座是一个极其古老的星座，可能是人们所设计出的最古老星座之一。对埃及人来说，金牛是指牛神奥西里斯。而希腊人关于这个星座的传说是这样的：在金牛把宙斯的情人、美丽的少女欧罗巴安全驮运至克里特岛之后，宙斯便把金牛放置在天空之中。如果你仔细观察实际的图案，会发现图案上只画出了

拉丁名称
Taurus
英语名称
The Bull
缩写
Tau
拉丁语所有格
Tauri

α 星
毕宿五 /Aldebaran
星等
0.85
恒星颜色
橙色

牛的前半部分。这也很容易解释，因为金牛显然是一路游到克里特岛的，所以它的后半部分当然隐藏在水下，无法看到。凡事都有来由的。

值得玩味的是，尽管不同的早期文明之间没有任何关系，但它们竟然在天空中创造出了同一种动物。例如，亚马逊部落（相传曾居住在黑海边的女性民族）把 V 字形的金牛座毕宿星团也描绘成牛的头部形状，正如希腊人所做的那样。

夜空中，这个季节的宝石之一是金牛座红色的主星毕宿五（意为“花朵”），它是天空排名第 14 位的亮星。

位置：在北天星图上，金牛在猎户的右侧。

金牛座昴宿星团是天空的珍宝之一。你用肉眼能看到这个星团里的几颗星？有人凭其超级眼力曾经看到过 10 颗，并且还不是从非常暗黑的地方看到的。如果你看到的能够超过 30 颗，那么，用“我是示巴女王”（《圣经》中朝觐所罗门王以测其智慧的示巴女王。此处指具有非凡的智慧）这句话来形容你绝不为过。这个星团实际上包含数百颗恒星，使用双目镜或较低倍数的望远镜就可以看到它的壮观景象。昴宿星团正在穿越一个星云，这个星云通过反射恒星的光线而发光，但是这只有在照片上才能显示出来。

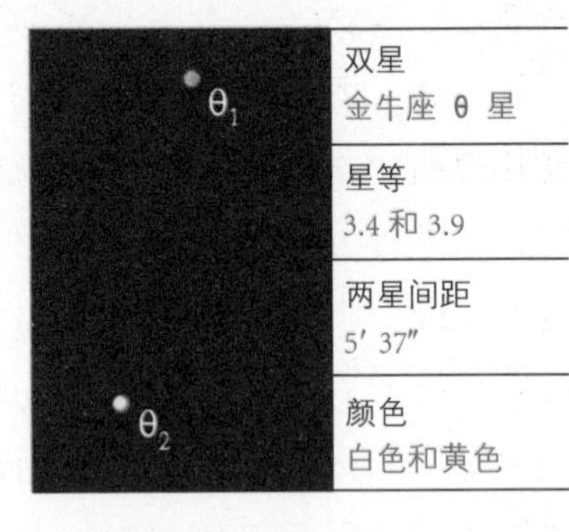

双星
金牛座 θ 星
星等
3.4 和 3.9
两星间距
5′ 37″
颜色
白色和黄色

深空天体
M45
类型
银河星团
星等
1.5
面积
1° 50′
距离（光年）
380

拉丁名称
Auriga
英语名称
The Charioteer
缩写
Aur
拉丁语所有格
Aurigae

α 星
五车二 /Capella
星等
0.08
恒星颜色
黄色

御夫座

古时候，希腊人把五车二当成了木卫五，它看起来既像一位年轻美丽的公主，又像一只山羊。眼神不好吗？拿山羊来说，故事是这样的：山羊帮助哺育还处在婴儿期的宙斯，然而有一天，宙斯无意中折断了山羊的一只角。人们总是喜欢大团圆，就把故事编成了这样：宙斯运用他作为神的魔法，把这只角变成了“丰饶之角”，里面装满其主人希望得到的任何东西，如脆饼、坚果、空心甜饼、水、茶、咖啡，等等。要是我能拥有这样一个羊角该多好啊！

在北纬 50° 以北的地方，例如英国、加拿大的温哥华和德国的法兰克福等地，五车二很容易变成为拱极星（circumpolar）。实际上，这里也有一对双星，有两颗大型的恒星彼此环绕。但是，你得用一个非常庞大的天文望远镜才能看到它们，非常之大。你可能会听到御夫说：“望远镜的另一端正在轨道上转动呢！”

位置：在北天星图上，御夫位于正中间偏上；在北天极星图上，它位于右下方。

拉丁名称
Gemini
英语名称
The Twins
缩写
Gem
拉丁语所有格
Geminorium

α 星
北河二 /Castor
星等
1.58
恒星颜色
白色

双子座

冬季夜空的另一个明亮星座是双子座，为首的两颗星是双胞胎北河二（意为“武士”）与北河三（意为“拳击手”），他们是跟随伊阿宋寻找金羊毛的阿尔戈英雄。奇怪的是，北河三（β 星）反而比北河二（α 星）更亮一些。据说是因为在经过了很多世纪以后，北河二已经褪色了。

↑这个星团由大约 200 颗恒星组成，用肉眼只有在超清晰的夜晚才能看到。

深空天体
M35
类型
银河星团
星等
5.3
面积
28′
距离（光年）
2800

如果你通过望远镜来观察，会发现北河二实际上是一颗双星。但是，即便如此，眼见的也并不一定就是事实，在北河二系统里还有好几颗双星。总计共有 6 颗星星（3 对双星）彼此环绕着转动，周期从 9 天 ~ 1 万年不等！

双子座 δ 星是一颗星等为 3.5 的白色星星，非常普通。我们给予它特别的关注，纯粹是历史的原因，正是在这个位置，人们于 1930 年发现了冥王星。

位置：在北天星图上，双子座位于左上方。

4～6月的星空

在春季，因为时令的关系，一个备受挤压的星座现在转到上面来了，这就是大熊座和它的星群北斗七星。我们对一年中的这个时期倍感亲切，因为在我们还是个小孩子的时候，第一次接触的很可能就是这些星座。你可以很容易找出牧夫座和狮子座，牧夫座的形状如巨大的“风筝”，狮子座就像一个“反写的问号”。你还可以很容易地认出天空中几颗明亮的星星：位于东南方向的大角星和角宿一，在它们右边有轩辕十四，在西方有北河二与北河三。

星星看点

使用北斗七星来找到大角星和五车二

大熊座开阳双星

后发座 Mel 111 星团

巨蟹座蜂巢星团或称鬼宿星团 M44

天琴座流星雨（高峰期处于 4 月 22 日前后）

银河星团

球状星团

星云

星系

←↓北半球春季星空

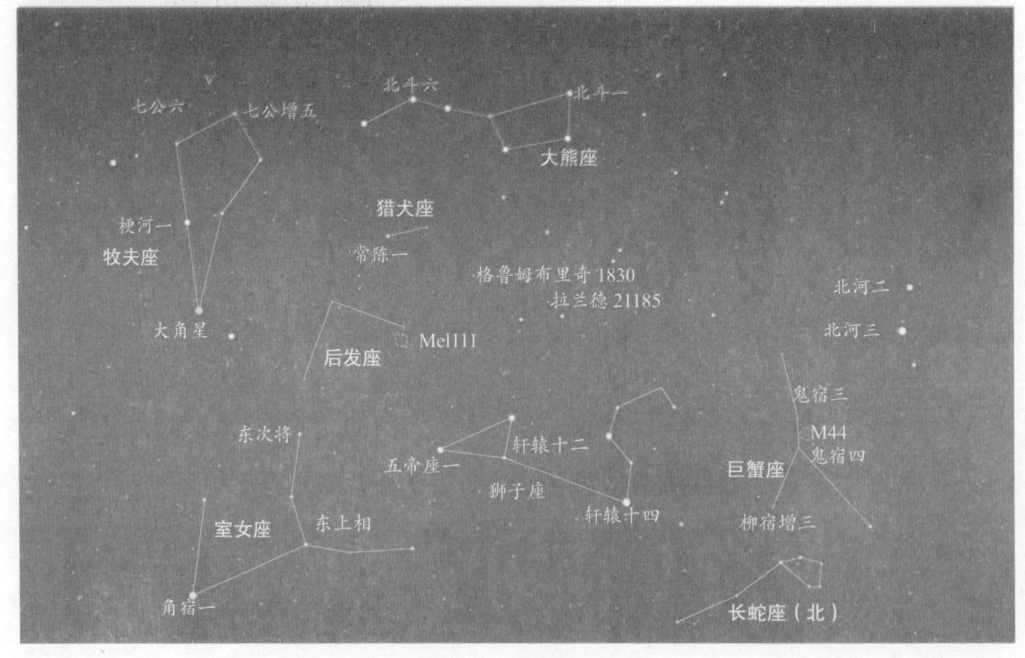

大熊座

拉丁名称
Ursa Major
英语名称
The Great Bear
缩写
UMa
拉丁语所有格
Ursae Majoris

α 星
北斗一 /Dubhe
星等
1.79
恒星颜色
橙色

为了帮助美丽的女仆卡利斯托摆脱她讨厌的女主人赫拉，宙斯把她变成了一只熊。在古希腊时代，赫拉是太空、宇宙和所有一切事物的头领，但是她有时爱发点儿小脾气。这个神话的寓意是：拥有一切并不能表示你就是一个善良的好人。这是人生一个重要的教训。

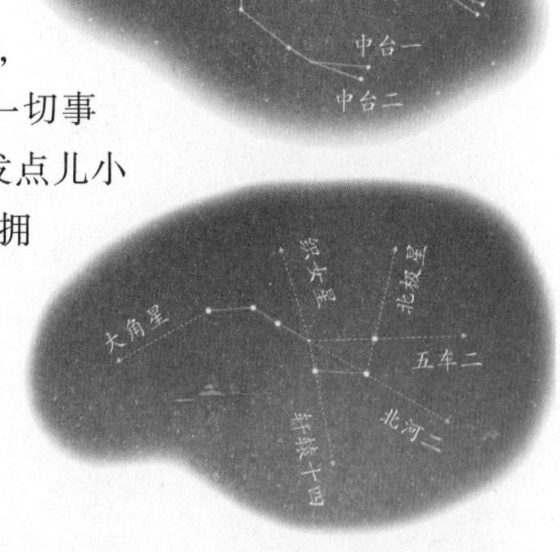

↑北斗七星是鼎鼎大名的观察星星的"标示牌"，试试看你都能到达哪里。

正如前面提到的，大熊座最著名的部分是一组 7 颗的星星，在英国被称为耕犁。但是，由于它那容易辨认的形状，它在世界各地有很多不同的称谓：在印度天文学里，我们发现它被称为 7 位圣贤；而在中国，它被称为北斗七星。

大熊座有几颗星星的名称非常迷人，它们围绕着整个星座在转动。拉兰德 21185 的星等为 7.5，每

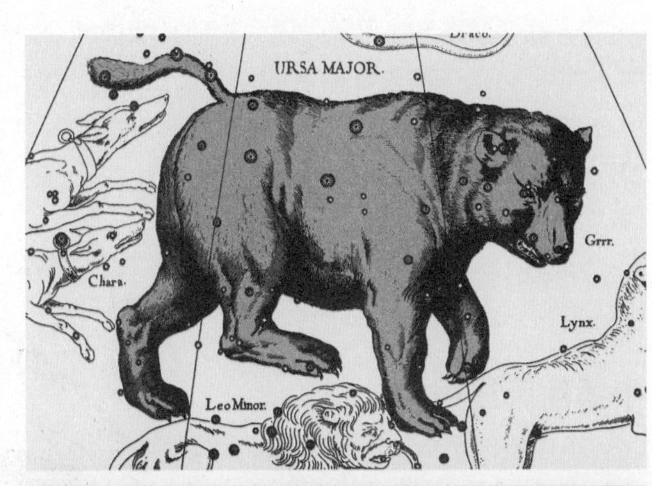

→对于旧日的希腊设计者来说，大熊这个形象设计得还不错。这是说，如果你把那里的星星用笔连在一起，还真有些像一头熊，或多或少具有熊的相貌。仔细观察，你会看到著名的北斗七星就在熊的后腰和尾巴处。

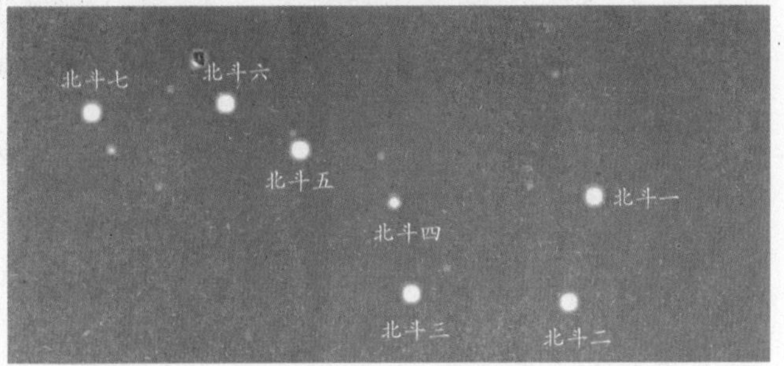

→如果你真想进入凝望星空的氛围，那么请记住：北斗七星的 7 颗星个个都有名字。如果你真想把它们印入脑海，现在就试着记记看。

一年自行 4.8″ 。它离我们只有 8.3 光年，可能拥有它自己的“太阳系”和行星。然后是格鲁姆布里奇 1830，它离我们 29 光年，星等亮度为 6.4，每一年围绕天空轻快地自行 7″ 。如果我们把所有因素都考虑进去，格鲁姆布里奇 1830 每秒钟自行接近 350 千米！很遗憾，只用肉眼的话，这两颗星连一颗也看不见，但你还是可以凝望它们的大体方向，思索着，指点着。

拉丁名称
Ursa Minor
英语名称
The Little Bear
缩写
UMi
拉丁语所有格
Ursae Minoris

α 星
北极星 /Polaris
星等
2.02
恒星颜色
黄色

小熊座

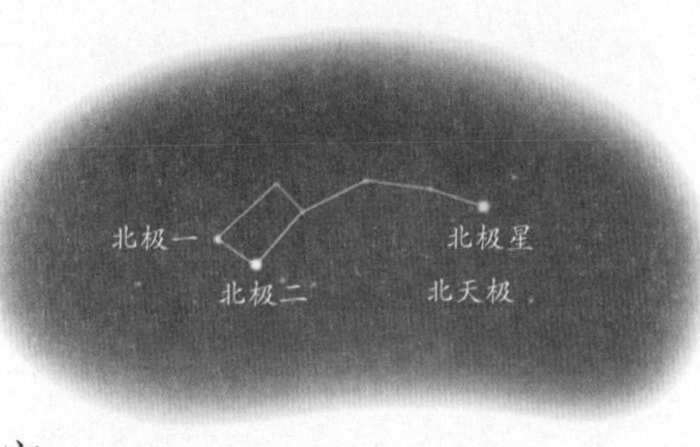

小熊座是由希腊第一位天文学家泰勒斯（Thales）在公元前 600 年前后描绘出的，它代表著名的大熊座卡利斯托的儿子阿尔克斯。它的主要几颗星组合在一起，成了北斗七星的微缩版，只是在它这里，那个把手更加弯曲。由于这个原因，很多外行的人常把北斗七星和小熊座的这几颗星混淆。但是，读完本篇之后，你就没有理由再把它们弄混了。北极二（β 星）和北极一（γ 星）被称为守卫星，因为它们是北极的守护神。

北极星是一颗久负盛名的星星。当然，我们把它称为北方之星或者极星，但是早期的希腊人把它称为“可爱的北方之光”，盎格鲁—撒克逊人称之为“船星”，并且早期的英国水手把它当作航海之星。这样不同的叫法还有很多很多，表明了历史上这颗星的重要性。

位置：在北天极星图上，小熊正围绕着北天极中心来回运行。

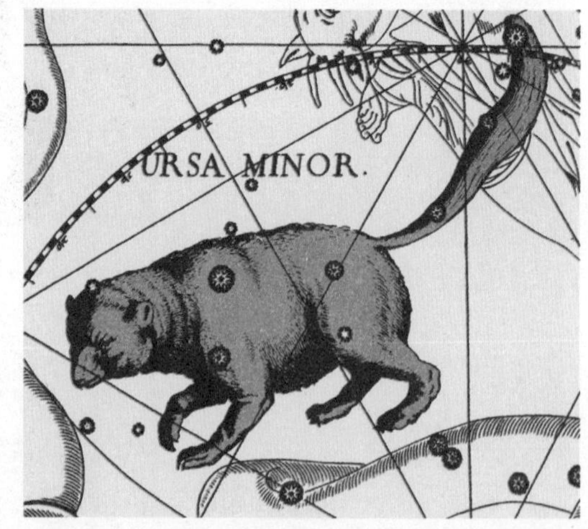

↑约翰·赫维留（Johann Hevelius）的星图《星图学》（Uranographia）中描绘的小熊形象。

小熊座流星雨

小熊座流星雨一个非常缺乏观测的北半球流星雨，但是在过去的 60 多年里却至少有过两次大爆发，分别在 1945 年和 1986 年。其他的一些流量增长，在最近的 1988 年、1994 年和 2000 年，也都有所报告。其他的类似现象可能由于天气原因或者观测者太少，已经被很轻易地错过了。对该流星雨可以采用所有的观测方法，因为它的群内流星中很多都是较亮的。

小熊座流星雨在20世纪80年代的前半部分没有给人们留下什么深刻印象。然而，1986年12月22日欧洲的几名观测者却报告了令人惊异的现象。比利时的果宾报告66.17兆赫上信号非常高，根据他的监听，23日的信号比前后几天要高3倍。英国的斯潘丁则从目视方面证实了比利时人的结果，他在22日观测到ZHR达到87+–29的爆发。挪威的伽德在22日深夜也观测到了ZHR达到64+–11的剧烈活动，平均星等为1.9，4个小时内共出现94颗群内流星。他的同胞希恩则在2小时内看到了75颗流星，ZHR达到122+–17，平均星等2.61。175颗观测流星中，17.1%留下余迹，66颗亮于2等，51.5%白色，33.3%黄色，7.6%红色，2.3%绿色，5.3%蓝色。

天龙座

拉丁名称
Draco
英语名称
The Dragon
缩写
Dra
拉丁语所有格
Draconis

α 星
右枢/Thuban
星等
3.7
恒星颜色
白色

这一组古老的星星可能是根据名叫拉冬的龙构想出来的，拉冬是金苹果园守卫金苹果的巨龙。天龙座位于大熊座和小熊座之间，相当暗弱，但是容易辨认。你可以以龙尾巴上的星星为起点，沿着龙的身体从北斗七星的上面经过，弯弯曲曲地来到它喷火的头部。

天棓四
天棓二
右枢

大约在4000年前，天龙座非常有名，那时候右枢是极星。现在，天龙座名气已经没有那么大了。

位置：天龙潜伏于北天极星图之中。

鹿豹座

在北天极星图上有一块很大的空白，那里住着我们友善的长颈鹿。在1614年，雅各布斯·巴特舍斯把它描绘成一头骆驼，后来经过形象的改变，它最终变成了一只长颈鹿。对你来说，那里并没有什么值得注意的地方，即使你把几个点逐个连到一起，也根本难以创造出什么来。这样的星座拥有稀奇古怪的名字，

拉丁名称
Camelopardalis
英语名称
The Giraffe
缩写
Cam
拉丁语所有格
Camelopardalis

α 星
—
星等
4.3
恒星颜色
蓝色

可真是件丢脸的事——你可以把重音落在名字中间的字母“par”上试试看。

更糟糕的是，它为首的那颗星竟然没有名字：好像雅各布斯是一个蹩脚的建筑师，工作没有完成就溜之大吉了。也许，如果他知道这个超级事实的话，他可能会考虑得更周全一点儿：鹿豹座 α 星在离我们 6900 光年的地方转动（光线来回一次各 3000 光年）。这也使得它成为你用肉眼看到的最远的星星之一。

↑为了便于你的观察，图中把附近的一些星星标示出来了，否则还真不容易找到微弱的鹿豹座的位置。

拉丁名称
Bootes
英语名称
The Herdsman
缩写
Boo
拉丁语所有格
Bootis

α 星
大角星 /Arcturus
星等
－0.04
恒星颜色
金色

牧夫座

这就是牧夫，或者称为耕夫，他紧紧抓住他的猎犬，驱赶着大熊绕着天空转动。但说实在的，要么是我们漏看了什么东西，要么就是这位牧夫有点儿问题，因为他的形象把我们完全弄糊涂了，即使是在最具创意的时候也想象不出来他的样子。如果你把

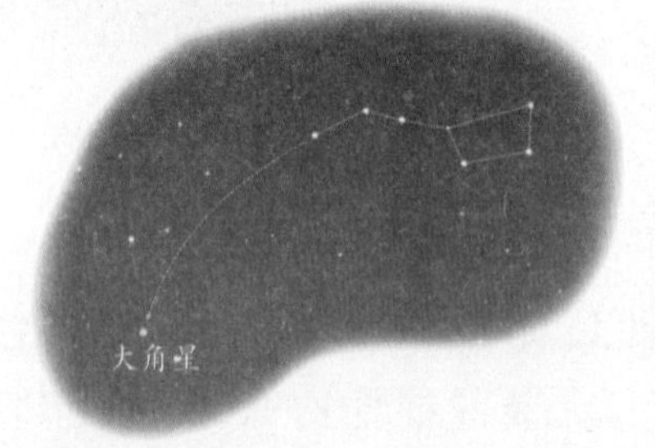

双星
牧夫座 ν 星
星等
5.0
两星间距
10′ 28″
颜色
深橙色和白色

↗沿着北斗七星的扶手往下，经过一个稍微弯曲的弧形，你可以很容易找到大角星。在 1000 多年的时间里，它移动的距离跟一个圆月的宽度大致相等。这是因为它离我们相对来说比较近，只有 37 光年。大角星也是天空中排名第 4 的亮星。

天体
ANTON5
类型
旧星座

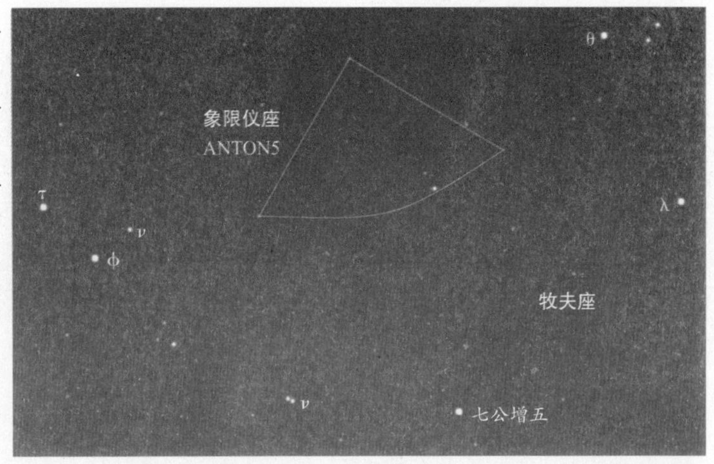

→在天空这片暗淡的区域，从前是古老的象限仪座，这是1795年约瑟夫·拉兰德给起的名字。虽然它现在不存在了，但是人们还记得它，因为每年开始的时候，从这个区域都会出现流星雨——象限仪座流星雨。

这些星星连在一起能产生出一个带着猎犬的人来，那就神了。事实上在北天星图中，这个星座主要的星星构成一滴倒过来的泪滴，或者像一只拉长了的风筝形状，明亮的大角星位于它的底端。

来自牧夫座的流星雨被称为“6月牧夫的孩子”，又被称作“庞斯-温尼克家的孩子”这样超级好听的名字。

位置：在北天星图上，牧夫正在左边放牧。

猎犬座

拉丁名称
Canes Venatici
英语名称
The Hunting Dogs
缩写
CVn
拉丁语所有格
Canum Venaticorum

α 星
常陈一 /Cor Caroli
星等
2.9
恒星颜色
白色

1690年，波兰天文学家赫维留把这个暗弱的星座添加到了天空，当时并没有人在意。它就位于北斗七星的下面，代表查拉和阿斯特利翁，也就是牧夫的两条猎犬。牧夫有些担心，害怕猎犬和熊打起来。

埃德蒙·哈雷把a星命名为常陈一，意思是“查理的心脏”，源自于查理二世。在他于1660年5月29日返回伦敦之前的那天晚上，这颗星格外耀眼。

位置：在北斗七星的扶手下方，你会找到这些猎犬。

在古代希腊文献中，猎犬座的星被描绘为牧夫扛的棒子。后来被阿拉伯人翻译为钩子，或牧人的带钩牧杖。再翻译到西欧文字误成了狗，最终被赫维留定成一个独立的星座。

猎犬座包含中国古代的星座“常陈”。《晋书·天文志》记载：“常陈七星如毕状，在帝座北，天子宿卫武贲之士，以设疆御。”

晴朗无月的夜晚，在猎犬座 α 星和大角连线的中点可以找到一颗非常黯淡的星，有时甚至得借助小望远镜才能看到。而在大型望远镜下观察，原来它并不

变星
La Superba
猎犬座 Y 星

星等范围
5.2 ～ 10

周期
251 天

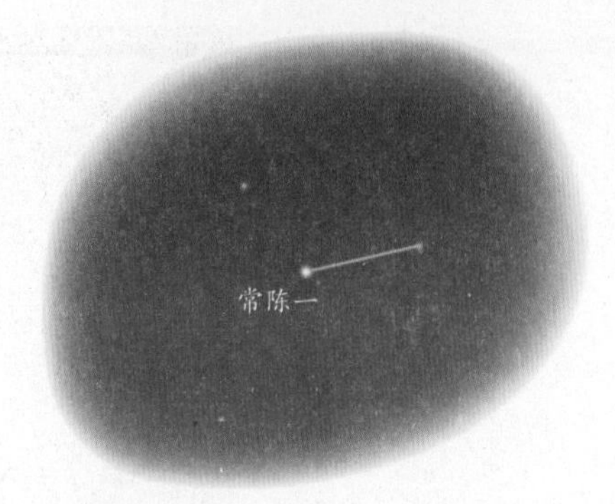

↑这颗星被 19 世纪意大利之父塞奇命名为“傲慢”，因为它发出超强的红光。它的星等变化很大，观察它在刚好看不到的时候星等为几，重新出现的时候星等又为几，这将会很有趣。这也可说明你那里的天空有多清澈。

是一颗星，竟是 20 多万颗星聚在一起的星团。猎犬座的这个大星团呈球形，直径达 40 光年，在天文学上叫作“球状星团”。在猎犬座北面有一旋涡星系，距离我们约 1400 万光年，即猎犬座星系。

猎犬座星系包含 5 个梅西耶天体。之一是螺旋星系即 M51，包含 NGC5194 和不规则星系 NGC5195；后者正对地球，于 1845 年被 William Parsons 观测到，是第一个被认为有螺旋结构的星系。猎犬座还包括向日葵星系（M63 或 NGC5055），螺旋星系 M94 和螺旋星系 M106。M3(NGC5272) 是一个球状星团，直径 18&prime，6.3 等，可以用双筒望远镜看见。

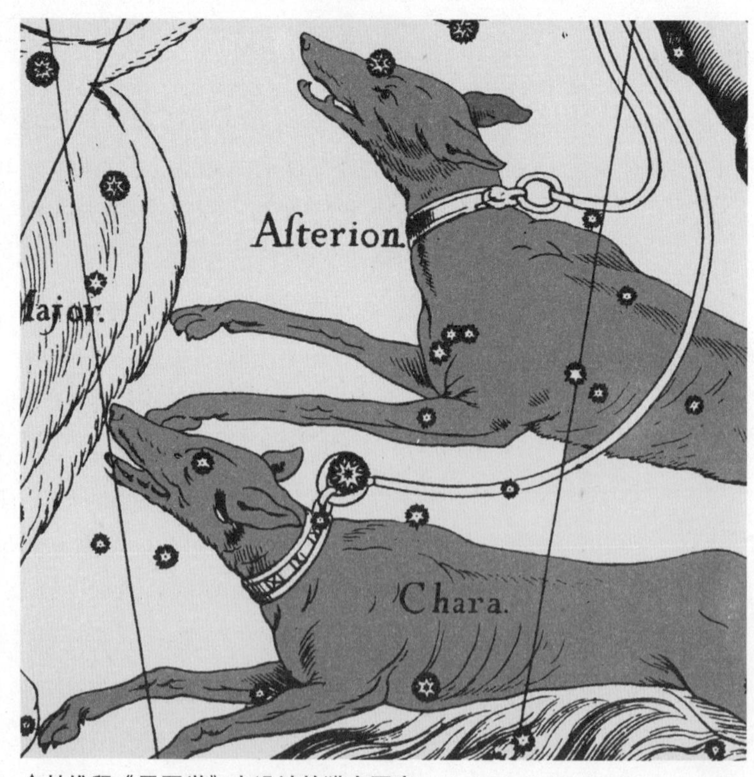

↑赫维留《星图学》中设计的猎犬图案

猎犬座的常陈双星应该都是白色，但有些观测者宣称看见淡雅的色彩。经由光谱的研究，可能是因为较亮的一颗恒星有着不寻常的成分。M3 球状星团约为半个满月大。若想观测星团内的各个恒星，必须使用口径 10 厘米以上的望远镜。M51 螺旋星系几乎正面对着地球，是天空中最有名的星系之一，也是最容易观测螺旋构造的星系。

拉丁名称
Coma Berenices
英语名称
Berenice's Hair
缩写
Com
拉丁语所有格
Comae Berenices

α 星
王冠 /Diadem
星等
4.3
恒星颜色
黄色

后发座

贝伦妮斯王后是埃及国王托勒密三世的妻子。在打了一场漂亮的胜仗之后，女神阿佛洛狄忒认为天空是放置这位王后头发的好地方。很显然，王后的头发是乌黑的，这也就是为什么后发座整个都很暗弱。尽管这个传说很古老，但是后发座的名称并不固定，直到 1601 年才由第谷 · 布拉赫确定下来。

位置：在北天星图上，后发座位于明亮的大角星的右侧。

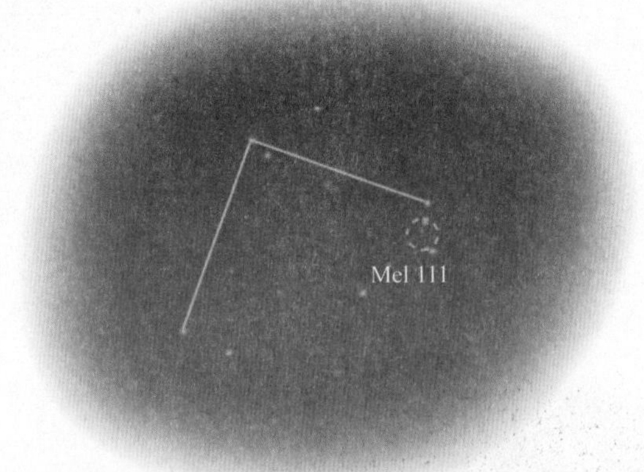

→后发星团大约有 45 颗星星，过去它们位于狮子的尾巴处，被看作是狮子尾巴模糊不清的毛发，现在则构成贝伦妮斯王后飘逸的秀发。

深空天体
Mel 111
类型
银河星团
星等
2.7
面积
4′ 30″
距离（光年）
265

拉丁名称
Leo
英语名称
The Lion
缩写
Leo
拉丁语所有格
Leonis

α 星
轩辕十四 /Regulus
星等
1.35
恒星颜色
白色

狮子座

在希腊和罗马的传说中，狮子座是较早被定名的星座，代表在尼米亚森林里悠闲漫步的狮子。后来，身负 12 项艰巨任务的赫拉克勒斯杀死了它，经典的故事大体如此。与其他星座不同，狮子座可以说是与人们传说的十分相似：狮子头部就像一个巨大的反写的问

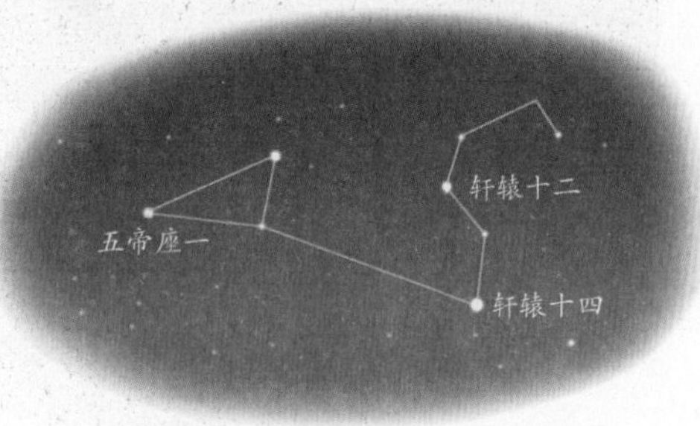

号，左边是它的身体。

轩辕十四处在狮子头的底部，非常接近黄道（ecliptic），因此，它是月球和行星能够遮盖到的仅有的4颗亮星之一。天文学上的术语称这种现象为星掩（occultation）。

位置：在北天星图上，狮子座位于大熊座脚部的下方，构成一个独特的形状。

巨蟹座

拉丁名称
Cancer
英语名称
The Crab
缩写
Cnc
拉丁语所有格
Canceri

α 星
柳宿增三/Acubens
星等
4.25
恒星颜色
白色

这是一个古老的星座，像个三明治一样夹在双子座和狮子座中间。这只螃蟹被九头怪蛇派去要干掉赫拉克勒斯，倒霉的是赫拉克勒斯踩在它身上，踩死了它。尽管它不是一个很亮的星座，也很不起眼，在视觉上也缺乏震撼效果，但是了不起的蜂巢星团弥补了它的这些不足。

位置：在北天星图上，位于狮子座的右边，暗弱的巨蟹趴在亮星组成的太空池塘里。

↑蜂巢星团也称鬼宿星团，有几百颗恒星，其中很多是双星，因此我们看到的是“模糊”的一团。由于它比较亮，自古以来就被人们熟知。

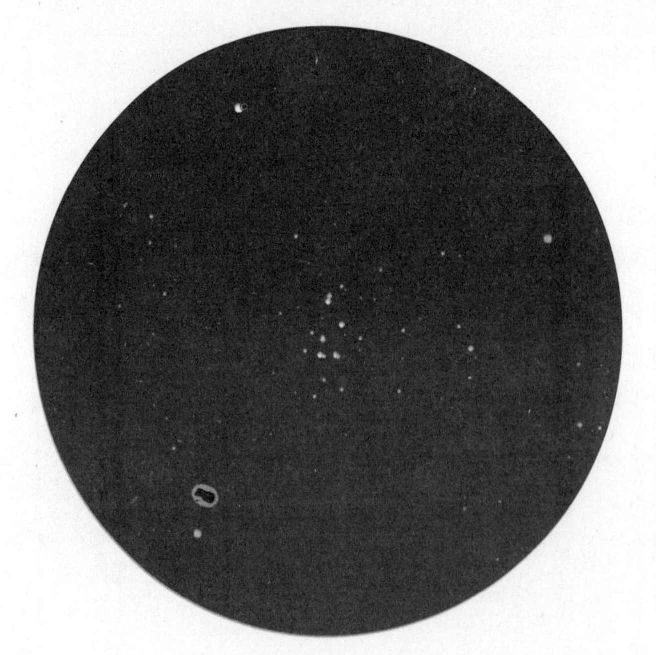

深空天体
M44
类型
银河星团
星等
3.7
面积
1° 35′
距离（光年）
577

←这是透过一副较好的双目镜观测到的蜂巢星团的细部。

室女座

拉丁名称
Virgo
英语名称
The Maiden
缩写
Vir
拉丁语所有格
Virginis

α 星
角宿一 /Spica
星等
0.98
恒星颜色
浅蓝色－白色

这是一个古老的星座，与正义女神有关。很显然，她对人类那样对待地球感到有些不满，于是便离开她的肉体，到星星中间寻找幸福，成为了处女，或称室女（因此得名室女座）。谁会怪罪她呢？你也许会认为，室女座这个天空中第二大星座能在视觉上给我们提供很多东西。但除了那颗为首的亮星角宿一，它并没有带给我们什么。

东次将（ε 星，意为“采收葡萄的人”）是一颗与喝的东西有关的星星：当它第一次升起时，标志着新的葡萄收获季节开始了。干杯！

位置：在北天星图上，室女正在左下方小憩呢。

← ↓想要找到角宿一，可以沿着从北斗七星到大角星的那条弧线继续下去。行星或月球偶尔会盖住或者说是掩住角宿一，因为它离黄道比较近。发生这种现象的其他亮星还有毕宿五（金牛座）、轩辕十四（狮子座）和心宿二（天蝎座）。

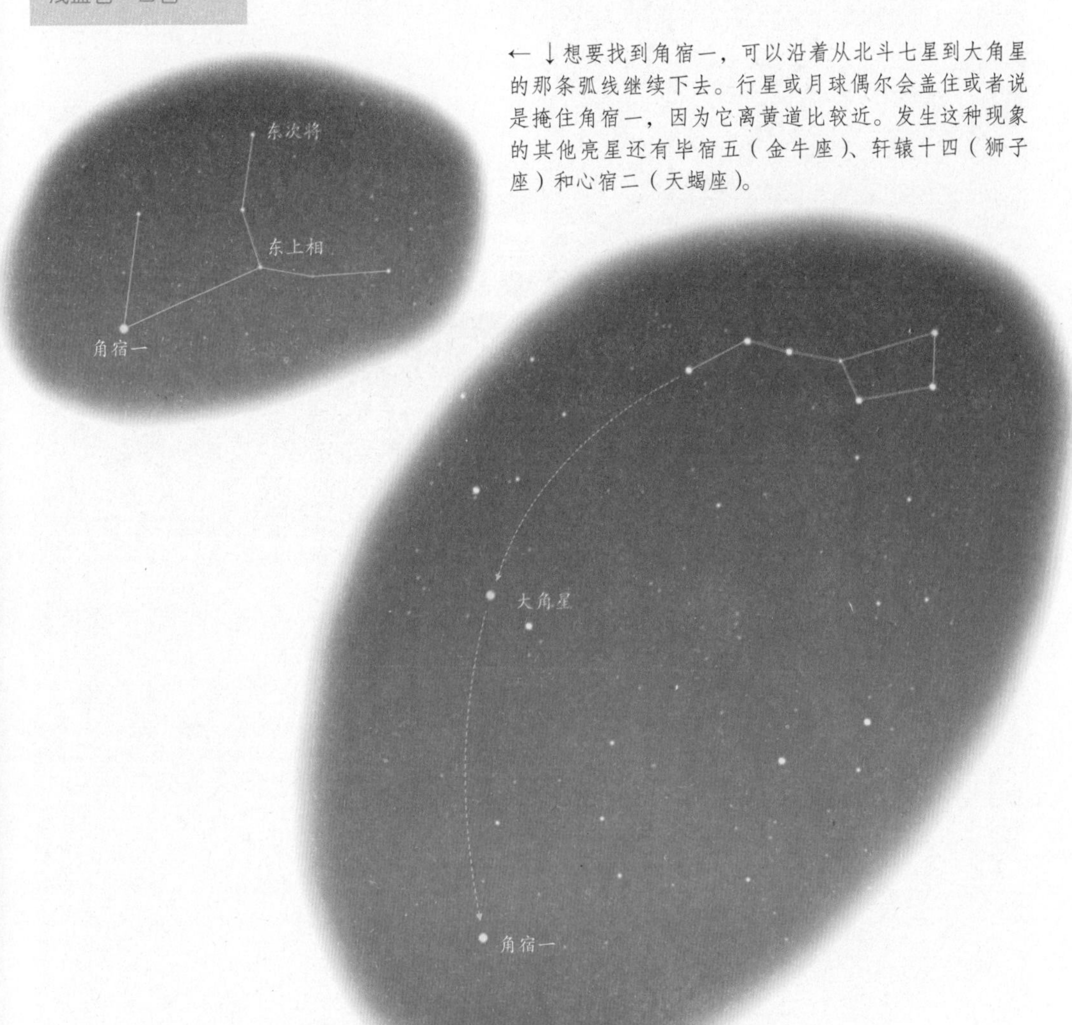

7～9月的星空

在夏季期间，我们开始能看到银河从东方的地平线出现了。当然，在北半球我们会遇到一个问题：地球向太阳倾斜，这样太阳带给我们的白天较长，气候温暖宜人，但留给我们满天星斗的夜空的时间却很有限。在西边的天际是上一个季节残留下来的东西：明亮的大角星领导着牧夫座，它的左边是辉煌的曲线形星座北冕座，而南边的广大地带则由蛇夫座支配着。在东边的天际，夏季三角出现了（很奇怪，这一组在秋天更亮，更像是秋季的星座。就这么着吧）。

星星看点

武仙座大星团 M13

已经废弃不用的波兰公牛座

英仙座流星雨（高峰期处于8月12日前后）

双鱼座流星雨（两次高峰期，处于9月8日和21日前后）

←↓北半球夏季星空

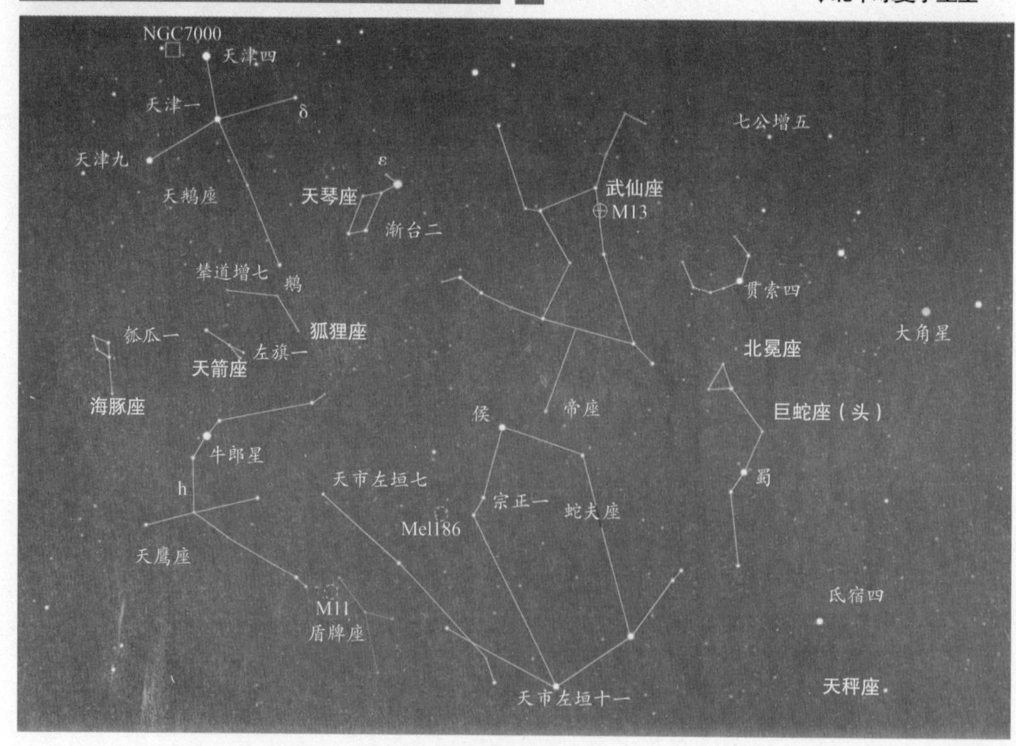

天鹅座

拉丁名称
Cygnus
英语名称
The Swan
缩写
Cyg
拉丁语所有格
Cygni

α 星
天津四 /Deneb
星等
1.25
恒星颜色
白色

天鹅座是古老的星座之一。根据其中一个故事，它代表宙斯。为了幽会他的情人——廷达瑞俄斯的妻子勒达，宙斯很聪明（至少他是这样认为的）地把自己化作一只天鹅，为的是不让别人认出来。我们知道，这个故事想向我们表明宙斯的躲避技巧，但是故事经不起时间的考验。

天鹅高傲地随着银河飞翔。银河是暗弱的奶白色带状物，是由几百万颗遥远的星星组成的，是整个银河系的一部分。在远离灯光污染的天空，你可以看见这条雾霭状的天河把自己最美的姿容展现给你。使用双目镜，你可以看到它里面含有星团、星云和各种各样神奇的东西。

↑构成著名的夏季三角的 3 颗亮星：天津四（~ 2100 光年）、织女星（25 光年）和牛郎星（16 光年）。

深空天体	M39
类型	银河星团
星等	4.6
面积	32′
距离（光年）	825

虽然迟至 1764 年才被收入梅西耶星云星团表，但是它非常明亮，早在古希腊时期亚里士多德就注意到了它。尽管我们这里看到的是夏季星空，但在北半球 10 ~ 12 月的星图中，它位于右上方。

深空天体	NGC 7000
类型	星云
面积	2°
距离（光年）	1 600

在远离灯光污染的真正漆黑的夜晚，北美星云据说可以被辨认出来。这块云状物位于银河的中心，因它明显的形状而得名。你能看见它吗？

天津四表示天鹅的尾巴，辇道增七是天鹅的头部，从天津九经过天津一到达天津二（δ 星），它们构成了天鹅展开的翅膀。这样你也就可以看出为什么天鹅座也称北十字座了。

位置：在北天星图上，这只幸福的天鹅位于左上角。

天琴座

这是一个古老的星座，形状像一种乐器。这种乐器是众神的使者赫耳墨斯发明的，后来献给了他同父异母的兄弟音乐之神阿波罗。

织女星（α 星）是一颗相对来说离我们较近的恒星（距离为 25 光年），在 1.1 万年前一直占据极星的位置；它下一次还会担任同样的角色，时间大约在公元 14500 年。这主要是因为地球不停地旋转，慢慢地移动轴心，倾角将会达到 23.5°，周期为 2.58 万年。北极点和南极点也在以同样的周期改变，因此北极星和南极星也就改变了。在

↑织女星在古埃及被称作“秃鹫星”。在 1801 年约翰·波德设计的这张星图上，我们可以十分清楚地看到这只秃鹫。

拉丁名称
Lyra
英语名称
The Harp
缩写
Lyr
拉丁语所有格
Lyrae

α 星
织女星 /Vega
星等
0.03
恒星颜色
浅蓝色 – 白色

变星
渐台二
天琴座 β 星
星等范围
3.34 ~ 4.3
周期
12.9 天

这是一颗交食双星型变星，是天琴座 β 星中第 1 组这样的变星。两颗恒星互相环绕，彼此非常靠近，以至于引力把它们拉变了形：把它们弄成更像鸡蛋的形状，而不是圆形！

双星
天琴座 ε 星
星等
5.0 和 5.0
两星间距
3.5′
颜色
黄色和橙色

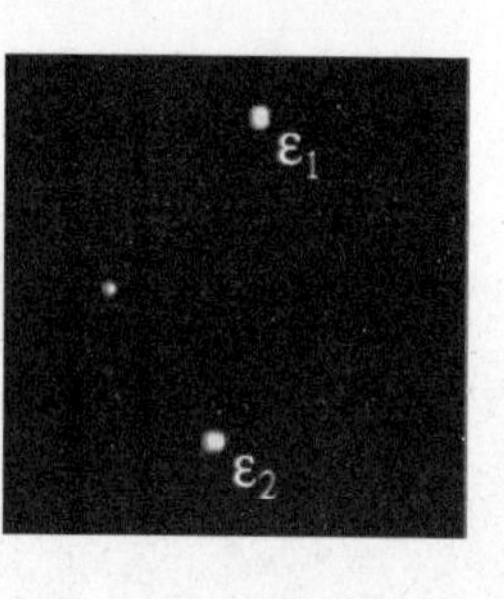

↑这一对双星值得我们看一看。ε_1 和 ε_2 是一对光学双星，两者间距很宽，可以用来考验一下你的视力好不好。现在拿起你的望远镜，你可以看见天琴座 ε_1 和 ε_2 星又分别是货真价实的双星，各有两颗星星。这真是一座星星的富矿：1 颗双星的价值却包含 4 颗星！

北天星图上，织女星在我们能看到的亮星里排名第三，排在天狼星和大角星之后。1850 年，织女星成为第一颗被照相机拍到的星星。

位置：在我们北半球的星图上，天琴座是虽然很小但却很优秀的星座，位于天鹅座的右边，它为首的织女星是夏季三角里最明亮的一颗星。

天鹰座

拉丁名称
Aquila
英语名称
The Eagle
缩写
Aql
拉丁语所有格
Aquilae

α 星
牛郎星 /Altair
星等
0.77
恒星颜色
白色

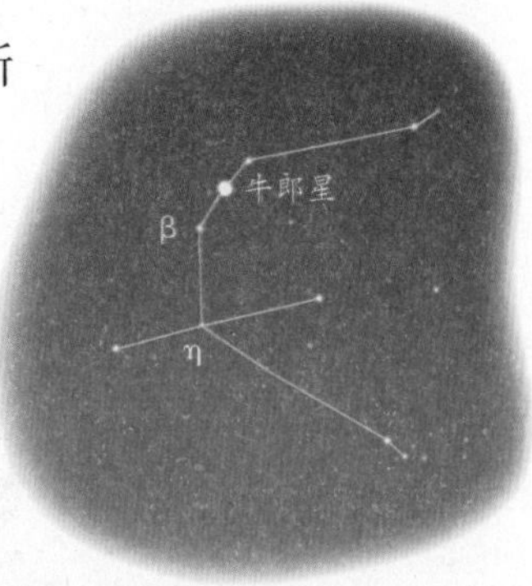

这是个古老的星座，代表宙斯的长羽毛的朋友，经常被描绘成拿着宙斯的闪电，这就是它的工作。漂亮的银河从天鹰的背后流过，使得漆黑的夜空中的这一区域很值得一看，尽管这里有些弯弯曲曲。至于说带头闪烁的牛郎星，它离我们只有大约 16 光年，是离我们最近的恒星之一。

天鹰座上方偏左的地方是一个较小的星座海豚座。除了它有着漂亮的外表，我提及它还因为它的亮星的名称：它的 α 星叫 Sualocin（瓠瓜一），而 β 星叫 Rotanev（瓠瓜四）。你把这两个词的拼写反过来就得到 Nicolaus Venator（尼古拉斯・范纳特），他是 17 到 18 世纪意大利天文学家朱塞普・皮亚齐的助手。

位置：在北天星图上，天鹰正在左下角向下飞翔。

变星
天鹰座 η 星
星等范围
3.5 ~ 4.3
周期
7.176 天

这是一颗造父变星。你可以看到附近的天鹰座 β 星以星等 3.7 的亮度发着光，可以拿它来作个很好的参照。

←这就是天鹰。在美好的过去，它通常带着安提诺乌斯绕着天空旅行。正如你所看到的，安提诺乌斯不是一个小孩子了，最终，天鹰实在受够了，便把他丢下不管了。安提诺乌斯从星图中消失了，再也没有在星座俱乐部出现过。

狐狸座

拉丁名称
Vulpecula
英语名称
The Fox
缩写
Vul
拉丁语所有格
Vulpeculae

α 星
鹅 /Anser
星等
4.44
恒星颜色
橙色

赫维留把这个小星座命名为狐狸和鹅座。现在鹅消失了，也许是被狐狸吃掉了。不管故事是怎样的，总之它并不是一个突出的星座，但是却有一个了不起的天体有待发现。

位置：在我们的星图上，狐狸潜伏在天鹅的下方。也许，在吃了那只鹅以后，狐狸肯定又在觊觎天鹅的美味吧。

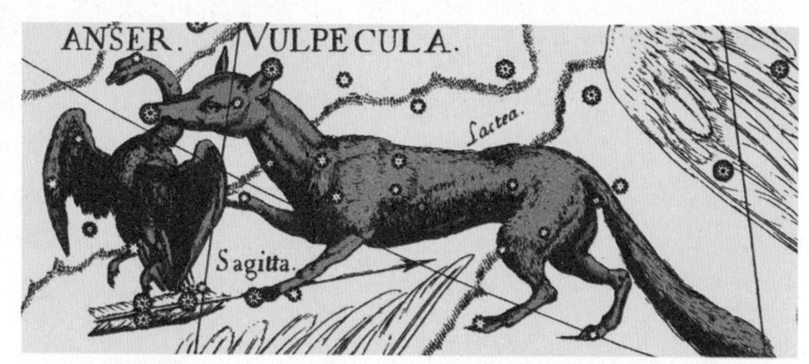

↑出现在赫维留的《星图学》上的整个星座原来是要表明，无论是狐狸还是鹅都愉快地在天空游荡。

天体
ANTON 0
类型
银河星团
星等
3.6
面积
1°

↓衣钩座又称 CR399 或布罗基星团。它由 10 颗主要的星星组成，从天文角度看形状奇妙，由此得名。它还真像个衣钩呢！在暗夜的天空，你用肉眼只能看到那里是模糊的一团，你真该使用双目镜来好好观察一下。

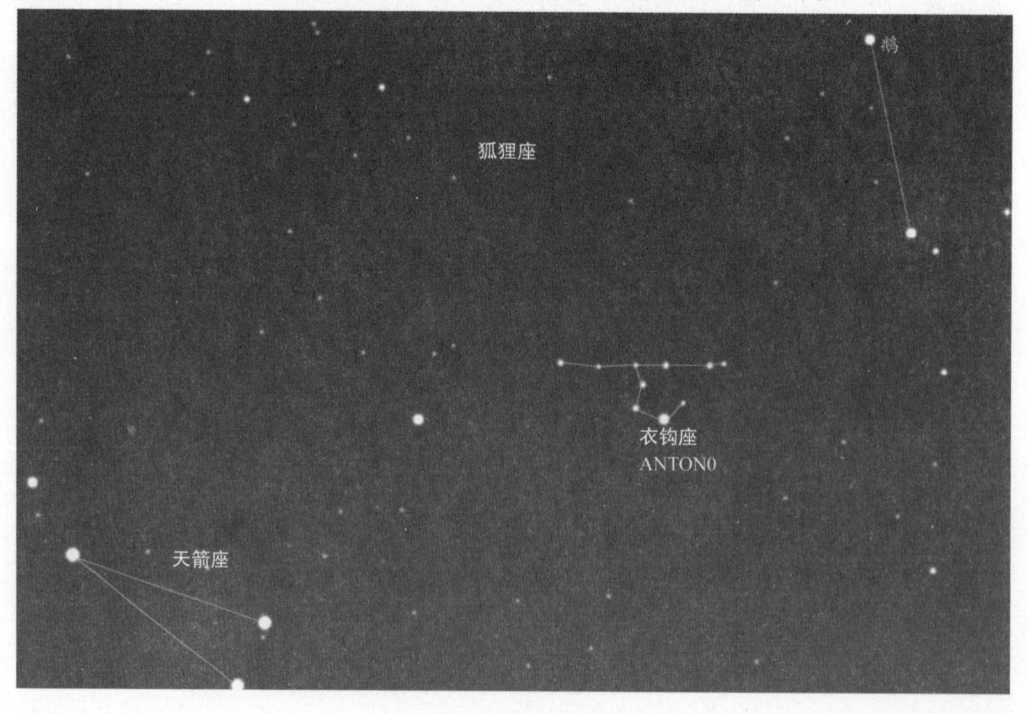

武仙座

拉丁名称
Hercules
英语名称
Hercules
缩写
Her
拉丁语所有格
Herculis

α 星
帝座 /Rasalgethi
星等范围
3.0 ～ 4.0
恒星颜色
红色

这是一个古老的星座，代表世界上力气最大的人。在他完成了 12 项据说是不可能做到的“苦役”之后，在天空中他被安排了一个位置。他是一个厚脸皮的家伙，就在美丽的天鹅右边，由 4 颗星组成一个不规则四边形，非常容易记住。

位置：把它的几个点连在一起，形状就像一个人单腿着地在跳莫里斯舞（英国传统民间舞蹈）。在北天星图上，我们可以发现武仙座位于中间偏上一点。

深空天体
M13
类型
球状星团
星等
5.7
面积
23′
距离（光年）
2.53 万

武仙座大星团是北半球最大的球状星团。观察它的最佳位置是从一个黑暗的地方，而它的面积为 10′ 的时候，用肉眼就能看到。

变星
帝座
武仙座 α 星
星等范围
3.0 ～ 4.0
周期
～ 3 个月

帝座不仅是颗变星，还是颗双星。帝座的伴星星等为 5.4，两星间距为 5″，这就意味着你得用望远镜才能看到它们。

蛇夫座

蛇夫座来源于希腊，有关它的身份和故事已经随着时光的流逝而遗失了。蛇夫可能是指阿斯克勒庇俄斯，他是希腊神话里的医神。他无论走到哪里，总是带着一根手杖，上面盘着一条蛇。在他手里的这条蛇，向右伸展成为巨蛇座的蛇头，向左伸展形成蛇尾。

拉丁名称
Ophiuchus
英语名称
The Serpent Bearer
缩写
Oph
拉丁语所有格
Ophiuchi

α 星
侯 /Rasalhague
星等
2.08
恒星颜色
白色

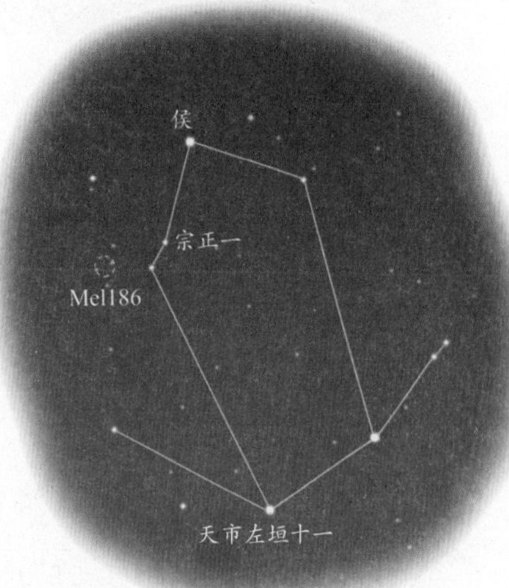

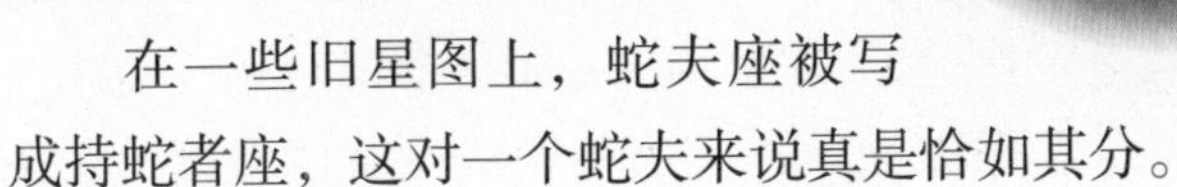

在一些旧星图上，蛇夫座被写成持蛇者座，这对一个蛇夫来说真是恰如其分。

位置：在北天星图中间的下方，蛇夫正紧紧抓住巨蛇。

←巴纳德星是根据它的发现者爱德华·巴纳德命名的，它是离我们第三近的恒星，只有6光年。巴纳德星实际上偏离了它的位置，在所有恒星中，它的自行幅度是最大的，每年自行10.25″，真是令人难以置信。遗憾的是，它实在太暗弱了，即便距离我们这么近，它的星等也才达到9.5。

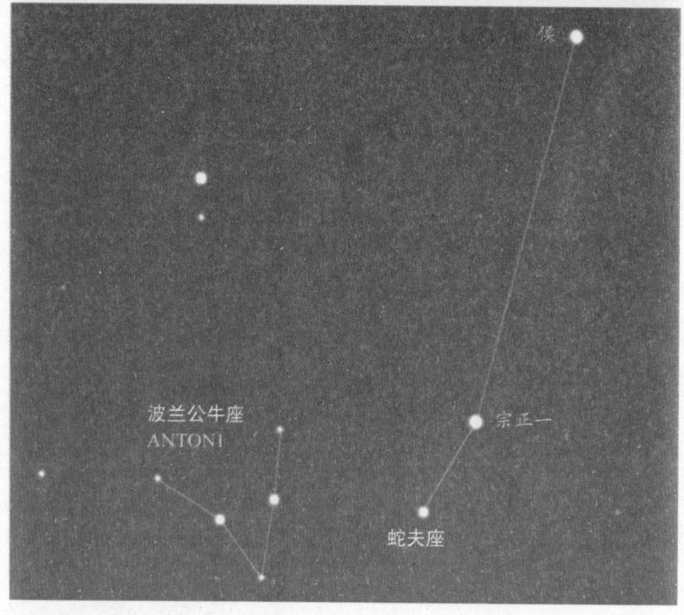

天体
ANTON 1

类型
旧星座

←围绕Mel186银河星团转动的是波兰公牛座，现在这一名称已经废弃不用了。1777年，艾比·波泽布特为了纪念波兰国王斯坦尼斯洛斯·庞尼阿托维而创立。之所以如此命名，是因为由几颗恒星组成的V字形看起来就像金牛座毕宿星团的翻版，只是要小一些、暗一些。还有呢，在这里我们还能发现巴纳德星。

盾牌座

拉丁名称
Scutum
英语名称
The Shield
缩写
Sct
拉丁语所有格
Scuti

α 星
索别斯基 /Sobieski
星等
4.0
恒星颜色
黄色

这个星座是赫维留于1690年创立的，定名为索别斯基的盾牌，是为了纪念波兰国王扬·索别斯基的战功。噢，赫维留的天文台被火烧掉之后，这位国王还帮助过他呢。

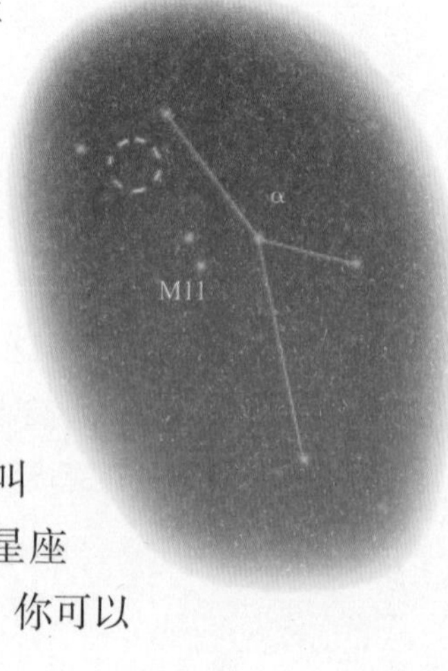

盾牌座 α 星实际上并没有名字，所以这里就给它指派个名称，叫作“索别斯基”，为的是纪念这个星座原先的全称。这种做法也有过先例，你可以

看一看狐狸座以及它的 α 星鹅。

位置：在北天星图上，位于天鹰右下方的盾牌正在保护星图的底部。

盾牌座亮于 5.5 等的恒星有 9 颗，其中两颗最亮的星为 4 等星。每年 7 月 1 日子夜，盾牌座的中心经过上中天。在北纬 74 度以南的广大地区可看到完整的盾牌座；在北纬 84 度以北的地区则看不到该星座。

盾牌座星图

盾牌座中最有名的星是盾牌座 δ 星，中文名“天弁二”。它是一类短周期脉动变星的典型，即常说的盾牌 δ 型变星，盾牌座 δ 星的亮度极大时为 4.6 等，极小时为 4.79 等，光变周期为 0.193769 天，即 4 时 39 分 1.7 秒。其光谱型为 A ~ F 型，在赫罗图上位于造父变星不稳定带。光变曲线形状变化很大，同船帆座 AI 型变星相近，但变幅小于 0.3 个星等。最初，人们把一切周期短于 0.21 天的 A 、F 型脉动变星都称作盾牌 δ 型变星(又称矮造父变星)，后来只把光变幅小于 0.3 个星等的短周期脉动变星称作盾牌 δ 型变星。

盾牌座中有一些星云、星团，最著名的是 M11（NGC6705）疏散星团，是德国天文学家基希于 1681 年首先发现的。英国一位天文学家认为它好像一只飞翔的野鸭，因此又称野鸭星团。它是已知最致密的疏散星团，其中大约有 500 颗恒星，距离地球 5500 光年，视亮度为 6.3 等，视直径为 12.5 角分，线直径约 18 光年。由于星团的恒星比较密集，用小口径的望远镜看有点儿像星云，只有 30 厘米口径以上的望远镜才可以将 M11 里的恒星分解开来。它位于天鹅座 λ 星与盾牌座 α 星之间，用双筒望远镜很容易找到。

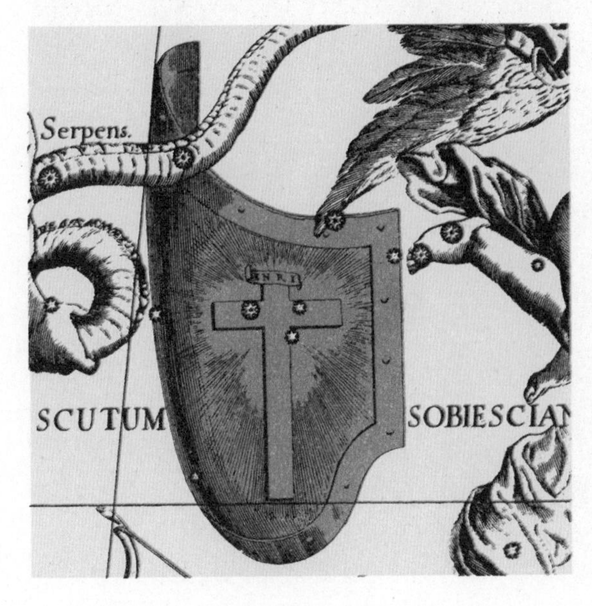

深空天体	类型	星等	面积	距离（光年）
M11	银河星团	5.8	14′	6000

野鸭星团需要在真正漆黑的天空才能看到，因此，我希望你所处的位置不至于太过“肮脏”。它是由高特弗里德·科奇于 1681 年发现的。

←这里我们可以看到盾牌壮观的全貌，此图出自约翰·赫维留的《星图学》。

10～12月的星空

有些从事天文研究的人一到秋季就度假去了，他们宣称秋季是星座沉寂的时节。的确，从北半球向南望去，天空这么大块区域里的星星都很微弱。但是，在我们头顶上，有仙后座、英仙座和银河。还有，在西南方有名称怪异的由3颗恒星构成的夏季三角，秋季是它的最佳观测时间！当然，亮星倒是没有多少，但是我们却可以在空中发现很多废弃不用的星座，以及一颗有趣的变星和一些很好看的深空天体。再者说，经过了短促的夏天夜晚，总算又可以重新回来好好地眺望星空，大家一定都会感到松了一口气。

银河星团
球状星团
星云
星系

星星看点

仙女座星系 M31
英仙座剑柄星团
夏季三角
飞马座四方形
猎户座流星雨（高峰期处于10月21日前后）
双子座流星雨（高峰期处于12月14日前后）

←↓北半球秋季星空

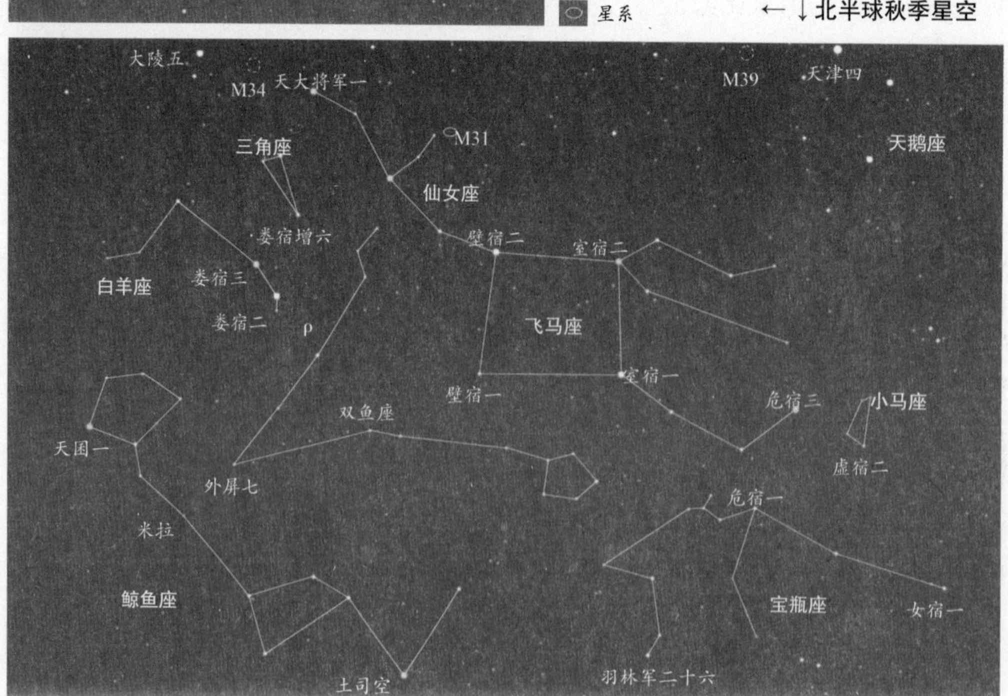

仙后座

拉丁名称
Cassiopeia
英语名称
The Ethiopian Queen
缩写
Cas
拉丁语所有格
Cassiopeiae

α 星
王良四 /Schedar
星等
2.2
恒星颜色
黄色

在希腊神话里，卡西俄帕亚是一位口无遮拦的埃塞俄比亚王后，这给她的女儿安德罗米达招来很多麻烦。以她的名字命名的星座很容易被找到，因为它的那几颗亮星在空中组成一个“W”形状。因为仙后座坐落于北极的附近，所以北半球的大部分地区常年都可以看到它。

变星	
策 仙后座 γ 星	这颗不稳定的星星能够快速改变亮度，因此，每次观察时都值得你留意它。这是一颗不规则周期变星的例子。
星等范围 1.6 ~ 3.0	
周期 ~ 0.7 天	

仙后座的两颗恒星策（γ 星）和王良四（α 星）可以被用来当作指示棒，就像北斗七星的指极星，顺着它们可以找到飞马座四方形。

位置：在北天极星图上，王后正坐在她的丈夫克普斯身旁。

英仙座

珀尔修斯是宙斯和达那厄的儿子，就是他砍掉了女怪美杜莎的头，也就是恒星大陵五。然后，他穿着长有翅膀的飞鞋前去把安德罗米达从

变星	
大陵五 英仙座 β 星	这是一颗交食双星型变星，在整个晚上都可以观察到它的亮度变化，这也是为什么它被叫作“眨眼的魔鬼”。它的星等最低值持续为 10 个小时。它是被发现的第 2 颗双子星，在 1667 年由赫米尼亚诺·蒙坦雷发现。
星等范围 2.1 ~ 3.4	
周期 2.87 天	

拉丁名称
Perseus
英语名称
Perseus
缩写
Per
拉丁语所有格
Persei

α 星
天船三 /Mirfak
星等
1.8
恒星颜色
黄色

深空天体	
NGC 869 & 884	这个所谓的剑柄由非常奇妙的两个银河星团组成，星等分别为 4.3 和 4.4。它们的直径都是 30′，又在一起，当然是个了不起的大发现。你用肉眼就可以看到它们。
类型 银河星团	
星等 4.3 和 4.4	
面积 分别为 30′	
距离（光年） 7100 和 7400	

深空天体	
NGC 1499	加利福尼亚星云用肉眼刚好能看见。如果你使用高倍望远镜，可以看到它的形状就像美国西海岸的加利福尼亚州。这个星云位于冬季的北天星图上，在北天极星图上也能找到。
类型 星云	
星等 5.0	
面积 2° 40′ × 40′	
距离（光年） 1000	

深空天体	M34
类型	银河星团
星等	5.2
面积	35′
距离（光年）	1400

这个银河星团确实难以看到。也许在漆黑的夜晚能看到。

深空天体	Mel 20
类型	银河星团
星等	2.9
面积	3°
距离（光年）	600

英仙座 α 星移动星团，听起来激动人心，不是吗？它的名字有没有泄漏出它的位置？这是一个散乱的星星家族，以英仙座 α 星为中心，因此很容易被找到。

海怪手中解救了出来。那天，可真够他忙的。银河正好从英仙座中间穿过，对那些位于天空比较暗黑的地方的人来说，能看得比较清楚。

位置：在北天极星图上，你可以找到我们的这位英雄。

仙王座

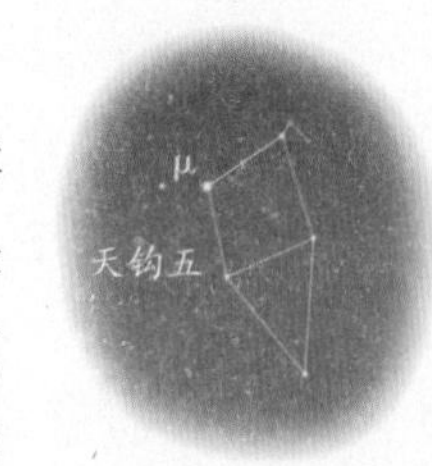

克普斯是埃塞俄比亚的国王、卡西俄帕亚的丈夫、安德罗米达的父亲。令人难以置信的是，它竟然并不怎么明亮（我说的是星星，不是说他作为一个国王不聪明）。因为它接近银河系，它里面有好几个银河星团和缥缈的星云值得我们一看。

拉丁名称	Cepheus
英语名称	The Ethiopian King
缩写	Cep
拉丁语所有格	Cephei
α 星	天钩五 /Alderamin
星等	2.44
恒星颜色	白色

位置：在北天极星图上，仙王高高在上，位于靠近顶部的地方，正等着有谁能奉上一杯茶呢。

变星	仙王座 δ 星
星等范围	3.5 ~ 4.4
周期	5.3663 天

↑这是一颗黄色星星，它的有趣之处就在于它的变化有严格的周期。它是造父变星家族第 1 颗这样的星星。造父变星是一类全新的变星家族，其星星的星等非常有规律地按照一定的周期而产生变化。

变星	仙王座 μ 星
星等范围	3.43 ~ 5.1
周期	~ 730 天

威廉·赫歇耳给它命名为石榴石星，因为它具有密集的深红色。

飞马座

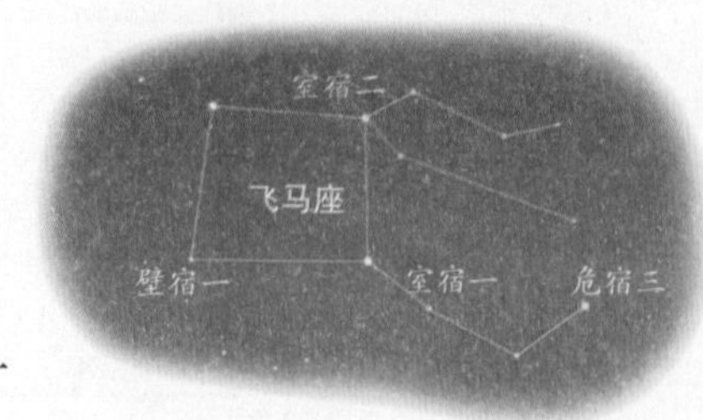

这是一匹长着翅膀的马。在珀尔修斯把美杜莎的头颅砍掉以后，从她的血泊中诞生出飞马。飞马座的四方形是秋季星空的一个界标。现在，这里有一件怪事：当这个四方形不再是一

拉丁名称
Pegasus
英语名称
The Winged Horse
缩写
Peg
拉丁语所有格
Pegasi

α 星
室宿一 /Markab
星等
2.49
恒星颜色
白色

个四方形时，你还能这样称呼这个星座吗？让我们看一家专门负责天空的机构，关于天空的所有东西都在里面，这家机构就是国际天文学联合会（IAU）。他们给小行星命名，计算轨道，以及处理关于星星的常见问题。在1923年，不知出于什么显而易见的原因，他们运用智慧，把四方形左上角的那颗星壁宿二拿了去，给安到仙女座了。这颗星自那时到今天还称为仙女座 α 星，也就是说，它是属于仙女座的。没办法，我们只好接受这既成的事实。

你可以看出这实际上是个四方形，在这里面你能看到多少星星，也就表明你那里的天空清澈度如何。如果一个也看不到，那么就表明你那里的天空太不干净了！

↑从北半球看，飞马座是为数不多的几个以上下颠倒形象出现的图案。它右下方的小马是小马座，小马正卧在邻近的马厩呢。

位置：四方形的飞马正在北天星图的正中间飞奔呢。

小马座

拉丁名称
Equuleus
英语名称
The Little Horse
缩写
Equ
拉丁语所有格
Equulii

α 星
虚宿二 /Kitalpha
星等
3.9
恒星颜色
黄色

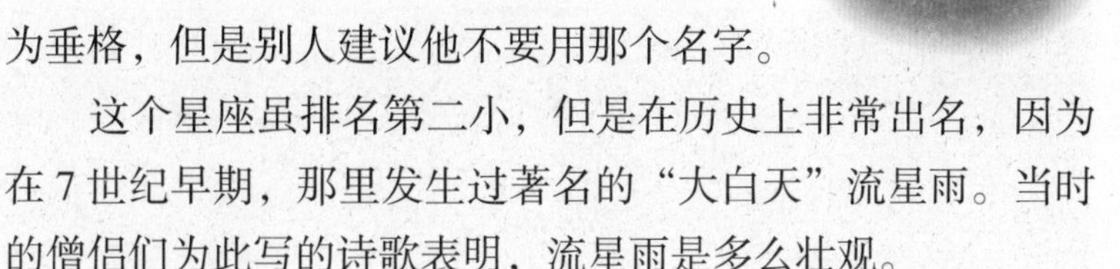

这是一个很小的古老星座，最早来源于希腊。关于它的故事是这样的：这匹小马是卡斯特送给赫尔墨斯的礼物，可能是为了庆贺他的生日。赫尔墨斯想给它取名为垂格，但是别人建议他不要用那个名字。

这个星座虽排名第二小，但是在历史上非常出名，因为在7世纪早期，那里发生过著名的“大白天”流星雨。当时的僧侣们为此写的诗歌表明，流星雨是多么壮观。

伊奎拉斯是匹小马，
它的流星雨令人羡慕惊诧。
它们在那里飞奔，有的飞快，有的缓慢，
老天爷，巨大火球一样的阵雨纷纷落下！

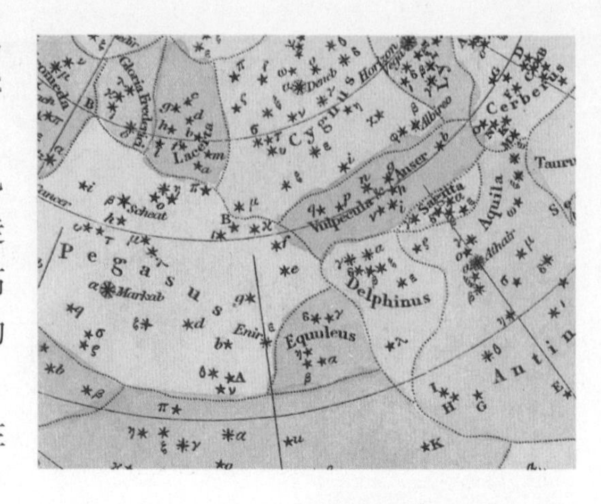

→这里展示的是19世纪早期的星图。那时在小马座的周围有4个星座，现在它们都不存在了。你能找到它们吗？

很遗憾，小马座流星雨现在已经差不多绝迹了。但是，如果你很走运，在2月6日小马座流星雨处于高峰的时候，你也许能瞟见这个奇怪的绿色流星雨。

位置：在北天星图上，小马正在右手边的天空幸福地嚼着块糖呢。

拉丁名称	Andromeda
英语名称	Andromeda
缩写	And
拉丁语所有格	Andromedae
α 星	壁宿二/Apheratz
星等	2.06
恒星颜色	白色

仙女座

安德罗米达是克普斯的女儿，因为她那爱吹牛的母亲卡西俄帕亚夸耀她长得漂亮，她被锁在岩石上，准备奉献给海怪。令人欣慰的是，在这紧急关头，珀尔修斯提着美杜莎的人头飞奔过来，把海怪变成了石头。他们结了婚，从此幸福地生活在一起。现在，请回到现实……

位置：在北天星图上，位于飞马座的左上角，安德罗米达公主张开了双臂。

↓这是像科幻小说一样的情景，当然只是为了更生动。仙女座实际上并没有这样明亮，月球也不可能离它那么近（除非月球的轨道发生了大灾难："火星人"入侵，附近有个黑洞，或者其他貌似合理的解释）。这里的示意图只是为了向你表明，与月球相比，整个仙女座星系的真正面积有多么庞大。

三角座

拉丁名称
Triangulum
英语名称
The Triangle
缩写
Tri
拉丁语所有格
Trianguli

α 星
娄宿增六 / Rasalmothallah
星等
3.41
恒星颜色
白色

这是由 3 颗星星组成的古老星座。你用 3 颗星还能组成别的形状吗？希腊人把它称为“费迪南德的三角洲”，因为它看起来就像大写字母德尔塔。最初这个星座被称为大三角星座，后来，T. 米诺先生把它改成现在这个名字。

朱塞普·皮亚齐于 1801 年 1 月 1 日在这个星座发现了第 1 颗小行星。它最初被称作 Ceres Ferdinandea，是以谷物女神和西西里岛（皮亚齐的天文台位于该岛上）国王的名字合起来命名的，不久它的名字缩短为 Ceres（谷神星），并一直沿用到今天。

位置：在北天星图上，三角座位于左上方。

天体
ANTON 2
类型
旧星座

→这个废弃不用的小三角座由主星座三角座下面的 3 颗较暗的星星组成。赫维留使这组暗弱的星星名声大振，它出现在好几个不同版本的星图上，后来就退回到暗处去了。你可以看出一个问题：300 年前，很多著名的天文学家都热衷于制作星图，所以那时充满了包含各式各样星座的星图。天空本来就很有限，所以一些不那么令人感兴趣的星座就被人们抛弃了。让我们看看它吧，虽然它并不那么动人心弦。

深空天体
M33
类型
星系
星等
5.7
面积
1°
距离（光年）
300 万

目击者声称，在极其清澈的夜空，他们看见过这个风车星系。如果 M33 真能看到，它可是肉眼能看到的最远的天体。总之，这个天体真是一大奇观。

拉丁名称
Aries
英语名称
The Ram
缩写
Ari
拉丁语所有格
Arietis

α 星
娄宿三 /Hamal
星等
2.0
恒星颜色
黄色 – 橙色

白羊座

当设计者决定把这个星座描绘成一只羊的时候，他们真可谓富有非凡的“想象力”。在希腊神话里，这个星座与金羊毛的故事有关，就是伊阿宋和他的阿尔戈英雄们到处寻找的金羊毛。

娄宿三这个名称源自阿拉伯语，意思是绵羊的头。

位置：在北天星图上，白羊正在西方遥远的草地上啃食着青草。

拉丁名称
Pisces
英语名称
The Fishes
缩写
Psc
拉丁语所有格
Piscium

α 星
外屏七 /Alrescha
星等
3.79
恒星颜色
白色

双鱼座

这是一个古罗马星座，可能是指维纳斯和她的儿子丘比特。他们把自己变作两条鱼，为的是从海怪堤丰身边游走（他们忍受不了他那难喝的茶水）。

位置：在北天星图中间偏左的地方，两条鱼正在那里游动。

双鱼座的最佳观测时间为 11 月的 21:00。双鱼座最容易辨认的是两个双鱼座小环，特别是紧贴飞马座南面由双鱼座 β、γ、θ、ι、χ、λ 等恒星组成的双鱼座小环。另一个双鱼座小环位于飞马座东面，由双鱼座 σ、τ、υ、φ、χ 等恒星组成。

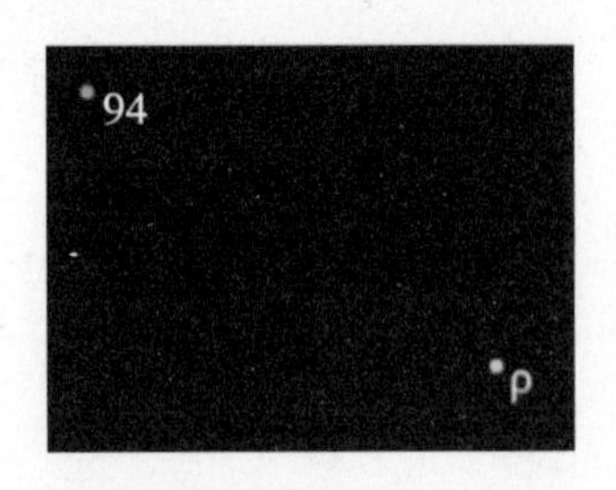

双星
双鱼座 ρ 星和 94 星

星等
5.3 和 5.6

两星间距
7′ 27″

颜色
浅黄色和金黄色

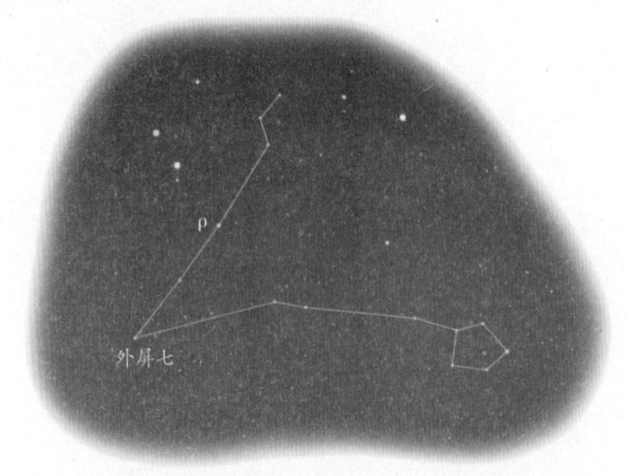

这个星座有一个梅西耶天体：M74，位于双鱼座最亮星右更二附近。在天球上，黄道与天赤道存在两个交点，其中黄道由西向东从天赤道的南面穿到天赤道的北面所形成的那个交点，在天文学上称之为“春分点”，这个点在天文学上有着极为重要的意义。而目前，这个重要的“春分点”就在双鱼座内。双鱼座的相邻星座包括三角座、仙女座、飞马座、宝瓶座、鲸鱼座、白羊座。

在中国古代传统里，双鱼座天区包括壁宿的霹雳、云雨、土公，奎宿的奎、外屏和娄宿的右更等星官。

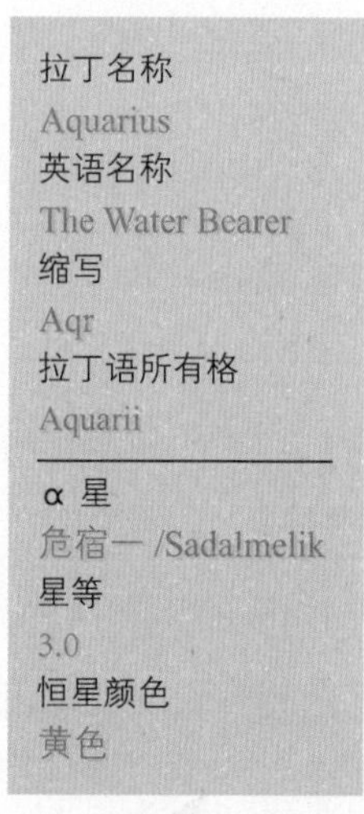
拉丁名称
Aquarius
英语名称
The Water Bearer
缩写
Aqr
拉丁语所有格
Aquarii
α 星
危宿一 /Sadalmelik
星等
3.0
恒星颜色
黄色

宝瓶座

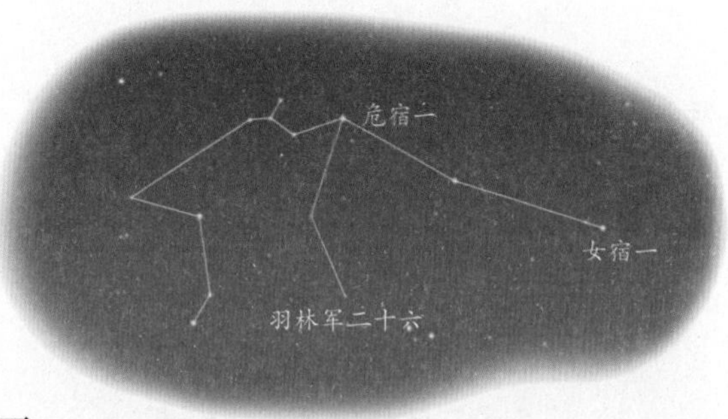

这是一个非常古老的星座，可以追溯到古巴比伦时代，它的形状被看成是一个人正在从瓶子里往外倒水。这一点可能与雨季有某种关系，这是因为当宝瓶座在天空中出现得最为壮观的时候，恰好是雨季。天空的这一部分都与水有关，处于宝瓶的控制之中。

位置：在北天星图上，宝瓶的水正在往外流，把星图右下角弄得到处都是。

鲸鱼座

这个古老的星座是珀尔修斯、安德罗米达传说的组成部分。鲸鱼塞特斯就是那个被波塞冬派去咬噬安德罗米达的妖怪。鲸鱼座也被称为“海怪”，是天空中的第 4 大星座，包含所发现的第 1 颗该种类型的变星米拉。

位置：在北天星图上，鲸鱼正在左下方休息呢。

拉丁名称
Cetus
英语名称
The Whale
缩写
Cet
拉丁语所有格
Ceti
α 星
囷一 /Menkar
星等
2.54
恒星颜色
红色

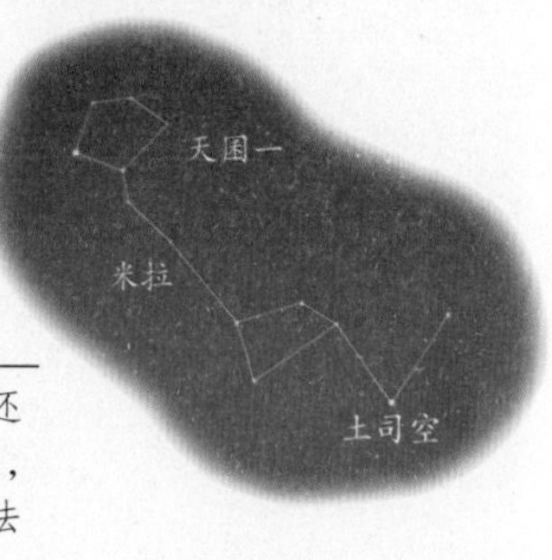

变星
米拉
鲸鱼座 ο 星

星等范围
2.0 ~ 10.1

周期
331.96 天

→除了是新星外，米拉还是我们确认的第 1 颗变星，由荷兰天文学家大卫·法布里克斯于 1596 年确认。因此，其他的长期变星也被称为米拉型变星。随着米拉亮度的不断变化，它的颜色也随之改变。

从南半球观测到的星空

1～3月的星空

在我们的头顶上方（可能稍微偏北一些），几颗明亮的星星参宿七、天狼星、水委一和老人星构成了南天夏季大曲线（GSSC）。但愿它永远被人们记住。在它的左边是银河，这时候并不是观赏银河的最佳时节，看不清那著名的乳白状颜色。我们现在是从银河朝外看，看到的只是空无一物的太空；若从外边朝银河里面看，那样才会看到银河里面充满了构成银河的所有恒星、气体和尘埃。

大小麦哲伦星云就在我的所谓星群的下方。猎户座高高挂在上空，然后是参宿七，接下来还有波江座。那是一个很长的流淌着的星座，沿线下去你可以找到明亮的水委一。

星星看点

大麦哲伦星云
夜空中最明亮的星星天狼星
南天夏季大曲线
半人马座 α 星流星雨（高峰期处于2月8日前后）
猎户座星云 M42

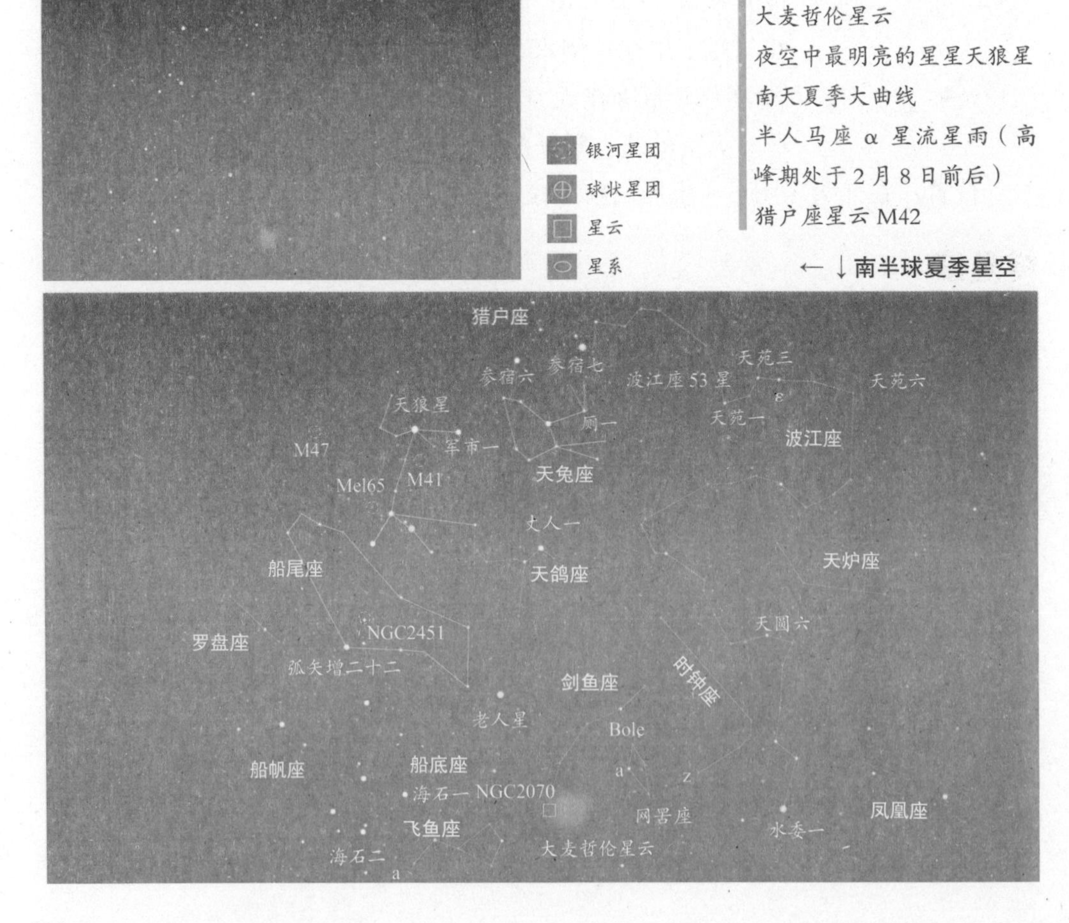

←↓南半球夏季星空

大犬座

拉丁名称	Canis Major
英语名称	The Great Dog
缩写	CMa
拉丁语所有格	Canis Majoris
α 星	天狼星 /Sirius
星等	– 1.46
恒星颜色	白色

在这里我们可以看到天狼星，它是天空中除太阳之外最亮的恒星。它之所以有着晶莹闪亮的外表，是因为它离我们相对较近，只有 8.6 光年。

再靠近观看，我们可以发现，天狼星在它那个宇宙角落并不是孤单一人，它是个双子星系统。天狼星的伴星非常小，只相当于地球直径的 3 倍多一点儿。因为它的大小和位置，使得它被称为“幼犬”，但是不识趣的天文学家却把它叫作天狼星 B，这哪里有小狗的影子？从严格意义上讲，它不是一颗普通的恒星，而是一个神秘的天体，被称为白矮星。白矮星是类似太阳一样的恒星经过喷发剩下的残余物。它们炽热、紧密，并且发光。假以时日，白矮星最终会冷却下来，变成黑矮星——一个结实、冰冷的球体，在宇宙的荒原上到处流浪，直到生命的终结。目前，天狼星和它的“幼犬”正在幸福地彼此环绕着，周期大约是 50 年。

埃及人把天狼星称为 Sothis，意思为尼罗河之星。这是因为，如果天狼星在日出之前出现，那么尼罗河季节性的泛滥就该来临了。

希腊人很为他们设计的大犬形象自豪，这是因为狗的忠诚和友好。当你把所有的星星准确地组合到一起时，一条忠诚的狗就出现了。

天狼星是大犬座 α 星，是全天最亮的恒星。天狼星是由

↑好大的一条狗！

深空天体	M41
类型	银河星团
星等	4.5
面积	38″
距离（光年）	2300

事实上，这是一个由 100 颗不同颜色的恒星组成的快乐家庭。

深空天体	Mel 65
类型	银河星团
星等	4.1
面积	8′
距离（光年）	5000

这个星团由大约 60 颗恒星组成，称为大犬座 τ 星团。如果你愿意，也可以把它叫作 NGC 2362。

甲、乙两星组成的目视双星。甲星是全天第一亮星，属于主星序的蓝矮星。乙星一般称天狼伴星，是白矮星，质量比太阳稍大，而半径比地球还小，它的物质主要处于简并态，平均密度约 3.8×10^6 克 / 立方厘米。甲乙两星轨道周期为 50.090 ± 0.056 年，轨道偏心率为 0.5923 ± 0.0019。天狼星与我们的距离为 8.65 ± 0.09 光年。天狼星是否是密近双星，与天狼双星的演化有关。古代曾经记载天狼星是红色的，这为我们提供了研究线索。1975 年发现了来自天狼星的 X 射线，有人认为这可能是乙星的几乎纯氢的大气深层的热辐射，有人则认为这可能是由甲星或乙星高温星冕产生的，至今仍在继续研究。据 1980 年资料，高能天文台 2 号卫星分别测得甲星和乙星的 0.15 ~ 3.0 千电子伏波段 X 射线，得知乙星的 X 射线比甲星强得多。

位置：在南天星图上，整个大犬座位于左上方。

船尾座

拉丁名称
Puppis
英语名称
The Stern
缩写
Pup
拉丁语所有格
Puppis

ξ 星
弧矢增二十二 /Naos
星等
2.25
恒星颜色
浅蓝色

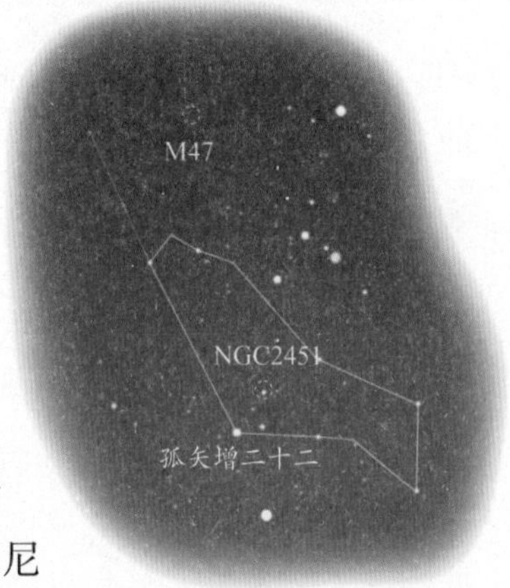

M47
NGC2451
孤矢增二十二

这是从以前的南船座上拆掉的几颗星星组成的一个星座。南船座也就是阿尔戈英雄乘坐的那条船。完整的南船座是一条做工精良的船，在无数个风雨交加的夜晚载着星星航行，因此它值得在星空中占有一席之地。后来，来了一个法国的天文学家尼古拉斯·拉卡伊，他做了一件非常"卑鄙"的事，就是把这艘船分成了 3 个星座，也就是我们今天所熟知的船尾座、船底座和船帆座。在以前，没有人掌管天空，你可以为所欲为，想做什么就做什么，但你的设计最终会不会被人接受那是另外一回事。但是，这一次，这个"海盗尼克"（尼古拉斯的绰号）得逞了。

这幅图是原来那只"船"最靠北侧的部分，虽然它看起来并不怎么像船尾，但是它那几颗十分明亮的星星还是很容易被辨认出来的。

虽然船尾座的恒星不亮，但它有 5 个较明亮的疏散星团。这个星座还有在 4.4 等到 4.9 等之间变化的食双星——船尾座 V。在这个星座中的 4 个疏散星团中，距地球最远的是 M46，是 5700 光年，大小与满月差不多。其次是 NGC2274，有 4200 光年之遥，但恒星比星座中任何一个星团都要密集，以至于必

深空天体
M47
类型
银河星团
星等
4.4
面积
30′
距离（光年）
1 600

→这个大约由50颗恒星组成的星团看起来就像一团浓烟，你只有在非常漆黑的夜空才能看到它。

你轻易就能看到它。但是，伟大的天文学家查尔斯·梅西耶和威廉·赫歇尔竟然找不到它！它大约包括40颗恒星。

深空天体
NGC 2451
类型
银河星团
星等
2.8
面积
50′
距离（光年）
850

须用小型望远镜才能区分它们。M46东边不到3度的地方还有个疏散星团，是M47，但这个星团距地球只有1600光年，且非常暗淡，M93比它还要暗淡。星座中最亮的星团非NGC2451莫属，它最亮的恒星是3.6等的黄色超巨星——船尾座c（弧矢三）。

位置：在南天星图上，船尾座处于中间偏左的位置。

剑鱼座

拉丁名称
Dorado
英语名称
The Goldfish
缩写
Dor
拉丁语所有格
Doradus
α 星
Bole
星等
3.3
恒星颜色
浅蓝色

这个星座是由友善的航海家弗雷德里克·霍特曼和彼得·凯泽设计的。剑鱼座之所以出名，是因为它包含了大麦哲伦星云的一部分，一个比银河系小的卫星星系。

深空天体
大麦哲伦星云
类型
不规则星系
星等
0.4
面积
9° 10′ ×2° 50′
距离（光年）
17.9万

大麦哲伦星云的面积是银河系的1/4，看起来就好像是从银河系撕下的一大块，被扔在那里漂浮着。

历史已经模糊了“剑鱼”这个称号的由来。如果我们能够回到过去，亲自问一问弗雷德里克或彼得，到底是什么海洋动物给他们带来了那样的灵感，他们也许会说是剑鱼，或者最有可能说实际上是马希–马希鱼。

大小麦哲伦星云是以16世纪葡萄牙著名航海家麦哲伦的名字命名的。1519年9月20日，麦哲伦在西班牙国王的支持下，率领一支200多人的船队，从西班牙的一个港口出发，开始了人类历史上第一次环绕地球的航行。1520 年 10 月份，麦哲伦带领船队沿巴西海岸南下时，每天晚上抬头就能看到天顶附近有两个视面积很大的、十分明亮的云雾状天体。麦哲伦注意到这两个非同一般的天体，并把它们详细地记录在自己的航海日记中。麦哲伦本人后来航行到菲律宾时被一个小岛上的土著居民杀害了，但是他的 18 名部下在历经了千难万险、经过几乎整整 3 年之后，终于在 1522 年 9 月 6 日回到了西班牙，完成了这次环绕地球航行的壮举。为了纪念麦哲伦的伟大功绩，后人就用他的名字命名了南天这两个最醒目的云雾状天体，称之为大麦哲伦星云和小麦哲伦星云，因为当时人们还不知道它们实际上是两个河外星系。

蜘蛛星云是一个位于我们的邻居星系——大麦哲伦星云中的巨大发射星云，其大小超过 1000 光年。在这个宇宙级蜘蛛的中心，有一个由大质量恒星组成的、编号为 R136 的年轻星团，它发出的强烈辐射和吹出的猛烈星风使得星云发光，并形成了蜘蛛腿状的细丝。这幅让人印象深刻的镶嵌彩色图像，是由美洲天文台的施密特望远镜拍摄的，在图中可以看到星云中还有其他的年轻星团。蜘蛛星云地带的“居民”周围还有一些暗云、向外蔓延的一缕缕丝状气体、致密的发射星云、邻近的球形超新星遗迹，还有环绕着热星的著名的超级气泡区域，它们也同样引人注目。

位置：在南天星图上，那模糊的一团就是剑鱼。

网罟座

17 世纪时，斯特拉斯堡的艾萨克·哈布赖特把这个星座的几颗星放在了一起。刚开始它是一个菱形，但是这一形象并不那么令人满意，于是就有人对它“修修补补”，发挥想象力，把它看成是一种仪器，叫作标线片。天文学家把这种仪器安装在望远镜里，帮助他们测量恒星的方位。

α ζ

位置：在南天星图上，网罟座就在那一团模糊的星云的右上方。

拉丁名称
Reticulum
英语名称
The Net
缩写
Ret
拉丁语所有格
Reticuli

α 星
网罟座 α 星/α Ret
星等
3.4
恒星颜色
黄色

4～6月的星空

能不能看到壮观的银河，这要看你在南方的什么地方（越靠南越好）。一年中的这个时候银河高高地飞跨在我们的头顶上空。这一雄伟壮观的彩带上点缀着一些非常精彩明亮的星星，它们位于半人马座、南十字座、船底座、船帆座和大犬座。与此同时，大麦哲伦星云和小麦哲伦星云像浓烟一样，远远地在南边的天空中飘荡。如果你非常富于想象力，何不再加上4个星座，它们组成了原来那艘巨大壮观的阿尔戈英雄船（南船座）：船底座、船帆座、船尾座和罗盘座。在北边有长蛇座，它并不特别明亮，但令人吃惊的是，它长长的鳞状身子占据了很大一片天空。

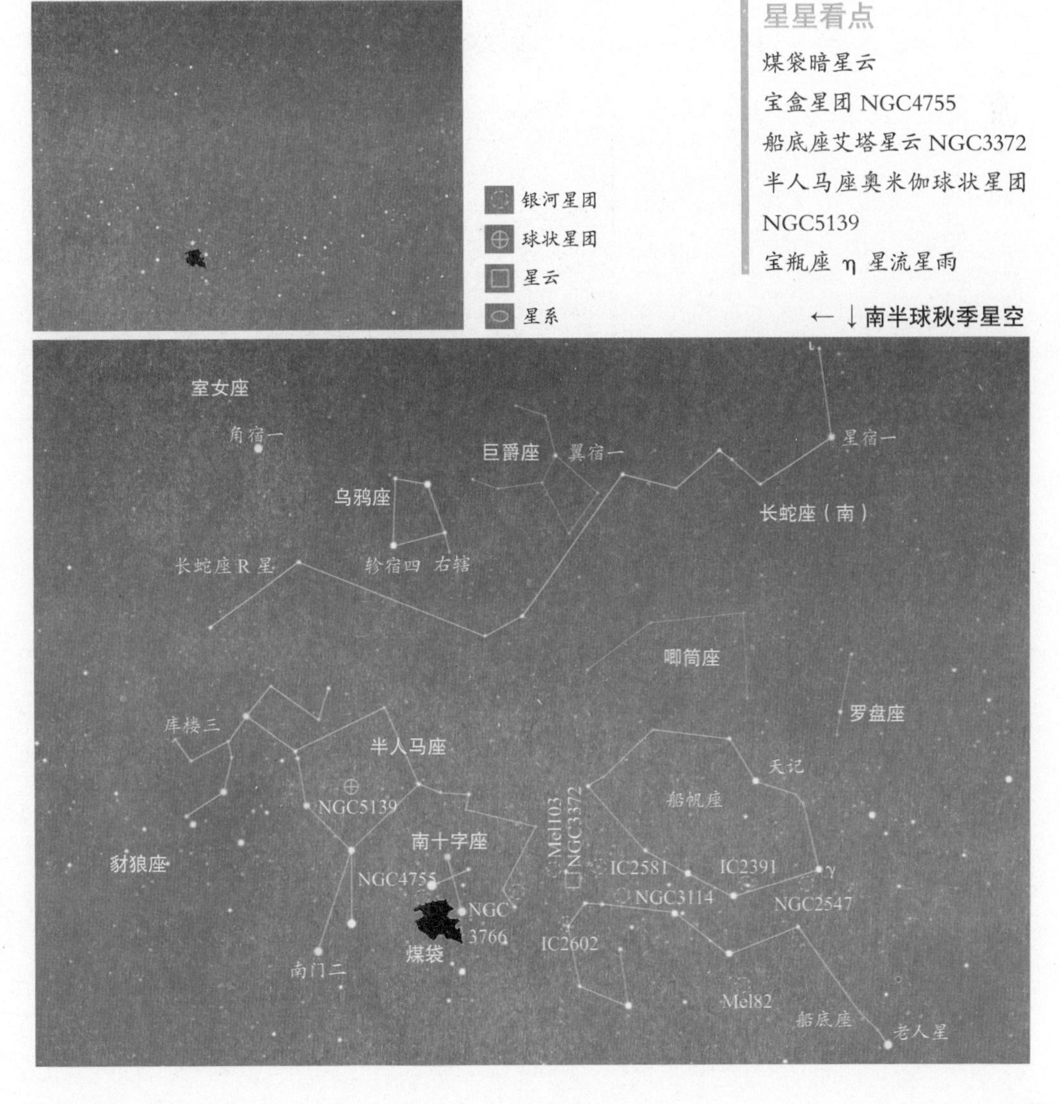

星星看点

煤袋暗星云

宝盒星团 NGC4755

船底座艾塔星云 NGC3372

半人马座奥米伽球状星团 NGC5139

宝瓶座 η 星流星雨

←↓南半球秋季星空

长蛇座

拉丁名称
Hydra
英语名称
The Water Snake
缩写
Hya
拉丁语所有格
Hydrae

α 星
星宿一 /Alphard
星等
2.0
恒星颜色
橙色

这是一个恐怖的九头怪蛇，最终死在了赫拉克勒斯手里，结束了其肮脏的一生。长蛇座是最大的星座，它特别长，与 14 个星座接壤，还没有哪一个星座能与这么多星座为邻。它的主星是星宿一，意思是“蛇的心脏”。

位置：在北天星图上，长蛇的头部位于狮子座的下方，它其余的部分都位于南天星图上。

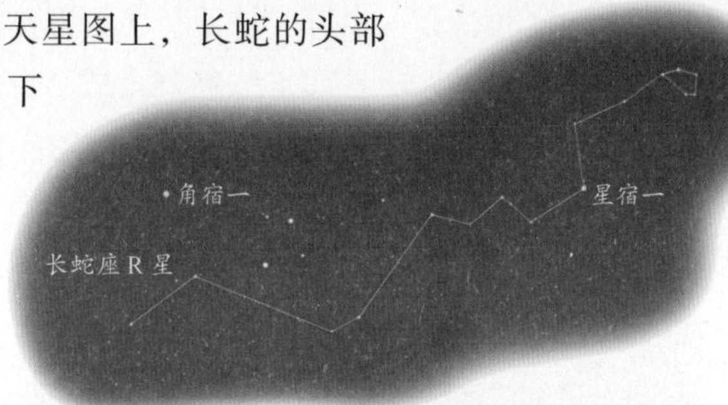

变星
长蛇座 R 星

星等范围
4.5 ～ 9.5

周期
389 天

这是一颗米拉型变星。

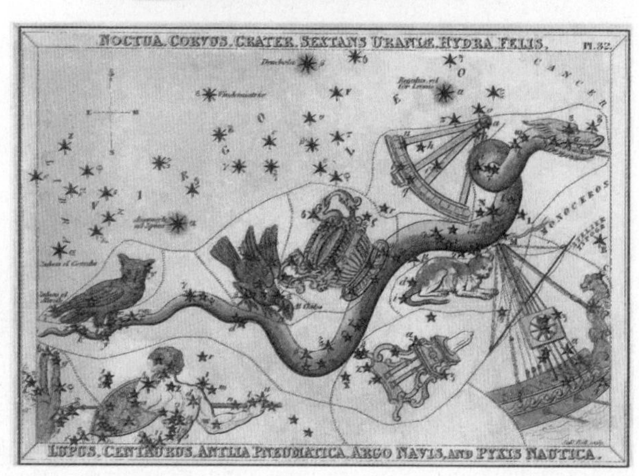

→可以肯定的是，长蛇不是个讨人喜欢的动物。请看它要对付哪些东西：1个大杯，1个六分仪，1只乌鸦，还有1只猫头鹰。这些东西都压在它的背上，而它想要的只不过是水塘里一块安静的水域，这个水塘当然是由星星组成的。

半人马座

拉丁名称
Centaurus
英语名称
The Centaur
缩写
Cen
拉丁语所有格
Centauri

α 星
南门二 /Rigel Kentaurus
星等
－ 0.01
恒星颜色
黄色

凡是遇到赫拉克勒斯的人，没有几个有好日子过的，就连他的邻居也不例外。半人马就是这样的情况，他叫喀戎，被我们的英雄赫拉克勒斯的箭给误杀了。在神话里，半人马被认为身上会发出难闻的气味，不怎么讨人喜欢，不适合做人类的朋友。但喀戎还是值得我们美言几句：他幽默风趣，非常具有学者风度，教过很多希腊英雄。

在非常靠近半人马座南门二（意为“半人马的脚”）的地方，有一颗很小、很微弱的星星比邻星，它是除太阳之外离我们最近的恒星，只有 4.25 光年。有些人认为，在由 3 颗星组成的半人马座南门二系统中，比邻星是我们一个最小的

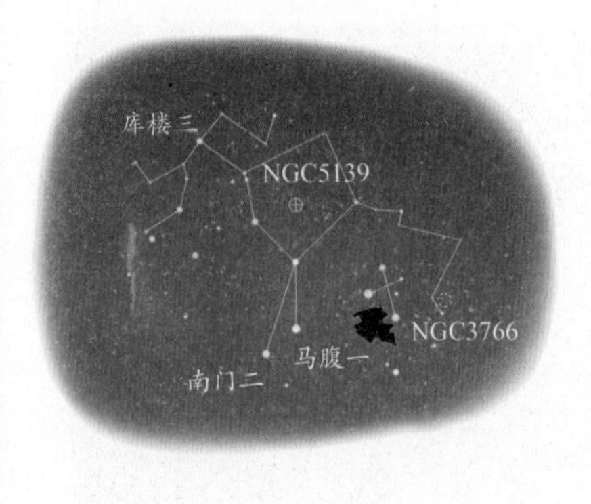

深空天体	NGC 5139
类型	球状星团
星等	3.65
面积	36′
距离（光年）	1.7 万

这是半人马座奥米伽星团。“那是颗恒星啊！”你会这样说。一颗恒星怎么就变成了天空中最漂亮的球状星团呢？这是因为在望远镜还没有发明出来以前，人们搞不清楚这个神秘天体的真正属性，它看起来就像一颗恒星。

深空天体	NGC 3766
类型	银河星团
星等	5.3
面积	12′
距离（光年）	5 500

18 世纪 50 年代早些时候，拉卡伊先生在南非转悠了一圈后发现了这个星团。当时，它被称为“万人迷”。现在，如果你用双目镜观看，它依然多彩、迷人。

远亲。这里所谓的遥远是指，比邻星离我们的距离可能相当于冥王星到太阳距离的 250 倍。

位置：在南天星图中间偏左下的地方，这位非凡的半人马正准备给那些想上他课的人讲课呢。

南十字座

拉丁名称
Crux
英语名称
The Southern Cross
缩写
Cru
拉丁语所有格
Crucis

α 星
南十字二 /Acrux
星等
0.9
恒星颜色
浅蓝色

“噢，那 4 颗星星就够了。”约翰·巴耶说。他从邻近的半人马座拿过来几颗星星，组建了南十字座。然后，他把这个最小的星座编进了他那本关于星星的书《测天图》(《Uranometria》，1603 年出版)。自那时起，这个星座就像个十字架一样被“固定”下来。

就像北半球的北斗七星一样，南十字的形状很容易辨认，所以很多不同文化的人们都熟悉它。在一些土著传说中，人们把它描绘成两只美冠鹦鹉坐在橡胶树上。而在非洲南部，人们把它与隔壁的半人马座的两颗亮星连在一起，构成一头长颈鹿的形象。

如果让我来给星座打分，标准是它们美丽壮观的程度，能让你“哇噢、哇噢”地惊叹不已，那么南十字座会得分很高。那里有非常多的事情正在发生，像银河、煤袋（星云）、宝盒（星团）、尘埃、气体、恒星和恒星星团，等等。对我来说，最明亮而且超级壮观的 5 个星座应该是这样的（排序不分先后）：南十字座、半人马座、船底座、人马座和天蝎座。它们都非常值得在南半球星空中占有

↑在南十字座周围繁华的区域，明亮的银河从我们的视线中穿过。

一席之地。

位置：在南天星图上，南十字座依偎在半人马的下方，靠近南天极那块黑暗的区域。

↑对过去的水手们来说，南十字座非常有用，以至于这个容易辨认的星座被画上了澳大利亚、新西兰、巴布亚新几内亚和萨摩亚等国的国旗。

深空天体
NGC 4755
类型
银河星团
星等
4.2
面积
10′
距离（光年）
7600

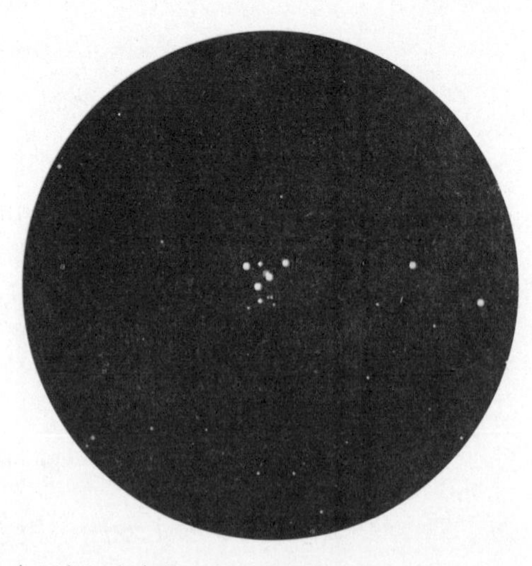

↑宝盒星团作为一个组合真是一个“瑰宝”，它里面的恒星闪闪发光，就像一盒五彩斑斓的宝石，有蓝色、红色、白色等各种各样的颜色。它坐落在南十字座 κ 星的周围，就在煤袋暗星云的右侧，它们是邻居。

深空天体 煤袋
类型 暗星云
星等 6
面积 30″ ×5°
距离（光年） 550

这是由尘埃和气体组成的云团，挡住了它背后的恒星发出的光芒。煤袋可能是离我们最近的暗星云。

→这里是上一页图片的中心部分，一些奇妙的深空天体都已被标示出来。半人马座的 α 和 β 两颗亮星位于图的左边。

船帆座

拉丁名称	Vela
英语名称	The Sails
缩写	Vel
拉丁语所有格	Velorum
γ 星	船帆座 γ 星/γ Vel
星等	1.8
恒星颜色	浅蓝色

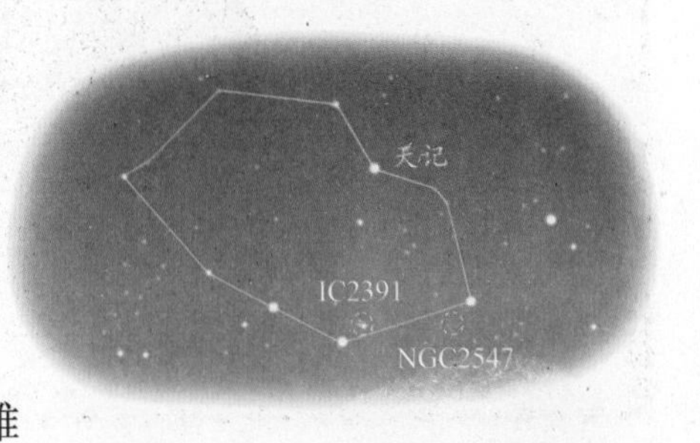

如果你读过关于船尾座的故事，你就知道这是怎么回事了。南船座是一条做工精良的帆船，在神话里，伊阿宋带着他的阿尔戈英雄们乘坐它航行于世界各处。他们飘过了 7 个大海，吱吱嘎嘎作响的帆船仍然毫无损伤。直到有一天，在那个“星球大战”的时代，绘制星图的“海盗”尼克·拉卡伊把它拆成了 3 块。这件事发生在 18、19 世纪之间，那时候星图设计者们希望他们命名的星座哪怕至少有一个能被承认，载入太空史册就好。这一次，尼克算是走运，而他周围的很多人被逼得“走跳板”（被海盗逼迫走上伸出船边缘的木板而被淹死），跳进“星座历史”黑暗污浊的海水中丧了命。

就南船座而言，据说在漆黑、寂静的夜晚，你能听到帆船的桁端吱吱嘎嘎，那是帆船最后破裂的声音。因为这次天上的“沉船”事件，船帆座没有 α 星或 β 星，而是由无名的船帆座 γ 星牵引——如果你把它大声说出来，听起来就像个魔咒一样。

关于银河有趣的事实是银河从船帆座穿流而过。这没什么呀，你也许会这么认为。但是，本来银河是环绕着整个天空的，却恰恰在这个位置断开了。在银河的这一河段有一条由黑暗的尘埃和气体组成的带状物，把银河彻底截成两段。

↑南船座分成的3块现在分别是船帆座、船尾座和船底座。罗盘座通常也被包含进去，但它并不是原来那艘船的一部分。此图就是那艘鼓帆远航的船，载于赫维留的《星图学》。

深空天体	NGC 2547
类型	银河星团
星等	4.7
面积	20′
距离（光年）	1950

这个漂亮的星团由大约50颗恒星组成，是由拉卡伊发现的。把帆船拆散的事就是他干的。

深空天体	IC 2391
类型	银河星团
星等	2.5
面积	50′
距离（光年）	580

这个由大约30颗恒星组成的家庭围绕着船帆座转动。

位置：在南天星图中间偏右下方的地方，船帆正在风中飘扬。

船底座

船底座是古老的大星座南船座的一部分。关于帆船完整的故事参见船帆座的内容：在一个风雨交加的乌黑夜晚，当这艘船驶入了“黑胡子海

拉丁名称
Carina
英语名称
The Keel
缩写
Car
拉丁语所有格
Carinae
α 星
老人星 /Canopus
星等
－0.72
恒星颜色
浅黄色

盗”尼克·拉卡伊的路线，被拆散开来，变成了3个新的星座。

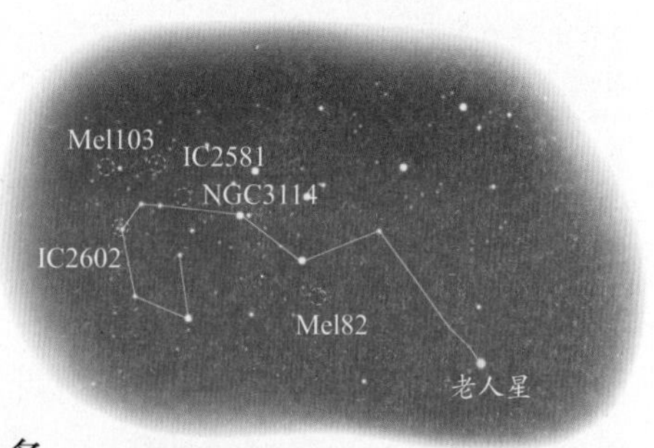

老人星是夜空中第二亮的星星，仅次于大犬座的天狼星。关于老人星名称的来源，就像很多古老的星星一样，已经淹没在神秘莫测的夜空中了。它有可能来源于埃及人给它起的名字，叫作“金色的大地”，因为它有着浅黄的颜色。在这里不说它是黄色，是因为对黄色这个词持保留态度，因为好像有一些书里说它是浅白–蓝色！好好地观察一下，自己决定吧。

位置：在南天星图的右下方，船底正在那里飘浮着。

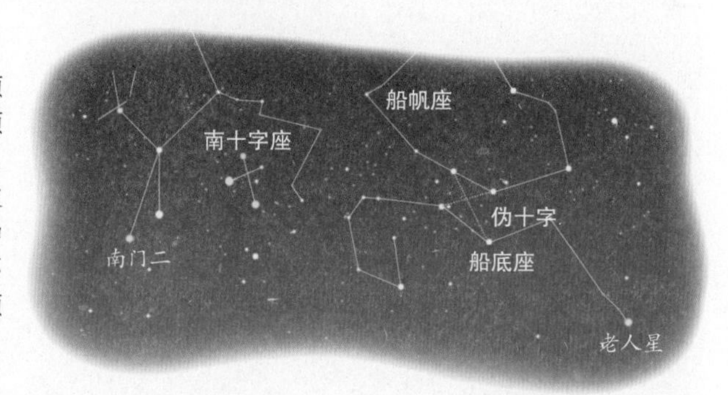

→南十字座这个最小的星座，它有4颗亮星非常接近半人马座的α、β这两颗亮星。但是船底座和船帆座的4颗星只是按大致的相似模式排列，因此它们被亲切地称为“伪十字”。有些人开始不知道，现在明白了：这4颗星的组合既不如真实的南十字座明亮，又没有那两颗亮星做邻居。

深空天体	深空天体	深空天体	深空天体	深空天体
Mel 82	NGC 3114	IC 2602	Mel 103	NGC 3372
类型	类型	类型	类型	类型
银河星团	银河星团	银河星团	银河星团	星云
星等	星等	星等	星等	星等
3.8	4.2	1.9	3.0	5.0
面积	面积	面积	面积	面积
30′	35′	50′	55′	2°
距离（光年）	距离（光年）	距离（光年）	距离（光年）	距离（光年）
1300	3000	479	1300	1万
这个明亮的星团又被称为NGC2516，由大约100颗恒星组成。	据说这个星团有171颗恒星。为什么这个数字如此精确，目前依然是个谜。	我在这里本该使用梅洛特命名法把它叫作Mel102，因为这个精美的星团被亲切地称为南昴宿星团。	这个由恒星组成的星团也被称为NGC3532，靠近船底座的艾塔星云（NGC3372）。它坐落于银河系非常繁华的地段，因此你最好带上双目镜，那里的景色看上去真的很迷人。	船底座艾塔星云是银河系产生恒星的伟大区域。我们所发现的最大恒星之一船底座艾塔星就是在这里诞生的。这就是星云名字的由来。

7～9月的星空

随着银河在我们头顶上空呈现从北向南流淌，它的全盛时期到来了。天空中有那么多的天体可以观看，你都不知道该从哪个地方开始！人马座的茶壶和天蝎座的尾巴引领了这块星团密布的地盘，银河系缥缈的奶白色恒星在或明或暗的尘埃与气体组成的星云中蜿蜒曲折，与它们交相辉映。我们需要一个真正漆黑的夜空，这样才能尽情欣赏星光灿烂的壮丽景象。不够完美的是星空比较空旷，只有北落师门和水委一照亮了南方的天空，角宿一垂落在西方的天空。

星星看点

银河
人马座恒星云 M24
天蝎座桌形星团 NGC6231
天秤座主星氐宿一
人马座双星天渊二和天渊一
宝瓶座 δ 星流星雨（两次高峰期，处于7月29日和8月8日前后）

←↓南半球冬季星空

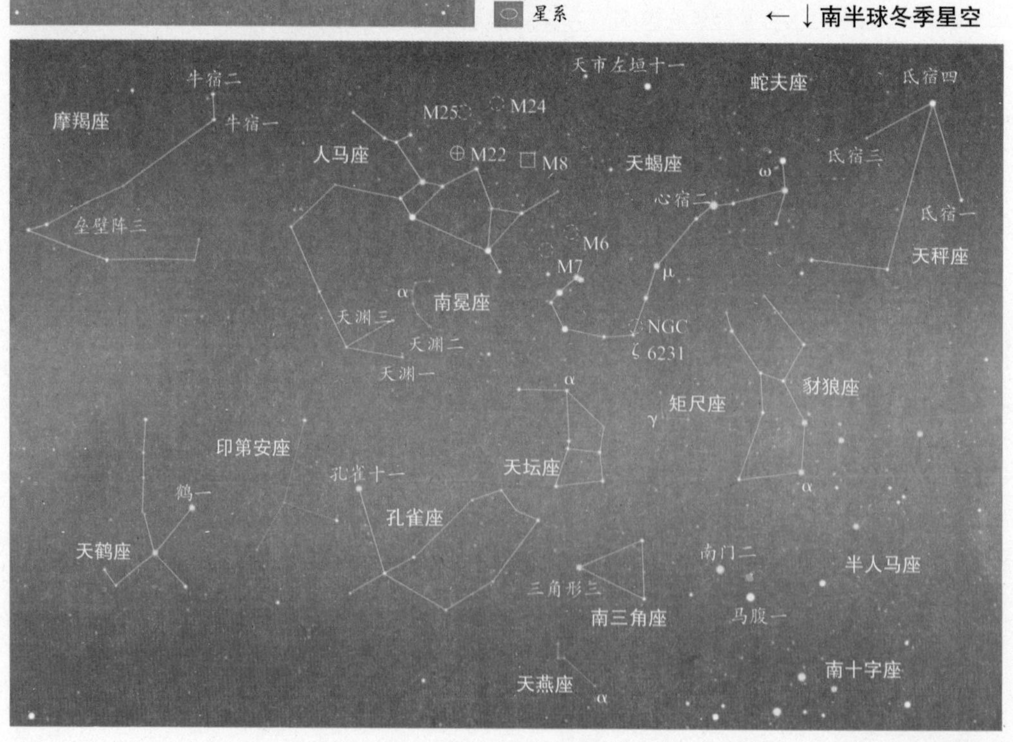

摩羯座

拉丁名称
Capricornus
英语名称
The Sea-Goat
缩写
Cap
拉丁语所有格
Capricornus

α 星
牛宿二 /Algedi
星等
3.6
恒星颜色
黄色

这是个非常古老的星座，也许来自于东方的半羊半鱼形象，现在我们总算有两种动物结合在一起的星座了。根据可靠的希腊来源，这个形象指的是潘。为了躲避海怪堤丰，他潜入尼罗河里，后来就变得有点儿鱼的形状，但是很显然，只有弄湿的那一小部分变成了鱼形。这样就清楚多了。

看看摩羯座周围的天空，你会发现那里就是水乡：有宝瓶座、双鱼座、鲸鱼座和南鱼座。古时候，一年中这些星座出现时跟下雨和洪水泛滥有联系，现在也是一样。

惊奇的事实：摩羯座是黄道十二宫图里最小的一个。

位置：在南天星图的左上方，这只会水的食草动物正在那里游动。

双星
牛宿二
摩羯座 α 星

星等
4.2 和 3.6

两星间距
6′ 18″

颜色
都是金黄色（而不是金鱼色）

←这只半羊半鱼动物的双眼有些色迷迷（英语中山羊含有“色鬼”之意）的，一直盯着人看。

天秤座

拉丁名称
Libra
英语名称
The Scales
缩写
Lib
拉丁语所有格
Librae

α 星
氐宿一 / Zubenelgenubi
星等
2.75
恒星颜色
白色

在古罗马时代以前，天空中并没有天秤座，它们本来是天蝎座的爪子。那么，这又是怎么回事呢？在那个没有同情心的世界，罗马人把天蝎的爪子砍了下来，做成了一副精美的秤盘，就这么简单。罗马人也没有得到什么报应，等到有人注意到这一点的时候，已经过去1500年了。

氐宿四
氐宿三
氐宿一

这个星座并没有什么惊人之处，但它还是值得一提，只是因为它那几颗星星的名字很神奇：氐宿一、氐宿四、氐宿三和氐宿增一。

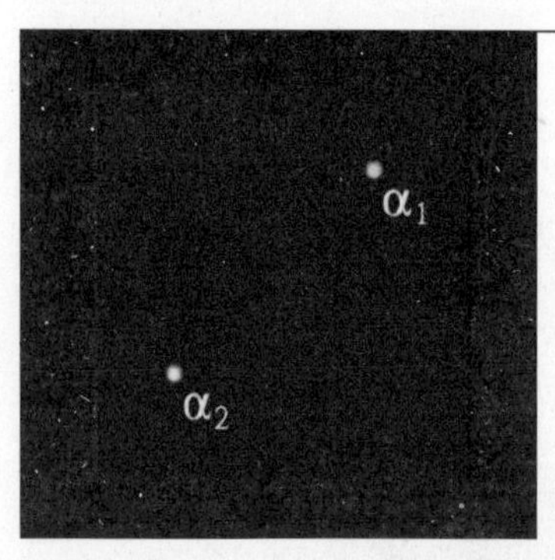

双星	变星
氐宿一 天秤座 α 星	氐宿增一 天秤座 δ 星
星等 2.8 和 5.2	星等范围 4.9 ~ 5.9
两星间距 3′ 51″	周期 2.327 天
颜色 浅蓝色和白色	

很显然，氐宿四（β 星）是你能看到的颜色最绿的星星。

位置：在南天星图上，天秤座位于右上方。

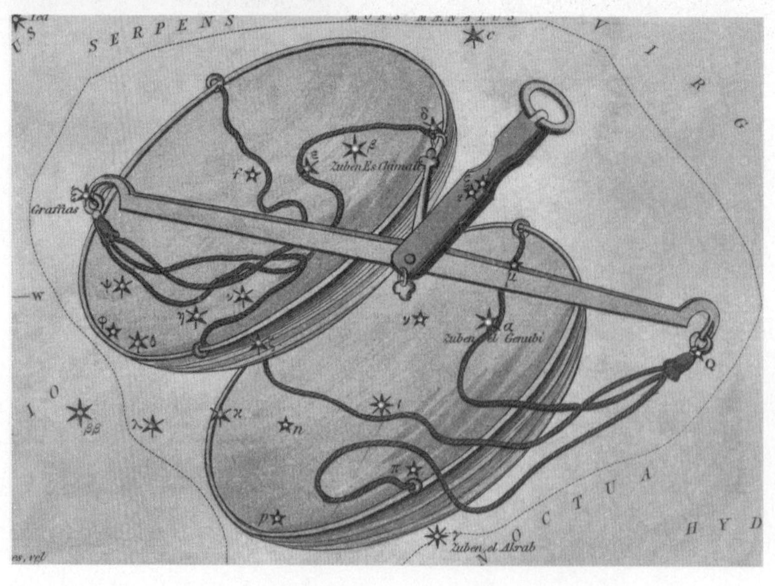

←这就是天秤座。它主星的名字叫氐宿一，意思是“天蝎南边的那只爪子”。这也表明，在遥远的过去，天秤座是天蝎座的一部分。

天蝎座

拉丁名称
Scorpius
英语名称
The Scorpion
缩写
Sco
拉丁语所有格
Scorpii

α 星
心宿二 /Antares
星等
0.96
恒星颜色
红色

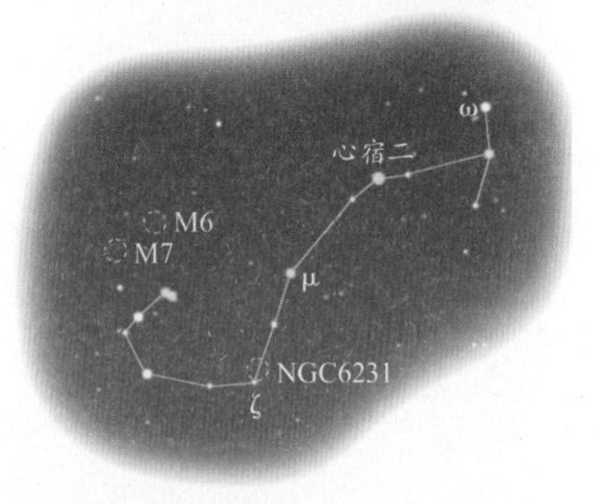

小心，猎户！阿波罗派了这个可恶的蜇人的家伙来对付你了！这就是为什么猎户座和天蝎座被放在天空正对着的两端，这样猎户就没有麻烦了。

尽管从中北纬度你也能看到那颗明亮的心宿二，但除非你尽量往南走，否则你就看不到天蝎座的壮丽景色。它的整个S型曲线只有在低于北纬40° 的地方才能看到，即下列城市以南：西班牙马德里、意大利那不勒斯、美国纽约和盐湖城、土耳其安卡拉，以及中国北京。

从前，天蝎曾经有过漂亮的爪子，后来被罗马人砍掉了，做成一个“新”的天秤座。

位置：在南天星图上，天蝎座位于中间偏右上方。

深空天体
M7
类型
银河星团
星等
3.3
面积
1° 20′
距离（光年）
800

在公元130年，托勒密曾描述过这个星团，此后它也被称为托勒密星团。它可能是星座中最美的深空天体，看看它的面积，是月球的两倍还多！

深空天体
M6
类型
银河星团
星等
4.2
面积
20′
距离（光年）
2000

这个精美的蝴蝶星团大约由80颗恒星组成。

双星
天蝎座 μ 星
星等
3.0 和 3.6
两星间距
5′ 30″

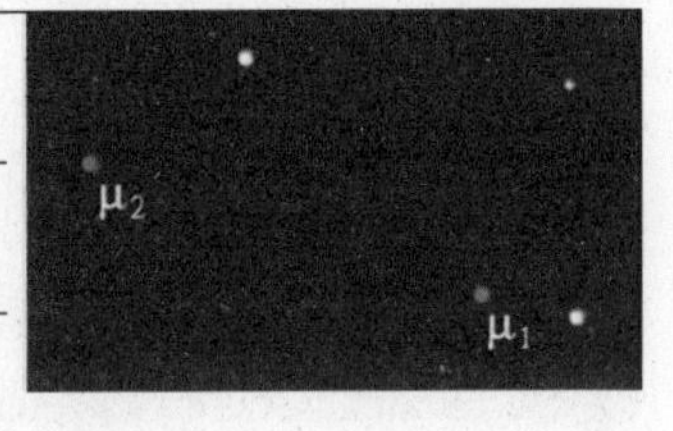

深空天体
NGC 6231
类型
银河星团
星等
2.5
面积
15′
距离（光年）
5900

这个银河星团也被称为桌形星团，是天空的精彩部分。

双星
天蝎座 ς 星
星等
3.6 和 4.9
两星间距
6′ 30″

人马座

拉丁名称	Sagittarius
英语名称	The Archer
缩写	Sgr
拉丁语所有格	Sagitarii
α 星	天渊三 /Rukbat
星等	3.97
恒星颜色	浅蓝－白色

他是个射手，本来应该是背着一张弓，但是看起来却像个茶壶，哪里有弓的影子？把那里的几颗星星连在一起，你肯定看到的是能泡茶用的东西。

这个星座好像是不同文明的混合物，里面可能有苏美尔人和希腊人的影响，而名称则是由罗马人命名的。眺望这一部分的星空，实际上你就是直接看到了银河系的心脏。这就意味着这整个区域是银河系的精华所在，布满了各式各样的星云、星团和尘云，你可以在下面的列表和图片中看到。

位置：在南天星图上部的中间，你会找到射手，他还带着弓箭呢。

←在非常黑暗清晰的夜空，银河系的这个中心区域确实非常迷人，令人难忘。

深空天体	M8
类型	星云
星等	5.8
面积	1° 30′ ×40′
距离（光年）	5200

泻湖星云是由勒·让蒂尔于1747年记录下来的。它非常暗淡，在很清爽的夜晚才勉强可以看到。它的名称来自于一块蜿蜒曲折地穿过它、由尘埃构成的泻湖状黑暗地带，透过望远镜可以看见。

深空天体	M22
类型	球状星团
星等	5.1
面积	24′
距离（光年）	1万

这个天体可能是由亚伯拉罕·伊勒早在1665年第一次记录下来的。事实上，它可能是我们确认的第一个球状星团。它和M13一样，值得被人关注。

深空天体	M24
类型	恒星云
星等	4.5
面积	1° 30′
距离（光年）	1万

人马座恒星云是一个模糊的发光星体，比朦朦胧胧的银河稍微明亮一点儿。它的直径是月球的3倍，当然它的面积也相当大。

双星	天渊二和天渊一 人马座 β_1 星和 β_2 星
星等	4.0 和 4.3
两星间距	28.3′
颜色	浅蓝色和白色

这里没有这两颗星的图片，纯粹是因为它们相隔太远，这一页纸根本标示不出来！这两颗星相距极其遥远，在主星图上已经清清楚楚地标明在那里了。

天体
ANTON 8

类型
旧星座

←↑悬浮在人马座茶壶上空的是已经飞起的茶袋座。

南三角座

拉丁名称
Triangulum Australe
英语名称
The Southern Triangle
缩写
TrA
拉丁语所有格
Trianguli Australis

α 星
三角形三 /Atria
星等
1.9
恒星颜色
橙色

给你 3 颗星星，你能组成什么图案？ 16 世纪荷兰航海家弗雷德里克·霍特曼和彼得·凯泽没费多大劲儿就做出来了一个三角形！但是，这个星座可能要古老得多，因为它的星星很容易辨认，比与之相对应的北半球三角座要容易辨认得多。

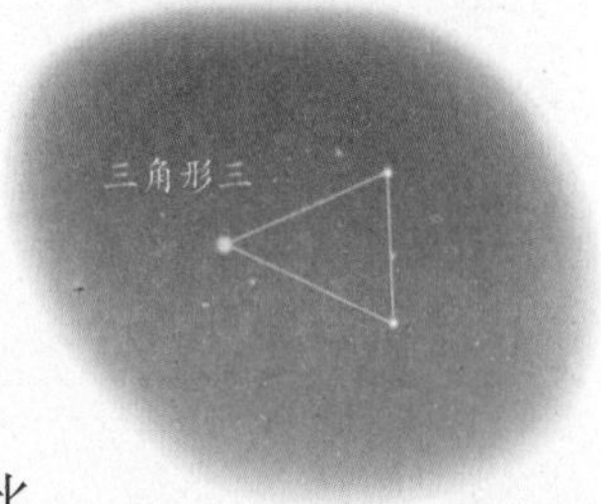

位置：在南天星图中间偏右下方，这个三角形正在变几何魔术。

南冕座

拉丁名称
Corona Australis
英语名称
The Southern Crown
缩写
CrA
拉丁语所有格
Coronae Australis

α 星
南冕座 α 星/α CrA
星等
4.1
恒星颜色
白色

这是希腊人设计的星座，描绘的是坐落在它隔壁的人马座的王冠。因此，在较早一些时候，罗马人把这个南半球曲线形的组合叫作人马座的王冠。银河流经这一区域，使它变得越发有趣。

位置：在人马座的“茶壶”下面找一找这个南冕座。

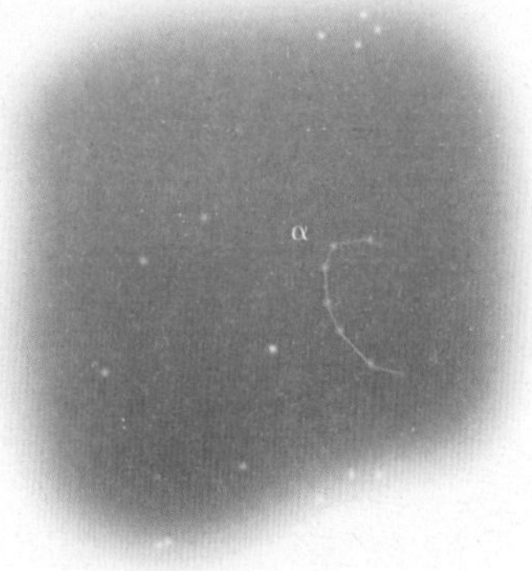

10～12月的星空

在这个时期，随着地球绕着太阳公转，把人马座和天蝎座带到了天空的西边，我们失去了银河最明亮的部分。暗夜的天空中，北落师门高高地挂在中间偏上的地方，放肆的水委一在下面靠左一点儿的地方停留（当然，这要根据何时何地而定）。向东方看去，几个嬉皮笑脸的明亮家伙出现了：先是老人星，稍后是天狼星。除此之外，天空相当安宁。噢，还有壮丽的麦哲伦星云，随着我们进入12月份，它们达到了最辉煌的阶段。顺便问一声，你注意到没有，在一年的这个时节，有多少种鸟类星座在那里忽闪着翅膀到处飞翔呢？

星星看点

小麦哲伦星云
追寻整个波江座的轨迹
鲸鱼座著名的变星米拉
猎户座流星雨（高峰期处于10月21日前后）
大麦哲伦星云

←↓南半球春季星空

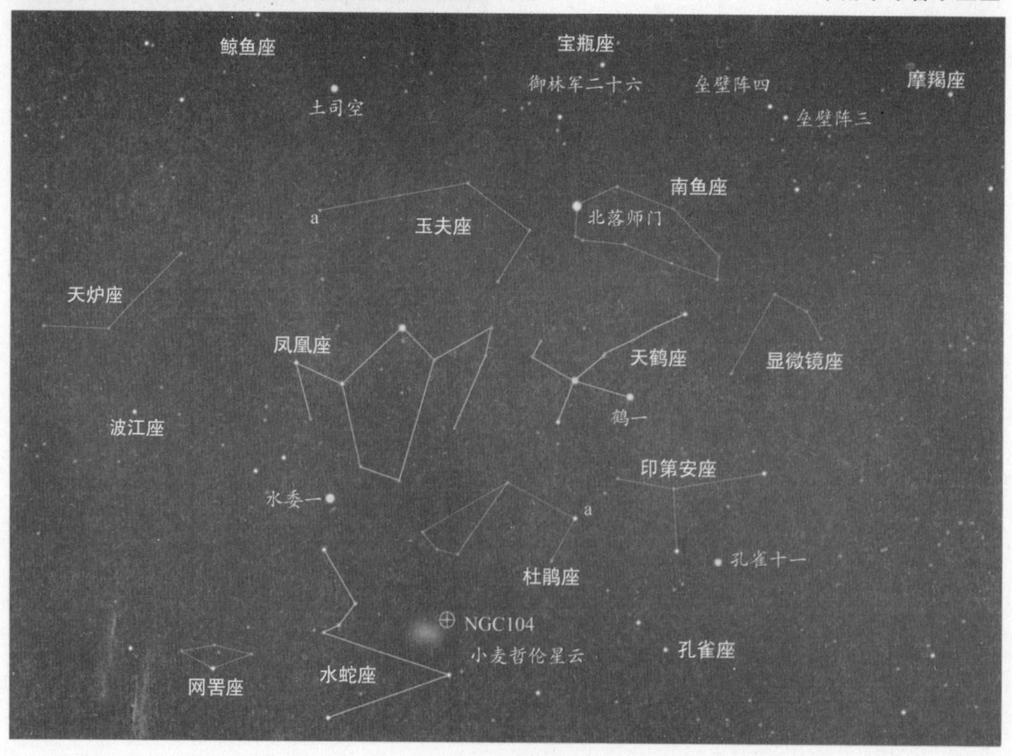

波江座

拉丁名称
Eridanus
英语名称
The River
缩写
Eri
拉丁语所有格
Eridani

α 星
水委一/Achernar
星等
0.5
恒星颜色
浅蓝色

这条波江流经天空的很大区域，是一个古老的星座。这条河可能是太阳神的儿子法厄同创建的，目的无非是要把幼发拉底河与尼罗河连接起来。顺着这条河蜿蜒曲折往下走，你可以找到水委一，阿拉伯语意思为“河流的尽头”。一旦你找到了它（如果你向南走得足够远），你就看到了夜空中排名第 9 位的亮星。

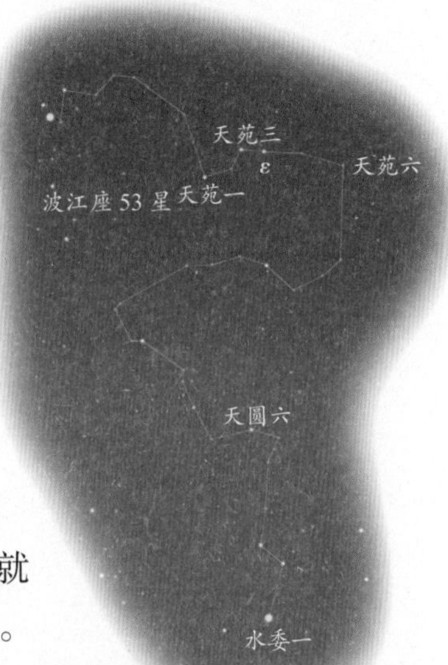

波江座 ε 星是离我们第三近的恒星（排在南门二和天狼星之后），只有 10.7 光年。它可能也有行星，说不定还有人在行星上居住呢。

位置：在 1 ~ 3 月的南天星图上，波江的源头就在猎户座的亮星参宿七的右边不远处。

南极座

拉丁名称
Octans
英语名称
The Octant
缩写
Oct
拉丁语所有格
Octantis

α 星
南极座 α 星/α Oct
星等
5.15
恒星颜色
黄色

在 1751 年前后，尼古拉斯·拉卡伊从南天极周围找了几颗暗得几乎看不到的星星，组建了这个星座。他设计出了这个航海仪器八分仪的星座，而它根本不可能被水手用来为他们指明航向。为什么他要这样设计，这将永远是个秘密，只有那个“疯子”尼克自己知道。目前我们发现的离南天极最近的恒星是南极座 σ 星，它的星等是 5.45，还配不上称为南极星。

位置：南极座当然位于南天极星图的中心。

杜鹃座

拉丁名称
Tucana
英语名称
The Toucan
缩写
Tuc
拉丁语所有格
Tucanae

α 星
杜鹃座 α 星/α Tuc
星等
2.9
恒星颜色
橙色

弗雷德里克·霍特曼和彼得·凯泽设计了这只鸟，而圣艾尔摩之火（传说在浓雾弥漫的海面上会出现成对的被称为圣艾尔摩之火的火球为船员指引方向）就在南天海洋的某个地方奔突忽闪着，给我们带来晴朗清澈的夜空。噢，那时候设计星图真容易啊。他们的朋友约翰·巴耶把这个星座放在了自己的《测天图》里。

杜鹃座内在波江座的水委一和南天极的中点上有著名的小麦哲伦星云，它是和大麦哲伦星云（剑鱼座）一起由麦哲伦发现的。它也是我们银河系的伴星系，直径 22000 光年，距离太阳系 19 万光年。银河系和大小麦哲伦星云一起组成了一个三重星系。这里所说的“杜鹃”，指的是生活在南美洲的一种嘴巴巨大、羽毛艳丽的鸟，1603 年，德国天文学家巴耶尔为了纪念这种鸟的发现而命名了这个星座。

在我们银河系中有 200 多个球状星团绕着银河中心运转，杜鹃座 47 是第二亮的球状星团（仅次于半人马座的 ω 星团）。杜鹃座 47 所发出来的光要走 2 万年才会到达地球。观测表明，杜鹃座 47 中包含了至少 20 颗毫秒脉冲星。杜鹃座中亮于 5.5 等的恒星有 15 颗，其中的最亮星是 α 星，其视星等为 2.86 等，是颗巨星，距离为 130 光年。杜鹃座 β 星是双星，两颗星的视星等为 3.9 等。双子星的角距为 27.1″ 。

位置：在南天星图的底部，那模糊的一团就是杜鹃栖息在那里。

深空天体
小麦哲伦星云

类型
不规则星系

星等
2.3

面积
5° 19′ ×3° 25′

距离（光年）
19.6 万

小麦哲伦星云（SMC）又被称为 NGC292，自古就被人们熟知，但在 1519 年麦哲伦环游世界之后，它才名声大振。

深空天体
NGC 104

类型
球状星团

星等
4.0

面积
30′

距离（光年）
1.34 万

古代天文学家们曾认为这是一颗恒星，后来发明了望远镜，才认定这是一个巨大的模糊星团。

第七章

令人瞠目结舌的太空探索

最早的太空访客：V-2 火箭

火箭，又叫 V–2“飞弹”，是第一个大型的远程火箭。它是在 1942 年研发成功的。第二次世界大战之后，V–2 火箭成了第一个到达太空的火箭，但是它从来没有进入过环绕地球运转的轨道。几乎所有的航天火箭都是以 V–2 火箭的设计原理为基础的。

我发现啦！

第一批火箭都是使用火药作为燃料的。最早的火箭是公元 1050 年左右由中国人发明的。第一个使用液体燃料的火箭由美国最早的火箭发动机发明家罗伯特·戈达德于 1926 年发明，它只到达了 12 米的高度。

未来到底会怎样?

美国计划利用卫星网络建立一张“太空盾牌”，用以探测敌军的远程导弹，这样反击导弹就能及时在空中将其拦截。

弹头：导弹整流罩的 3/4 装满了一吨重的阿马托炸药，这是一种由硝酸铵和三硝基甲苯组成的烈性混合炸药。

V-2 火箭发射升空之后，喷嘴正下方的空气舵开始操纵方向。等到 V-2 火箭行进的速度足够快时，火箭尾端所安置的被称为燃气舵的金属板可以改变气流，诱导火箭朝正确的方向前进，也可以用来改变火箭前进的路线。

1951 年，V-2 火箭已经达到了 213 千米的高度，创造了当时新的纪录。

控制系统：早期的 V–2 火箭按照预先设定好的程序自行操纵。后来的火箭则由来自地面的无线电信号进行控制。

燃料箱：火箭的上半部分装有将近 4 吨的混合液体。其中 3/4 是乙醇，这是一种可以充分燃烧的酒精，不过要在极高的温度下才能燃烧。剩余的 1/4 是水，其作用在于降低燃烧的温度。

火箭发动机的工作原理

火箭利用了作用力与反作用力这一基本物理原理。当火箭发动机内部的可燃气燃烧爆发出后推力时，产生的反作用力就会将火箭向前推。燃烧需要氧气，但是太空中几乎没有空气，也就因此没有氧气了。火箭会携带液态氧或者一种富含氧气的化学物质，被称为“助燃剂”。

V-2火箭的发动机只能运行大约65秒，但是这已经足以使V-2火箭上升到80千米的高度并开始自由飞行。发动机失去动力后会坠落到地面大概离发射地点300千米的地方。

↑完成准备工作、准备发射的V-2火箭

发射V–2火箭

V–2火箭是从一个特殊的钢铁发射台上发射升空的，该发射台的形状像一个矮桌。该发射台以及所需的其他设备由30辆卡车运送到发射地点。发射地点通常隐藏在茂密的森林中。V–2火箭本身就带有一辆牵引车，长约15米，重约11吨。负责发射火箭的工作人员要花90分钟的时间装配好发射平台，准备V–2火箭、燃料以及导航系统，然后点燃具有爆炸性的弹头。

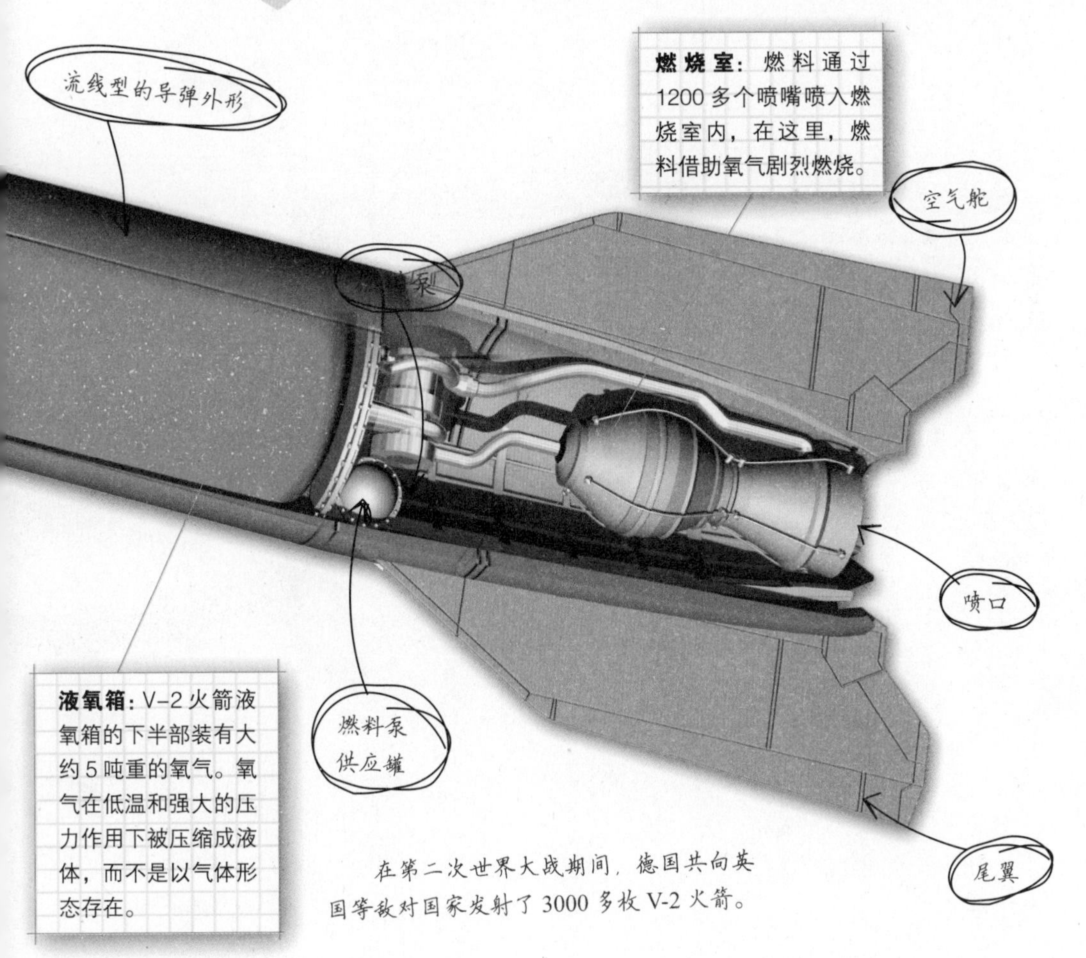

燃烧室：燃料通过1200多个喷嘴喷入燃烧室内，在这里，燃料借助氧气剧烈燃烧。

液氧箱：V–2火箭液氧箱的下半部装有大约5吨重的氧气。氧气在低温和强大的压力作用下被压缩成液体，而不是以气体形态存在。

在第二次世界大战期间，德国共向英国等敌对国家发射了3000多枚V-2火箭。

“斯普特尼克”1号人造地球卫星

1957年10月4日，一则爆炸性的新闻震惊了全世界——苏联用R-7弹道导弹成功发射了世界上第一颗人造地球卫星“斯普特尼克”1号！它正式开启了人类的“太空时代”。“斯普特尼克”1号升空后在轨道中运行了3个多月，围绕地球转了1400多圈，之后就在返回地面的过程中燃烧殆尽了。

我发现啦！

轨道通信卫星不断接收和发出无线电信号，发挥的作用就好比一座极高的天线塔。英国科幻作家兼科学家阿瑟·克拉克于1945年首先提出了通信卫星这一想法。

“斯普特尼克”1号人造地球卫星在电池能量耗尽之前，一共持续发射了22天的信号，运行总里程共计6000万千米。

内罩

O型环：又称密封圈，是一个环形的接头，位于两个内罩半球之间，它们将卫星密封起来，将其存放在纯净的氮气之中。

电源：这三块电池很小但很沉，重量接近一个成年人的体重。其中两块电池是为无线电发射器提供动力的，还有一块电池为风扇提供动力，风扇用于控制卫星内部的温度。

通风扇

轨道的工作原理

轨道，是一个物体——比如卫星围绕行星、月亮或星球——运转的曲形轨迹。轨道是向前运行和向下坠落两种力平衡的结果。在太空中，如果没有其他外力的影响，天体将沿直线一直运行下去。地球的地心引力会产生一种牵引力，让天体绕曲线行进，就好像要坠落一样。如果物体的高度和运行速度正好合适，它就会一直保持“坠落”的状态运行，而不会落到地面。

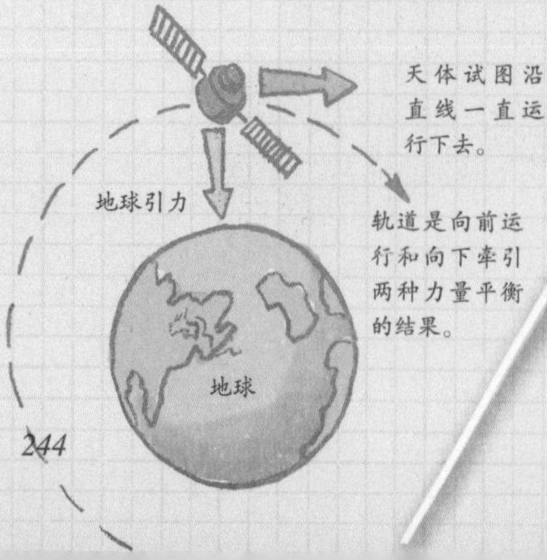

天体试图沿直线一直运行下去。

地球引力

轨道是向前运行和向下牵引两种力量平衡的结果。

地球

“斯普特尼克”1号人造地球卫星发射后的一个月，“斯普特尼克”2号再度进入太空，并载着第一位太空旅客——一条名叫莱卡的狗。

“斯普特尼克”1号人造地球卫星分解图

未来到底会怎样?

根据俄罗斯航天局的统计数据，截至2005年4月，太空中正在运行的卫星有800多个。目前，每发射一颗新卫星，都要设计好运行的轨道，以免与其他卫星相撞。

“斯普特尼克”1号人造地球卫星由苏联发射，也就是现在的俄罗斯及其相邻的国家，在当时的苏联哈萨克斯坦共和国草原升空。当时，苏联的最大竞争对手美国对此非常震惊，一些美国人甚至认为这条新闻是一个恶作剧。

外罩：两个半球形的卫星外罩是由铝、钛、镁合金制成的，两个外罩由36个螺栓接合而成。

“斯普特尼克”1号人造地球卫星正式开启了人类的“太空时代”，表明机器乃至人类都可以进入太空，并存活下来。

↑“斯普特尼克”1号人造地球卫星重84千克，直径58厘米——大小跟一个大号沙滩排球相当。

天线：4根天线用来发射无线电信号，都是用钛—镍形状记忆合金制成的，长约2米多。

“斯普特尼克”1号人造地球卫星的信号发射器重约3.7千克。该装置会发射出两组无线电信号，一高一低，每一个持续0.3秒。

什么是逃逸速度?

如果我们要将航天器发射到高空中，地球的引力很快就会将它拉回到地面。目前，火箭是唯一一种能够提供足够动力的发动机，可以让航天器摆脱地球的引力，并进入太空。在地面上，物体的运动速度达到7.9千米/秒时，它所产生的离心力恰好与地球对它的引力相等，可以绕地球运行，这个速度被称为环绕速度。而当地表物体的运动速度达到11.2千米/秒时，就能摆脱地球引力，绕太阳运行，这个速度叫逃逸速度。

↑R-7火箭发射时，将“斯普特尼克”1号人造地球卫星放在整流罩中。

“探险者”1号人造地球卫星

苏联发射了第一颗人造地球卫星后，美国加紧努力，迫切地想将其第一颗人造地球卫星送入太空。4个月后，也就是1958年1月31日，“探险者”1号人造地球卫星在卡纳维拉尔角的空军基地，由“朱诺”1号火箭发射升空，共运行了111天，取得了惊人的研究成果。

我发现啦！

“探险者”1号首次发现了一条环绕地球的高能粒子辐射带，在赤道附近呈环状绕着地球，并向极地弯曲。这一辐射层被称为“范·艾伦辐射带”，辐射带内的高能带电粒子对宇航员和航天仪器都有一定的危害性。

未来到底会怎样？

“探险者”系列人造地球卫星的发射一直延续到1981年，当时的“探险者”59号人造卫星在研究阳光与受污染的空气如何形成烟雾。

多级火箭的工作原理

第一级火箭最大，提供的动力也最强，因为它要推举的重量是最大的，且所受的地球引力也是最大的。每一级火箭都装有发动机与燃料，这是为了提高火箭的连续飞行能力与最终速度。当第一级火箭耗尽燃料后，就开始自动分离并脱落。整个发射载具会变得越来越轻、越来越高，每级火箭都是如此，直到有效载荷进入飞行轨道。

第二级火箭：只需较小的能量和较少的燃料来保持行进速度。

分离

燃料室

助燃剂室

第一级火箭，火箭用尽燃料之后即脱离，否则就会成为累赘。

火箭发动机

宇宙射线探测器：宇宙射线探测器的外形像管道，用来测量宇宙射线的强度。宇宙射线像无线电波，但是就长度来说要短得多。

“探险者”1号的轨道是椭圆形的，最远处离地球2250千米，最近处离地球360千米。

温度传感器：一共有5个温度传感器，一个在整流罩中，一个在主体部分，另外3个在外面。

金属外壳

大功率发射器：两个发射器从“探险者”1号上面的传感器和探测器上，以无线电信号的方式向地球发送信息。

温度感应探头

由于使用了重金属汞，仅电池的重量就占“探险者”1号总重量的2/5。

"探险者"1号人造地球卫星直径15厘米，重14千克，只有"斯普特尼克"1号人造地球卫星的1/6。

天线：外部有四根较短的鞭状天线，外加两根安置在卫星外罩内部的直天线，用于发射无线电信号。

玻璃纤维圈

↑"探险者"1号长203厘米，比一个普通成年人的身高还要长一点儿。

"探险者"1号是首次使用新发明的晶体管的人造地球卫星，这种晶体管有助于控制卫星的电路。此外，相比以往使用的电子管装置，卫星的重量变得更轻了。

令执行"探险者"1号任务的专家们吃惊的是，"探险者"1号进入轨道之后，改变了其原定的每秒旋转12次的方向——没人知道是什么原因。

跟踪站

当火箭、人造卫星、太空探测器等航天器在太空中行进时，它们会向地球发回各种各样的信息，这些信息是以无线电信号的形式传送的。当这些航天器在太空中运行时，地面上巨大的碟形天线就会探测到这些微弱的信号，并转动以指向或跟踪它们。因为地球每24小时自转一周，所以全世界要设置不同的跟踪站轮流探测信号。

↑位于澳大利亚帕克斯天文台的跟踪站

“东方”1号飞船

第一个进入太空的地球人是苏联宇航员尤里·阿列克谢耶维奇·加加林。1961年4月12日，加加林乘坐“东方”1号宇宙飞船完成了史无前例的宇宙飞行任务，这使得加加林成为英雄，并开启了人类载人飞行的新时代。

我发现啦！

早在1903年，俄国科学家康斯坦丁·E.齐奥尔科夫斯基就预言人类利用火箭就能进入太空，认为人类有朝一日可能会在太空中旅行。那个时代的人们都认为他一定是疯了！

太空舱门：当宇航员进入宇宙飞船之后，太空舱门就会封闭起来。等到加加林重返大气层返回地面时，太空舱门会打开，让他带着降落伞跳伞。

返回舱：返回舱是宇宙飞船中装载着宇航员的球型部分，最后整个飞船只有返回舱回到地球。

观察窗：观察孔是一个观测镜，像一个固定的窗口，观察孔用来帮助将飞船定位在正确的位置和角度，利于飞船重返地球。

弹射座椅：以火药为动力的弹射座椅将宇航员加加林弹出机舱，然后张开降落伞使其能够安全降落。

飞船怎样重返大气层

宇宙飞船返回地面的任务风险最大的部分是重返大气层，这个时候宇宙飞船从真空区返回，进入到下面的地球大气层中。当飞船的速度达到每秒10千米的时候，会与稠密的大气发生剧烈的摩擦，这会导致飞船温度骤然上升，变得格外炽热。因此，宇宙飞船表面会涂上一层特制的涂料，来保护船体，避免因摩擦生热而燃烧。关键在于飞船要以适当的角度进入大气层，如果冲进大气层的角度太陡，会导致飞船过热而焚毁。

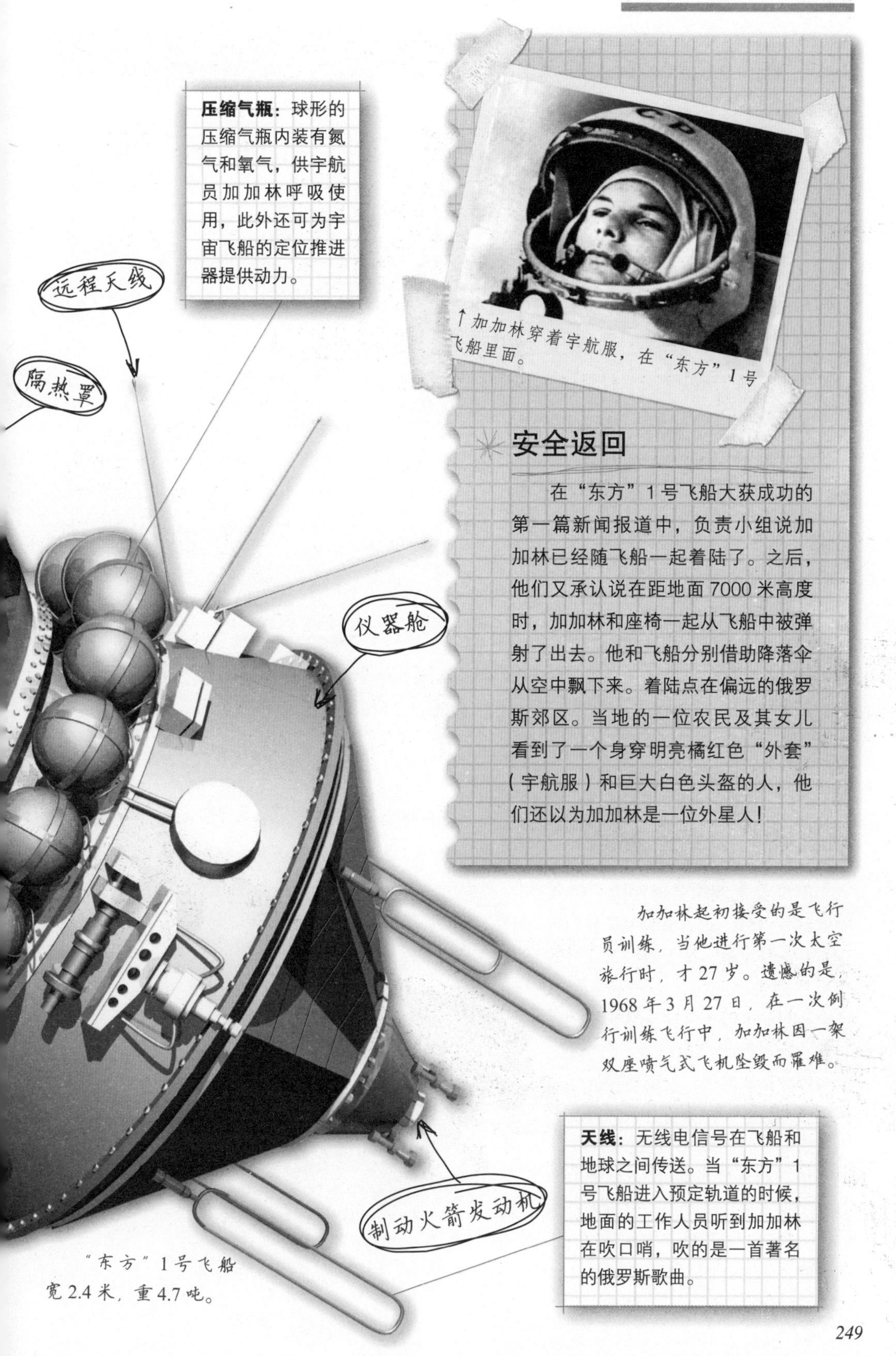

压缩气瓶：球形的压缩气瓶内装有氮气和氧气，供宇航员加加林呼吸使用，此外还可为宇宙飞船的定位推进器提供动力。

↑加加林穿着宇航服，在“东方”1号飞船里面。

安全返回

在“东方”1号飞船大获成功的第一篇新闻报道中，负责小组说加加林已经随飞船一起着陆了。之后，他们又承认说在距地面7000米高度时，加加林和座椅一起从飞船中被弹射了出去。他和飞船分别借助降落伞从空中飘下来。着陆点在偏远的俄罗斯郊区。当地的一位农民及其女儿看到了一个身穿明亮橘红色“外套”（宇航服）和巨大白色头盔的人，他们还以为加加林是一位外星人！

加加林起初接受的是飞行员训练，当他进行第一次太空旅行时，才27岁。遗憾的是，1968年3月27日，在一次例行训练飞行中，加加林因一架双座喷气式飞机坠毁而罹难。

天线：无线电信号在飞船和地球之间传送。当“东方”1号飞船进入预定轨道的时候，地面的工作人员听到加加林在吹口哨，吹的是一首著名的俄罗斯歌曲。

“东方”1号飞船宽2.4米，重4.7吨。

“土星”5号火箭

美国的“土星”5号火箭，是目前世界上使用过的最大、最重，也是推力最强的运载火箭。它将阿波罗计划中的宇航员送上了月球，开始了人类首次登月的太空征程。从1969年11月的首次阿波罗试验飞行，到1973年5月的最后一次离地升空，使用“土星”5号火箭的13次航天飞行全部成功。

我发现啦！

“阿波罗”13号很不幸，因为服务舱液氧箱爆炸，严重损坏了航天器，氧气和电力大量损失，从而中止了登月任务。三位宇航员用登月舱作为太空中的救生艇，并成功地返回地球大气层。

未来到底会怎样？

人类还会重返月球吗？美国计划在2015年至2020年期间再次将宇航员送上月球。

第二级：S-II，是“土星”5号的第二级，由北美航空制造，装有五台J-2火箭发动机。高达25米，重约500吨，和第一级一样，直径10米。

1973年，最后的“土星”5号只装载了两级火箭引擎，第三级装载了太空实验室的轨道空间站。

苏联的“能源”号运载火箭要比“土星”5号火箭稍稍强大一些，但是它只进行了两次试验性的发射，从来没有正式投入运行。

J-2火箭发动机

第一级：巨大的“土星”5号的底部就是第一级，由波音公司制造。重量达2000余吨（相当于50辆卡车的重量），高达42米。这级火箭上超过2000吨的质量都是推进剂煤油和液氧。

引力辅助的工作原理

不仅仅是地球具有引力，所有物体都有引力，从小小的大头针到行星、月球和恒星。航天器经常在月球或行星附近飞行，这样一来，引力就会吸引航天器，并改变其运行的方向。在漫长的太空旅行中，这样可以节约燃料和时间。在阿波罗计划的历次任务中，计划者考虑到了月球引力的因素。月球的引力相当于地球引力的1/6。航天器要向着月球的侧面运行，就好像从月球旁边经过一样。之后，借助月球的引力将飞行器拉入正确的轨道。

F-1火箭发动机：在第一级脱落之前，五台F-1火箭发动机将所有三级“土星”5号火箭推至60千米之上。

3个试验用的“土星”5号火箭分别陈列在位于休斯敦的美国航空航天局约翰逊太空中心，位于美国佛罗里达州卡纳维拉尔角的肯尼迪航天中心，以及位于汉斯维尔的大卫森中心。

探月舱：两个宇航员要转移到探月舱，以登陆到月球的表面。探月舱在接下来的几天中就是他们的基地，当他们返回到指挥舱时，会将探月舱的下半部分留下。

服务舱：服务舱中装有水、空气、其他一些生活装备物资、电池、无线电和科学设备，还有一个小火箭。这个小火箭直到重返大气层回到地球之前一直都是与指挥舱连在一起的。

“土星”5号火箭高110.6米，仅仅比伦敦的圣保罗大教堂矮0.5米。

发射救生塔

第三级火箭：是由道格拉斯飞行器公司制造的火箭级，高17.8米，宽为6.6米。在第三级火箭中使用一台J–2发动机（与第二级火箭中的发动机一样）。

指挥舱：在每次“阿波罗”任务中，都有3个宇航员。其中两个宇航员登陆到月球，另外一个留在指挥舱当中，绕月飞行。最后，3位宇航员都坐在指挥舱里返回地球。

J-2火箭发动机

降落在海上

苏联在宇宙飞船返回地球时采用的是降落伞着陆的方法，美国的宇宙飞船则是降落到海里。美国的任务管制员通过无线电跟踪“阿波罗”号飞船的指挥舱返航，然后派喷气式战斗机追随它。当指挥舱降落到海上后，直升机就放下潜水员，潜入海中。潜水员备有漂浮装置，像一个大型的橡胶圈，这样一来，指挥舱就不会下沉。

↑在发射升空时，“土星”5号火箭的重量超过了3000吨，比满载的大型喷气机要重7倍多。

↑“阿波罗”号飞船的指挥舱最终降落到了海面上。

“先驱者”11号探测器

太空探测器是不载人的航天器，由来自地面的无线电信号远程操控。1972年3月2日，“先驱者”10号在美国发射升空。1973年4月5日，美国又发射了“先驱者”11号探测器。这对孪生探测器都是人类派往银河系的大使，它们在途中拍摄了许多照片，而且现在仍然在以令人难以置信的速度飞向未知的深邃的宇宙。

我发现啦！

“先驱者”11号太空探测器发射之后，任务管制员意识到可以利用木星的强大引力去改变探测器的轨道，这样一来，“先驱者”11号探测器就能在“旅行者”1号和2号之前到达土星。

1979年9月1日，“先驱者”11号从距土星34000千米的地方掠过，第一次拍摄到了土星的照片。

小行星－流星体探测传感器

在“先驱者”11号探测器发送回来的照片中发现，土星的光环看起来很暗。然而，从地球上看，土星光环显得非常明亮。

碟形天线：这个形状像碗碟一样的天线直径2.74米，指向地球，发送并接收无线电信号。

分离环

旋转控制器：3对小型火箭助推器控制着“先驱者”11号探测器的旋转方向和速度。

旋转稳定的工作原理

在航天器飞往宇宙的途中，不可避免地会撞到小陨石等颗粒物，并会因此开始摇摆、震颤，变得不稳定。这也是为什么许多卫星和探测器都被设计为采用旋转的方式，以保持其在运行时的稳定，这被称为“旋转稳定”。此外，旋转还能将太阳光照射积聚的热量散发出去，否则航天器面对太阳的一面会变得过于灼热。“先驱者”11号约每12秒旋转一周，但是会一直保持其碟形天线背对着地球。

1995 年，美国国家航空航天局与“先驱者”11 号探测器失去了联系。现在，“先驱者”11 号探测器正在飞往天鹰座（星群）的途中。它大约在 400 万年以后才会到达那里。

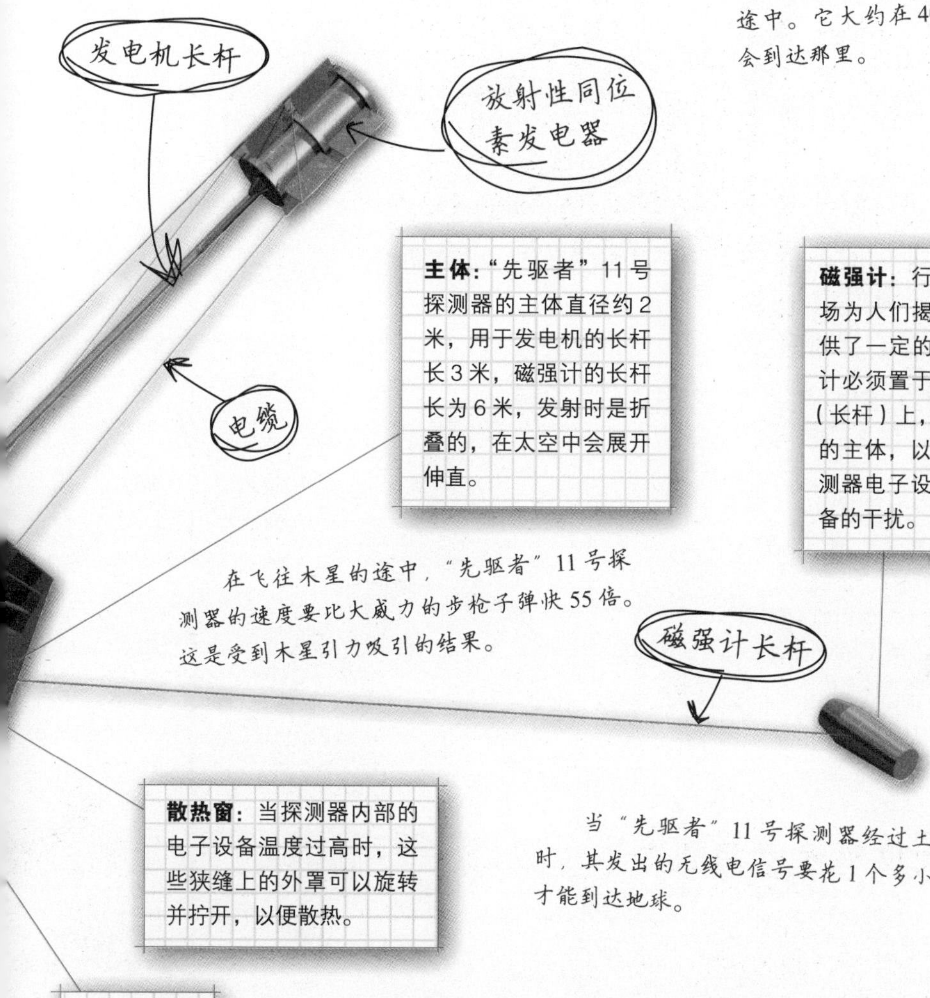

发电机长杆

放射性同位素发电器

电缆

主体：“先驱者”11 号探测器的主体直径约 2 米，用于发电机的长杆长 3 米，磁强计的长杆长为 6 米，发射时是折叠的，在太空中会展开伸直。

磁强计：行星的自然磁场为人们揭示其结构提供了一定的线索。磁强计必须置于长长的机臂（长杆）上，远离探测器的主体，以避免受到探测器电子设备和磁性设备的干扰。

在飞往木星的途中，“先驱者”11 号探测器的速度要比大威力的步枪子弹快 55 倍。这是受到木星引力吸引的结果。

磁强计长杆

散热窗：当探测器内部的电子设备温度过高时，这些狭缝上的外罩可以旋转并拧开，以便散热。

当“先驱者”11 号探测器经过土星时，其发出的无线电信号要花 1 个多小时才能到达地球。

宇宙射线望远镜：是“先驱者”11 号探测器众多设备中的一个。借助宇宙射线望远镜可以看到在宇宙中穿行的强大宇宙射线。

外太空真的有其他生命存在吗？

“先驱者”10 号和“先驱者”11 号探测器都携带了一块镀金铝板，宽约 23 厘米。上面刻有图案，描绘的是一个男人和一个女人，还画出了太阳系，图片底部还有一份示意图，标明了地球在众多星球之间的位置。“先驱者”号探测器会一直保持运行，除非它们撞到某个卫星、小行星或者陨石等。外星人有可能发现这两个探测器，看到镀金铝板，并因此来探访地球。

“旅行者”2号探测器

1977年，“旅行者”1号和“旅行者”2号探测器发射升空，开始了漫长的太阳系之旅。“旅行者”1号探测器在飞行时非常接近木星和土星。“旅行者”2号则成为第一个造访天王星和海王星的航天探测器。

我发现啦!

任务管制员忘记了开启“旅行者”2号探测器上的无线电设备，因为当时“旅行者”1号探测器出现了故障，分散了他们的注意力。万幸的是，“旅行者”2号探测器上还有一台备用的无线电设备。

未来到底会怎样?

准备探索海王星之外宇宙空间的唯一航天器是美国的“新地平线”号探测器，它已于2006年发射，预计在2015年会到达矮行星冥王星及其卫星凯伦，进行探测。

主体：“旅行者”2号探测器的主体直径为1.8米，高45厘米，其中装有主要的电子设备。

摄像机：“旅行者”2号探测器有两个光探测的摄像机，类似于电视摄像人员使用的摄像机，一个拍摄广角照片，另外一个拍摄近距离的特写镜头。

宇宙射线探测器

放射性同位素发电器的工作原理

太阳系深处的太阳光线太微弱了，不足以为太阳能电池板提供足够的电能，普通的电池又容易耗尽。因此，在外层太空的探测任务中，探测器都使用放射性同位素发电器。这种发电器中含有一小块钚燃料，而钚是一种放射性元素，以微粒和射线的形式向外部释放能量，其中包括红外（热）射线。热量通过不同金属线组成的热电偶装置，让金属线温度升高。热电偶将热能转化为电能，而且结构紧凑，稳定性高、适应能力强，因此可以持续使用数年之久。

主天线：直径3.7米的碟形天线接收来自地球的远程控制命令，并以无线电信号的形式向地球发回图片和其他信息。

“旅行者”2号探测器飞达距天王星81000千米以内的距离，发现有10颗未知的卫星围绕着天王星。

大旅行

↑"旅行者" 2号的探测任务示意图

"旅行者" 2号探测器被誉为最有价值的探测器，因为它探访了众多行星及其卫星：它在1979年7月9日最接近木星，多发现了几个环绕木星的环，并拍摄了木卫一的照片，显示其火山活动。它在1981年8月25日最接近土星。之后，利用土星的引力，像"打弹弓"一样在1986年1月24日最接近天王星，并发现了10个之前未知的天然卫星。"旅行者" 2号探测器在1989年8月25日最接近海王星。两个"旅行者"号探测器都携带着镀金的铜唱片，以备太空船被外太空智慧生物捕获时与他们沟通。上面记录着鸟鸣、风声、人类的谈话声等。

"旅行者" 2号探测器是唯一造访海王星的航天器，当"新地平线"号探测器经过其轨道时，离海王星很远。

磁强计杆：这个格栅状的感应器探测的是"旅行者" 2号探测器经过的各个行星及其卫星的磁场以及太阳磁场的范围和影响。

科学家们认为，"旅行者" 2号探测器会一直发送出无线电信号，至少持续到2025年，到那个时候"旅行者" 2号探测器已经将近50岁了。

"旅行者" 1号探测器，是迄今为止离地球最远的人造航天器。它的飞行速度比现有的任何人造太空船都要快，较之迟一个月发射的姊妹船"旅行者" 2号探测器永远都不会超越它，恐怕以后也没有任何航天器能够赶上它。

长天线：两条长达10米的鞭状天线形成了一个V字型，被称为"兔耳朵"。它们可以收听无线电波以及来自外太空的其他形式的信号波。这些都会给研究宇宙起源的科学家带来一些启示。直到现在，"旅行者" 2号探测器发回的各种数据还在研究之中。

穿梭太空的航天飞机

第一架航天飞机于1981年发射，2011年全部退役，共执行了135次飞行任务。航天飞机主要包括轨道飞行器、两个高大的火箭助推器以及一个巨大的燃料外储箱。它为人类自由进出太空提供了很好的工具，而且可以重复利用，大大降低了航天活动的费用，是航天史上的一个重要里程碑。

我发现了！

航天飞机的火箭助推器能够提供2/3以上的推动力。当火箭助推器分离或往下脱落时，为了防止它们撞到轨道器，要使用16个非常小的火箭将它们推开。

飞行甲板：像一架大型的普通飞机一样，轨道器的前部有两个座位，分别是任务指挥员和飞行员的专座。

货舱门

回收利用对于我们人类和我们的地球都大有益处，而美国的航天飞机大部分部件都是可回收、可重复使用的。

货舱：这个巨大的区域用来装载卫星、太空望远镜和其他设备，长18米，宽5米，空间宽敞得足够装载12辆私家轿车。

火箭助推器工作原理

火箭助推器是额外的火箭，为航天飞机垂直起飞、飞出大气层进入轨道等其他活动提供额外的推力。航天飞机有两个固体火箭助推器。当其燃料耗尽的时候，会引爆螺栓，让它们在45千米的高空与航天飞机分离。前锥段里的降落伞系统启动，降落在大西洋上，空的火箭外壳在降落伞的保护下回到地面，可回收重复使用。任务完成后，轨道器重返地球大气层时会像一个巨大的滑翔机俯冲下来，着陆在跑道上。

装在货舱中的哈勃太空望远镜

主引擎：航天飞机有3个RS-24主引擎，它们可以稍稍旋转，指引推力的方向并操控机身。

在发射平台上，航天飞机的整个组成部分高56米，起飞重量令人难以置信——总计2000多吨。

未来到底会怎样?

在航天飞机退役之后，美国计划研发一种名为“战神”1号的两级火箭，旨在将新一代载人航天器“猎户座”号飞船在2015年送入太空。

燃料舱：燃料舱高45.6米，宽8.4米。它为轨道器的3个主发动机提供燃料。在起飞时，燃料舱重755吨，发射升空9分钟之后从轨道器上脱离。

美国的航天飞机共有6架轨道器：“企业”号（仅用于着陆测试）、“发现”号、“亚特兰蒂斯”号、“奋进”号、“挑战者”号（1986年1月28日发射升空后爆炸）和“哥伦比亚”号（2003年返航时失事）。

双层舱壁

航天飞机的发射和着陆返航一般是在美国佛罗里达州的肯尼迪航天中心完成。在糟糕的天气情况下，航天飞机的轨道器可以在位于美国西部加利福尼亚州的爱德华兹空军基地着陆。之后，将由一架波音747客机以背驮式的运输方式，飞越3500千米，运回佛罗里达州。

液体燃料

太空漫步

在航天飞机轨道器内，宇航员可以身着普通的衣物。但是要走出太空舱时，它们必须穿上宇航服。宇航服可以提供氧气用于呼吸，还可以避免阳光剧烈的照射，抵御阴暗处的寒冷，并防止宇宙微尘对宇航员的伤害。

火箭助推器：全称为固体火箭助推器，高45.6米，重约590吨。在发射升空2分钟之后便与轨道器分离。

↑航天飞机宇航服由三个主要部分组成：活衬里、压力容器和基础性的生命保障系统。

“麦哲伦”号金星探测器

1989年5月5日，“麦哲伦”号金星探测器在美国肯尼迪航天中心由“亚特兰蒂斯”号航天飞机携带升空，去探测金星。1994年10月，在“麦哲伦”号金星探测器圆满地完成了其重要的科学任务之后，地球上的控制人员用无线电信号指示它自我毁灭。“麦哲伦”号金星探测器最后冲入金星浓密的云雾中，并在温度高达500摄氏度的金星表面燃烧殆尽。

我发现啦！

第一个被送往金星的航天探测器，是苏联于1961发射的“金星”1号，但却在距地球756万千米时与地面失去了联系，无法得到探测结果。1962年，美国的“水手”2号在距金星约35000千米的距离越过金星，成为世界上第一个成功的星际间探测器。

未来到底会怎样？

2006年，金星快车探测器达到金星。一个名叫金星“探索者”号的探测器可能会在2015年之后的某个时候携带第一辆登陆车抵达金星。

一旦进入金星的轨道，火箭脱离之后，“麦哲伦”号金星探测器就只有4.6米高。

“麦哲伦”号金星探测器，是以著名的探险家费迪南德·麦哲伦的名字来命名的，他被认为是第一个进行环球航行的人。

太阳能电池板： 在发射之后，“麦哲伦”号金星探测器的两个太阳能电池板会伸出来，为“麦哲伦”号金星探测器提供长达5年之久的电力供应。

火箭发动机：“惯性顶级”固体燃料火箭为“麦哲伦”号金星探测器提供动力，将它从地球送上前往金星的轨道。

制动火箭： 当“麦哲伦”号金星探测器靠近金星之后，“惯性顶级”固体燃料火箭就变成了制动火箭。它会让探测器的速度减慢，这样金星的引力会将“麦哲伦”号金星探测器拉入正确的轨道之中。

雷达的工作原理

对着远处的墙大声呼喊，声波会以回声的形式反射回来。根据这个过程花费的时间可以推算出人所在的位置和墙之间的距离。雷达的工作原理与此相同，只不过它的信息载体是无线电波、微波或者类似的波。“麦哲伦”号探测器发送出数以百万的微波脉冲，天线再探测其反射回来的信号。当信号反射回来时，微波脉冲的变化方式就能显示出金星表面的特征。

高度计天线

低频增益天线：这个小的碟形天线可以帮助主天线发送和接收无线电信号，其中包括用于雷达地形测绘的信号。

高频增益天线：这个直径为3.7米的主天线发送出微波，用于雷达地形测绘，并且可以通过无线电与地球保持通信联络。

星座扫描器：在这里可以探测出星座的分布模式，这样一来，“麦哲伦”号金星探测器就能指向正确的方向，首先绘制出一部分的金星表面，然后将无线电信号传回地球。

主体

隔热罩：“麦哲伦”号金星探测器上的大多数精密的电子设备都包裹着一层闪亮的隔热罩。这是用来反射来自太阳的热量和其他辐射的，在金星周围，这些射线的强度要比地球强得多。

雷达目视

从地球上看，金星周围覆盖着浓密的大气和云层。“麦哲伦”号金星探测器的雷达信号穿过这些云层，揭示出隐藏在下面的金星景观。“麦哲伦”号金星探测器最初的运行轨道是偏向一边的，最远离金星8500多千米，最近离金星不到300千米。每次运行到最近端时，都会在轨道上从不同的角度对金星的带状表面拍摄窄角雷达图像，带状表面最宽为38千米，最长约70000千米。

“麦哲伦”号金星探测器是第一个由航天飞机携带升空的太空探测器。

“麦哲伦”号金星探测器是使用几个其他探测器的备用零件和剩余部件组建的，其中包括“旅行者”2号探测器和“伽利略”号木星探测器。

↑“麦哲伦”号金星探测器拍摄了数千次雷达图像，才形成这一张金星的照片。

太空之眼——哈勃太空望远镜

1990年，美国“发现”号航天飞机将一个庞然大物带入了太空，它就是哈勃太空望远镜。目前，哈勃太空望远镜依然在运行。为什么要把一个公交车大小、重达11吨的望远镜带入高达580千米的轨道上去呢？在地球上，即使是在万里无云的夜晚，太空望远镜也必须透过模糊的大气层才能看到天体。而在太空中观看，却看得十分清楚。

我发现啦！

哈勃太空望远镜是以美国天文学家、星系天文学的奠基人、观测宇宙学的开创者爱德温·哈勃的名字命名的。他发现了宇宙在不断地膨胀，因为星系和银河系在以不可思议的速度迅速地飞离彼此。

哈勃太空望远镜中间的管形部分长12米，宽4.2米。

副镜：较小的镜面。直径30厘米，重12千克。

遮光罩

早在20世纪40年代，人们就计划制造太空望远镜。但作为第一个太空望远镜，哈勃太空望远镜1990年才发射成功。

太阳能电池板：长度大约为8米，它们能够将太阳光转化为电能，为哈勃望远镜的所有设备提供能量。此外，当哈勃太空望远镜远离太阳时，太阳能电池板还能为电池充电36分钟。

哈勃太空望远镜的工作原理

哈勃太空望远镜的光学（光探测）望远镜被称为卡塞格伦反射镜。光线从末端打开的筒口进入，然后从主镜上反射，主镜是向内弯曲的，像一个碗。反射回来的光线照到副镜上，副镜是向外弯曲的，像一个凸出的穹顶。副镜再将这些光线通过主镜中间的孔径或光圈反射，反射到传感器和其他科学仪器上。

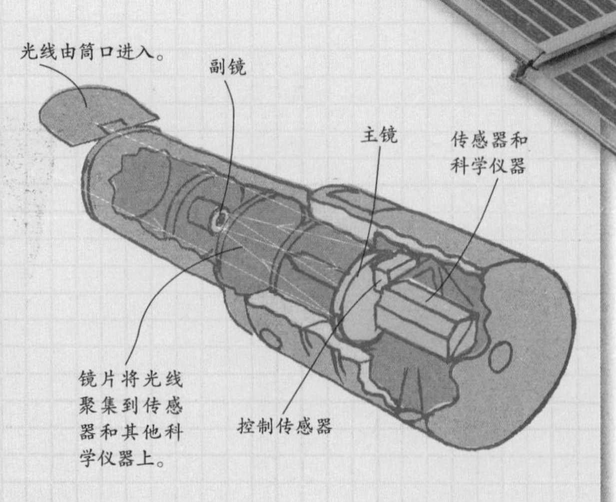

未来到底会怎样？

“韦伯”太空望远镜将计划升空接替哈勃太空望远镜。预计将在2012年之后发射，韦伯太空望远镜的主镜直径约为6.5米。

哈勃太空望远镜已经帮助科学家们解决了一些天文学方面的难题，比如恒星是怎样诞生的。然而，哈勃太空望远镜的其他发现，意味着关于宇宙的大小和形状，还有许多新的未解之谜。

天线

主镜：主镜聚集的是星光，直径2.4米，重830千克。主镜的打磨、塑型和抛光共花费了3年。

轻质的铝壳

阳光传感器

背部护罩

科学仪器：哈勃太空望远镜携带着几套科学仪器。这些仪器可以分析来自外太空极其微弱的光线和其他波。

↑用哈勃太空望远镜拍摄到的遥远星系

“近视的”望远镜

哈勃太空望远镜发射后不久，执行该任务的专家们就发现，哈勃太空望远镜的影像有点模糊，因为主镜的形状并不是十分精确。1993年，一项航天飞机任务启动了，航天飞机载着数名宇航员和设备对哈勃太空望远镜进行维修，解决了这个问题。后来，在1997年、1999年和2002年，又开展了多次航天飞机任务，对设备进行维护，作了进一步的完善。从2004年之后，一些部件开始失效，哈勃太空望远镜开始慢慢地“死去”。

哈勃太空望远镜在太空中以每秒约8千米的速度移动摄像机。

“卡西尼-惠更斯”号土星探测器

2004年7月，“卡西尼-惠更斯”号土星探测器发射成功。当“卡西尼”号轨道器围绕土星运行时，“惠更斯”号登陆器则分离出来，降落在土星最大的卫星土卫六上，深入土卫六的大气层，进行实地考察。

我发现啦！

土星美丽的光环，最初是由伟大的意大利科学家伽利略·伽利雷于1610年用他新造的望远镜发现的。他观测到的光环只是模糊的光点，分布在土星两侧，于是伽利略称其为土星的“耳朵”。

未来到底会怎样？

美国已经在2011年8月5日发射了一个名为“朱诺”的探测器，前往探测土星的邻居木星。该探测器大约在2016年抵达木星轨道。

“卡西尼”号探测器

直径为4米的主天线

摄像机：“卡西尼”号探测器携带了大约12个摄像机和其他一些科学仪器。其中一些观测可见光（如同我们的眼睛），还有一些则探测红外（热）线和紫外线。

雷达装置：与“麦哲伦”号金星探测器一样，“卡西尼”号探测器也使用基于无线电波的雷达，来测绘土卫六泰坦表面的地图。此外，它还可以“听到”来自外太空的无线电信号。

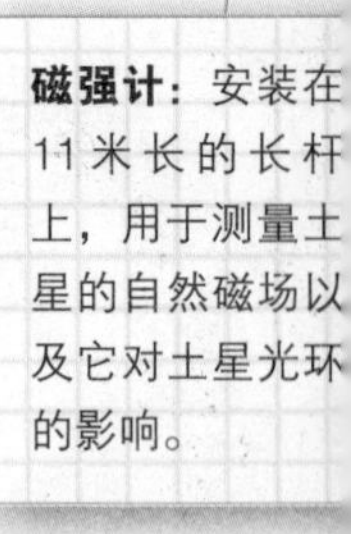

磁强计：安装在11米长的长杆上，用于测量土星的自然磁场以及它对土星光环的影响。

能量提供：3个放射性同位素发电器使用放射性钚燃料，为“卡西尼”号探测器提供电能。

第八章

关于神秘太空的科学异想

天边的外边是什么

在现代交通工具的帮助下，人类已经没有翻不过去的高山，没有跨越不了的大洋，我们知道山的外边是什么，我们知道海的彼岸在哪里。但当我们仰望着幽深的夜空，都会想到一个古老的问题：天边的外边是什么呢？没有人能够确切地回答这个问题，即使是借助最先进的天文望远镜，人类所能观察到的天空也不过是茫茫宇宙的一角。

科学家已经观测到的距离我们最远的星系在130亿光年以外，也就是说，如果从那个星系上发出一束光，最快也要经过130亿年才能到达我们地球，这130亿光年的距离就是我们现在所能知道的宇宙的范围。换句话说，一个以地球为中心，半径为130亿光年的球形空间就是我们现在所知道的宇宙。当然，宇宙的中心并不真的是地球，宇宙也未必就是球形，但是我们所认识到的目前只有这么多。至于130亿光年以外的宇宙是什么样子的，也许长大以后，你能回答这个问题。

科学家们认为，宇宙的诞生，源于137亿年以前的一次大爆炸，这个爆炸产生的影响至今还在继续，宇宙还在膨胀。

宇宙大爆炸所产生的尘埃，形成了无数的星体，人们已经发现和观测到的星系大约有1250亿个，而这些星系中又拥有几百到几万亿颗像太阳一样的恒星。通过这些天文数字，我们可以想象一下宇宙的大小，也许就算是乘坐你丰富的想象力，也无法到达宇宙的边上！在这个浩瀚的宇宙之中，地球真的像是沧海一粟，渺小得微不足道！

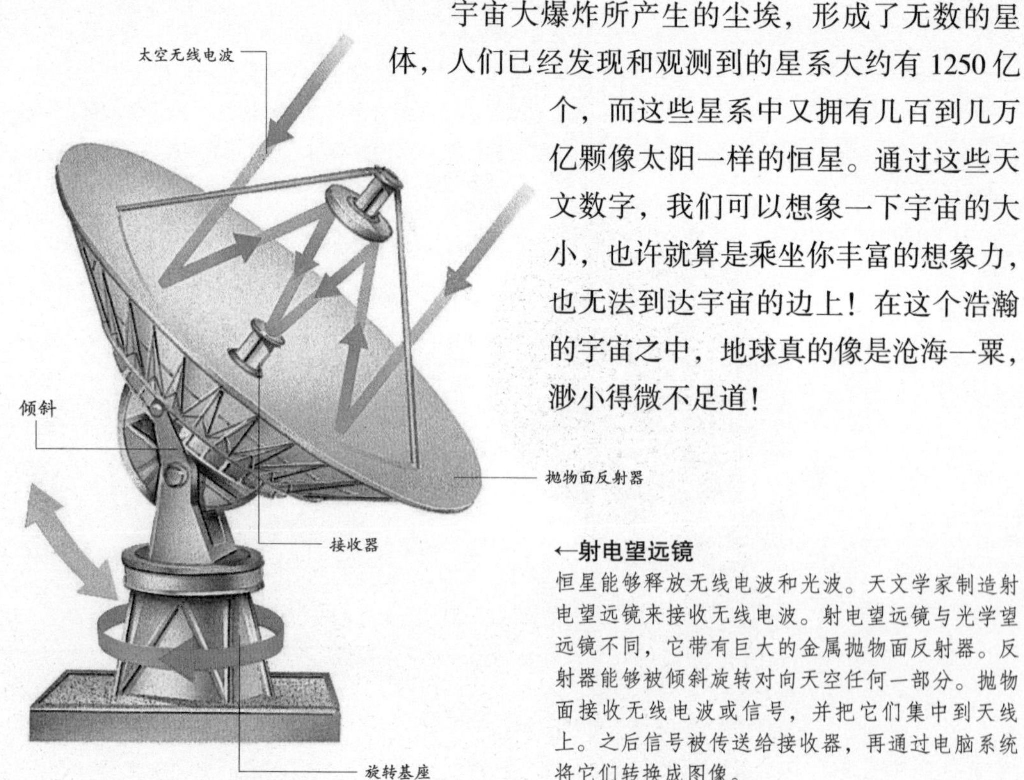

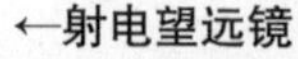

←射电望远镜

恒星能够释放无线电波和光波。天文学家制造射电望远镜来接收无线电波。射电望远镜与光学望远镜不同，它带有巨大的金属抛物面反射器。反射器能够被倾斜旋转对向天空任何一部分。抛物面接收无线电波或信号，并把它们集中到天线上。之后信号被传送给接收器，再通过电脑系统将它们转换成图像。

我想知道天到底有多高

↑天球仪是一个表述各种天体坐标和演示天体视运动的天球模型。球面上标有亮星的位置、星名、国际通用的星座以及几种天球坐标系的标志和度数。天球仪上还绘有赤道圈、赤经圈、赤纬圈和黄道圈。

天有多高呢？这确实是个不好回答的问题。

怎样测量地球到太阳的距离呢？西汉时的《周髀算经》上介绍了一个方法，就是利用不同地方日影的长短不一，根据三角形的勾股定理来测量，结果用这个方法测量出来的天高是4000千米。古希腊的时候，有一个叫作阿里斯塔克的天文学家也测量过天高，他利用的是太阳、月亮和地球三者之间的位置关系，最后测量出来的结果是：地球到太阳的距离是地球到月亮距离的18 ~ 20倍。

今天看来，古人测算出来的数据并不准确，因为根据现代科学家的测算太阳到地球的平均距离是149597870千米，约等于1.5亿千米，相当于地月距离的400倍！1.5亿千米，这对于没有出过“远门”的地球人来说，是难以想象的天文数字。

打个比方吧，如果在地球和太阳之间铺成一条康庄大道，一个人以5000米/小时的步行速度向太阳进发，那么他需要不停地走3500年才能到达目的地，也就是说一个人从三国时期就开始出发，走到现在也不过仅仅走了一半的路程。如果地球和太阳之间有一条标准的铁路，一辆高速列车以100千米/小时的速度行驶，也需要170年才能从地球到达太阳。

1.5亿千米的距离，就连声音也要走很长时间，如果太阳上某一天发生了一次大爆炸，而且这个爆炸的声音能够传到地球上，那么人们听到这个声音的时候，距离爆炸发生的时间大约已经过去了14年。

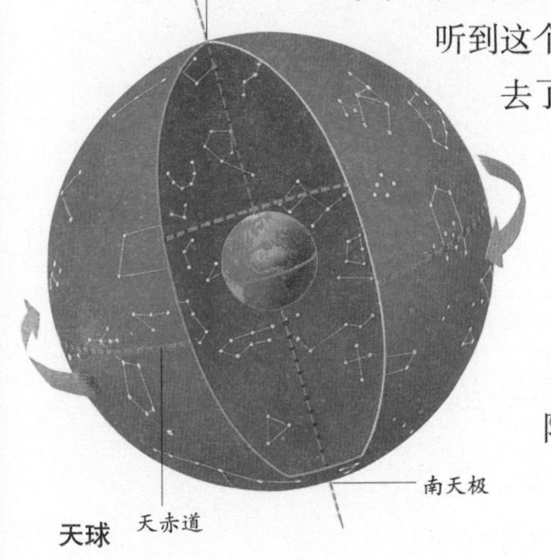

天球

我们知道，世界上跑得最快的东西就是光了，它的速度约为30万千米/秒。以这个速度来计算，太阳发出的光到地球要用8分19秒，也就是说我们现在感受到的阳光是太阳在8分19秒以前发出的，而我们现在所看到的太阳也是它8分19秒以前的样子。

到达宇宙边际要多久

其实你绝不可能到达宇宙边际。不能到达的原因并不是你会在达到旅程的终点之前就已经死亡，而是这个旅行本身就没有终点。目前得到普遍认可的理论是宇宙正在膨胀，而且将继续膨胀下去。而由于这种膨胀，宇宙远方的星系看起来像是以一种非常接近于光速的速度向后退去。所以，以现代技术可能达到的速度（航天飞机的速度大概可以达到 2.8 万千米 / 小时）你可能永远也追不到膨胀中宇宙的边界。这是一场你绝不会赢的赛跑。

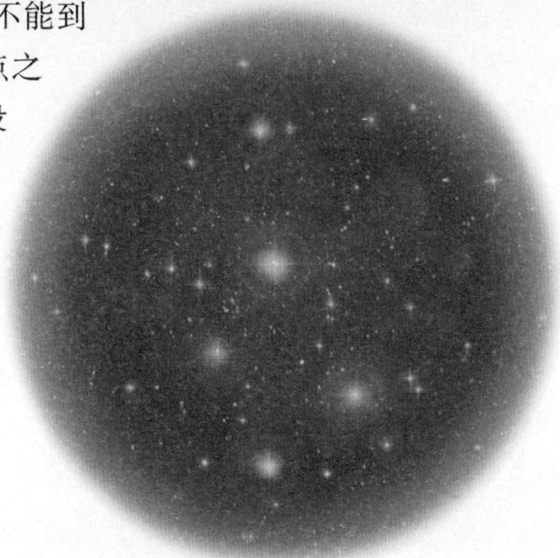

↑地球附近每颗恒星都在距地球 40 万亿千米之外的太空；许多恒星与地球的距离更是这个数字的数倍。

可以这么说，宇宙实际上是没有可触及的边界的。就像很多观点所指出的，如果宇宙是弯曲的，那么它会自己向后折叠形成一个没有任何边缘的形状，就像地球的表面一样。如果你在地球沿着一个方向行进，最终你将会回到起点。这种理论用于太空或许也是一样正确的——如果你沿着一个方向行进得足够远，你将回到你出发的地点。即使宇宙没有倾斜到自身向后折叠起来的程度，你仍然不能到达它的边界，因为宇宙是无限的。

让我们忘掉宇宙正在膨胀和宇宙的形状，坐上航天飞机并以 14 万千米 / 小时的速度朝我们所能看到的最远的 100 多亿光年千米以外的物体飞去。令人沮丧的是，计算结果将告诉你，你的旅程时间将是 75 万亿年。当看到这个结果的时候，请记住宇宙的年龄已经远远超过 150 亿年了。

知识档案

你知道吗？

光从太阳传播到地球大约需要 8 分钟的时间。

离太阳最近的恒星是比邻星，光从比邻星传播到地球大约需要 4 年时间。

深邃的太空

因为光从太空中遥远的天体传播到地球需要花费很长的时间，所以我们现在看到的星星并不是它们现在的样子，而是若干年前光从这些星球上发出时它们的样子。比如我们现在看到的亮星天津四其实是它在 1800 年以前的样子，当时地球上正处于古罗马时代。

现在，当我们抬头仰望仙女座星云时，按照科学家的观点，我们看到的只是它在 200 万年以前的样子，那时候在非洲大陆上才刚刚出现类人猿。

为什么天体都是球形的

天体并不都是标准的球形，它们只是看上去像是球形，或者说几乎呈球形罢了。

地球就是一个两极稍扁的扁球形；木星和土星由于其极高密度的大气，因而它们的两极看上去更扁。

恒星、行星和其他天体之所以都是球形，而不是正方形或是其他奇形怪状的样子，完全是万有引力作用的结果。

任何物体都会对其他物体产生吸引力。依据牛顿定律，万有引力的大小与两个物体间距离的平方成反比，而与物体相互间的位置无关。因而，有限多个不均匀分布的、大小一样的粒子总是倾向于聚在一起形成球状的团。在行星和恒星形成的过程中，同时还有许多其他力的作用。

假设在宇宙大爆炸后一段时间里，有大量不同的粒子不均匀地分布于宇宙空间中，由此形成了一大片分布不均的物质云，在这片物质云中，粒子彼此吸引，但整体的万有引力却没有达到平衡，就仍有某种扰动力使其旋转。特别地，可能因此而得到一颗伴星，那么两个天体间就有引力相互作用。当然，这其中还涉及电磁学、摩擦和热学等各方面的复杂问题。

这时，分散的物质云在引力的作用下逐渐聚合在了一起，同时由于其本身的非均一性和某些外力的作用而开始自转，于是便形成了一个大致的（不是完美球形的）旋转天体。它的形状将取决于其自转速度的大小，自转速度越快，其形状就越趋近于扁圆形。此外，这个天体的形状也与其组成物质的密度相关。

如果假设有一个呈标准球形的台球，在旋转中它会保持自己的外形近乎为球形；但若是一个旋转着的充水气球，则会呈两头扁、中间凸出的扁球形。事实上，天体大都有很大的质量和很高的自转速度，赤道附近的物质很可能会因此被甩离该天体，给它来一次“瘦身运动”。被甩脱的“赘肉”可能会四处分散开来，在某些情况下也可能会通过类似的过程形成一颗球状的卫星。

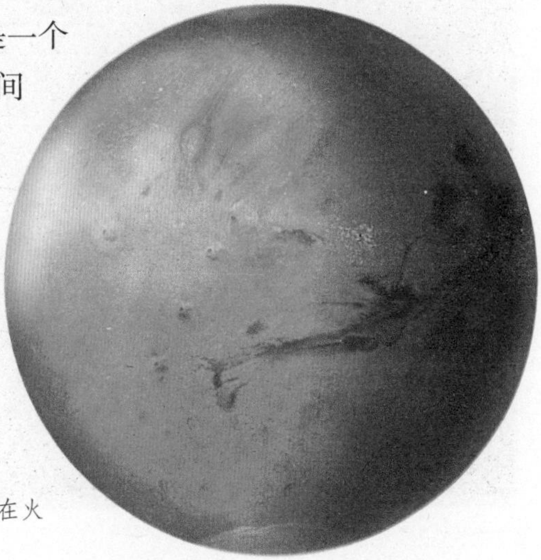

→火星上的“水手号”峡谷就像是长在火星表面上的一道巨大的疤痕。

太空中是否有很多垃圾

简单来说，太空垃圾就是在人类探索宇宙的过程中，被有意无意地遗弃在宇宙空间的各种残骸和废物。

别小看了这些零零碎碎的太空垃圾，据统计，直径大于1厘米的空间碎片数量竟然超过11万个，而大于1毫米的空间碎片超过30万个。太空中为什么会有这么多的垃圾？其实，归根结底都是我们人类自己制造的——50多年的太空开发给我们头顶的天空留下大量垃圾：火箭推进器残骸、人造卫星碎片、脱落的油漆，甚至一只宇航员的手套。

太空垃圾小到由人造卫星碎片、漆片、粉尘，大到整个火箭发动机构成。不要小看这些太空垃圾，由于飞行速度极快（6 ~ 7千米/秒），它们都蕴藏着巨大的杀伤力，一块10克重的太空垃圾撞上卫星，相当于两辆小汽车以100千米的时速迎面相撞——卫星会在瞬间被打穿或击毁！而且人类对太空垃圾的飞行轨道无法控制，只能粗略地预测。这些垃圾就像高速公路上那些无人驾驶、随意乱开的汽车一样，你不知道它什么时候刹车，什么时候变线。它们是宇宙交通事故最大的潜在“肇事者”，对于宇航员和飞行器来说都是巨大的威胁。好在目前地球周围的宇宙空间还算开阔，太空垃圾在太空中发生碰撞的概率很小。

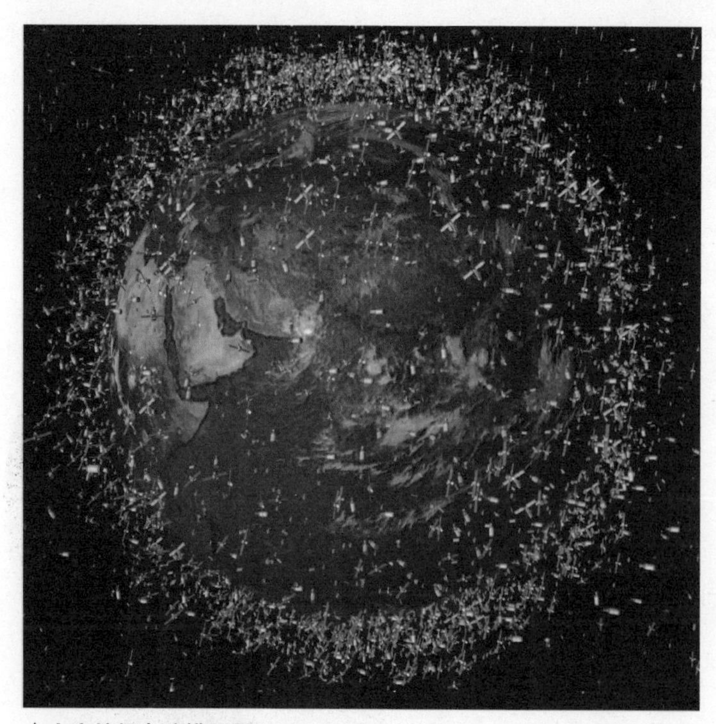
↑ 太空垃圾电脑模拟图

20世纪60年代以前，没人听说过太空坠落物，但是自1973年以来，每年有数百块太空垃圾坠落地球。但由于其在经过大气层时与空气产生了急剧摩擦，使得这些垃圾在未通过大气层时就自我燃烧殆尽，在大气层的保护下就自我毁灭了。万幸的是，迄今没有大型的太空垃圾坠向地球，因此也尚未伤人。

天上没有太阳会怎样

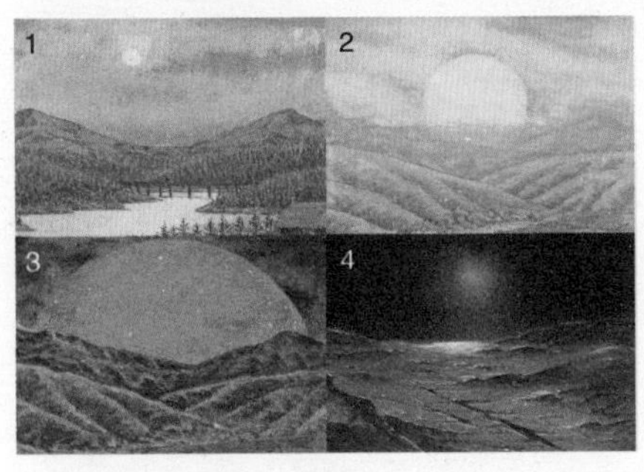

↑ **太阳会永远发光吗?**

1. 在50亿年前，太阳和太阳系其他星体一起诞生。从那时到现在，它一直稳定地发光。
2. 再过50亿年，太阳将会膨胀变热，地球上的海洋将会因蒸发而干涸，生物将会灭绝。
3. 随着太阳不断变热变大变红，地球将被烧成灰烬，被太阳外层吞噬。
4. 逐渐地，红色的超大型太阳又开始收缩，最后变成与地球差不多大小的白矮星。

“如果有一天太阳不见了该怎么办呀？”这个问题看起来很好笑，但是如果真的发生了，确实是个可怕的事情呢！事实上太阳总有一天会熄灭的，就像一根蜡烛总有燃尽的一天，但是这一天可能要到50亿年以后才会到来，也许在那以前，人类早已搬到另一个“太阳”的旁边去居住了，所以我们大可不必对此太过担心。

太阳是一个巨大的炙热的星球，重量约为地球的33万倍。据科学家们分析，太阳的存在已经有50多亿年历史了，在这段漫长的时间内，它像一个无私的奉献者一样，不断地向四周散发着光和热。它看起来永远明亮而热烈，似乎与以前没有任何分别，但是事实上与我们所见过的所有事物一样，太阳无时无刻不在发生变化，它在不断地衰老。再过几十亿年，在太阳的寿命快要结束的时候，它会变成红色，体积要比现在膨胀许多倍，成为“红巨星”，那个时候如果地球上还有人类存在的话，他将会看到红红的太阳占满整个天空的惊人景象！但这个人要有不可思议的耐高温的本领，否则他将会被轻而易举地烤化，因为那个时候虽然太阳的绝对温度降低了，但是因为体积巨大，其所释放出来的热量还是要比现在多很多倍，足以使海水沸腾起来！再往后，太阳会逐渐冷却缩小，变成一个亮度和体积都非常小的白矮星，最终在天空中消失。

地球面向太阳的一面

地球背向太阳的一面

↑这张卫星图片显示：在任何时候总有一半的地球表面是暴露在太阳下的。太阳的辐射能是地球主要的能量来源，为地球提供了充足的光和热，没有太阳就不会有地球上的生命存在。

居住在火星上会怎样

火星是太阳系的行星之一，而且它还是地球的近邻，因此它和地球有许多相同的特征。比如火星也有卫星，火星上也有明显的四季变化，有移动着的沙丘和大风所扬起的沙尘暴。火星的两极甚至还有白色的冰冠，只不过这些冰冠是由干冰组成的。火星自转一周的时间约为24小时37分，轴心的倾斜角是25°，这些都和地球相差无几。既然和地球如此相似，那么人类要是居住在火星上会怎么样呢？

↑在未来300年内，人类有望在火星上建立第一个“基地”。

如果你已经迫不及待地要移居火星，你最好了解一下火星和地球有什么不同。火星绕太阳公转一周所用的时间比较长，火星上一年大约是地球上的两年，火星上一个季节的长度大约相当于地球上半年的时间。火星上的夏季气温非常宜人，只有20摄氏度左右，比老家地球上凉爽多了。但是，一旦到了冬季你可能就会怀念地球的生活了，因为火星上冬天的温度能够达到–140摄氏度，没有什么词汇能够形容这种温度带给人的寒冷感受。

火星大气层的主要组成成分是二氧化碳和红色的细微尘埃。因为有大量的细微尘埃存在，火星的天空呈现出美丽的粉红色，和红色大地连成一片，这种景象十分壮丽。居住在火星上，不管你情不情愿，必须带上一个笨重的氧气罐。因为，火星的大气中氧气含量太低，根本不适合生物呼吸。

居住在火星上，你将不会有雨中漫步的浪漫，火星上从来不下雨，因为火星上没有水。虽然火星上有干涸的河床的痕迹和许多水滴型的岛屿，但是这些只能说明在遥远的远古时代，火星上存在过液态水，而且水量特别大，这些水在火星的表面上汇集成一个个大型湖泊，甚至是海洋。现在，科学家们经过多方探测，已经得出了火星上极度干旱的结论。因此，对于地球生物来说，火星上的自然条件太过恶劣。在现在的科学技术水平下，人类根本无法在火星上生存。但是，随着科学的发展，人类在火星居住的梦想，也许最终能够实现。

为什么地球没有像土星环那样的环呢

土星并不是唯一一个有环的行星，木星、天王星和海王星也有，不过和土星环不同的是，它们的环在地球上看不见。在太空船“旅行者”1号和“旅行者”2号探索之后，我们才知道了它们的存在。有趣的是，这些环都是为称作气体巨星的外行星所有的，而且天文学家们现在相信所有环绕这些外行星的环都有一个相同的形成过程。关于它的形成过程有两种推测：第一种推测认为环是由靠近行星的小行星碰撞所产生的石块和尘埃组成的，土星及其卫星的引力将石块和尘埃捕捉成为我们现在所看到的环状物。第二种推测指出，当这些行星由微粒和气体云形成时，不是所有的微粒和气体都被行星所采集。大部分人都相信第一种猜测是正确的，因为木星、天王星、海王星的环都是那么暗淡。他们认为土星环是仅有的亮环，因为它们是“最近”的（在天文学的术语里，“最近”意味着是几百万年以前）由于流星的碰撞而形成的。其他行星的环没有那么明亮是因为它们形成的时间较长，而且大部分环中的块状物已经被吸进了行星里。

为什么地球没有环呢？要形成行星环首先需要材料来源，而且这些材料不能太远，不能超过3倍行星半径——那将比卫星还近。另一个需要考虑的因素是太阳风的能量。太阳风是太阳向外释放的能量不断流动所形成的能量风。由于我们距离太阳较近，因此与其他距离太阳远的行星相比，太阳的能量风对地球的影响要更强烈。它会轻易地卷走任何试图绕着地球运转的小微粒。

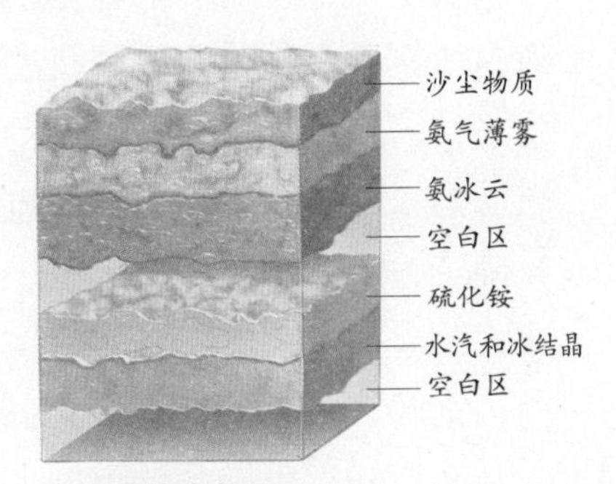

↑土星的大气层

即使地球拥有了光环的材料来源，它们也将会相当灰暗，因为任何明亮的冰块（土星环的主要构成物）都会被太阳的热量所蒸发。它们不会持续很久的另一个可能的原因是日潮和月潮是相当强的，最后一定会将环的体系打乱。如果我们可以捕获一颗小行星并且使它在适当距离的轨道上解体，地球可能在短时期内拥有环，但这显然不会维持很久。

↑土星

为什么冥王星会从行星降格为矮行星

冥王星是太阳系中距离太阳最远的天体，曾一度被认为是太阳系的第九大行星。它的体积很小，距离我们又很远，所以我们对冥王星的了解并不是很多。冥王星的表面可能主要由氮冰构成，绕日公转周期约为 248 个地球年。不过，有时冥王星与太阳之间的距离比它的近邻海王星要近，也就是说，有些时候海王星才是距离太阳最远的行星。1979 年，冥王星穿越了海王星的轨道，这就好像一辆车从另一辆车眼前斜插过去。

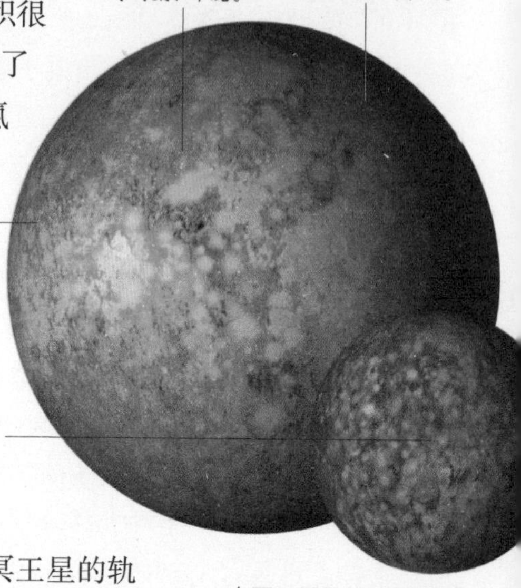

冥王星的表面有冰冻的氮和甲烷。

陨石坑给冥王星带来了坑洼的表面。

在接近太阳时，冥王星形成了一层薄薄的大气层。

水和冰覆盖着表面，而撞击的坑使其伤痕累累。

↑冥王星及冥王星卫星

其实，早在几十年前，科学家就发现，冥王星的轨道与太阳系中其他行星的轨道不同，其余 8 个行星的轨道几乎在同一平面内，类似于以太阳为中心的一系列同心圆（事实上没有任何一条轨道是正圆）。而冥王星的轨道平面则明显与其他 8 个行星的不重合，于是在绕日旋转的同时就免不了跨越海王星的轨道，所以它时而在八大行星的头上，时而又沉到它们的脚下。后来，越来越多的天文学家开始重新思考冥王星的身份问题，它们觉得将冥王星划分为行星似乎有些不妥。原因是冥王星的体积太小。

我们知道太阳系的前四大行星——水星、金星、火星和地球——都是体积较小的石质星球，接下来的四颗行星——木星、土星、天王星和海王星——是体积庞大的气体星球。冥王星的体积与月球差不多大，与外太阳系的大个头的邻居们相比，这个尺寸小得离谱。冥王星的卫星卡戎的体积大约是冥王星的一半，从这个尺寸来看，卡戎更像是冥王星的姊妹星，而不是卫星。

2006 年 8 月 24 日，国际天文学联合会第 26 届大会通过决议，冥王星被降格为“矮行星”，而其他许多同类的星体也被命名为“矮行星”。这些星体距离我们非常遥远，而且是黑暗的，所以很难被发现，它们都在外太阳系很远的地方绕日旋转。

太阳

↓最远的行星

冥王星离太阳太远，在冥王星上看太阳，太阳就像一个小亮点。

地球上来了外星人会怎样

外星人早已登陆地球了，他们长得奇形怪状，而且大多数情况下不太友好。好吧，要问他们来自哪里，在什么地方出现过，做过什么事情，那么请走进电影院吧，那些凶恶的家伙正在银幕上张牙舞爪呢！

没错，我们现在对外星人的印象几乎全部来源于电影，当然那些东西不过是电影艺术家们开动聪明的大脑，想象出来的形象罢了。这个宇宙中到底有没有外星人呢？如果有，他们会是什么样子的呢？虽然到现在为止，科学家们还没有发现有外星人的确凿证据。不过不要沮丧，同样没有人能够证明宇宙中没有外星人。宇宙中的星球不计其数，其中应该不乏像地球一样能够创造和维持生命的星球。所以，我们有理由相信，在浩渺的宇宙中，在我们还没有深入了解的星球上，完全有可能存在拥有高度智慧的生物。

在我们的想象中，能够登陆地球的外星人大小应该和我们相当，或者比我们更大。这种印象也许是来自科幻影片的描述，但是却有一定的科学合理性。因为外星人能够来到地球上，必然要制造尖端的飞行器和其他航空设备，这些设备需要高度聪明的大脑来设计，而大脑的聪明程度由脑袋里面所包含的细胞量来决定，而且细胞要有一定的尺寸才行，所以要想拥有和人类相媲美或者更优于人类的大脑，尺寸绝对不能太小。

外星人来到地球上，也许会住不惯好客的主人安排的五星级酒店，而宁愿待在自己狭小的飞船上面。他们或许会认为地球的环境太恶劣，需要带着厚厚的防护面具才可以；他们也许会觉得地面以下几百米的岩洞里环境不错；或者他们认为海底火山口旁边，温度超过 316 摄氏度的地方气候宜人。总之，要想招待好挑剔的外星来客，人类事先要了解外星人更适宜在什么样的环境下生存。

外星人来到地球上，我们怎样和他们交流呢？科学家们认为，我们可以通过“数”和简单地图像来和他们交流，因为幼年的外星人或许也躺在妈妈的怀抱里数过星星，所以外星人很可能懂“数”，而且运算规则也应该相差不多，当然他们的进制可能不是人类熟悉的 10 进制。如果他们的手指是 14 个或者 5 个的话，也许他们是 14 进制或者 5 进制。此外再辅助一些简单的图形，希望他们能够“看图识字”，弄明白我们的意思。

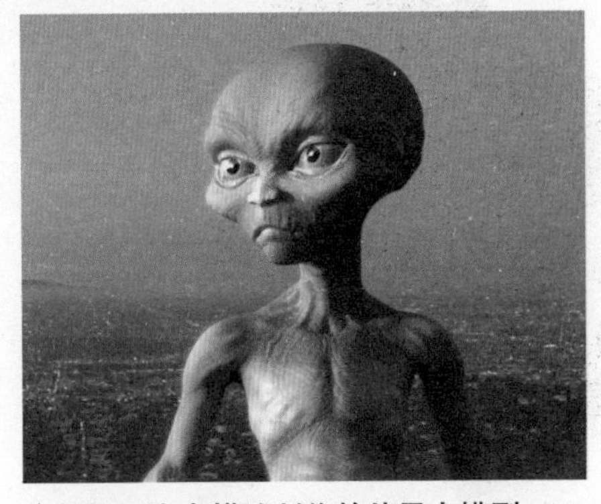

↑根据目击者描述制作的外星人模型

光为什么不能从黑洞中逃脱

如果你完全坚守着牛顿的万有引力，那么解释黑洞这个问题就变得非常困难了。我们在日常的活动中如玩撞球或掷球时，牛顿定律被使用得很好——甚至连火箭发射都是遵循牛顿定律的。但是当它面对向黑洞这样复杂的问题时，你不得不开始考虑是什么引力在空间中起作用。这就是爱因斯坦在 20 世纪早期所研究的问题。他的引力理论认为引力影响着一个叫作时空的由时间和空间组成的组合体。爱因斯坦认为引力扭曲了时空，以至于光不能沿着直线前进。从 A 点到 B 点之间直线运行是最快的方式，除非它沿的并不是直线。

这将帮助你去理解如下问题：你也许会认为从伦敦到加拿大西海岸的温哥华最便捷的方式就是沿着直线飞越过太平洋，但实际并不是。它们会先向北飞向苏格兰，然后穿越格陵兰的上方，因为这才是最直接并且最短的航程，虽然它看起来并不是。这个世界在我们的视界里就是一个平面，我们使用的所有地图都是平的，所以看起来直线穿越大海好像是最短的路线。但是如果你看着一个地球仪，你会很容易的发现最短的路线是穿越过格陵兰的一个大圆弧。

同理，我们看太空是一个平面，而且这个观点被广泛接受，即使是对我们最想做的事即登上月球也是如此。但是，一旦我们开始讨论太空中引力非常强的那些地方——例如黑洞——我们就不得不开始考虑时空中引力的作用。想象这里有一张划有一条直线的蹦床，如果你将一包很重的马铃薯放在它的中间，蹦床将向中间陷下去，而这条直线也不再是直的。这时如果你将一个弹球从蹦床的一头滚到另一头，在蹦床上它不会沿着一条直线前进，而是会在蹦床上曲线前进。而那就是时空和光线之间发生的事。引力扭曲了时空，而光跟随着已经被引力弯曲的直线穿越时空。黑洞将时空扭曲得太厉害以至于直线实际上已经被弯曲成一个圆，而光就沿着圆形轨道不停地旋转，直至消失。所以说，光是无法从黑洞中逃脱的。

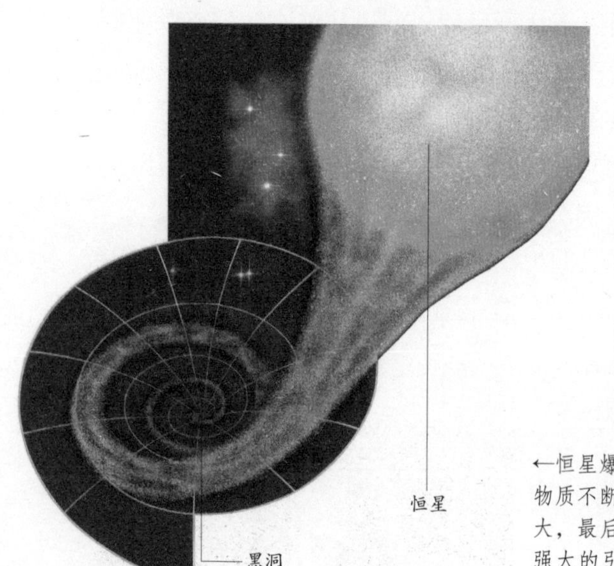

←恒星爆炸成为超新星后，剩下的物质会迅速收缩。随着物质不断收缩，它的密度会越来越大，引力场也会越来越大，最后几乎只会剩下一小块具有巨大引力的宇宙空间。强大的引力使它吸收了周围所有的物质，包括临近的恒星。即使光也无法逃脱它的引力，所以人们称它为黑洞。

太阳为什么会发光发热

太阳像一个无比炽热的大火球，每时每刻都在发光发热。

它的亮度，是其他任何天体都无法与之相匹敌的，它比肉眼能见到的最暗星要亮 10 多万亿倍。

如果把一层 12 米厚的冰壳覆盖在太阳表面，那么 1 分钟后，太阳发出的热量，就能将这层冰壳完全融化。而在人类有史可查的漫长岁月中，人们未曾发现太阳的光和热有丝毫的减弱。那么，如此巨大而持久的能量究竟是从哪里来的呢?

原来太阳中的燃料是氢，它燃烧后的余烬则是氦，氢的聚变反应产生了太阳能。

所以，在太阳上所发生的燃烧过程并非如一般人想象的那样是太阳内部的物质燃烧的结果。太阳内部进行着的氢转变为氦的热核反应才是其产生巨大能量的源泉。太阳上贮藏的氢至少还可以供给太阳像现在这样继续辉煌地闪耀 50 亿年！即使太阳上的氢全部燃烧完毕，也还会有其他的热核反应继续发生，因此太阳还是可以继续发射出它那巨大的光和热来！

在茫茫宇宙中，太阳只是一颗非常普通的恒星，宇宙中很多恒星的质量都要大于太阳,。太阳是位于太阳系中心的恒星，它是热等离子体与磁场交织的一个理想球体。太阳是太阳系中唯一会发光的恒星，是太阳系的中心天体。太阳系质量的 99.87% 都集中在太阳。从化学组成来看，太阳质量的大约 3/4 是氢，剩下的几乎都是氦，而包括氧、碳、氖、铁和其他的重元素质量少于 2%。

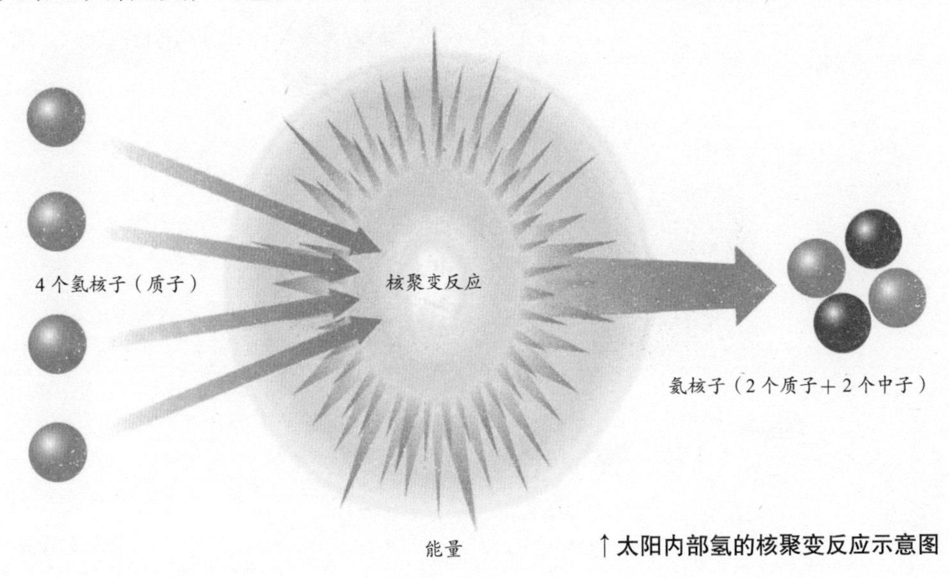

↑太阳内部氢的核聚变反应示意图

火星为什么呈火红色

在太阳系众多的行星中，火星是最有趣的行星。

当夜色笼罩大地时，如果你稍加注意，就会发现火星就像火焰一般在夜空中发出火红色的光芒。假如你能从望远镜中观看的话，你会发现火星宛若一团燃烧的火球在夜空中格外明亮。

我们知道，行星本身是不会发光的，所以我们所看到的火星火红的颜色一定是它反射太阳光的结果。既然如此，是什么物质能够使火星如此强烈地反射太阳光呢？科学家们在分析了从火星探测器上发回的照片及其带回的一些物质后，认为火星之所以呈火红色是因为火星表面的岩石含有较多的铁质。这些岩石很容易受到风化作用而成为沙尘，而其中的铁质也被氧化成为红色的氧化铁。火星上的沙尘，极易在风的驱动下到处飞扬，甚至发展成覆盖全球的尘暴。正是这种经常发作而且覆盖面极广的尘暴，使火星表面几乎到处都覆盖着厚厚的氧化铁沙尘，这样，在太阳光的照射下，火星就会在夜空中荧荧似火，发出火红色的光芒。

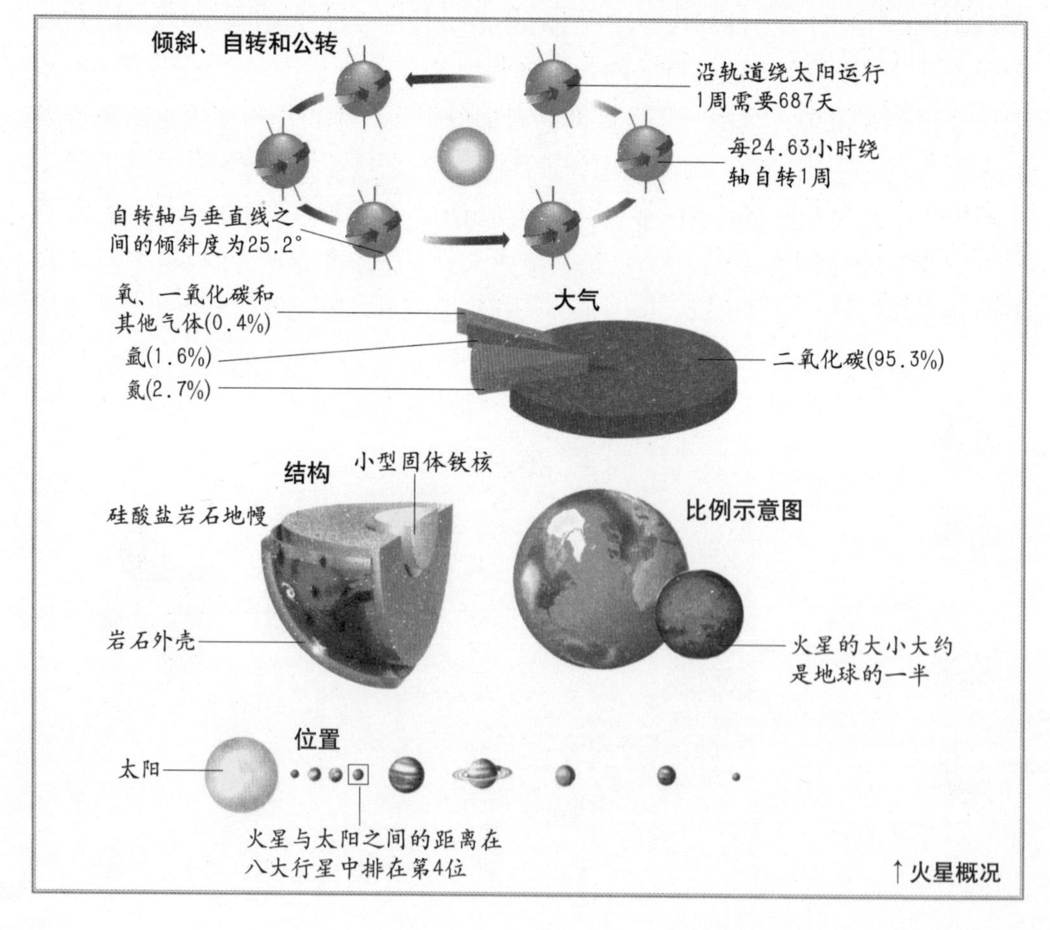

↑火星概况

地球未来的命运如何

据日本东京技术学院的一项研究表明，10亿年之后地球的海洋将会完全干涸，地球表面一切生物都会灭绝。

这项研究的责任人、东京技术学院地球及自然科学教授村山成德指出，大地板块与海洋正逐渐向地幔处下沉。地幔位于地球高热核心（地核）的外层，是地壳中的疏松岩石。

↑起伏的山峦、广袤的平原都是几亿年来海水流向地幔才逐渐“浮出水面”的。

村山说，这项研究报告是建立在测量地表下温度的实验以及2000项以计算沉积岩生成时间为目的的学术工作的基础之上所得出的有关结论。他指出，由于地心逐渐冷却，使地表下100千米深的岩浆降温收缩，每年被抽进地壳的水超过11亿吨，但重新被释放出来的只有2.3亿吨。

报告指出，大量海水自7.5亿年前就已经开始从外围向地幔方向流动，导致今天大陆露出水面。报告还称，这样就为为何大部分大陆在7.5亿年前还在海底沉睡带来了新的解释。倘若上述理论正确，那么关于那段时期大气中氧的含量急速增加的原因就可以得到进一步的解释了。报告称，生活在石头上的制氧浮游生物，因为大陆露出水面而在空气中暴露，把大量氧气释放进大气层，不同的生命形态也逐渐被充沛的氧气所孕育。但是村山指出，自此地面的水量不断减少，这种情形意味着这个星球上的生物最终将会成为历史。

村山指出，在每一个拥有水源的星球上存活的生命体，都会一遍又一遍地上演在水分完全消失后的“灭绝”的历史，无一幸免。他指出，在火星上早已发生过这种情况。科学家们推测火星上曾经有河流流动，但一直找不到水源消失的原因。不过，村山所指出的地球终会“干涸”的预言并无法证明地球人类将会面临所谓的“世界末日”。第一，对人类而言10亿年实在太漫长了，漫长到令世人没有办法去想象；第二，以地球人类的智慧，10亿年后一定能找到在地球以外的新的定居点。人类目前所掌握的空间技术就已经对这一蓝图进行了勾画。因此，哪怕真有那么一天地球不再适合人类居住，人类也早就在其他的地方繁衍、进化、生息。

为什么宇航服不会在真空的宇宙中破裂

宇航员身着的宇航服是由数层超强纤维和其他材料制成，它有足够的牢固度，以保证不会在真空的宇宙中破裂。

这 9 ~ 10 层的保护层包括各种材料和织物层，如直纤维（一种结合了凯芙拉纤维防断保护的特富龙纤维）、由涤纶平纹织物加固强化的镀铝迈拉薄膜层、覆有氯丁橡胶的尼龙织物层、涤纶织物、覆有聚氨酯的尼龙织物层、聚氨酯浸渍薄膜、多纤维丝伸展尼龙、内含水冷剂的乙烯–醋酸乙烯管，以及为宇航员穿着舒适而设计的尼龙薄绸衬里。

但是宇航服防护的主要目标并非真空拉力，更直接的威胁其实源自于宇航服密封失效和温度的剧烈变化：微小陨石的撞击破坏会在宇航服上击出小孔，造成内压外泄；宇航员处于地球朝向太阳的一面时宇航服表面温度会急剧升高，相反处于背向太阳的一面时温度则会急剧下降。

宇航服内的生命支持系统为宇航员提供呼吸用的空气并维持温度控制系统的稳定，后背上的背包则用来为生命维持系统提供所需的压力。

↑在太空工作的宇航员

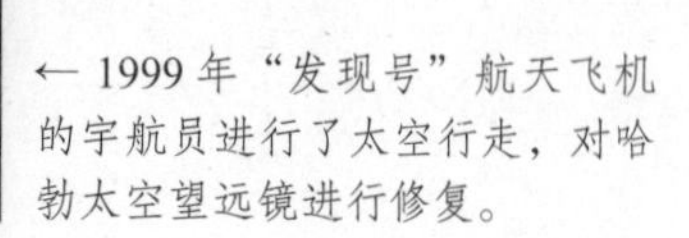

← 1999 年“发现号”航天飞机的宇航员进行了太空行走，对哈勃太空望远镜进行修复。

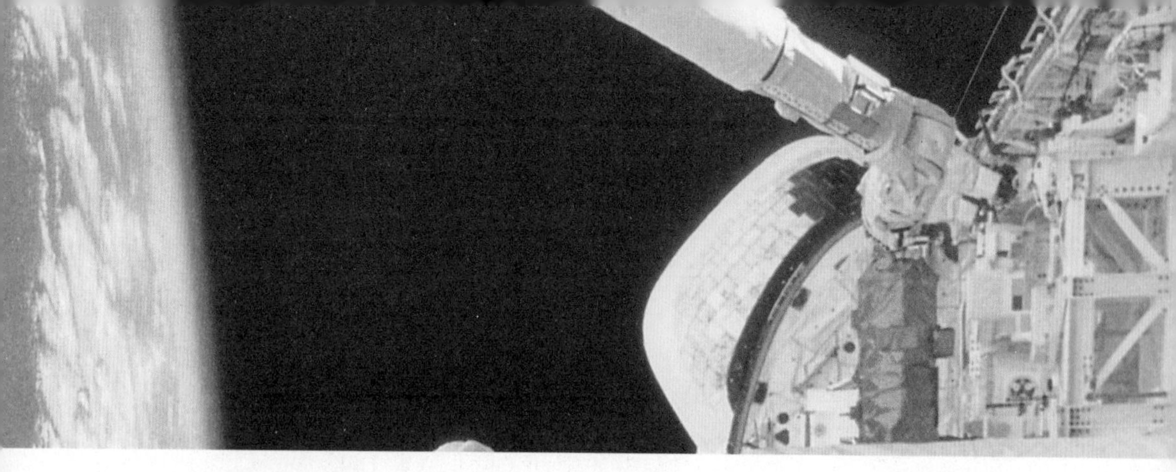

第九章

不可思议的宇宙之谜

宇宙是怎样起源的

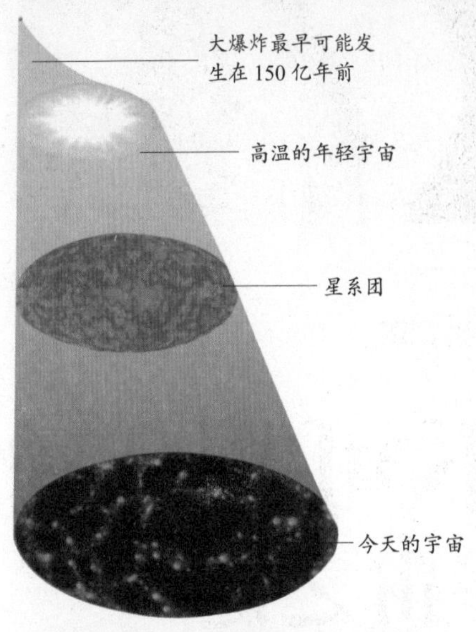

↑科学家推测的宇宙诞生理论示意图

"呜……"火车进站了，司机拉响了汽笛。汽笛声对司机来说，音调是固定的。但是站台上候车的旅客却听到了2种音调：火车的汽笛声先是升高，火车从身边驶过时，音调却又降低了。1842年，奥地利物理学家多普勒解开了这一自然之谜。这一现象被称为"多普勒效应"。它引发了宇宙大爆炸理论的研究。

为什么会有"多普勒效应"呢？多普勒解释说声音实际上是一系列的声波，它是通过空气来进行传播的。声波在声源趋近时被压缩，音调相应地升高；相反，随着声波舒展远去，音调也随之降低。多普勒证实，光波也存在"多普勒效应"。当光源与观测者反方向运动，光源的光波发生谱线红移，波长变长；相反，当光源向着观测者运动时，谱线就向紫端位移，光波也随之变短。

美国天文学家哈勃在20世纪20年代末观测时注意到，除了距离我们最近的星系外，星系在天空中的分布是均匀的，但是谱线红移现象几乎发生在所有星系的光谱中。哈勃认为如果多普勒效应引起了这种星系谱线红移，那么就意味着星系在远离地球。

几乎同时，另一位科学家哈马逊也在进行相同的研究。他想得到那些更遥远的河外星系的光谱。这些星系更加暗弱，哈马逊表现了极大的耐心和非凡的才能。他先从成千颗闪烁的恒星中选出所要考察的暗弱星系，使其像刚好落在光

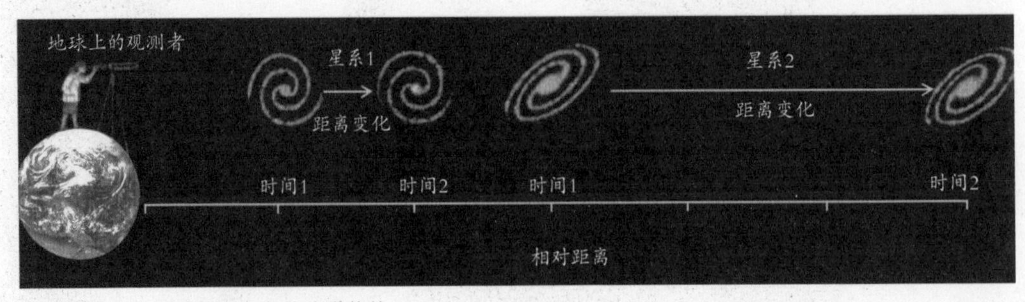

↑哈勃定律：星系越远，它逃逸得越快。

↑“宇宙背景探索者”人造卫星在1992年侦测到150亿年前宇宙大爆炸时的放射波及其所余下的波纹。

谱仪的狭缝上。他的工作时间是从深夜到凌晨，在这期间，他要不停地调整望远镜，几乎每几分钟一次，有的时候还需要接连几夜对准同一星系观察，这样辛勤的观测工作，哈马逊进行了28年之久。终于，哈勃和哈马逊在1931年联名发表文章，用扩充的观测资料进一步肯定了“哈勃定律”。

哈勃定律揭示了宇宙在不断地膨胀。但是，1929年刚公布哈勃定律时，哈勃和哈马逊非常谨慎，他们采用星系视退行这一名称。

其实，早在1917年，荷兰天文学家德西特就证明，由1915年发表的爱因斯坦广义相对论可以得出这样一项推论：宇宙的某种基本结构可能在膨胀，而且这种膨胀速度是恒定的。但是，那时还没有充分证据证明这一说法，对德西特的这种宇宙膨胀理论，科学家们大都持不屑一顾的态度，认为是无稽之谈。

后来，比利时天体物理学家勒梅特根据弗里德曼宇宙模型，把哈勃观测到的现象解释为宇宙爆炸的结果，宇宙膨胀的概念才又一次被提出来。勒梅特还从一个特殊的端点开始考虑膨胀，他进一步提出宇宙的起源是一个“原初原

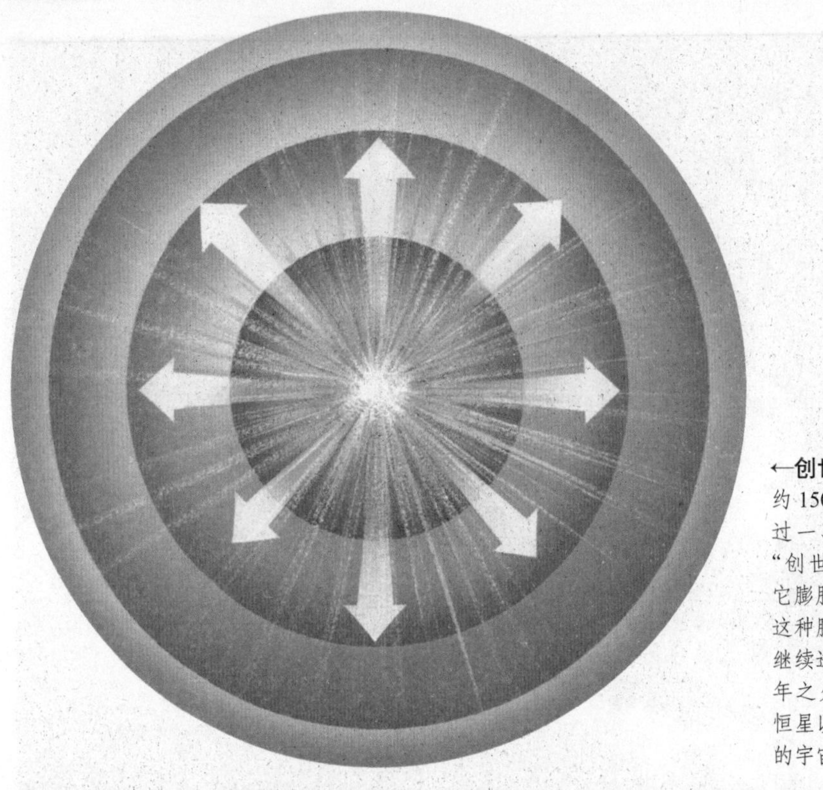

←创世大爆炸示意图

约150亿年前，宇宙经过一次巨大的爆炸，即"创世大爆炸"，开始了它膨胀和变化的过程，而这种膨胀和变化至今仍在继续进行着。经过千百万年之久逐渐形成了星系、恒星以及我们今天所知道的宇宙。

子"，也就是我们现在所熟知的"宇宙蛋"。这一说法引起了英国著名的科学家爱丁顿的注意，他提醒科学家们注意勒梅特的文章，这时，人们才注意到宇宙膨胀论。

美籍俄国学者伽莫夫继承并大大地发展了勒梅特"宇宙蛋"的思想。1948年4月，他联合天体物理学家阿尔弗和贝特共同署名发表了一篇关于宇宙起源的重要文章。

他们在文章中谈到，河外星系既然一直在彼此远离，那么，它们过去就必然比现在靠得近，全部星系在更久远的时候靠得更近；可以推测，极早期宇宙应当是非常致密的，那时，宇宙极其地热，而且物质的密度非常大；文章甚至说宇宙最初是一团"原始火球"，它发出的辐射在发生爆炸后随着宇宙的膨胀而冷却下来。文章描述了原初宇宙"浑汤"中的基本粒子是如何从氢经过质子和中子的核聚变，又是如何演化成为氦原子的等。

伽莫夫认为当时大爆炸产生的尘埃就是今天人们在地球上和宇宙中发现的原子。通过精确的分析和理论计算表明，在150亿～200亿年以前，大爆炸发生了。根据有关计算还得出，宇宙大爆炸之后，一般有5～10开的残余辐射温度。

现在，"宇宙大爆炸"学说已被科学界普遍接受。

宇宙的颜色为何经常变

2002年1月中旬，美国两位天文学家宣称，宇宙也有“脸色”，它总体上呈“淡绿色”，而且不断改变。美国天文学家伊万·巴德利认为：“宇宙的‘脸色’应该是淡绿色——介于青绿色和碧绿之间的那种颜色。”

为了确定恒星形成的时间和宇宙的年龄，研究宇宙诞生的速率，巴德利和其同事对宇宙中20万个星系所发出的光线图谱进行了全面的分析，但是他们发现，把所有宇宙光线混合起来，就会呈现淡绿色。普通人看不到宇宙的颜色，只有站在宇宙以外的人才会发现这种混合色。巴德利说，宇宙的颜色还在不断的变化中，即从蓝到绿，再从绿到红。

新形成的恒星统治着初期的宇宙，使它的外表呈现蓝色；随着恒星不断成熟，宇宙就成为现在的样子，呈淡绿色；科学家们认为，将来新恒星的数量少到一定程度时，宇宙就会变得“通红”。也就是说，新恒星数量的多少，决定了宇宙颜色的变化。

宇宙颜色的有关结论公布后，媒体的广泛兴趣远远超出了两位天文学家的预想。美国纽约曼塞尔颜色科学实验室的几位科学家告诉人们，两位美国天文学家最近有了新的发现，他们说早些时候有关宇宙是青绿色的论断有误，宇宙正确的颜色应该是类似奶油色的米色。原来，两位天文学家错误地在用来分析宇宙颜色的计算机程序中设定了不正确的参考白点。参考白点是指在特定照明环境下人眼所看到的最白光线，施加的环境光照会影响到它的设定。比如说在钨灯照明下，人眼通常所看到的白色实际上偏黄色。也就是说，钨灯会造成参考白点偏黄。

↑位于意大利布勒拉·阿梅拉蒂天文台的望远镜

巴德利等所用的程序中的参考白点被误设为偏红，这就如同是在一个红光照明的房间里去观察宇宙，结果看到的宇宙是青绿色的。而要想真正看清楚宇宙的颜色，应该是假想把宇宙放置于一个黑暗的背景中，在这样的背景中，我们看到的宇宙就是米色。

宇宙色彩如何，趣味性似乎大于科学价值，结论有些反复，不过，科学家指出，宇宙继续“变色”应该不太可能。

太阳系是怎样起源的

目前，人类的活动还没能突破太阳系，而太阳同人类的关系是如此密切，离开了太阳，人类将永远处于黑暗之中，所以两个多世纪以来，许多杰出的科学家都在积极探讨太阳系的起源。关于太阳系起源，200 年来还没有一种权威说法，人们提出了一种又一种假说，这些假说已经有 40 多种了，但其中影响比较大的，主要有以下几种。

灾变学说：法国的布封首先提出了这个学说。20 世纪前 50 年，又有一些人相继提出这个假说。这个学说认为太阳是太阳系中最先形成的星体。一个偶然的机会使一颗恒星（或彗星）经过太阳附近（或撞到太阳上），太阳上的物质被其吸引出（或撞出）一部分。这部分物质就形成了后来的行星。根据这个学说，行星物质和太阳物质应来源于一个共同体。它们有“血缘”关系，或者说太阳和行星是母亲和子女的关系。他们认为一次偶然撞击事件形成了今天的太阳系，而没有从演化的必然规律去客观地探讨太阳系的起源问题，因为行星系在银河系中是比较普遍的，银河系中不是只有太阳系这个行星系。只有从演化的角度去探求才有普遍意义。就撞击来说，如果撞击到太阳上的是小的天体，它的质量太小，不可能把太阳上的物质撞出来，太阳必定会吞噬掉这个小天体。1994 年彗星撞击木星就是一个很好的例证。对木星发起连续攻击的 21 块彗核，在木星表面仅引起小小一点儿涟漪，结果就被消化掉了。如果说恒星与太阳相撞，这种可能性就更小了。因此，曾提出灾变学说的一些人，后来也纷纷放弃了原有的观点。

星云学说：德国伟大哲学家康德首先提出了这种观点，几十年以后，法国著名数学家拉普拉斯也提出了这一问题。他们认为，一个原始星云形成了整个太阳系的物质，太阳是由星云的中心部分形成的，行星则是由星云的外围部分形成的。然而康德和拉普拉斯的观点也存在差异，康德认为

↑旋转的银河系

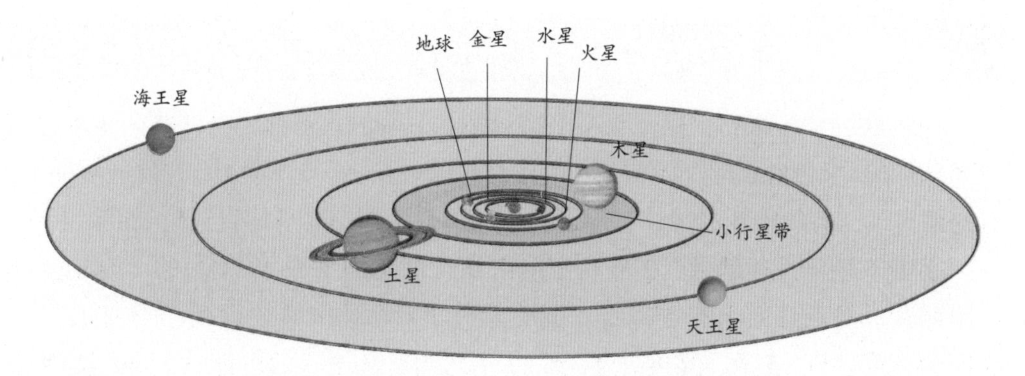

↑太阳系

太阳系中的行星运行呈圆盘状，行星们按逆时针方向、沿椭圆形轨道绕太阳运转。轨道的长度和公转一圈的时间随行星离太阳距离的增大而增长。

太阳系是由冷的尘埃星云经过进化性演变，首先形成太阳，然后形成行星。拉普拉斯则相反，认为十分灼热的气态原始星云迅速旋转后，先分离成圆环，行星由这些圆环凝聚而成，稍晚一些后才形成了太阳。尽管他们的观点差别很大，但是假说的前提是一致的，因此人们把他们的假说合称为“康德—拉普拉斯假说”。

俘获学说：太阳在星际空间运动中与一团星际物质相撞后，太阳靠自己的引力捕获了这团星际物质。后来，在太阳引力作用下，这些物质加速运动渐渐地由小变大，最终形成了行星。这个学说的基本前提也认为太阳是最早形成的星体。但是，行星物质不是来源于太阳，而是由太阳捕获而来。它们与太阳物质没有“血缘”关系，只是“收养”关系。

目前，各种假说都有自己的计算和理论根据，但都存在着不足之处，至今仍没有哪一种假说得到科学界的普遍承认。也许，随着科学技术的发展，新的理论和方法会最终告诉我们太阳系起源的真正原因。

↑太阳系八大行星比例示意图

月球是外星人的宇宙站吗

1958年，一份来自美国《天空与望远镜》月刊的报道称，有一些闪耀着白光的半球形的“月球圆盖形物体”出现在月球的表面上，这些物体的数目不确定，有的消失了，有的重新出现，有的还会移动位置，它们的平均直径为250米。

宇宙飞船“月球轨道”2号在宁静海即月球上的平原49千米的上空拍摄到一组照片，发现月面上有方尖石。据美国科学专栏作家桑德森说：“这些方尖石底座的宽度达到15米，高度在12到22米之间，甚至有的可能达到40米。”法国亚历山大·阿勃拉莫夫博士详细研究了这些方尖石的分布，他对方尖石的角度进行了计算，指出石头的布局就像一个“埃及的三角形”。他认为，这些东西在月球表面的分布类似于开罗附近吉泽金字塔的分布……方尖石上有许多因“侵蚀”产生的几何图形，这些产物不可能来源于“自然界”，人们在宁静海的方尖石照片上还发现了非常正规的长方形图案。

1969年，人类登上月球后，地球人并没有发现月球上有生命迹象。不过，在分析研究了从月球带回的月岩标本后科学家却发表了假说。苏联天体物理学家米哈伊尔·瓦西尼和亚历山大·晓巴科夫提出：“月球可能是外星的产物，15亿年来，外星人一直把它作为宇宙站。月球是空心的，一个极为先进的文明在它荒凉而广漠的表面下存在着。”在美国阿波罗计划进行中，两名宇航员回到指挥舱后，“无畏”号登陆舱突然坠毁在月球上。这时设立在离登陆舱坠落处70多千米外的地震仪，把这次持续15分钟的“震荡声”清晰地记录到了。“声音”由近及远，慢慢变弱，时间长达30分钟，仿佛是一只巨钟发出的悠扬声音。只有在空心的星球上才会出现这种现象。如果月球是实心的，那么“声音”延续的时间只能有1分钟。

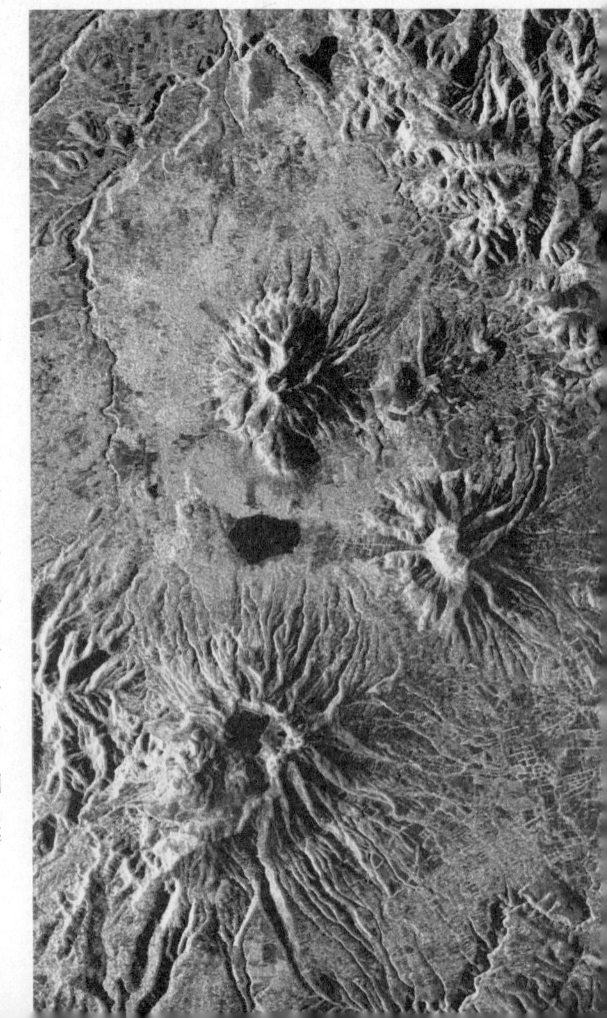

←月球表面

↑太空仪器能够帮助人类了解遥不可及的宇宙。

“阿波罗”11号宇航员阿姆斯特朗在回答休斯敦指挥中心的问题时非常惊讶地说：“……这些东西大得惊人！天哪！简直令人难以相信。我要告诉你们，火山口的另一侧正排列着其vwv他的宇宙飞船，它们在月球上，它们在注视着我们……”美国无线电爱好者抄报到这里，突然无线电信号中断，美国航空航天局没有解释阿姆斯特朗到底看到了什么。

“阿波罗”15号宇航员沃登在月球上十分吃惊地听到，同时录音机也录到了一个很大的哨声，随着声调的变化，传出了一句重复多次的话，这句话由20个字组成，宇航员同休斯敦指挥中心的一切通信联系被这可能发自月球的语言切断了。这件事至今还是未解之谜。宇航员柯林斯曾独自飞行在月球轨道上，他对一些见到的月面痕迹非常吃惊，但他一直保守着这个秘密，没有作出任何解释。

某些科学家还根据许多稀奇古怪的现象纷纷推测“月球可能是外星人的宇宙站”。

火星上为何出现人脸形状图

有关火星上是否存在生命的研究引起了全世界科学家们的极大关注。

2001年2月9日，两名美国的科学家发布了一条令科学界非常震惊的消息，他们称已经在火星上发现了一种构图，这种构图类似于人脸的形状，并认为这进一步证明高级生命有可能在火星上存在着。

根据《纽约邮报》报道，这两名科学家弗兰登和奥尼尔，在曼哈顿专门举行了一个新闻发布会。在这次会上他们宣布，经过长时间非常仔细的研究后，他们发现在火星地表上有一幅类似于人类脸庞的构图，这幅构图面积巨大，宽度近5千米，而“脸孔”上则有着和人类相似的鼻梁、眼睛和嘴唇的轮廓，除此之外，在脸庞的构图下部还有金字塔、隧道等。根据他们描绘出来的这幅人脸状的构图，人脸的下部是金字塔和隧道，隧道直径约18米，看上去似乎用与玻璃类似的材料造成，其中部分隧道暴露在外面，大约有300米长，可以看出还有其他许多人工制造的物件在里面。此外，有很多树和蔬菜形状的构图分布在隧道周围。

奥尼尔表示，他们的发现堪称“是人类文明史上最重要的发现”。但美国国家航空航天局则对这一发现不怎么相信，航空航天局的发言人当天表示，奥尼尔和弗兰登不应该忘记这样一个事实：从来没有高级生命在火星上出现过。但奥尼尔和弗兰登都对航空航天局的说法不以为然，他们振振有词地表示：美国航空航天局的“火星环球勘探者”最近从太空发回来了65000张照片，他们是对这些照片进行了认真细致的研究后才得出这一结论的。奥尼尔在新闻发布会上说：“私人机构的研究成果从来没有得到过

↑从“火星环球勘探者”上发回的火星地表图片

←人类凭借丰富的想象描绘的其他星球的情景。

↓横跨火星赤道的水手谷中的一段

美国国家航空航天局的承认，但我们的发现证据确凿，确实有更高级的文明在火星上出现过！”这两名科学家同时表示，尽管航空航天局不相信他们的结论，但希望他们的研究所提出的问题能得到重视，以便获得更加清楚的照片，从而证实他们的发现。多年前有关火星上存在高级生命的说法很多，有的科学家甚至怀疑火星是生命的起源地，而火星陨石则带来了地球上的生命。但这些观点一直受到质疑。

2001 年，美国国家航空航天局宣布，在南极发现了一块火星陨石，他们在对其进行研究后，发现此块陨石中含有呈长缝状排列的磁晶体，而只有在微生物的作用下才会形成这样的排列形状。这是到目前为止人类提出的火星上可能存在原始生命最新的有力证据。目前，美国的“火星环球勘探者”源源不断地发回高清晰度的照片，由此人们对火星的认识大约每隔 6 个月就会刷新一次。是否真的如美国的这两名科学家所说，火星上存在人脸构图，相信随着科学技术的进步，科学家们终能解开这个难题。

“九星连珠”会引起地球的灾难吗

地球和人类会因为大行星的会聚而招致灾难吗？答案是：肯定不会的。这是因为，行星运动规律决定着行星会聚，并非是上天的旨意。由于九大行星绕太阳公转的轨道参数都不一样，因此它们在运行中肯定有聚有散，它们的“会聚”就像它们的“分离”一样合情合理，并没有什么特别之处。要说行星会聚有什么“特别”，那就是它极少出现。据计算，所谓“九星连珠”，即八大行星同时位于太阳一侧 180° 以内的机会是极少的，大约平均需要 178.9 年才能出现一次。

有人认为，引发地震的一个重要原因就是由于大行星的会聚。其理由是，行星会聚使地球受到的引潮力增大，因而触发地震的可能性很大。而事实并不是这样的。地球所受到太阳系天体的引潮力主要来自月球和太阳。月球的质量虽然只有太阳质量的 1/2700 万，但月球与地球的距离只有太阳与地球平均距离的 1/390，所以月球对地球的引潮力要大于太阳对地球的引潮力，前者是后者的 2.25 倍。金星质量虽小，但与地球的距离近，所以金星对地球的引潮力在八大行星中是最大的，它对地球

↓行星会聚时的潮汐引力并不会让地球产生多大风浪。

的引潮力大约是行星总引潮力的87%，然而它对地球的引潮力仅仅为月球引潮力的1/20000。

↑电脑制作的行星相聚图

那么，大行星的会聚给地球带来的影响到底有多大呢？1997年，美国天文学家米尤斯通过计算表明，即使八大行星都和地球处在一条直线上，而且它们都处在和地球最近的距离处，它们对地球总的引潮力也只等于太阳平均引潮力的1/6400。显然，五星会聚时的引潮力还要小于这个值。可见，行星会聚时的潮汐引力对地球的影响几乎可以忽略不计，当然也就不可能引发地震。

大行星的会聚会给地球的气候带来影响吗？多数科学家认为不会有影响。因为计算表明，八大行星当中，金星、水星、木星、地球4颗行星对太阳的引潮力占所有行星的引潮力总和的97%，而且它们几乎每三四年就有一次比较接近的机会，而并没有给太阳带来异常现象，当然也就不会给地球上的气候带来影响。

但是，也有人看法不一样，他们认为，地球的温度与行星和太阳的相对位置有一定联系。通过计算，太阳和其他八大行星都处于地球的同一侧，靠最外边的两颗行星的地心黄经相差最小的年份，他们发现九星（这里指的相聚是以地球为中心，太阳和其他八大行星散布于一个扇形区域内，称为九星地心会聚）也具有一个会聚周期，周期近似于179年。他们把九星如此相聚的年份与历史上气温变化相对照发现，近千年来在行星相聚的年份，中国都会出现低温期。不过，地球气候的变化，究竟是否是行星和太阳会聚在地球的同一侧影响所致，目前还没有明确的结论。

行星会聚会给地球和人类带来灾难的说法显然没有根据，但是月球、行星、太阳位置的排列和变化到底是不是影响地球，这种影响究竟有多大，值得科学家们进行深入研究。

银河系究竟有多大

银河系究竟有多大？这个问题一直困惑着人类，根据现代的科学研究表明，银河系主要由银盘（包括旋臂）、核球、银晕，以及外围的银冕等部分构成。

银河系的主体为银盘，它的外形像扁盘状，银河系内的大多数星云和恒星都集中在这个扁盘内，银盘的直径大约达到8万光年，中间部分较厚，厚度约6000多光年，周围渐渐变薄，到太阳系附近便只剩一半厚度了。由于巨大的银河系本身也要进行自转，所以银盘中的亿万颗星球环绕银河系中心做着旋转运动，4条旋臂从银盘中心向外弯曲伸展出来，看上去就像急流中的旋涡。这里所说的旋臂实际上是恒星、尘埃和星际气体的集中区域，但这集聚着物质的旋臂并不是固定不变的，恒星一直在旋臂上进进出出，只是它们能够在运动中基本做到“收支平衡”，所以，旋臂的形状看上去始终保持不变。

银河系的中央部分是一个核球，核球内密集着恒星，核球的直径在1.2万～1.5万光年之间，略呈椭圆形。

银晕是在银盘外围的一个巨大包层，由稀疏的恒星和星际介质组成。它的体积至少要比银盘大50多倍，但质量却只占银河系的1/10，由此可见其物质密度非常稀薄。事实上，除了那些极其稀薄的星际气体外，球状星团是银晕中的主要物质。

直到20世纪70年代中期，科学家们才发现了银冕，银冕处于银河系的最外围，它的范围可远及50多万光年以外，比银河系的主体部分还要大。但银冕内基本上没有恒星，由极稀薄的气体组成了整个银冕，所以很难准确地测出银冕的真正范围。

←我们生活的地球在庞大的银河系中不过是“沧海一粟”，微乎其微。

金星经历过文明毁灭吗

苏联科学家尼古拉·里宾契诃夫在比利时布鲁塞尔的一个科学研讨会上披露了对于金星秘密的一个重要的发现。1989 年 1 月，苏联发射的一枚探测器在穿过金星表面厚密的大气层作雷达扫描时，发现金星上留有 2 万座城市的遗迹。

↑宇宙中的星体在运转过程中可能会撞击地球

刚开始，科学家们见到这些从探测器上拍摄并传回到地球的照片，以为可能是大气层干扰造成了这些城市废墟的幻象，或是飞船仪器出了问题。但在进行了深入仔细的分析后，他们发觉那些的确是一些城市遗迹，一种绝迹已久的智能生物将这些城市遗迹保留了下来。

这位苏联科学家在具体介绍时说，那些城市的形状像马车轮，大都会所在的位置就是中间的轮轴。根据他们估计，那里由一个庞大公路网连接起它们所有的城市，并直通向它的中央。

有关金星城墟的照片也从美国发射的探测器上传回地球。科学家们经过全面的辨认后发现，那 2 万座城市遗迹完全是由一类建筑组成。这些建筑的外形类似于“三角锥”形的金字塔。一座巨型金字塔实际上就是一座城市，全部没有门窗，估计在地下可能开设有出入口。这 2 万座巨型金字塔组建成一个很大的马车轮形状，其间的辐射状大道连接着中央的大城市。

研究者认为，这些金字塔的城市有许多好处：白天能避免高温，夜晚能挡住严寒，再大的风暴也对它无可奈何。

根据火星上发现的作为警告标志的泪滴状的巨型人面建筑——“人面石”，科学家们把金星与火星看成是一对经历过相似的文明毁灭命运的“患难姊妹”。据推测，金星在 800 万年前也曾经经历过地球现今的演化阶段，所以它的上面应该存在着智能生物。但因为金星大气成分发生了变化，二氧化碳的含量占了绝对优势，从而发生了强烈的温室效应，这就使大量的水蒸发成云气或散失殆尽，最终金星的生态环境被彻底改变了，从而招致了所有生物的灭绝。

在金星的城市废墟中，到底隐藏了多少秘密呢？它昔日的文明被这些废墟掩埋了吗？有关金星的神秘面纱何时才能被揭开呢？

宇宙中真的存在反物质吗

从中学时代我们就知道，世界是由物质组成的。但是，如今科学家提出了“反物质”的概念，对传统观点提出了挑战。那么，反物质是什么？宇宙中是否真的存在反物质呢？

反物质和物质是相对立的。它们是两个不同的概念。众所周知，物质构成了世界，而原子构成了物质，原子核位于原子的中心。原子核由质子和中子组成，带负电荷的电子围绕原子核旋转。原子核里的质子带正电荷，电子与质子所携带的电量相等，但一正一负。质子的质量是电子质量的 1840 倍，它们在质量上形成了强烈的不对称性。这引起了科学家的关注。因此，有一些科学家在 20 世纪初就认为二者相差十分悬殊，因而应该存在另外一种电量相等而符号相反的粒子。如：存在一个同质子质量相等但携带负电荷的粒子和另一个同电子质量相等但携带正电荷的粒子。这就是“反物质”概念的最初观点。

狄拉克是英国青年物理学家，他根据狭义相对论和量子力学原理，于 1928 年提出了这样一个设想：在自然界中，存在着带负电的电子，同时还存在着一种与电子一样但能量与电荷都为正的正电子。这种电子可以称为电子的“反粒子”。狄拉克认为，物质和反物质一旦相遇，就会互相吸引，并发生碰撞而“湮灭”，各自的质量也消失了，并释放出大量能量，这些能量以伽玛射线的形式出现。在我们周围的物质世界中不可能有天然的反物质存在的原因就在于此。

狄拉克的这一设想，对科学界震动很大，科学家们认为这种设想极有道理，因而，他们极力寻找和制造反物质。

1932 年，美国物理学家安德森研究了一种来自遥远太空的宇宙射线。在研究过程中，他意外地发现了一种粒子，这种粒子的质量和电量都与电子完全相

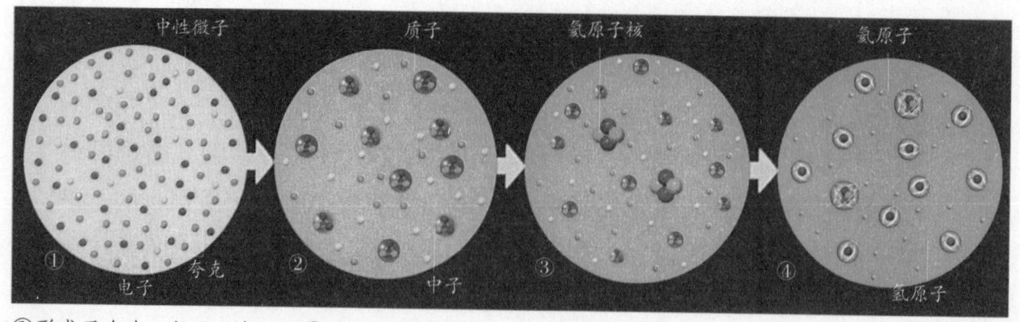

①形成了夸克、电子、中性微子等。

②夸克相互附着，形成质子和中子。

③由质子和中子形成氦原子核。

④质子、氦原子核抓住电子，形成氢原子和氦原子等（宇宙的膨胀）。

↑ **物质的诞生示意图**

同，唯一不同的是在磁场中弯曲时，其方向与电子相反，也就是说它是正电子。这一发现论证了狄拉克的设想，并大大激励了人们的研究热情，他们纷纷投入到寻找反物质粒子的工作中。1955年，在美国的伯克利，钱伯林和西格雷两位科学家利用高能质子同步加速器发现了反质子。西格雷等人于1957年又观察到了反中子。

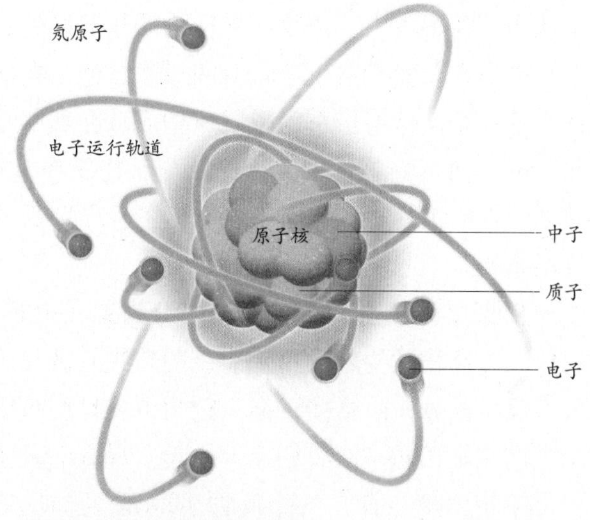

↑原子和分子模型构造示意图
所有的物质是由原子构成的，而原子则是由质子、中子和电子构成的。质子和中子形成原子核，而电子则围绕原子核不断地旋转。原子与原子经过化学结合则构成了分子。

欧洲一些物理学家于1978年8月，成功地分离了300个反质子达85小时，并成功地储存了这些反质子。1979年，美国新墨西哥州立大学的科学家进行了一个实验，在实验中，把一个有60层楼高的巨大氦气球，放到高空，气球在离地面35千米的高度上飞行了8个小时，捕获了28个反质子。关于反质子的发现层出不穷，这些发现激发了人们的兴趣。反中子和中子一样都不带电，但它们在磁性上存在差别。中子具有磁性且不断旋转，反中子也不断旋转，但其旋转方向与中子恰恰相反。顺着这个线索，物理学家们继续寻找下去，结果，发现了一大群新奇的粒子。到目前为止，已经发现了300多种基本粒子，这些基本粒子都是正反成对存在的，也就是说，任何粒子都可能存在着反粒子。

这样，用人工的方法把反质子、反中子和正电子组成反物质原子这一设想在理论上是成立的。在实践中人们利用粒子加速器人工制造出由一个反质子和一个反中子组成的反氘核，这个反氘核是人工制造出的第一类反原子核，它是美国布鲁克海文实验室研制成功的。由两个反质子和一个反中子组成的反氦-3核是第二类反原子核。前苏联在塞普霍夫加速器上曾获得5个反氦-3核。而反原子是由正电子与这些反原子核相结合而得到的。1996年1月，欧洲核研究中心宣告德国物理学家奥勒特等利用该中心的设备合成得到第一类人工制造的反原子，即11个反氢原子。由于这一科研成果意义重大，欧洲核研究中心专门开会庆祝反原子的人工合成。物理学家们预言，技术上进一步的改进将会使大量生产反物质原子的设想成为可能。

对于在自然界中究竟有没有反物质的问题，人们观点各异。以往的一些理论认为，在宇宙中，正物质和反物质是对称的、同样多的。虽然，反物质在地球上只能出现在实验室里，且时间短暂，但是在茫茫宇宙中的某些部分却有可能存在一些星系，这些星系由反物质构成。在那些星体上，反物质的存在是极其“正常”的，而正物质却很少。物质与反物质在电磁性质上相反而其他方面均相同，那么，在宇宙总磁场影响下，它们各自向宇宙的相反方向集中，分别形成星系与反星系。

根据这种观点，宇宙应该一分为二，由正物质和反物质两部分构成。可以想象，由反物质构成的星系应该距离我们极其遥远。但是，至今我们也无法获得关于反星系分布的直接证据，因为由反物质组成的星系与正物质组成的星系发出的光谱完全相同，而我们今天的天文观测手段还较落后，没法将它们区分开来。

宇宙中应该存在一个反物质世界，这从理论上讲是行得通的，可事实上并不这么简单。自然的反粒子和反物质在地球上是不存在的。科学家们研究发现，核反应中产生的反粒子被大量正常粒子包围着，所以产生出来没多久就会和相应的正常粒子结合，两者结合后，反粒子便不存在了，它转化成了高能量的光子辐

↓从太空看去，基本上由海洋覆盖的地球几乎是蓝色的。云层盘旋在人们熟悉的陆地形状的上方。地球受到延伸至太空6万千米处的巨大磁场的保护，从而不受太阳辐射的侵害。

射。可人们至今还没有发现这种光子辐射。在我们地球上很难找到反物质，因为普通物质无处不在，而反物质一旦遇到它就会湮灭。事实上，反物质仍能以自然形态存在于地球以外的宇宙中。由于反物质发出的光与物质发出的光一样，所以人们无法从恒星发出的光来判断它是物质还是反物质。因此人们推断，完全可能有反物质构成的恒星存在于宇宙中，或者在距别的星球足够远的孤立空间中，甚至在银河系中。自然界是有对称性的，所以，其中必同时存在着由物质组成的星体和由反物质组成的星体。当然，物质和反物质不可能同处在一个星体中，因为二者碰到一起就要湮灭。

到底在宇宙中有没有自然存在的反物质，还有待于科学技术的进一步发展去证实。物理学家们努力搜寻反物质，希望能在宇宙中寻找到它们。

能不能直接观测太阳系以外宇宙中的反物质呢？可以，但目前只有一个办法，那就是研究宇宙射线。

在地面实验室中很难探测到宇宙射线中的反物质，因为有一个稠密的大气层在地球上空。穿越大气层时，宇宙射线会与大气碰撞而产生次级粒子，这些次级粒子又会与大气粒子碰撞产生更次级的粒子，这样几经反复，地面上测不到原始的宇宙射线，因此也无法确定宇宙射线中反物质存在的情况。为此，人们想方设法把探测器送上大气的最高层，并一直希望能将探测器送到太空。过去，人们多次用高空气球把高能反物质望远镜等探测器送到高空，探测宇宙射线中的正电子与反质子，但收获不大，从未发现过比反质子更重的反原子核。现在，随着航天技术的发展，到太空中去寻找反物质的愿望终于可以实现了。

1998 年 6 月 3 日 6 时 10 分（北京时间），美国“发现号”航天飞机载着阿尔法磁谱仪，从肯尼迪航天中心发射升空。“发现号”航天飞机的成功发射，标志着探索宇宙反物质的重大科学实验的开始。值得一提的是阿尔法磁谱仪主要由中国科学家参与研制。

阿尔法磁谱仪的英文名字是 Alpha Magnetic Spectrometer，简称 AMS，它主要由上下各 2 层的闪烁体、永磁体、紧贴永磁体内壁的反符合计数器、内层的 6 层硅微条探测器以及契伦科夫探测器等各种探测器组成。

在阿尔法磁谱仪中，由铷铁硼材料制成的永磁体是其主体结构，其重量约 2 千克，高 1 米，直径 1.2 米，长 0.8 米，是一个空心圆柱体，其中的磁场强度为 1400 高斯，能长期在太空中稳定工作。根据磁场反应的粒子电荷以及粒子的速度、轨迹、质量等信息，AMS 可以推断粒子的正与反。可以说，当今最先进的粒子物理传感器就是 AMS。

航天实验证明，阿尔法磁谱仪经受住了发射升空时的剧烈震动和严酷的太

↑自然界喜欢对称性，在宇宙中完全有可能有反物质构成的恒星存在于宇宙中，甚至在银河系中，也存在由反物质构成的星体。

空工作环境的考验，运行状况良好，捕捉到许多带电粒子的踪迹，这些粒子是由次宇宙射线发出的。按照预定的计划，2001年2月，阿尔法磁谱仪被装载到阿尔法国际空间站上，进行长达3年的反物质空间探测。

人们如此热切地探求反物质，其目的不仅在于要证实理论的正确与否，而更实际的则是在于获取巨大的能量。

任意半吨物质与半吨反物质相遇，则发生“湮灭”，并且会放出能量，这种能量将是燃烧1吨煤所放出的能量的30亿倍。只要用正、反物质各1吨发生“湮灭”，“湮灭”所产生的能量就可以解决全世界1年所需的能量。而且“湮灭”后不留残渣和任何有害气体。因此，反物质是极干净的超级能源，同时更是最理想的宇宙航行能源。据计算，10毫克的反质子只有一粒盐那么大，却可以产生相当于200吨化学液体燃料的推进能量。通过这些能量，可以轻而易举地将巨型航天器送入太空。科学家们设想造一艘头部装一面巨大的凹面反射镜的光子巨船，要使飞船开动时，就将燃料库中的物质和反物质分别有控制地输送到凹面镜前，让它们在凹面镜前适当位置接触、“湮灭”，再转化为极其强烈的伽马射线，即光子流。这种光子流被凹面镜反射出去，产生巨大的反作用力，就像气体从火箭喷口喷出一样，推动飞船前进，实现星际航行。

尽管至今我们仍不能确定宇宙中有反物质，但我们也不能过早予以否定。因为距离我们100多亿光年的天体是人类已观测到的最遥远的天体，但这并不是宇宙的边缘，也许在更遥远的太空中会有反物质存在。也可能确实有反物质存在于我们已经观测到的宇宙中，只是由于某种原因使我们无法看到这些反物质。

宇宙中还存在其他“太阳系”吗

行星、卫星、小行星和彗星围着太阳旋转，就像围着篝火狂欢的人群。太阳和绕它旋转的各种天体一起组成了太阳系。

太阳是个中等大小的恒星，这对于我们人类的生存是很有利的。夜空里有成千上万的恒星和太阳一样大，一样明亮，但是它们离我们太远了，看起来就是一个亮点。遥远的恒星还远不止这些，在银河系里，数以亿计的恒星需要借助于天文望远镜才能看得见。

但是我们的星系也并不是唯一的星系。在漆黑空旷的宇宙里，可能有上千亿个星系，每个星系都包含数十亿颗恒星。宇宙之大让人难以想象。

宇宙中有数不清的恒星，那么为什么我们的太阳是唯一一颗有行星绕行的恒星呢？天文学家一直在研究这个问题。看起来，即使不是所有的恒星都有行星环绕，至少有一些其他恒星有，这简直是显而易见的。

据天文学家估计，宇宙中大约有 1 兆兆亿颗行星。关键是，如何找到它们，而这项工作虽然是一件困难的事。因为同恒星相比，行星又小又暗。虽然有时可以反射其邻近恒星的光，但它们自己并不发光。所以，即使使用最强大的天文望远镜，在地球上可能也无法看到遥远恒星的行星。一个普通大小的行星将消失在它的恒星的光芒中。可以想象一下这样的情景：在你前方 3.2 千米处有一只 1000 瓦的灯泡，你所要做的是寻找这只灯泡附近的一粒灰尘。在地球上寻找其他恒星的行星就是这么艰难，所以天文学家试图尝试其他方法。他们认为最好的方法就是找出它们对自己恒星的万有引力作用。

万有引力是由质量引起的，所有天体之间都存在相互吸引的力。恒星

→在 2015 年左右，欧洲宇航局的“达尔文号”空间探测器将利用盖亚假说的观点去寻找遥远行星上的生命。因为生命以一种独特的方式改变着行星的大气的化学成分，这些化学物质能够揭示数光年远的星球上是否存在生命。

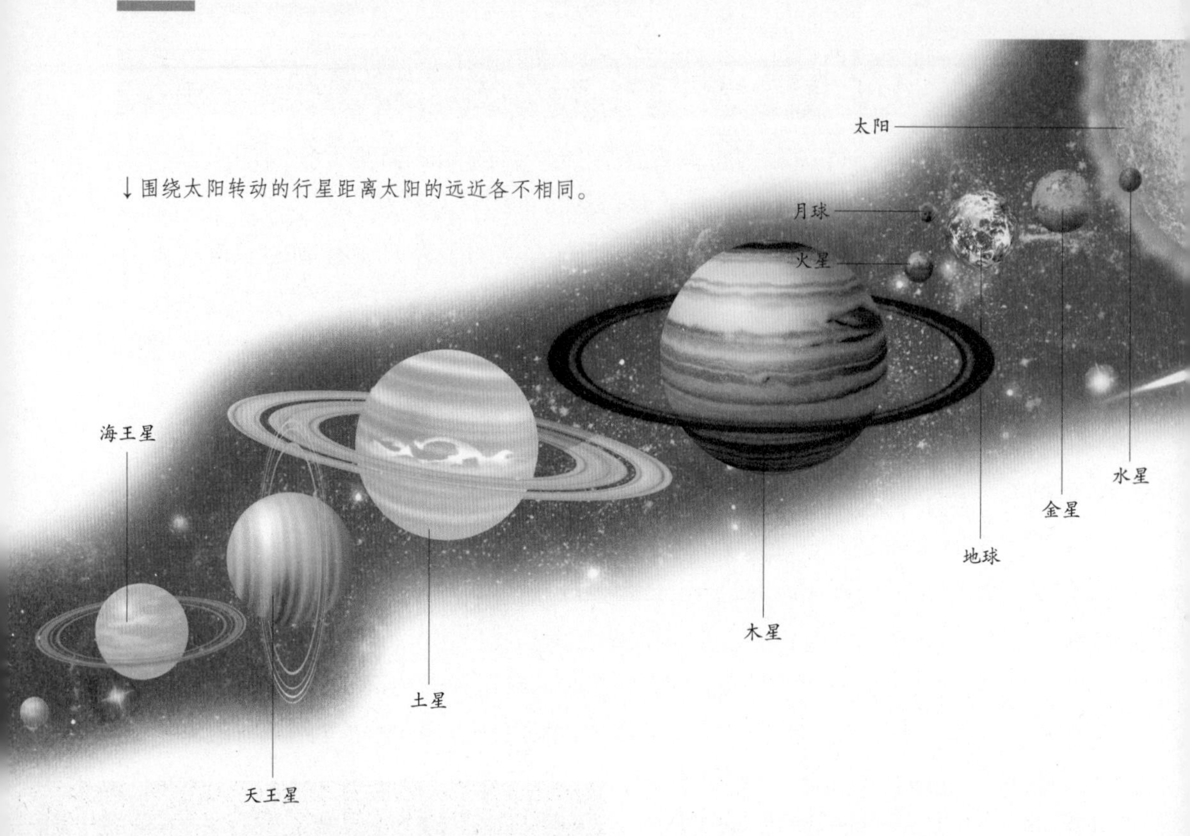

↓围绕太阳转动的行星距离太阳的远近各不相同。

吸引行星，于是行星绕恒星旋转。同样地，行星也会反作用在恒星上一个相同大小的拉力。而且，我们知道恒星在自转的同时也会在宇宙穿行，而它的行星也跟着它运动。

天文学家们试图寻找恒星在穿过宇宙时微小的摇摆。因为这些摇摆很可能是我们看不见的行星在绕恒星旋转过程中施加给恒星的力的方向不断改变而形成的。

1991 年，英国天文学家们曾经宣布，他们发现了行星大小的绕脉冲星旋转的天体。脉冲星是一种高速旋转的，体积小、密度大的恒星，它在旋转的过程中，还会发出无线电波。天文学家之所以认为有行星绕它旋转，是因为他们发现无线电信号发生了波动——就像该脉冲星在摆动。几个月后，美国科学家在第一颗脉冲星上也发现了类似的波动，看起来绕脉冲星旋转的是两三颗行星。

但是 1992 年 1 月，英国天文学家又宣布了一个出人意料结果：他们之前的发现是错误的。科研小组没有把我们自己星球的绕日运动考虑进去，这也会影响对数据的分析。

但是美国科研小组的研究成果似乎没有问题。他们的发现和其他科研小组的类似发现几乎可以肯定，我们生活的太阳系不是宇宙里唯一的“太阳系”。

木星上有生命吗

木星之所以被怀疑可能有生命存在，是因为它的生态条件与地球比较接近。但是，这颗太阳系体积最大的行星上根本没有可供登陆的固态地表，这是一颗由气体构成的巨大星体，大气层中充满了氢气、氦气、氨、甲烷、水，这样的条件对生命的生存有着极大的障碍。

随着科学技术的进步，人们对木星了解得越来越多。科学家们对木星大气层的成分进行研究后发现，木星大气成分和形成于早期地球海洋的物质十分相似。因此，木星上存在生命形式也成为一种可能。然而，进一步的调查显示，木星大气层内具有强烈的乱流，而且大气下方温度极高，在这种情况下，很难形成生命。任何生物只要一碰到这股乱流，就会被卷入下方的高温中，化为灰烬。

科学家认为，唯一可以在这种环境下维持生命的办法就是在被烧焦之前复制新的个体，并且借助气流的力量把后代带到大气层中较高、较冷的地方。这种极少的生命形态可以在大气层外侧飘浮，其生命活动的能量主要来自所取用的食物。

令科学家欣喜的是，美国“伽利略号”探测器前不久拍摄的照片显示，在木星的一颗卫星(木卫二)的表面下可能隐藏着一片海洋。如果这片海洋真的存在，那么其中就可能存在生命现象。“伽利略号”探测器拍摄的照片揭示出木卫二表面上有一个网状系统，该系统中的一些山脊和断层很像地球上板块构造形成的形态。有人在“旅行者号”飞越木星以后就猜测木卫二经历过火山活动，此次“伽利略号”拍下的近景照片为这一猜测提供了有力的证据。

据此，某些理论工作者假定，有一片深达200千米的液态海洋被掩盖在木卫二的冰壳之下。这一观点进一步论证了下述推测：木卫二可能存在类似于在地球深海温泉处富含矿物质的水中繁衍生息的那些有机体的生命形态。

总之，对于木星是否存在生命这一问题，目前我们还无法作出肯定的回答。

→绕木星轨道飞行的“伽利略号”探测器

水星的真面目

平常，人们很难看到水星，这主要跟水星与太阳之间的角度有关。水星距太阳最远时达 6900 万千米，最近时约 4500 万千米。从地球上看去，它距太阳的角最大不超过 28 度，水星仿佛总在太阳两边摆动。因此，水星几乎经常在黄昏或黎明的太阳光辉里被“淹没”。只有在 28 度附近时才能见到它。水星绕太阳运行的速度很快，每秒约 48 千米，它只需要 88 天就能绕太阳公转一周。在很长一段时期里，天文学家一直认为它的自转周期也是 88 天，跟公转周期一样长。

尽管也有人怀疑过水星的自转周期，但由于仪器、技术等方面的原因，人们对水星精确的自转周期仍不知晓。随着天文学观测水平和仪器精密程度的提高，水星自转周期终于被测出来了。1965 年，美国天文学家用阿雷西博天文台射电望远镜向水星发射了雷达波进行探测。这是一架世界上最大的射电望远镜（口径 305 米），它测出了水星的精确的自转周期为 58.646 天。原来，水星绕太阳公转 2 圈的同时，绕其轴自转 3 周，因此，水星的自转周期刚好是公转周期的 2/3。

此后，科学家对水星进行了更深入的探测和研究，但即使是当时地球上最好的望远镜，也很难让人们看清水星表面的情况。于是，科学家们采用了行星探测器这种高端的工具。美国于 1973 年 11 月 3 日发射了“水手 10 号”行星探测器，它是至今为止地球人的唯一“访问”过水星的宇宙飞船。这次发射的主要任务是探测水星，顺便考察一下金星。“水手 10 号”的总重量约 528 千克，从磁强计杆顶端到抛物面天线外缘的宽度达 9.8 米。宇宙飞船经过 3 个多月的飞行，于 1974 年 2 月 5 日飞越金星，离金星最近时只有 5000 千米。飞船在对金星考察的同时，借助金星的引力“支援”，其运动的速度和方向发生改变，进入了一条飞向水星的轨道，终于在 3 月 29 日到达水星上空。

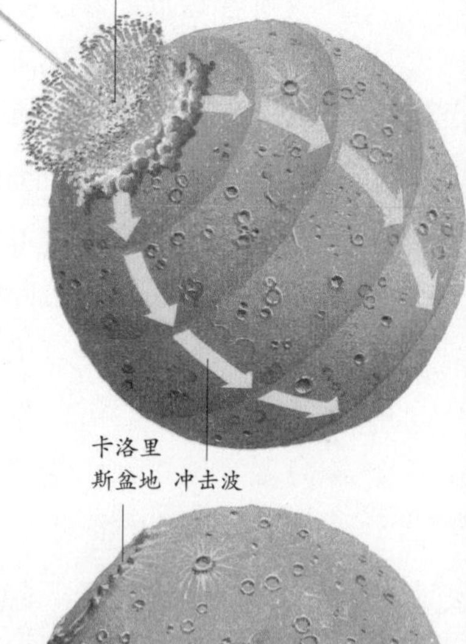

↑水星表面布满了陨石坑，其中最大的叫卡洛里斯盆地。

航天科学家精心设计了这艘飞船的轨道。当它到达水星上空并进行观测之后，就成为一颗绕太阳运行的人造行星了，绕太阳公转的周期设计为水星公转周

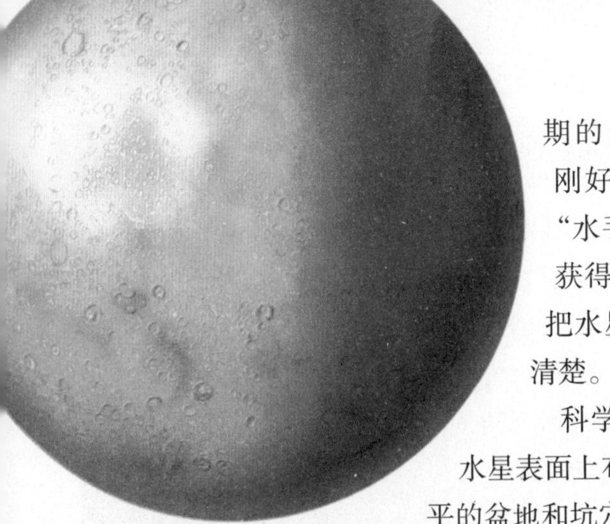

期的2倍，也就是176天。这样，当水星刚好绕过2周时，飞船就遇到水星一次。“水手10号”飞船先后3次遇见水星，并获得了一批高质量的照片，其摄影镜头能把水星表面12百米大的地面结构细节分辨清楚。

科学家们通过分析飞船的反馈资料发现，水星表面上布满了无数大小不一的环形山和凹凸不平的盆地和坑穴等。一些坑穴显示出陨星曾多次撞击过同一地点，这与月球表面很像。水星表面与月球表面的不同之处是，水星表面直径20 ~ 50千米的环形山不多，而月球表面上的直径超过了100千米的环形山很多。水星表面上到处有一些被称为“舌状悬崖”的扇形峭壁，其高度为1 ~ 2千米，长约数百千米。科学家们认为，它们实际上是早期水星的巨大内核变冷和收缩时，在其外壳中形成的巨大的褶皱。水星上有一条大峡谷，长达100多千米、宽约7千米，科学家将其命名为“阿雷西博峡谷”，以纪念美国阿雷西博射电天文台测出水星自转周期这一贡献。

↑水星是颗娇小的行星，有着稀薄的大气层和固态的内核。

科学家们还发现水星阳面和背面的温差很大。由于没有大气而直接受到太阳辐射的侵袭，在太阳的烘烤下，水星向阳面温度高达427摄氏度，而背阳面温度却冷到了−170摄氏度。水星表面一丁点儿水都没有。水星质量小于地球，它的地心引力只及地球的3/8，所以其表面上的物体，只要速度达到4.2千米/秒就可以逃逸。

“水手10号”飞船探测到水星不仅有磁场，而且是一个强度约为地磁场1/100的全球性的磁场。水星磁场的发现说明，在其内部很可能有一个高温液态的金属核。科学家根据水星的质量和密度数值，推算其应有一个直径约为水星直径2/3的既重又大的铁镍内核。

随着世界航空航天技术的发展，科学家们对水星的探测力度将会继续加大，终有一天，水星的真实面目会呈现在地球人的面前。

日升，日落

如果你站在水星表面的某些地方，你会看到太阳升到半空，然后反向落下，然后又升起，所有都在一天内发生。

神秘的“太白”金星

金星是全天空最明亮的一颗星星。晚间在西方天空出现时，被叫作“长庚星”。早晨在东方天空出现时，被叫作“启明星”。它距太阳的平均距离为1.08亿千米，与太阳的角距离约为47° ，人们之所以能时常看到它，主要是因为其大部分时间同太阳的角距离较大。夜空中除了月亮以外，其他所有的星星在亮度上都比不上它。

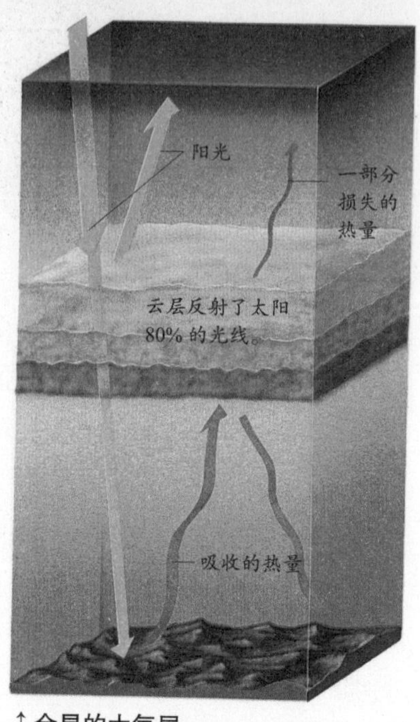

↑金星的大气层

科学家们后来知道，金星非常明亮的原因与其周围有浓密的大气层有关，大气反射了照在它上面的75%左右的太阳光。金星离地球最近时，平均为4000多万千米。人们常将金星视为地球的孪生姊妹，因其大小、质量和密度与地球差不多。金星的公转周期约为225天。20世纪60年代初，通过用雷达反复测量，天文学家得知金星的自转周期为243天——竟然长于它的公转周期。另外，金星的自转方向是逆向的，确切地说，它的自转方向是自东向西的，在金星上太阳西升东落，昼和夜(一天)的时间远远长于地球，在那里看到的太阳约是我们所见到太阳大小的1.5倍。

用望远镜观看，金星只是一个模糊不清的淡黄色圆面，在金星大气的笼罩下，根本无法看清其“庐山真面目”。人们现在所掌握的金星表面及其大气等知

↓金星的表面3/4为平原，这些基本上由火山运动形成，以陨石坑和熔浆流为标志。它们有被金星上的风蚀过的特征。平原上山脊高达几百米，大裂谷可延伸几百千米。

识，主要来自空间飞行探测。自 1961 年以来，苏联和美国先后向金星发射的探测器有 30 多个 (虽然有几个发射失败)，获得了大量的研究成果。1970 年 8 月 17 日，苏联的“金星”7 号无人探测器成功地实现了在金星表面上着陆探测，曾测得金星温度高达 480 摄氏度，表面为 100 个大气压。此后还有多个苏联的探测器都在金星表面实现了成功着陆。

人类根据对金星的探测结果得知，它那厚厚的大气层几乎全部由二氧化碳组成，因此，它具有巨大的温室效应。其高层大气中的二氧化碳达 97%，而低层处可达到 99%。从许多宇宙飞船发回的照片来看，金星的天空呈橙色，大气中有激烈的湍流存在，还有强烈的雷电现象，有人推算金星上的风速约达 100 米 / 秒。更让人惊讶不已的是，厚厚的浓云笼罩在金星表面上 30 ~ 70 千米左右的高空，云中有具有强腐蚀作用、浓度很大的硫酸雾滴。

总体上看，金星大气层好似一个巨大的温室或蒸笼。尽管金星大气将约 3/4 的入射太阳光反射掉了，但其余那部分阳光到达金星表面并进行加热。大气中的二氧化碳、水汽和臭氧好似温室玻璃，阻止了红外辐射，结果金星蓄积了大量所接受到的太阳能，因而使那里的温度高达 465 摄氏度 ~ 485 摄氏度。

与水星不同的是，金星上面环形山很少，表面比较平坦，但也有高山、悬崖、陨石坑和火山口。金星上的凹地与月面上的“海”(平原) 相似，“海”上有火山。金星有十分活跃的地质活动，其表面有众多的火山、巨大的环形山、许多地层断裂的痕迹以及涌流的熔岩。

金星表面最高的麦克斯韦山位于北半球，远远高于地球上的珠穆朗玛峰；在南半球赤道附近并与赤道平行的地方，是阿芙洛德高原。金星上一处横跨赤道的大高原有近 10000 千米长、3200 多千米宽。有些探测器成功地完成了在金星上的自动钻探、取样和分析任务，人们因此知道了金星表面最多的是玄武岩。

→如果能透视覆盖金星表面的厚厚大气层，那么你看到的金星就是这个样子的。太空探测器使用可穿过云层，并反映出表面的火山口和陨石坑的雷达绘制了整个火星的地图。

土星与神奇的土星光环

大家知道，土星有一个美丽的光环。早在300多年前，意大利科学家伽利略首次用望远镜观测土星，他发现土星两边好像“长着”什么附着物。可是用那架简陋的小望远镜无法看清楚。伽利略所发现的东西其实就是土星的光环。环绕土星的稀薄的美丽光环，不仅使土星本身变得漂亮，也把整个太阳系装饰得更美观了。当一个人第一次用眼睛接近望远镜的时候，对他来说，除了月亮，土星光环也许就是最奇妙的景色了。人类对土星及其光环的探索，是一个漫长而又艰辛的过程。

随着世界航空航天技术的发展，人类对土星的了解逐步深入。

太空船“先驱者11号”、“旅行者1号”和“旅行者2号”自1979年以来先后探测了土星。飞船从太空深处向地球发回了大量有关土星本体、光环、卫星的彩色照片和多种信息。飞船拍摄的照片显示，土星本体呈淡黄色，彩色的带状云环绕着赤道部，云上有一些美丽的斑点及旋涡状动态结构，北极地区呈浅蓝色。

另外，“先驱者11号”还探测出土星高层大气存在着主要由电离氢组成的电离层。土星上存在很强的跨度达6万千米的雷暴闪电（木星上也发现过这种情况）。在距土星128万千米处，飞船发现土星有磁场以及磁层结构。土星磁场强度比木星磁场强度弱得多，其强度只有木星磁

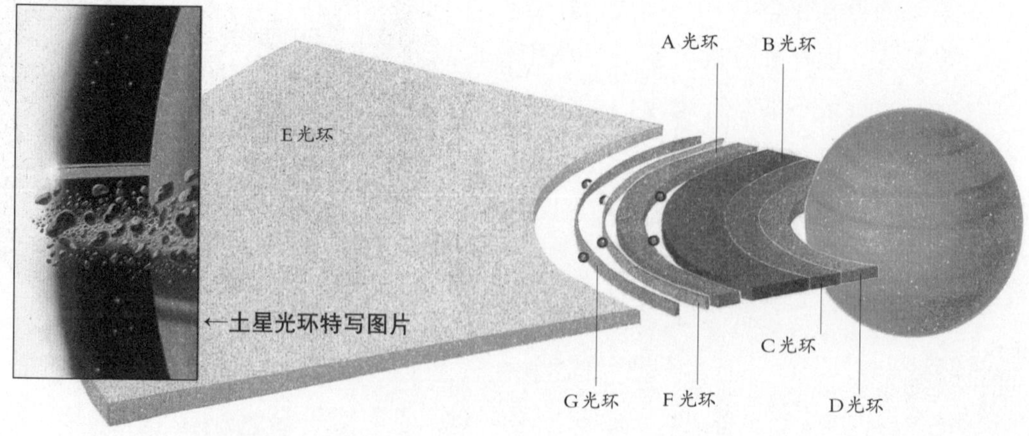

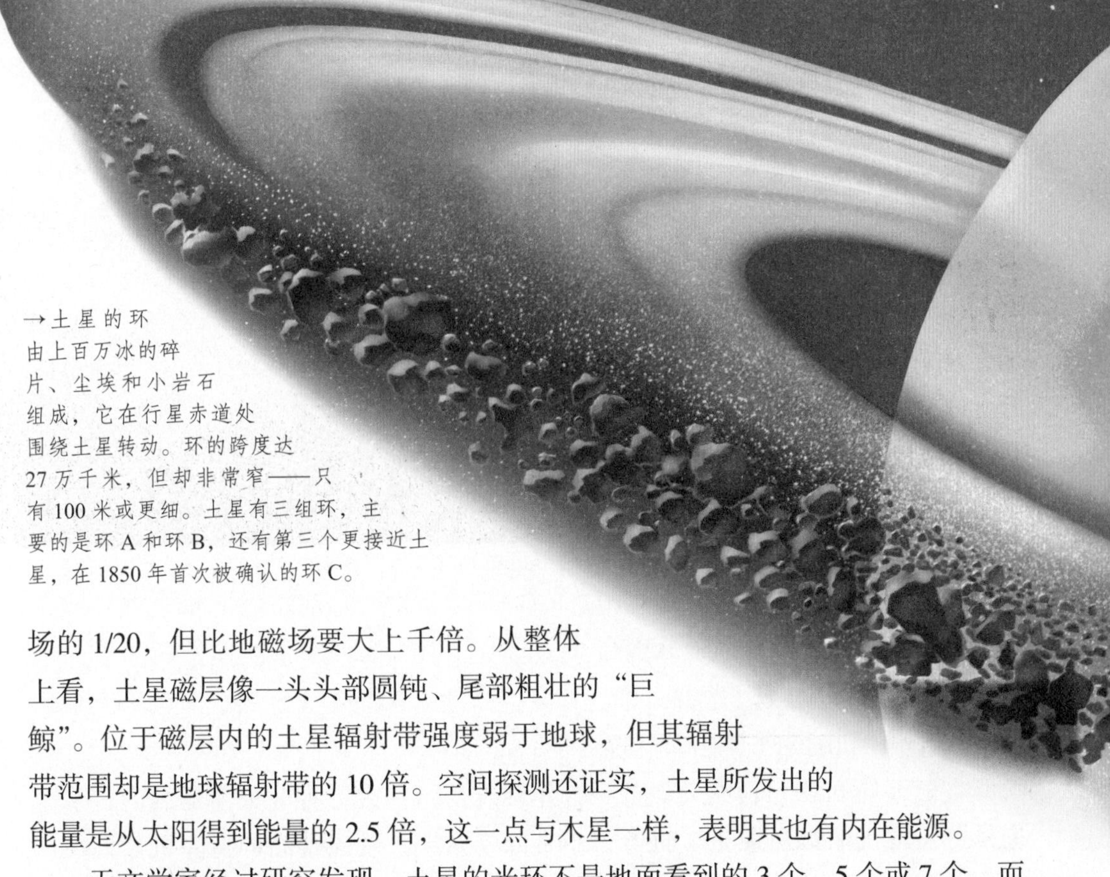

→土星的环由上百万冰的碎片、尘埃和小岩石组成，它在行星赤道处围绕土星转动。环的跨度达27万千米，但却非常窄——只有100米或更细。土星有三组环，主要的是环A和环B，还有第三个更接近土星，在1850年首次被确认的环C。

场的1/20，但比地磁场要大上千倍。从整体上看，土星磁层像一头头部圆钝、尾部粗壮的“巨鲸”。位于磁层内的土星辐射带强度弱于地球，但其辐射带范围却是地球辐射带的10倍。空间探测还证实，土星所发出的能量是从太阳得到能量的2.5倍，这一点与木星一样，表明其也有内在能源。

天文学家经过研究发现，土星的光环不是地面看到的3个、5个或7个，而是成千上万个。从飞船发回的照片看上去，土星光环与一张密纹唱片很相似，可谓“环中有环”。让人更为眼花缭乱的是，光环呈现螺旋转动的波浪状，还有的环呈不对称的锯齿状、辐射状，有的光环甚至像辫子一样互相绞缠着。科学家对此现象十分惊异。土星光环的厚度仅有1.6 ~ 3.2千米，宽度却达20万千米。事实上，无数大小不等的物质颗粒组成了土星光环，所有的物质颗粒都是直径几米到几微米的石块、冰块或尘埃。构成土星光环的这些物质快速围绕土星运动，在太阳光的映照下，绚丽多姿，土星因此被装扮得异常漂亮。

众多科学家不仅对美丽的土星本身有极大的兴趣，而且也很重视土星的庞大家族。后来，太空船在以前的基础上又发现了13颗土星的卫星，由此使土星卫星的数目达到23颗。土星卫星体积大多很小，有的卫星直径仅二三十千米，直径超过100千米的卫星只有5颗。

土卫六是土星的卫星中最大的一颗，仅次于太阳系最大的卫星——木卫三（半径为2634千米）。土卫六的半径为2414千米，土卫六上存有浓密的大气层，氮（约占98% ~ 99%）为其主要成分，其余是甲烷（即天然气）以及微量的丙烷、乙烷和其他碳氢化合物，厚度约2700千米。一些科学家认为，可能有原始生命在土卫六上存在过。由于它和太阳相距遥远，高层大气的温度在-100摄氏度左右，低层大气的温度约 -180 摄氏度。

1997 年 10 月 15 日格林尼治时间 8 点 43 分，美国的“大力神 4B”运载着“卡西尼号”宇宙飞船，从肯尼迪宇航中心顺利升空，开始了为期 7 年的奔向土星的航行。根据计划，“卡西尼号”飞船抵达目标后，对土星和土星的卫星——土卫六进行探测是其主要任务。这次航行的目的是为了探寻土卫六是否有生命以及获取地球生命进化的线索。

↑土星几乎与木星一样大，主要由液态氢和氧组成。土星异常美丽，有着光滑、淡奶油色的表面（氨气云）和微微发光的环晕。望远镜从未窥透进入它最上层的大气层，来自旅行者号探测器飞过者的数据集中在它的环和卫星上。卡西尼探测器在 2004 年进入环绕土星的轨道，对土星和它的卫星及环作了 4 天的研究。

这个项目由欧洲航天局、美国航空航天局和意大利航天局携手合作开发。由“大力神”火箭运载的“卡西尼号”宇宙飞船被送往土星轨道，2004 年 7 月 1 日两层楼高的探险机器人在土卫六登陆。“卡西尼号”完成了有史以来的首次环绕土星轨道运行，从 2004 ~ 2008 年共绕行 74 圈。“卡西尼号”将 45 次扫过土星最大的卫星土卫六，它与火星的大小相近，比水星和冥王星都大。2005 年 11 月 6 日，它在轨道上向土卫六分离释放出“惠更斯号”子探测器（由欧洲空间局制造）。它通过降落伞降落在泰坦卫星上，从而成为在另外一个星球的卫星表面着陆的第一个外空探测器。人类能够依据其反馈的资料更好地了解土星。

“旅行者 1 号”飞船在飞越土星时，对土卫一、土卫四和土卫五的探测取得了很大的成功。在卫星运动方向的半个球面上，发现有很多由撞击形成的环形山，而另外半个球面上却很少有这样的环形山。土卫一的直径约 390 千米，而其最大的环形山直径竟达 128 千米，在环形山的底部有一座高达 9000 米的山峰。

土卫三的直径超过 1000 千米，在其表面，也有许多几十亿年前因陨星撞击而留下的陨石坑，其中一个坑的直径达 400 千米，底深约 16 千米，在它的另一侧有一条长达 800 千米的既深又宽的大峡谷。土卫二直径约 500 千米，它有十分“光滑”的表面，即“星疤”很少，这实在是一个奇怪的现象。土星卫星可能由一半水冰一半岩石构成，其密度都在每立方厘米 1.1 ~ 1.4 克之间，且有厚厚的冰层覆盖在岩石核的周围。